"十二五"普通高等教育本科国家级规划教材

普通高等教育"十一五"国家级规划教材

食品质量与安全检测技术

（第三版）

汪东风　徐莹　主编

中国轻工业出版社

图书在版编目（CIP）数据

食品质量与安全检测技术/汪东风，徐莹主编. --3 版. —北京：中国轻工业出版社，2022.3

"十二五"普通高等教育本科国家级规划教材　普通高等教育"十一五"国家级规划教材

ISBN 978 - 7 - 5184 - 1767 - 4

Ⅰ. ①食…　Ⅱ. ①汪…　②徐…　Ⅲ. ①食品安全—食品检验—高等学校—教材　Ⅳ. ①TS207

中国版本图书馆 CIP 数据核字（2017）第 328098 号

责任编辑：马　妍　秦　功

策划编辑：马　妍　　责任终审：滕炎福　　封面设计：锋尚设计
版式设计：锋尚设计　　责任校对：吴大鹏　　责任监印：张　可

出版发行：中国轻工业出版社（北京东长安街 6 号，邮编：100740）
印　　刷：三河市万龙印装有限公司
经　　销：各地新华书店
版　　次：2022 年 3 月第 3 版第 2 次印刷
开　　本：787×1092　1/16　印张：24.25
字　　数：540 千字
书　　号：ISBN 978 - 7 - 5184 - 1767 - 4　　定价：56.00 元
邮购电话：010 - 65241695
发行电话：010 - 85119835　传真：85113293
网　　址：http：//www. chlip. com. cn
Email：club@ chlip. com. cn
如发现图书残缺请与我社邮购联系调换
220266J1C302ZBW

全国第一套食品质量与安全专业教材
编审委员会

中国海洋大学	林　洪
大连工业大学	林松毅
海南大学	刘四新
上海海洋大学	宁喜斌
福建农林大学	庞　杰
吉林农业大学	沈明浩
陕西科技大学	宋宏新
浙江工业大学	孙培龙
中国药科大学	王岁楼
山西农业大学	王晓闻
华南理工大学	王永华
沈阳农业大学	吴朝霞
江南大学	姚卫蓉
天津科技大学	王俊平
南昌大学	谢明勇
吉林大学	张铁华
河北农业大学	张　伟
仲恺农业工程学院	曾晓房
浙江大学	朱加进

本书编委会

主　　编　汪东风（中国海洋大学）

　　　　　徐　莹（中国海洋大学）

副 主 编　胡秋辉（南京财经大学）

　　　　　王晓闻（山西农业大学）

　　　　　纪淑娟（沈阳农业大学）

　　　　　侯彩云（中国农业大学）

　　　　　宋莲军（河南农业大学）

　　　　　王明林（山东农业大学）

　　　　　汪曙晖（青岛市疾病预防控制中心）

参编人员　（按拼音顺序排名）

　　　　　裴　斐（南京财经大学）

　　　　　郭　瑜（山西农业大学）

　　　　　李振兴（中国海洋大学）

　　　　　李　昕（中国海洋大学）

　　　　　连玉晶（山东农业大学）

　　　　　秦　楠（山西中医药大学）

　　　　　石晶盈（山东农业大学）

　　　　　肖军霞（青岛农业大学）

　　　　　周　鑫（沈阳农业大学）

前言（第三版） | Preface

　　《食品质量与安全实验技术》（第二版）出版八年来，受到了广大读者的欢迎，2012年被遴选为"十二五"普通高等教育本科国家级规划教材，2015年获中国轻工业优秀教材一等奖。由于食品质量与安全方面科学技术与方法发展迅速，消费者对食品质量与安全的要求也越来越高，国内外近两年相继颁布或修订了大量的食品质量与安全方面检测标准，需要对原有教材进行修订完善，所以决定按《中华人民共和国食品安全法》和"十二五"普通高等教育本科国家级规划教材建设等要求，并参考高等院校食品类专业的教学特点，对该教材重新修订。另外，第一版、第二版教材主要以学生学习和教师组织开展学生实践活动为目的，所以偏重实验；通过本学科十多年的发展，实验操作、实践活动等都较成熟，为了满足学生和社会双方的需要，第三版教材偏重检测技术，故将第三版教材更名为《食品质量与安全检测技术》。

　　食品质量与安全涉及检测内容及技术很多，如理化分析、感官评审及微生物检测等。《食品质量与安全检测技术》（第三版）修订的指导思想和第二版基本相同，主要针对与食品质量和安全密切相关的成分检测技术进行介绍，在考虑内容系统性的同时，强调实用性、可读性和先进性。因此，本教材在内容安排上除介绍食品质量方面检测技术外，重点介绍了食品安全科学研究技术及最新的食品安全方面检测技术和要求，补充了食品掺伪物质快速简便检测技术；在重点介绍每一项目检测技术时，还同时介绍该项目检测内容的理化性质及检测原理，并在每一章前增加内容摘要，每章后均有思考题，还编写了各章自测题和多媒体课件，请登录食课堂（www.qinggongchuban.com），输入教材封底的序列号注册后，点击《食品质量与安全检测技术（第三版）》课程，即可进行自测题在线答题和查看电子课件，以满足学生自测和教学需要。另外，随着食品行业的快速发展，多数食品企业和检验检测中心都配置了较先进的现代化检测仪器，国家又颁布了一些新的食品安全国家标准。为此，《食品质量与安全检测技术》（第三版）在第二版基础上，根据上述修订指导思想进行了修订完善。我们相信本教材第三版较第二版不仅具有系统性、应用性和先进性，而且更符合教学需要，也方便读者自修。本教材除供食品、水产、园艺等专业本科生及高职生作为实验教材外，也可作为这些专业的研究生及相关企业和检验检测中心技术人员的参考书。

本教材共分为七章。内容包括：第一章主要介绍样品采集及实验数据处理等方面的要求和规定，这一部分是从事食品质量与安全分析工作者必备的实验技能；第二章是与食品质量检测相关的六大营养成分测定技术；第三章分类介绍了食品添加剂的检测技术；第四章为食品中有毒、有害成分测定；第五章为食品安全的生物检测技术，为便于自学，本章除介绍了一些实验分析技术外，还对其相关的分子生物学基础知识作了简要介绍；第六章为食品中可能添加的非食用物质测定，这部分应不属于食品成分检测范围，只是为适应当前加强食品中可能添加的非食用物测定需要增加的。第七章为食品掺伪物质检测技术，是第三版新添加的检测内容。

本教材由中国海洋大学汪东风教授和徐莹副教授主编。编写分工如下：第一章由中国海洋大学徐莹副教授负责；第二章由南京财经大学胡秋辉教授负责，汪曙晖博士补充脂质检测内容；第三章由山西农业大学王晓闻教授负责；第四章由中国海洋大学汪东风教授负责；第五章由沈阳农业大学纪淑娟教授负责；第六章由中国农业大学侯彩云教授负责，汪曙晖博士补充完善；第七章由河南农业大学宋莲军教授负责；附录、思考题和选择题的编写或审校和部分章节与国家标准一致性方面的修订完善等，由青岛市疾病预防控制中心理化检验科汪曙晖博士负责；本教材的多媒体课件由山东农业大学王明林教授负责，中国海洋大学李昕博士后参与完成。青岛农业大学肖军霞教授，浙江海洋大学张宾副教授及姜维副研究员，中国海洋大学李振兴教授和食品化学与营养研究室范明昊、袁永凯、刘珠珠等研究生参与了部分章节的修订和资料收集；使用该教材的企业和检测中心，如福建万弘海洋生物科技有限公司、山东省食品（焙烤食品、糖果）质量检验中心等提供了相关修改建议。

食品质量与安全检测技术涉及学科较多，内容范围广，本教材所介绍的内容，尽管多数都经作者们反复探索和多次实验的验证，部分实验是根据教学实际及人才培养特点比较后筛选或修订的，但由于实验条件及作者水平的限制，仍有许多不足之处，甚至可能会有错误，敬请同行专家和广大读者批评指正，以便使本教材在使用中不断完善和提高。

本教材在编写和审稿过程中主要参考了中华人民共和国国家标准及相关资料，得到了中国轻工业出版社、中国海洋大学、山东农业大学、山西农业大学和企业同行的热情鼓励和支持；第二版的部分编写成员，虽因退休不能参加此次修订，但对第二版的内容提出了不少中肯的修订意见；尤其是参加全国第一套高等院校食品质量与安全专业规划教材第四次会议的专家们对本教材的肯定和建议等，为本教材的修订起到了很好的作用。在此一并致谢。

编者

2018 年 1 月

前言（第二版） | Preface

　　《食品质量与安全实验技术》一书经五年来的试用，受到了广大读者的欢迎，2007年被遴选为普通高等教育"十一五"国家级规划教材。由于食品质量与安全方面科学技术与方法发展迅速，以及《食品安全法》的颁布实施，一些非食用物质及滥用食品添加剂名目的出台，需要对原有教材进行修改完善，所以决定按普通高等教育"十一五"国家级规划教材建设要求，对该教材重新改编，作为《食品质量与安全实验技术》第二版。

　　《食品质量与安全实验技术》第二版改编的指导思想和第一版基本相同，在考虑内容的系统性的同时，强调实用性、可读性和先进性。因此，本教材在内容安排上除介绍食品质量方面检测技术外，重点介绍了食品安全科学研究技术及最新的食品安全方面的检测技术和要求。在重点介绍每一项目检测技术时，还同时介绍该项目检测内容的理化性质、检测原理及实验目的。由于食品行业发展较快，多数食品企业都配置了包括高效液相色谱、气相色谱等大型分析设备，原第一版中采用的薄层层析方法，较多地被高效液相色谱法或气相色谱法取代。另外，违法添加非食用物质和滥用食品添加剂的现象时有发生，为此，《食品质量与安全实验技术》第二版专列一章介绍食品中可能违法添加的非食用物质及检测技术。因此，第二版较第一版更具系统性、应用性和可读性。本教材除作为食品、水产、园艺等专业本科生及高职生的实验教材外，也可作为这些专业的研究生及相关专业技术人员的参考书。

　　本教材共分七章。第一章主要介绍实验技术基础知识，这一部分是从事食品质量与安全分析工作者必备的实验技能。第二章是与食品质量方面相关的成分综合测定技术。第三章主要介绍了食品添加剂的常规测定方法。第四章为食品中有毒、有害成分测定。第五章为食品安全的生物检测技术，为便于自学，本章除介绍了一些实验分析技术外，还对其相关的分子生物学基础知识作了简要介绍。第六章为食品中可能添加的非食用物测定，这是为适应当前加强食品中可能添加的非食用物测定增加的。本教材的最后一章是创新性实验设计及实施，本章是适应当前形势及培养学生创新能力的需要而设立，以培养学生的创新意识和能力，也是作为本门课程学习的考察方式。

　　本教材由汪东风教授主编。各章编写人员分工如下：第一章由西北农林大学刘邻渭教授主笔，第二章由南京财经大学胡秋辉教授主笔，第三章由山西农业大学郝林教授主笔，

第四章由中国海洋大学汪东风教授主笔，第五章由华南理工大学余以刚教授主笔，第六章由中国农业大学侯彩云教授主笔，第七章由中国海洋大学汪东风教授主笔，附录由中国海洋大学徐莹博士主笔。食品质量与安全实验涉及学科较多，内容范围广，本教材所介绍的内容，尽管多数都经作者们反复探索和多次实验的验证，部分实验是通过比较后筛选或修订的，但由于实验条件及作者水平的限制，仍有许多不足之处，甚至可能会有错误，敬请同行专家和广大读者批评指正，以便使本教材在使用中不断完善和提高。

本教材在编写和审稿过程中受到中国轻工业出版社、中国海洋大学及许多高等院校同行及广大读者的热情鼓励和支持，中国海洋大学食品科学与工程学院历届用过第一版的师生，在使用过程中认真钻研，对第一版的内容提出了不少中肯的意见，这些都对第二版的修订起到了很好的作用。在此一并致谢。

编者
2010 年 8 月

前言（第一版） | Preface

"民以食为天"，人们每天离不开饮食。加工精湛、包装精美的食物满足了人们的生理和心理的需要；方便快捷的各种制成品满足了人们现代化快节奏生活的需要；食物数量的提高和新食品资源的开发满足了人们日益增加的食物需求。可以这么说，现代人的饮食与半个世纪前或一个世纪前的饮食发生了天翻地覆的变化。食物生产者为满足现代人的上述需要，开发利用了许多新技术，并应用于食物的生产加工。众所周知，化学农药的生产应用为保障食物的数量和质量起着重要的作用。目前全世界实际生产和使用的农药品种约有500种，其中大量使用的农药约有100种，它们主要是化学农药。这些农药使用不当就会在食物中有大量残留，对人体造成危害。食品添加剂是现代食品生产必不可少的，有些添加剂除具有添加剂的属性外，还具有营养性和保健功能，如抗氧化剂维生素C等。但有些添加剂的过多残留则对人体有害。随着食品科学及分析技术的提高，人们日益认识到某些食物中毒还与食物中内源性毒素有关。另外，环境的污染对传统食品中含有的生化成分的影响及污染残留，均会对食品的安全产生隐患。

随着人们生活水平和保健意识的提高，如何提高食品质量，减少食物中有害物质残留，保障食品的质量与安全是当前食物生产及食品加工行业迫切的任务。正是在这种背景下，不少高校纷纷成立了食品质量与安全专业，旨在培养既懂食品科学、生物学及管理学的基础知识，又会食品质量及安全检测技术的复合型专业人才。为了满足上述需要，全国食品质量与安全专业高校教材研讨会将《食品质量与安全实验技术》列为本专业规划教材。

本教材在内容上除介绍适合一般设备条件下的食品质量与安全专业实验外，还努力注意介绍一些需要一定的仪器设备的新的食品质量与安全科学研究技术及最新的食品安全方面的分析技术和要求。因此，本教材除作为食品、水产、园艺等专业本科生及高职生的实验教材外，也可作为这些专业的研究生及专业技术人员的参考书。

本教材共分六章。第一章主要介绍实验技术基础知识，这一部分是从事食品质量与安全分析工作者必备的实验技能。第二章为营养成分综合测定技术，主要介绍了食品中一些营养成分的测定技术。第三章主要介绍了食品添加剂的常规测定方法。第四章为食品中有毒、有害成分测定。第五章为食品安全的生物检测技术，本章是食品质量与安全检测技术研究的热点，进展较快，要有较好的分子生物学基础知识，为此本书除介绍了一些实验分析技术外，还对其相关的分子生物学基础知识作了简要介绍。本教材的最后一章是研究性实验设计及实施，本章是适应当前形势及培养学生创新能力的需要而设立，主要介绍自主设计申报研究性实验的方法及研究性报告的撰写要求，以引导学生的开发创新技能和作为本门课程学习的考察成绩。

本教材除同一般的实验指导书一样，介绍了每个实验的目的及操作步骤外，还将注意事项及思考题列在其后，力图满足初学者或自学者的需要，也为想进一步思考该实验的学生提供了参考及空间，从而有利于学生创新能力的培养。

本教材由汪东风教授主编。各章编写人员分工如下：第一章及第六章由汪东风编写；第二章由汪东风及徐玮编写；第三章由曹立明和董仕远编写；第四章由刘树青编写；第五章由江洁和汪东风编写；附录由汪东风及刘树青编写。尽管上述所介绍的内容，多数经作者们反复探索和多次实验的验证，部分实验是通过比较后筛选或修订的，但由于实验条件及作者水平的限制，仍有许多不足之处，甚至可能会有错误，希望得到批评指正，以便今后修改完善。

在编写和审稿过程中，全国食品质量与安全专业高校教材研讨会的多位专家对本教材的编写大纲提出了宝贵意见。在此一并致谢。

本教材涉及的学科较多，内容范围广，加之编者水平和能力有限，难免有不足、错误和不妥之处，敬请同行专家和广大读者批评指正，以便使本教材在使用中不断完善和提高。

编者

2004 年 3 月

目录 Contents

第一章 样品采集及数据处理 ··· 1
第一节　样品的采集与保存 ·· 1
第二节　样品的制备和前处理技术 ·· 11
第三节　试验方法选择 ·· 18
第四节　试验误差及消除方法 ·· 21
第五节　试验数据的整理和处理 ·· 28

第二章 食品营养成分测定 ··· 38
第一节　水分测定（含水分活度） ·· 38
第二节　维生素的测定 ·· 46
第三节　矿物质总量及矿物质元素组成测定 ·························· 56
第四节　蛋白质总量及氨基酸测定 ·· 73
第五节　碳水化合物总量及单糖测定 ···································· 78
第六节　脂肪测定 ·· 88

第三章 食品添加剂含量的测定 ·· 94
第一节　合成着色剂含量的测定 ·· 95
第二节　护色剂含量的测定 ·· 98
第三节　食品漂白剂含量的测定 ·· 107
第四节　食品合成甜味剂含量的测定 ··································· 111
第五节　食品防腐剂含量的测定 ·· 124
第六节　食品抗氧化剂含量的测定 ······································ 136

第四章 食品中有毒、有害成分检测技术 ························ 148
第一节　食品中内源性毒素的测定 ······································ 148
第二节　食品中有毒微生物污染物的测定 ··························· 170

第三节 食品加工及贮藏过程中产生的有毒、 有害物质的测定 ………… 189
第四节 食品中重金属含量的综合测定 …………………………………… 203
第五节 植物源食品中农药残留量的测定 ………………………………… 210
第六节 动物源食品中抗生素残留量的测定 ……………………………… 214
第七节 其他检测项目推荐标准 …………………………………………… 220

第五章 食品安全现代生物检测技术 ……………………………………… 225
第一节 免疫学检测技术 …………………………………………………… 225
第二节 PCR 检测技术 ……………………………………………………… 248
第三节 环介导基因恒温扩增（LAMP）技术 …………………………… 267
第四节 生物芯片检测技术 ………………………………………………… 274

第六章 食品中可能违法添加的非食用物质检测 ………………………… 292
第一节 概述 ………………………………………………………………… 292
第二节 非食用着色物质的测定 …………………………………………… 294
第三节 发色或漂白用可能添加的非食用物质的测定 …………………… 303
第四节 防腐用可能添加的非食用物质的测定 …………………………… 314
第五节 掺假及其他可能添加的非食用物质的测定 ……………………… 317

第七章 食品中可能掺伪物质检测技术 …………………………………… 330
第一节 粮油制品掺伪物质检测技术 ……………………………………… 331
第二节 肉制品掺伪物质检测技术 ………………………………………… 333
第三节 乳制品掺伪物质检测技术 ………………………………………… 335
第四节 水产品掺伪物质检测技术 ………………………………………… 338
第五节 蜂蜜掺伪物质检测技术 …………………………………………… 340

附 录 实验室操作规则及检测标准 ……………………………………… 344
附录一 实验室安全规则 …………………………………………………… 344
附录二 实验室废弃物处理规定及注意事项 ……………………………… 348
附录三 试剂的规格及贮存 ………………………………………………… 351
附录四 常用的缓冲溶液配制 ……………………………………………… 352
附录五 标准溶液的配制与标定 …………………………………………… 358
附录六 食品质量与安全检测标准一览表 ………………………………… 362

第一章

CHAPTER

样品采集及数据处理

1

内容摘要：样品采集基本术语、基本程序和抽样方案；不同类型的食品或农产品样品采集的具体方法；样品运输和保存；样品制备和前处理；试验方法的选择；试验误差分类和其减免指南；试验数据的整理和处理方法等。

第一节　样品的采集与保存

一、　样品采集与保存的重要性和要求

采样，也称抽样，是从某原料或产品的总体（通常指一个货批）中抽取样品的过程。有时，采样是指从怀疑发生污染、有毒和掺假的原料和产品中抽取样品的过程。采样是分析检验中最基础的工作。正确的采样方法、合理的保存和及时送检是保证食品质量与安全检验质量的前提。

参照 GB/T 5009.1《食品卫生检验方法理化部分总则》，样品的采集和保存要求如下：

（1）代表性　采样对象整体数量往往很大，各个体间的物理、化学、生物等性质存在细微差别，个别个体可能与其他差别很大。采样量相比之下则很小，只有采得代表性强的样品，才能在源头保证分析结果的代表性。

（2）科学性　由于食品多种多样、均匀性差、货批量大，采样方法和采样量对采样结果影响很大。因此，必须科学制订和严格遵守采样程序和方法，保证分析结果的科学性。

（3）真实性　有些样品在采样、运输和保存中易受外界因素影响而变质。因此，必须严格保护样品以减少外界因素对样品原始特性的改变，否则最后的分析结果将难以反映样品的真实特性。对于特别易变化的样品，应强调即时采样，即时分析。当采集的样品要用于微生物检验时，采样必须符合无菌操作的要求，一件用具只能用于一个样品，且保存和运送过程中应保证样品中微生物的状态不发生变化。另外，样品不得跨货批混采或替代，也不得从破损或泄漏的包装中采集（它们直接属不合格品）。

（4）典型性　在食品安全监测中，对于怀疑被污染的原料、产品和商品，应采集接近污染源和易受污染的典型样品；对于发生中毒或怀疑有毒的原料、产品和商品，应采集中毒者有关的典型样品（如呕吐物、排泄物、剩余食物和未洗刷餐具等）；对于发生掺假或怀疑掺假的原料、产品和商品，应按可能的线索提示，采集有可能揭露掺假的典型样品。

（5）操作规范　采样方式多样、采样过程长、操作步骤多，食品分析中采样带来的误差，往往大于后续测定带来的误差。因此，根据样品特点科学制订和严格执行规范化的采样操作和记录是保证采样精确性和可信度的关键因素。

（6）均匀性　贮器内液体和半固态流体在采样前先要充分混匀。仓储或袋装的固态粉粒样品需分别依据规定方法均匀地从不同部位采样，充分混匀后再取样。肉类、水产等食品应按分析项目的要求分别采取不同部位的样品或混合后采样。

（7）清楚标记，严防混淆　一个样品盛具只能用于一个样品，每个样品都必须有唯一性标志，且标签上应标记有与该样品有关的尽可能详尽的资料。

（8）注重保质　不论什么样品，采后都必须尽快检测，检测前的储运方法应保证样品不发生变质和污染。除了易变质的样品可以按照特殊规定检验后不保留外，一般样品检验后仍需保留一定时间（常为 1 个月）有待复查。因此，保留方法应尽量保证样品不发生变质和污染。

二、 样品采集与保存的注意事项

由于食品样品的状态不同，其处理程序也不同。有的样品是冷冻的，有的是盐渍的，有的是干燥的，有的是新鲜的。不同状态的样品，在进行检测前，都要进行处理。我们在处理过程中，都要严格按规定的检测规程操作，不能随意更改处理程序，或是省略某项处理程序，抑或是随意颠倒处理流程，或是根据自己的检测工作经验进行操作，这些不规范的操作都将影响着检测结果。因此，样品处理工作是一项很系统和严谨的工作，准备工作可能涉及多个人或多个设备，分析人员操作的因素、设备操作的差异，这些都将影响着样品处理结果。如果处理不当，还可能带来极大的污染样品的风险，这将直接导致产品检测结果不准确。以下几点在样品采集和保存过程尤其需要注意。

（1）注意酶活力的影响　在制备样品时尽量不要激活任何种类的酶活力，否则一些成分会发生酶促变化而改变。对于可能存在酶活力的样品，要采用冷冻、低温及快速处理。

（2）防止脂质的氧化　食品中的脂肪易发生氧化，光照、高温、氧气或过氧化剂都能增加被氧化的几率。因此通常将这种含有高不饱和脂肪酸的样品保存在氮气或惰性气体中，并且低温存放于暗室或深色瓶子里，在不影响分析结果的前提下可加入抗氧化剂减缓氧化速度。

（3）注意微生物的生长和交叉污染　如果食品中存在活的微生物，在不加控制的条件下极易改变样品的成分。冷冻、烘干、热处理和添加化学防腐剂是常常用于控制食品中微生物的技术。对于这类食品要尽可能地快速完成样品的制备。

（4）注意处理过程中对重金属含量的影响　在检测食品中的有害重金属含量时，对于需要粉碎的样品，要避免粉碎设备带来的重金属污染。最常见的污染是 Fe 或 Cr。

（5）防止食品形态改变对样品的影响　食品形态的改变也会对样品的分析有影响，例如，由于蒸发或者浓缩，水分可能有所损失；脂肪或冰的融化或水的结晶，可能使食品结构属性发生变化，进而影响某些成分结构。通过控制温度和外力可以将形态变化控制到最小程度。

综上所述，食品的取样、制样技术对于食品的质量与安全检测非常重要。生产企业应建立一套完善的取制样流程和技术，以便及时提供正确的分析报告，保障食品的质量与安全；对于质量监督部门而言，不仅需要科学的检测方法，还要注意样品采集与保存技术，这是检测的重要步骤。

三、 样品采集的基本术语、 基本程序和抽样方案

（一） 基本术语

（1）货批和检验批　同一货批指相同品名、相同物品、相同来源、相同包装、甚至相同生产批次的物品构成的货物群体。商检时常常将大货批分成几个检验批，小的货批往往属于一个检验批。检验批的货物件数有规定（称为批量），一个检验批中应采集的原始样品件数往往也有规定，但这些规定中包含着必要的灵活性。

（2）检样　由组批或货批中所抽取的样品称为检样。一批产品抽取检样的多少，按该产品标准中检验规则所规定的抽样方法和样本量执行。如果计量单位相同，一个检验批称为总体，检样之和称为样本，检样此时就等同样本单元。

（3）原始样品　指按采样规则、采样方案和操作要求，从待测原料、产品或商品一个检验批的各个部位采集的检样保持其原有状态时的样品。不同食品、不同检验类别的一个检验批应采集的样本量和原始样品量常有规定，采样时应遵守。即使货批很小，原始样品的最低总量一般也不得少于 1kg（固体）或 4L（液体）。

（4）平均样品　将原始样品按一定的均匀缩分法分出的作为全部检验用的样品。平均样品量应不少于试验样品量的 4 倍，通常，它的总量不得少于 0.5kg（固体）或 2L（液体）。

（5）试验样品　由平均样品分出用于立即进行的全部项目检验用的样品。它的量不应少于全部检验项目需用量（设计各项目检验需用量时要考虑全部平行试验）。

（6）复检样品　由平均样品分出用于复检用的样品。它的量与试验样品量相等。

（7）保留样品　由平均样品分出用于在一定时间内保留，以备再次检验用的样品。它的量与试验样品量相等。

（8）缩分　指按一定的方法，不改变样品的代表性而缩小样品量的操作。一般在将原始样品转化为平均样品时使用。

原始样品的缩分方法依样品种类和特点而不同。颗粒状样品可采用四分法。即将样品

混匀后堆成一圆堆，从正中画十字将其四等分，将对角的两份取出后，重新混匀堆成堆，再从正中画十字将其四等分，将对角的两份取出混匀，这样继续缩分到平均样品的需要量为止。

液体样品的缩分只要将原始样品搅匀或摇匀，直接按平均样品的需要量倒取或吸取平均样品即可。易挥发液体，应始终装在加盖容器内，缩分时可用虹吸法转移液体。

不均匀的大个体生鲜原始样品（例如水果）的缩分比较难。应先将原始样品按个体大小分类，然后将尺寸同类的样品分别缩分，最后把各类缩分样再混合，构成平均样品或直接构成试验、复检和保留样品。这类样品在转变为分析试样时，还得再次缩分，因为只有这时候才能将样品个体破碎。

（9）生产线样品　生产线样品一般是指原材料，原料生产用水、包装材料或其他任何使用在生产线的材料。生产线样品的采集一般用来确定细菌污染源是否来自原材料或加工工序中的某些地方。

（10）环境样品　一般主要指从车间的地面、墙壁和天花板等处取得的样品，这些样品可用于分析生产环境有无可污染食品的污物和致病微生物。

（11）简单随机抽样　指按照随机原则，从大批物料中抽取部分样品。操作时，应使所有物料的各个部分都有均等的被抽到的机会。随机取样可以避免人为倾向，但是，对不均匀样品，仅用随机抽样法是不够的，必须结合代表性取样，从有代表性的各个部分分别取样，才能保证样品的代表性。

（12）代表性抽样　指用概率抽样方法中的非简单随机抽样法进行采样，即根据样品随空间（位置）、时间变化的规律，将样品总体的元素单位按一定规律划分后，采集能代表各划分部分相应组成和质量的样品，然后再均匀混合的采样方法。例如，可对储器中的物料均匀分层取得检样、可随生产流动过程在某工序定时取得检样、可按产品生产组批从每批中均匀取几个检样、可按生产日期定期抽取几个检样，可按货架商品的架位分布序号抽取检样等，然后把各检样均匀混合形成原始样品。

（二）基本程序

采样的基本程序如图 1 - 1 所示。

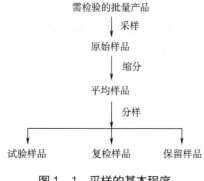

图 1 - 1　采样的基本程序

原始样品应由采样负责人（或由货主和检验单位委托的具有专业资格的采样人）按规定的采样程序和方法前往货批现场采集，由货主自己送达检验单位的受检样品不等同检样和原始样品，这种样品的检验结果在法律上不能作为货批的检验结果。采样工作的大部分时间和工作量多花在检样和原始样品的采集中。为了减少运输负担，有些缩分工作可在采得原始样品之后，立即在货批所在地进行，但通常是将原始样品带回检验单位后，在制备样品的过程中再缩分为平均样品。将平均样品分为试验样品、复检样品和保留样品的工作应当是在样品送回到分析单位后尽快进行。一旦获得试验样品，应当立即开始检验，同时进行复检样品和保留样品的保存工作。如果实际情况不允许立即对试验样品进行检验，这种样品也需按一定方法保留，不能使之变质。

（三）　抽样方案

在多数情况下，科学性的抽样应当是指统计学抽样（或称为概率抽样），它是从一批产品中随机抽取少量产品（样本）进行检验，并根据检验结果来推断整批产品的质量。GB/T 2828.1—2012《计数抽样检验程序》和 GB/T 6378.4—2008《计量抽样检验程序》规定了按统计学抽样方案进行检验的程序。抽样方案指检验所使用的样本量和有关批接收准则的组合。样本量由检验水平决定，检验水平指抽取的样本量和批样本总量之比，通常分为Ⅰ、Ⅱ、Ⅲ个水平。接收准则和接收质量限（AQL）有关，AQL 是指当一个连续系列批提交验收抽样时，预先制定的可允许的最差过程质量水平（质量水平指不合格百分数或每百单位产品的不合格数）。抽样检验又分为计数抽样检验和计量抽样检验，前者是根据产品质量特性规定和对抽取样本检验的结果（不合格品所占比例）估计批产品中不合格品数的抽样检验；后者是根据单位产品质量特性的规定和对抽取样本该特性的测量值，从统计学上判定该批产品生产过程是否合格的检验。

（1）计数抽样检验抽样方案　GB/T 2828.1—2012《计数抽样检验程序　第一部分　按接收质量限（AQL）检索的逐批检验抽样计划》里提供了计数抽样检验的抽样方案。使用该标准时，只需根据批样品总量和规定的检验水平（正常、加严和放宽）查出一个字母（称为样本量字码，英文字母 A～R），然后，根据规定的 AQL 和该字码，就可查出需要抽取的样本量和该样本里检出几个不合格品时就应接收或不收该批产品的抽样方案。详细的不同批量范围的样本量字码和对应的样本量等，参见 GB/T 2828.1—2008 附表 A1 和 A2。

例如，批量为 20000 个的一批产品，如采用一般检验水平，则样本量字码为 M，如规定接收质量限为 1，则通过查表可得：最小样本量为 13 个，其中只要检出一个不合格品，则应不接收整个货批。

（2）计量抽样检验抽样方案　GB/T 6378.1—2008《计量抽样检验抽样程序　第一部分　按接收质量限（AQL）检索的对单一质量特征和单个 AQL 的逐批检验抽样计划》与 GB/T 2828.1—2012 互成一体，但也有许多不同，GB/T 6378 是计量型，GB/T 2828 是计数型。例如，计量抽样检验的样本量比计数抽样检验的小，并能获得产品质量更精确的信息，但计量抽样检验程序相对更复杂，要求产品的质量特征服从正态分布（计数抽样检验无此要求），方案的某些方面也更难理解，另外如果要对产品的两个以上的质量特征进行测定，就更难实施。该标准使用时也要用到 AQL 和由批总量和检验水平决定的样本量字码，用它们可查表得出应抽取的样本量 n 和接收常数 k。但通过接收常数和测定结果不能直接判定应接收或不收该批产品的结论，需要先根据测定结果计算统计量 Q_U 或 Q_L，然后根据该统计量和 k 的比较结果才能判定应接收或不收该批产品。

统计量 Q_U 和 Q_L 分别称为上质量统计量和下质量统计量，在样本总的标准差已知时需要计算 Q_U，并用它和 k 的比较结果判定应接收或不收该批产品，在样本总的标准差未知时需要计算 Q_L，并用它和 k 的比较结果判定应接收或不收该批产品。Q_U 和 Q_L 的计算式分别如下：

$$Q_U = (\bar{x} - U)/S \qquad\qquad (1-1)$$
$$Q_L = (\bar{x} - L)/S \qquad\qquad (1-2)$$

式中　　Q_U——上质量统计量；

$\quad\quad\quad Q_L$——下质量统计量；

$\quad\quad\quad \bar{x}$——n 个抽取样品的规定的受测质量特征的测量平均值；

$\quad\quad\quad S$——测量的标准差；

$\quad\quad\quad U$——上规范限，它指对单位产品规定的合格上界规范限（规范限指对产品质量规定的合格界限值）；

$\quad\quad\quad L$——下规范限，它指对单位产品规定的合格下界规范限。

在单侧规范限检验的情形下，计算出 Q_U 或 Q_L 之后，就可直接将它们与 k 相比，如果它们 $\geq k$，就应该接收该批产品，如果它们 $< k$，就应该不接收该批产品。

在联合双侧规范限检验的情形下，计算出 Q_U 或 Q_L 之后，将它们乘以 $\sqrt{3}/2$（≈ 0.866）并查表确定超出上、下规范限过程不合格产品率的估计值 $\bar{p}_U$ 和 $\bar{p}_L$，最后将它们之和 $\bar{p}$ 与查表所得的最大容许量 p^* 比较，如果 $\bar{p} \leq p^*$，就应该接收该批产品，如果 $\bar{p} > p^*$，就应该不接收该批产品。

例如，某农产品被包装成大包，每包记为 1 件，法规规定该产品的某农药最大残留量为 60.0 $\mu g/100g$，被检货批为 100 件，采用一般检验水平（即检验水平为 II），并规定 AQL 为 2.5%。试采用 GB/T 6378.1—2008 确定采样方案。

根据总货批量为 100，检验水平为 II，可查 GB/T 6378.1—2008 附表得样本量字码为 F，再根据样本量字码为 F 和 AQL 为 2.5%，可查表得样本量 $n = 13$，接收常数为 1.405。

于是，随机从总的 100 件中抽取 13 件，按采样方法从每件中取得原始样品，分别转换成 13 个检验样品，进行检测后，就能得出 13 个关于该产品的这种农药残留的含量。

假如 13 个检测结果的平均值为 51.00 $\mu g/100g$，标准差为 3.000 $\mu g/100g$，则：

$$Q_U = (U - \bar{x})/S = (60.0 - 51.00)/3.000 = 3.0$$

因为，$Q_U > k$，所以该农产品应被接收。

四、 样品的采集方法

样品采集方法要求既满足采样要求，又尽量达到快速、准确、成本低和配合实务。食品检验样品的具体采集方法是概率抽样的具体体现，常见的是简单随机抽样和代表性抽样及它们的配合。未有特殊缘由或特殊授权，不能采用任何非概率抽样法。

概率抽样法抽取的样本是按照样本个体在样本总体中出现的概率随机抽出的。它的优点是：样本具有代表性，而且可根据具体抽样方法的设计和统计学方法估计采样的精确度。

概率抽样又可分为简单随机抽样、分层随机抽样、系统抽样、集群抽样、两段集群抽样等。简单随机抽样指不对样本总体的任何个体加以区分，每一个体均有相同的概率被抽中。分层随机抽样是指先将样本总体的个体按空间位置或时间段等特性分成不重叠的组群（称为"层"），然后从它们中各随机抽取若干个体，混合均匀即为样本。系统抽样指将样本总体的每一个体按一定顺序编号，然后每隔一定编号间隔系统地抽取一个个体，合起来即为样本。集群抽样是将样本总体中相邻近的个体划分为一个集体，形成一系列集体后，再以集体为单位，简单随机从这些中集体选取几个单位，合起来即为样本。两段集群抽样是先按集群抽样抽取几个集体，然后再从这些抽出的集体中分别简单随机抽出部分基本个体，然后混合。

非概率抽样法抽取的样本不按均等概率出现在样本总体中。例如，只取方便可取的样品个体的方法称为便利抽样；研究人员凭其经验和专业知识，主观地抽取他认为有代表性的样本的方法称为判断抽样；先根据研究人员认为较重要的控制变项把样本总体分类，然后在各类中按定额数量抽选样本的方法称为配额抽样。这些非概率抽样法缺乏代表性，也无法计算抽样误差，因此一般不能在食品质量与安全检测中采用。个别情况下使用的一个例子，如检验者已有一定根据怀疑某一农产品的某个局部的个体是引起某一食物中毒事故的毒源所在，为检验它是否果真有毒，就可只对这一局部的个体采样。

对于不同类型的食品或农产品，具体的采样方法常常已建立。其中都包含了概率取样方法的原理并考虑了不同样品的特点和把采样误差限制在允许的范围内。简单概述如下。

（一）　液体样品的采集

（1）散装批量样品的采集　在批量产品的每一大储存容器中，于不同深度、不同部位，分别采集每份0.1~0.2L的五份独立检样，将它们充分混合成0.5~1L的混合样品，就是该储存容器的原始样品。如果检验项目规定的检验批量等于几个储存容器内的物量，可将同批量不同储存容器采得的样品再混合，从中取1~2L作为一个检验批的原始样品。如果检验项目规定的检验批量小于或等于一储存容器内的物量，就以各储存容器采得的样品作为每个检验批的原始样品。如哪一储存容器中采出的样品感官测定异常时，应直接判定不合格或单独标记留样。

（2）包装样品的采集　对于铁桶、塑料桶、磁缸、木桶等大包装液体样品，如果未规定检验批量，可从一货批中随机均匀抽取数个（数量一般为一货批总包装件数的5%左右）包装。如果检验方案已定（即货批、检验水平、样本量都已定）应按一检验批规定的抽取件数随机均匀抽取一定包装个数。然后用采样器在每一抽取的包装内上、中、下部分别吸取0.1~0.2L样品，如果感官测定无特殊异常，将各包装抽取的样品分别充分混合，从中再取够制备平均样品的混合样品作为原始样品。如哪一包装采得的样感官测定异常，应直接判定不合格并单独留样。

对于内部包装为盒、瓶、罐等，外部包装为纸箱、塑料箱等液体样品，通常抽样方案都规定了检验批和相应的采样量，应遵照规定随机均匀抽取相应的箱数，再按规定从每箱中随机抽出相应的小包装件数，将各箱抽取的小包装分别合并，即为一检验批的原始样品。

如果没有规定检验批，一般可随机均匀抽取 $\sqrt{\dfrac{x}{2}}$ 箱（x 为该货批的总箱数），然后从抽出的每箱中随机抽出规定个小包装，分别合并为样本的原始样品。

小包装食品样品在进行检验前，尽可能取原包装，不要开封，以防污染。

（二）　固体样品的采集

（1）散装批量样品的采集　对于装在若干个储存容器内的散装批量颗粒或粉末产品，如果检验方案规定的检验样本量等于几个储存器中的物品，则在随机抽取的每一储存器的不同深度、不同部位，分别采取每份 0.1～0.2kg 的 5～10 份样品，然后将各储存器抽出样品分别充分混合成 0.5～2.0kg 的样品，作为样本各单元的原始样品。如哪一储存容器中采出的样品感官测定异常时，应直接判定不合格或单独留样。如果检验项目规定的检验批量小于或等于一储存器内的物量，就只在实际储存货物的容器中随机采得样品并混合，作为该检验批的原始样品。

（2）包装样品的采集　对于内部包装为盒、袋、包等，外部包装为纸箱、塑料箱等的固体样品，抽样方案通常都规定了检验批量和相应的抽样量，应遵照规定随机均匀抽取相应的箱数，再按规定从每箱中随机抽出相应的小包装件数，分别合并为一检验批的原始样品。如果没有规定检验批，一般可随机均匀抽取 $\sqrt{\dfrac{x}{2}}$ 箱（x 为该货批的总箱数），然后从抽取的每箱中随机抽出 1 个小包装，分别合并为一检验批的原始样品。在总货批量相对较小时，常将总货批作为一个检验批，采集的包装数量一般为该货批总包装数的 5%，最少为 5 个，最多为 15 个。如果总包装数少于 5 个，则打开每一箱外包装，从每箱中随机抽取一定的小包装数（视小包装的大小而定），最少取一包。最后将各箱抽出的小包装样品分别合并作为样本中各单元的原始样品。

小包装食品样品在进行检验前，尽可能不要开封，以防污染。

（三）　流水生产线上的采样

流水作业线上的货批通常指一个工作班生产的产品。要检验该货批的质量是否达标，在制定好抽样量后，取样位点一般都设在作业线上的一定位置（如罐头生产线的封盖前点，又如码头散装货输送线上抓斗前），每隔一定时间，从该位置取出流经此位置的一件或一定量的样品作为检样，然后将一定时间范围（例如一个工作时等）内的检样合并，就形成样本中一个检样的原始样品。

（四）　微生物检验采样方法

对于检验项目涉及微生物含量的检验，除按上述方法外，采样时应按 GB 4789.1—2010 规定进行。有关微生物检验的采样方法和要求如下：

1. 采样用具、容器灭菌方法

（1）玻璃吸管、长柄勺、长柄匙、采样容器（帖好标签）和盖子，要单个分别用纸包好，105kPa 高压蒸汽灭菌 30min，之后干燥密闭保存待用。

（2）采样用的棉拭子、规板、适宜容量的瓶装生理盐水、适宜规格的滤纸等，要分别用纸包好，105kPa 高压蒸汽灭菌 30min，之后干燥密闭保存待用。

（3）镊子、剪子、小刀等金属用具，用前在酒精灯上直接用火焰灭菌。

2. 采样时的无菌操作

（1）按本小节（一）至（三）要求，抽选欲采的具体样品。

（2）采样前，操作人员先用 75% 酒精棉球消毒手。当必须用灭菌手套时，必须用一种避免污染的方式戴上，手套的大小必须适合工作的需要。

（3）对于包装食品，采取原始样品时，至少小包装暂时不要打开。必须打开包装进一步完成采样时，包装的采样开口处及周围用 75% 酒精棉球消毒。

（4）对于散装样品，采样口处（如塞子、坛口）及周围也需用 75% 酒精棉球消毒。

（5）固体、半固体、粉末状样品可用灭菌勺或刀采样，液体样品用灭菌玻璃吸管采样，将其转入灭菌样品容器后，容器口经火焰灭菌加盖密封或酒精消毒后用其他方法密封。

（6）食品加工用具、餐具、工人手指等样品的采集，在抽选好具体被采对象后，可用灭菌生理盐水浸湿的滤纸片、棉拭子贴在样品表面。1min 后，将其转移到采样容器中封存，筷子则可直接浸入含灭菌生理盐水的样品瓶中，用洗脱法采样。

3. 样品的处置

（1）采到的样品必须在 4h 以内进行检验，否则，必须低温运输、冷藏或冻藏保存。

（2）为使样品在贮运过程中保持低温，一个标准和洁净的制冷皿或保温箱和一些种类的制冷剂是必需的。通常将样品放在灭菌的塑料袋中并将袋口封紧，干冰可放在袋外，一并装在制冷皿或保温箱中。

（五）　采样注意事项

（1）一切采样工具、容器、塑料袋、包装纸等都应清洁、干燥、无异味、无污染。若要分析微量元素，样品的容器更应讲究，例如，分析 Cr、Zn 含量时不应用镀 Cr、镀 Zn 工具采样，有些采样工具有计量刻度，应注意其校准。各类专用采样工具的使用方法一定要遵照使用说明书正确使用。

（2）采样后，对每件样品都要做好记录，采样时，所采样品应及时贴上标签，标签上应注明：货主、品名、检验批编号或货批编号、样品编号、采样日期、地点、堆位、生产日期、班次、采样负责人等。

（3）如果发现货品有污染的迹象或属于感官异常样品，应将污染或异常的货品单独抽样，装入另外的容器内，贴上特别的标签，详细记录污染货品的堆位及大约数量，以便分别化验。

（4）生鲜、易腐的样品在采集后 4h 内迅速送到实验室进行分析或处理，应尽量避免样品在分析前成分发生变化。

（5）盛装样品的容器应当是隔绝空气、防潮的玻璃容器或其他适宜和结实的容器。

（六）采样记录

1. 现场采样记录

采样前，采样负责人必须了解受检食品的原料来源、加工方法、运输保藏条件、生产和销售中各环节的卫生状况。如为外地进入的食品，应审查该批食品的有关证件，包括商标、送货单、质量检验证书、卫生检疫证书、监督机构的检验报告等。随后对受检食品的品名、数量、包装类型及规格、样品状态、现场环境等进行了解，并对该批食品总体进行初步感官检查。然后按实际样品的适宜采样方法和采样规则，正式开始采样。整个过程要及时做好现场记录，内容包括：

①物主（被采样单位或法人）；

②品名、数量、商标、包装类型及规格、样品状态；

③物品产地、生产厂家、生产日期、生产批号；

④送货单、质检合格单、卫检合格单等证件编号；

⑤采样地点、现场环境条件；

⑥初步的总体感官检查结果（如包装有无破损、变形和受污染，散装品外观有无霉变、生虫、受污染等异常现象）；

⑦采样目的、采样方式和方法；

⑧各检验批或货批的编号、原始样品编号、特殊或异常样品编号及其观察到的现象；

⑨采样单位（盖章）、采样负责人（签字）、采样日期；

⑩物主负责人（签字）。

2. 样品封签和编号

每件样品采好后，立即由采样人封签，并在包装外贴好标签，明确标明样品编号、品名、来源、数量、采样地点、采样人和采样日期，采样全部完毕并整理好现场后，将同一检验批或货批的每件样品统一装在牢固的包装内，由采样人再次封签，并贴好标签，注明品名、来源、采样地点，检验批编号、采样人和采样日期。异常和特殊样品应独立封签和独立贴标（标签特征最好与其他的不同）。

3. 采样单

采样单一式两份，一份交被采样单位或法人，一份由采样单位保存。采样单内容包括：

①物主名称；

②品名、数量、编号；

③物品产地、生产厂家、生产日期、生产批号；

④检验批数量和每一检验批采得样品数量；

⑤采样单位（盖章）、采样人（签字）、采样日期；

⑥物主负责人（签字）。

五、 样品运输和保存

（一）样品运输

不论是将样品送回实验室，还是要将样品送到别处去分析，都要注意防止样品变质。某些生鲜样品要先冻结后再用冰壶加干冰运送，易挥发样品要密封运送，水分较多的样品要装在几层塑料食品袋内封好，干燥而挥发性很小的样品（如粮食）可用牛皮纸袋盛装，但牛皮纸袋不防潮，还需有防潮的外包装，蟹、虾等样品要装在防扎的容器内，所有样品的外包装要结实而不易变形和损坏。此外，运送过程中要注意车辆等运输工具的清洁，注意车站、码头有无污染源，避免样品污染。

样品采集后，最好由专人立即送检。如不能由专人送样时，也可快递托运。托运前必须将样品包装好，应能防破损，防冷冻样品升温或融化。在包装上应注明"防碎""易腐""冷藏"等字样，做好样品运送记录，写明运送条件、日期、到达地点及其他需要说明的情况，并由运送人签字。

（二）样品保存

采回的样品应尽快进行分析，但有时不能这样做时（特别是复检样品和保留样品），就要保质保存。根据不同的样品，保存的方法也不同。干燥的农产品可放在干燥的室内，可保存 1~2 周；易腐的样品应在冷藏或冷冻的条件下存放，冷冻样品应存放在 $-20℃$ 冰箱或冷藏库内，冷藏的样品应存放在 $0~4℃$ 冰箱或冷却库内；其他食品可放在常温冷暗处。冷藏或冷冻时要把样品密封在加厚塑料袋中以防水分渗进或逸出；见光变质的样品可装入棕色瓶或用黑纸外包装；对含水多的样品，也可先分析其水分后将剩余样品干燥保存；如果向样品中加入某些有助于样品保藏的防腐剂、稳定剂等纯度较高的试剂并不会干扰待分析项目结果时，可采用这种方法延长样品保存期。

保存样品时同样要严格注意卫生、防止污染。

用于微生物检验的样品盛样容器应消毒处理，但不得用消毒剂处理容器。不能在样品中加入任何防腐剂。

长期保存样品的标签最好为双标签，一个贴在最外层包装外，另一个贴在内层包装外。如果样品在冷冻中外包装的标签脱落，应及时重新贴标。

第二节　样品的制备和前处理技术

一、　样品制备和前处理的定义和目的

样品的制备和前处理，两者间没有本质上的区别，有时统称为样品的处理，是指样品

经一些准备性处理转化为最终分析试样的技术过程。其目的是去掉试验样品中不值得分析的部分和一部分杂质，保证分析试样十分均匀，通过浓缩试样以提高试样中的待检物的信号强度。样品的制备和前处理常常是整个分析或检验工作中最麻烦和误差较大的一部分，由于前处理方法不同和操作水平的差异导致分析结果出现较大差异的现象已屡见不鲜。分析工作中，完整的分析方法多包括对样品前处理的介绍，即使这样，由于食品样品的多样性，前处理方法还需操作者灵活掌握。因次，充分理解和掌握主要的处理技术具有重要意义。从处理技术的复杂性来看，样品制备是一些简单的处理，包括样品整理、清洗、匀化和缩分等，有些分析试样只需经过样品制备就已准备停当。那些还未就此准备停当的分析试样则需经过进一步处理才能最终作为分析试样，这些进一步的处理就是前处理，例如灰化、消解、提取、浓缩、富集、净化、层析纯化等。

二、 样品制备

（1）面粉、淀粉、砂糖、乳粉、咖啡等粉末状和较细的颗粒状食品的样品制备 只需充分搅拌均匀就可作为一般检验项目分析样品。茶叶、烟叶、饼干等样品只需简单粉碎并充分混匀就可作为一般检验项目分析样品。

（2）谷物、豆子、坚果、花椒等天然颗粒状食品的样品制备 包括去杂和去壳，有些检验项目还要求去麸、皮、籽、小梗等。大的固体杂物一般凭手工或分选器捡出，尘土、小梗等细粒和粉末状杂质可经筛分法去除，硬壳一般凭手工破碎后剥去，麸皮的去除则需磨粉和筛分。这些过程中，去掉的物质要计量，加入的水分也要计量，以备分析结果计算时可能应用。

（3）饮料、油脂、炼乳、蜂蜜、酱油、糖浆等液态食品的样品制备 主要是充分混匀，如果这些样品中有结晶、结块或很稠时，可在不高于50℃的水浴中边加温边搅拌使其充分匀化。

（4）个体过大的固体食品的样品制备 如香肠、水果、面包、动物、瓜、薯类等，要设法减小个体体积才能进一步匀化，这就是此类样品制备时的缩分。此时缩分技术的基本要点是不断中分和间隔切分，每次留下具有代表性的一部分。例如，对于水果，应不断沿着果顶和果梗的轴线对角切分，每次留下对角的两部分，直到达到必要的缩分程度后混合；对于火腿肠，可沿着长轴均匀切分为若干小节，然后每隔几节从中取一节混合；对于去除内脏的动物，可沿身体的对称轴对分，取其一半最后混合。

（5）整鱼、贝、畜、禽、蛋及生鲜水果、瓜、蔬菜、薯类等食品的样品制备 要去除不可食部分，冻鱼表面的冰和干咸鱼表面的盐也要去除，盐水鱼罐头的盐水一般也弃去。有些还要把不同器官或不同部分分割后再匀化，去除部分不论是弃去还是单独分析，都要计量，以备分析结果计算时可能应用。

（6）罐头食品的样品制备 将罐头打开，固体和汤汁分别称重，小心去除固体中的不可食部分（如骨头）后再称重，按可食固体和液体的质量比各取一定量，混合后于捣碎机内捣碎匀化。

（7）水果、蔬菜、薯类等生鲜农产品的样品制备　分析前一般必经清洗和去皮，但分析农药残留时，原则上不宜清洗和去皮，须小心仔细地将泥土简单清除。

三、　样品的前处理

（一）　提取

提取是待测物质与样品分离的过程，目的是去除分析干扰物和富集待测物质。

使用无机或有机溶剂从样品中提取被测物，是常用的样品处理方法。如果样品为固体，该法被称为浸提，如果样品为液体，该法被称为萃取。

提取法的原理是溶质在互不相溶的介质中的扩散分配。将溶剂加入样品中，经过充分混合和一定时间的等待，溶质就会从样品中不断扩散进入溶剂，直到扩散分配平衡。平衡时，溶质在原介质和溶剂中的浓度比称为分配系数（K），它是一次提取所能达到的分离效果的主要影响因素之一。经过一次提取达到平衡并将溶剂分出后，又可另加新溶剂进行第二次提取。如此反复提取直到溶质都转移到溶剂中。

溶剂的选择：应该选择对被测物和干扰物有尽可能大的溶解度差异的溶剂，还应避免选择两介质难以分离、黏度高和易产生泡沫的溶剂。这就是要求：被测物在所选溶剂对原介质中分配系数高，所选溶剂和原介质密度差大，溶剂加入后体系的界面张力适中，溶剂黏度低，溶剂对体系来说化学惰性高。一般选择溶剂时，难溶于水的或相对非极性被测物用石油醚、乙醚、氯仿、二氯甲烷、苯、四氯化碳等作提取溶剂，易溶于水或相对极性的被测物质用水、酸性水溶液、碱性水溶液、乙醇、甲醇、丙酮、乙酸乙酯等作提取剂。例如，食品中的小分子碳水化合物、食盐、多数色素和水溶性着色剂、生物碱、山梨酸钾、苯甲酸钠、糖精钠、酚类、类黄酮、重金属等可在第一类溶剂中选出某种来提取，食品中的脂肪、脂溶性维生素、固醇类、类胡萝卜素、有机氯和有机磷农药残留、黄曲霉素、香气物质等可在第二类溶剂中选出某种来提取。

少量多次提取最常见的设备是索氏提取器。常用它提取固体样品中的油脂、脂溶性色素、脂溶性维生素等，常用低沸程石油醚、乙醚等作提取剂，样品受热温度低，提取效率高，操作方便，但是花费时间长。

少量多次萃取技术中最常见的设备是连续液－液萃取装置（如图 1-2 所示）。此设备所用溶剂应当比液体样品原来的介质密度大，且二者不相互溶。溶剂不断回流通过样品溶液，将待萃出物带入萃取溶剂收集器，萃取剂在这里受热气化，到冷却管再次回流。这种方法若改造一下管路，也适用于比液体样品原来的介质密度小的溶剂。

超临界 CO_2 萃取技术和液态 CO_2 提取技术在食品界得到了越来越多的应用。它们的应用范围主要在提取香精油、保健成分和其他天然有机成分。这两种提取方法使用的溶剂（CO_2）对原介质和待提取物的化学惰性高，提取后 CO_2 很易完全挥发，所以在最终样品中无残留。这两种方法提取效率高、样品不必过于破碎，因此是很高级的提取方法，也可用

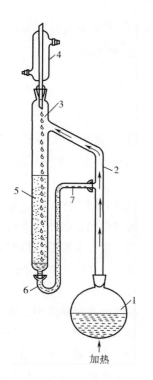

图 1-2　连续液 - 液萃取装置

1—萃取溶剂收集器　2—气态溶剂

3—萃取溶剂　4—冷凝器　5—萃取液

6—溶剂返回管　7—萃取溶剂返回到收集器

于分析工作。

液态 CO_2 提取技术除了要求有低温条件以保证 CO_2 不大量挥发损失外，其他方面与一般的溶剂提取无任何差别。超临界 CO_2 萃取技术则要求用专门的仪器，这种仪器既包括提取室和分离室，并有一套控温、加压系统。CO_2 在提取室内以超临界状态与样品接触，达到饱和提取后，转入分离室，在脱离超临界状态的同时 CO_2 与提取的物质分离，此后，CO_2 重新被转入超临界状态重复使用，如此反复提取与分离，直到提取与分离彻底完成。

由于 CO_2 属非极性溶剂，对极性化合物的萃取具有一定的局限性，如果在 CO_2 中加入少量 NH_3、甲醇、NO_2 等极性化合物可以改善这一局限性。与传统的萃取法比较，超临界 CO_2 萃取技术具有快速、简便、选择性好、有机溶剂使用量少等优点。

固相微萃取技术兴起于大约十年前，它使用表面涂有选择性吸附高分子材料的熔硅纤维作提取器，可以将其直接插入样液，也可将其插入样品瓶的顶空，通过一段时间的扩散达到分配平衡（或表观平衡），然后将熔硅纤维直接插入气相色谱或液相色谱的进样器，在那里解析下萃取到的待测物进行分析。这种方法使用的装置构造相对复杂，吸附高分子材料的选择要根据萃取物的特性进行选择。

（二）　有机物破坏法

分析测定食品中重金属和其他矿物质时，尤其是进行微量元素分析时，由于这些成分可能与食品中的蛋白质或有机酸牢固结合，严重干扰分析结果的精密度和准确性。破除这种干扰的常用方法就是在不损失矿物质的前提下破坏有机物质，将这些元素成分从有机物中游离出来。有机物破坏法被分为以下两类：

1. 干法（又称灰化法）

将洗净的坩埚用掺有 $FeSO_4$ 的墨水编号后，于高温电炉中烘至恒重，冷却后将称量后的样品置于坩埚中，于普通电炉上小心炭化（除去水分和黑烟）。转入高温炉于 $500 \sim 600℃$ 灰化，如不能灰化彻底，取出放冷后，加入少许硝酸或双氧水润湿残渣，小心蒸干后再转入高温炉灰化，直至灰化完全。取出冷却后用稀盐酸溶解，过滤后滤液供测定用。

干法的优点在于破坏彻底、操作简便、使用试剂少，适用于除砷、汞、锑、铅等以外的金属元素的测定。

2. 湿法（又称消化法）

在酸性溶液中，利用强氧化剂使有机质分解的方法叫湿法。湿法的优点是使用的分解温度低于干法，因此减少了金属元素挥散损失的机会，应用范围较为广泛。

按使用氧化剂的不同，湿法又被分为以下几类。

（1）硫酸－硝酸法 在盛有样品的凯氏烧瓶中加数毫升浓硫酸，小心混匀后，先用小火使样品溶化，再加浓硫酸适量，渐渐加强火力，保持微沸状态。如在继续加热微沸的过程中发现瓶内溶液的颜色变深或无棕色气体时，说明硝酸已不足和样品已炭化，此时必须立即停止加热，待瓶温稍降后再补加数毫升硝酸，继续加热保持微沸，如此反复操作直至瓶内溶液变为无色或微黄色时，继续加热至冒出三氧化硫的白烟。自然冷却至常温后，加水 20mL，煮沸除去残留在溶液中的硝酸和氮氧化物，直至再次冒出三氧化硫的白烟。冷却后将消解液小心加水稀释，转入容量瓶中，凯氏烧瓶须用水洗涤几遍，洗涤液一并倒入容量瓶，加水定容后供测定用。

（2）高氯酸－硝酸－硫酸法 基本同硫酸－硝酸法操作，不同点在于：中途反复加入的是硝酸和高氯酸（3∶1）的混合液。

（3）高氯酸（或双氧水）－硫酸法 在盛有样品的凯氏烧瓶中加浓硫酸适量，加热消化至淡棕色时放冷，加入数毫升高氯酸（或双氧水），再加热消化。如此反复操作直至消解完全时，冷却到室温，用水无损失地转移到容量瓶中，用水定容后供测试用。

（4）硝酸－高氯酸法 在盛有样品的凯氏烧瓶中加数毫升浓硝酸，小心加热至剧烈反应停止后，继续加热至干，适当冷却后加入 20mL 硝酸和高氯酸（1∶1）的混合液缓缓加热，继续反复补加硝酸和高氯酸混合液，直至瓶中有机物完全消解时，小心继续加热至干。加入适量稀盐酸溶解，用水无损失地转移到容量瓶中，定容后供测试用。

为了消除试剂中含有的微量矿质元素带来的误差，湿法要求作空白消解样。

3. 微波消解法

微波消解法需要微波消解仪、硝酸、过氧化氢、氢氟酸、硼氢化钾（测砷时）、硫脲及抗坏血酸等。取样品 0.4g 左右，置于聚四氟乙烯消解罐中，含酒精的样品先放水浴驱赶酒精，加浓硝酸 1.0mL，放置 15min，加 30% 过氧化氢溶液 0.1～0.5mL 浸泡 15min，加水至 6～10mL，轻轻摇动。装妥消解装置，连接好温度、压力探头，并将其放入微解，反应结束后消解罐自然冷却。容器内指示压力 <45psi（1psi＝6.895kPa），消解罐温度低于 55℃ 时，从防爆膜处缓缓打开，释放剩余压力，取出温度、压力探头，依次打开各消解罐，将消解的样品溶液定容至 10.00～25.00mL，待测。

（三）沉析

在食品质量与安全检验中，沉析分离技术是要经常用到的。通常用沉析法去除溶液中的蛋白质、多糖等杂质。促进蛋白质沉析的方法常有以下三种：

（1）盐析 在存有蛋白质的液体分散系中加入一定量氯化钠或硫酸胺，就会使蛋白质沉析下来。盐析中的加盐可以是粉状盐，也可以是饱和盐溶液。调节适当的 pH 和温度，可达到更好的盐析效果。

（2）有机溶剂沉析法　这种方法可用于蛋白质和多糖的沉析。在含有蛋白质和（或）多糖的液体分散系中加入一定量乙醇或丙酮等有机溶剂，减低介质的极性和介电常数，从而降低蛋白质和（或）多糖的溶解度，就会使蛋白质和（或）多糖沉析下来。由于向多水分散系中加入有机溶剂是放热反应，这种沉析要在低温下进行。

（3）等电点沉析　蛋白质的荷电状况与介质的 pH 密切相关，当 pH 达到蛋白质的等电点时，蛋白质就可能因失去电荷而沉析。

用沉析法直接分离被测样品有时很方便，例如，分析食品中的草酸，可先将其转为草酸钙沉析出来，这样可使它与其他还原性物质分开。

（四）　层析

层析作为前处理手段用途广泛，目的包括样品的净化、同类物质的分级、被测组分的富集。样品组分随流动相进入层析床，在床内与固定相接触，经吸附、离子交换、分子筛或在两相分配平衡等作用，分别在床内不同位置展成条带，再经随后的洗脱作用先后脱离床体，经分别收集，待测组分就得到净化，不同类甚至同类不同种的物质就得到分离。如果待测物和杂质组分洗脱条件不同，可先反复给床体进样，并把杂质组分一次次洗脱，直到被测物在床体中达到一定含量，再一起洗脱下来，这样就达到了富集。

1. 柱层析

柱层析所用的柱子是有下口阀门和一个多孔瓷板的玻璃管。常用的固定相是硅胶或氧化铝细粉，离子交换树脂、多糖凝胶和改性纤维素也被较广泛的应用。将固定相放在水溶液中分散后，一次性加入柱子，在打开柱子阀门的条件下让水慢慢流过瓷板外流，瓷板阻挡住向下运动的固定相逐渐就形成柱床，注意调整下水速度和及时关闭阀门，保证柱床中始终充满水，以防止柱床与空气直接接触使以后床体中有空气，因为床内有空气时进行层析，流动相会发生短路，组分所在的条带会畸形，严重影响层析分离效果。

床体形成后，样品被溶解在一定的溶液中后，小心加到柱床上方，打开阀门让样品液进入床体，然后分别以一定的展开液、洗脱液及其适当的流速先层析后洗脱，利用分步收集器收集不同洗脱时间的流出液，将被测组分所在的流出液合并，就可用于测定。

柱层析的效果受很多因素影响，主要因素包括：选定的固定相、选定的展开液和洗脱液的极性或其 pH 和离子强度、相对于样品量的柱径和柱长、装柱和进样的操作水平及洗脱的速率。

2. 薄层层析

薄层层析是将固定相铺在玻璃板或塑胶板上形成薄层，让展开剂（流动相）带动着样品由板的一端向另一端扩散。在扩散中，由于样品中的物质在两相间的分配情况不同，经过多次差别分配达到分离的目的。

薄层层析操作简单、设备便宜、速度快、使用样品少，但重复性不是很好，有时清晰显迹有较大难度、定量分析误差较大。

薄层层析的固定相常用硅胶和氧化铝。硅胶略带酸性，适用于酸性和中性物质分离，氧化铝略带碱性，适用于碱性和中性物质分离。它们的吸附活性又都可用活化处理和掺入不同比例的硅藻土来调节，以适应不同样品中物质最佳分离所需的吸附活性。

薄层层析的分析用板一般用 10cm × 10cm 板，制备用板一般用 20cm × 20cm 板，铺板厚度一般都在 1mm 左右。可用刻度毛细管或微量注射器点样。样点的直径一般不大于 2mm，点与点之间的距离一般为 1.5 ~ 2cm，样点与板一端的距离一般为 1 ~ 1.5cm。展开剂的用量一般以浸没板的这一端 0.3 ~ 0.5cm 较适宜。

薄层层析展开剂极性大时，样品中极性大的组分跑得快，极性小的组分跑得慢；展开剂极性小时，样品中极性小的组分跑得快，极性大的组分跑得慢。为了使样品中各组分更好分开，常采用复合展开剂。

薄层层析的显迹方法主要有物理法、化学法和薄层色谱扫描仪法。物理法中最常用紫外灯照射法，有荧光的样品组分在此条件下显迹。化学法中又有两类方法。一类是蒸气显迹，例如用碘蒸气熏层析板后，样品中的多数有机组分便显黄棕色。另一类是喷雾显迹，例如用三氯化铝溶液喷在层析板后，样品中的多数黄酮便显黄色。双光束薄层扫描仪显迹法既可用于显迹，又可直接用于定量。该仪器同时用两个波长和强度相等的光束扫描薄层，其中一个光束扫描样迹，另一个光束扫描临近的空白薄层。这样同时获得样迹的吸光度和空白的吸光度，二者之差就是样迹中样品组分的净吸光度。以标准物质作对照，根据保留因子和净吸光度进行定性和定量分析。

显迹后，可将待分析的迹点挖下，用于进一步定性和定量分析。

（五）透析

透析膜是一种半透膜，如玻璃纸、肠衣和人造的商品透析袋，它们只允许一定分子质量的小分子物质透过。选择适当膜孔的透析袋装入样品，扎紧袋口悬于盛有适当溶液的烧杯中，不定期地摇动烧杯以促进透析，待小分子物质达到扩散平衡后，将透析袋转入另一份同样的溶液中继续透析，如此反复透析多遍，直到小分子物质全部转移到透析液中，合并透析液后浓缩至适当体积，就可用来分析。

（六）蒸馏法

利用物质间不同的挥发性，通过蒸馏将它们分离是一种应用相当广泛的方法。在挥发酸的测定中就应用此方法。如果所处理的物质耐高温，可采用简单蒸馏或分馏的方法；如果所处理的物质不耐高温，可采用减压蒸馏或水蒸气蒸馏的方法。

（七）浓缩干燥

由于提取、层析等前处理过程引入了许多溶剂，可能会降低待测组分的浓度或不适宜直接进样，后续分析有可能需要将这些溶剂部分或全部去除，此过程为浓缩或干燥。为了防止脱溶时使用高温引起样品变质，可以采用旋转蒸发器减压蒸干或浓缩，可以采用冷冻干燥，样品较少时还可采用氮气吹干法。旋转蒸发集受热均匀、薄膜蒸发和减压蒸发于一体，效率高、温度较低、操作简单，不利之处是干燥后不易直接去除干样。因此特别适用于浓缩和干后又转溶时采用。冷冻干燥集低温、升华干燥和减压于一体，且干燥物易于直接取出，特别适用于易变质的样品和大分子样品。

（八） 固相萃取法

固相萃取技术就是利用固体吸附剂将液体样品中的目标化合物吸附，使其与样品的基体和干扰化合物分离，然后再用洗脱液洗脱或加热解吸附，达到分离和富集目标化合物的目的。该技术基于液－固色谱理论，采用选择性吸附、选择性洗脱的方式对样品进行富集、分离、纯化，是一种包括液相和固相的物理萃取过程，也可以将其近似地看作一种简单的色谱过程。与液液萃取等传统的分离富集方法相比，该技术具有高的回收率和富集倍数，使用的有机溶剂量很少，易于收集分析物组分，操作简便、快速，易于实现自动化等优点。利用该方法时应注意选择合适的柱体和固定相材料，并避免含有胶体或固体小颗粒的样品会不同程度地堵塞固定相的微孔结构。

（九） 顶空技术

样品中痕量高挥发性物质的分析测定可直接使用顶空技术。顶空技术可分为静态顶空和动态顶空，它们具有操作简便、灵敏度高和可自动化的特点。静态顶空操作时只需将样品填充到顶空瓶中，再密封保存直至平衡，就可吸取顶空气体进行色谱分析或气相色谱/质谱联用分析；动态顶空一般是将氮气鼓入样品，使带出可挥发的待分析成分进入顶空气体捕集器，在此富集待分析成分后，再瞬间释放待分析成分到色谱进样器进行分析。

（十） 衍生化技术

衍生化技术就是通过化学反应将样品中难于分析检测的目标化合物定量转化成另一易于分析检测的化合物，通过后者的分析检测对可疑目标化合物进行定性或定量分析。衍生化的目的有以下几点：①将一些不适合某种分析技术的化合物转化成可以用该技术的衍生物；②提高检测灵敏度；③改变化合物的性能，改善灵敏度；④有助于化合物结构的鉴定。

第三节　试验方法选择

一、 试验方法概述

食品质量和安全检验的项目众多，根据食品检验质量指标的属性，可分为感官检验、理化检验、卫生检验。根据食品检验安全指标的属性，可分为致病菌及其毒素检验、人畜共患病检疫、食品中非食用添加品和禁用添加剂的检验、食品添加剂检验、农药和兽药残留检验、天然毒素检验、环境污染检验、食品加工中可能产生的有害物检验、物理伤害因素检验、放射性污染检验、转基因食品检验、包装材料中有害物检验、食品掺假检验。而且任何一项检验可能都不只有一种试验法,新颖的方法正在不断增加,国家规定的检测标准也在不断更新中,所以具体的食品检验或分析的方法越来越多。

食品质量和安全分析检测主要类别包括:感官分析方法、化学分析方法、仪器分析方法和生物试验方法。感官分析为最初的和最适宜现场检验的方法,加上现代统计和计算机应用,感官分析的可靠性和适用范围已大大提高和扩大。化学分析法虽然传统,但原理清晰、结果准确、所需设备少、具体方法积累多。仪器分析灵敏度高、速度快、对于微量多组分分析更为适用。生物分析对食品的生物性危害分析必不可少,传统的生物分析速度慢,但结果明确、所需设备简单。现代生物分析则灵敏度高、速度较快、结果可靠。现代生物分析的形式和具体做法接近仪器分析或化学分析,其试剂和其他一些关键用品来自现代生物技术和工程制造。本节的重点是让读者了解如何根据实验内容和目的要求,选择试验方法的一般原理。各方法的基本原理简述将在各实验方法中介绍。

二、 试验方法选择

试验方法的选择是根据试验目的和已有方法的特点进行评价性选择的过程。只有正确地选出试验方法,才能从方法上保证试验结果具有合乎要求的精密度和准确性,保证试验按要求的速度完成,保证降低试验成本和减轻劳动强度。

食品质量与安全检验希望采用快速、准确和经济的试验方法,然而,许多试验方法不一定同时具有这三个特点。因此,方法的选择要能满足实际需要的情况。相比来讲,化学分析法准确度高、灵敏度低、相对误差为 0.1%,用于常量组分的测定;仪器分析法准确度低、灵敏度高、相对误差约为 5%,用于微量组分的测定,在进行同项目多样品测定时或多平行测定时,由于不必每个测定都重新调试仪器的工作条件,因此平均测定速度快;现代生物技术开辟的检验方法属速度较快、灵敏度高、检测限低的试验方法;国际组织规定和推荐的标准方法和国家标准方法是较为可靠、较为准确、具有较好重复性和较权威的方法;感官鉴评法、试纸片和试剂盒检测法是最常用的现场快速检验方法。

按照以上经验或按照参考文献初选到一种方法后,往往还不能确定其是否就是合适的方法,还需要做一些预试验,通过对预试验结果的分析来进一步评价该方法的可靠性、检出限和回收率,最后决定其取舍。

(一) 分析方法可靠性检验

1. 总体均值的检验——t 检验法

这种方法是在真值(用 μ_0 表示)已知,总体标准差(σ)未知,用 t 检验法检验分析方法有无系统误差时采用的方法。具体检验步骤如下:

给定显著水平(α),求出一组平行分析结果的 n、$\bar{x}$ 和 S 值,代入下式求出 $t_{计算}$

$$t_{计算} = \frac{\bar{x} - \mu_0}{S/\sqrt{n}} \qquad (1-3)$$

从 t 分布表中查出 $t_表$ 值。

若 $|t_{计算}| \geqslant t_{表}$ 时，说明分析方法存在系统误差，用此方法得出的 μ 与 μ_0 有显著差异。

2. 两组测量结果的差异显著性检验

这是一种将 F 检验与 t 检验结合的双重检验法，它适用于真值不知晓的情况，具体做法分三大步。

（1）作对照分析 选用一种公认可靠的参考分析方法，也将被测样品平行测定几次。于是得到对同一样品的两种测定方法的两组数据：$\bar{x}_1$、S_1、n_1 和 $\bar{x}_2$、S_2、n_2。

（2）作 F 检验 按下式求出方差比（F）：

$$F_{计算} = \frac{S_{大}^2}{S_{小}^2} \qquad (1-4)$$

根据 $f_1 = n_1 - 1$，$f_2 = n_2 - 1$，在置信度 $p = 0.95$ 的设定下，从 F 表中查出 $F_{表}$ 值。

如果 $F_{计算} < F_{表}$，说明 S_1 和 S_2、及 σ_1 和 σ_2 差异不显著，两组分析有相似的精密度，可以继续往下作 t 检验。否则结论相反，直接可判定现用分析方法不可靠。

（3）作 t 检验 按下式求出置信因子（t）：

$$t_{计算} = \frac{\bar{x}_1 - \bar{x}_2}{S_P} \sqrt{\frac{n_1 n_2}{n_1 + n_2}} \qquad (1-5)$$

式中 S_P——合并标准差。

S_P 可按下式计算：

$$S_P = \sqrt{\frac{(n_1 - 1)S_1^2 + (n_2 - 1)S_2^2}{n_1 + n_2 - 2}} \qquad (1-6)$$

根据 $f = n_1 + n_2 - 2$，在置信度 $p = 0.95$ 的设定下，从 t 表中查出 $t_{表}$ 值。

如果 $t_{计算} < t_{表}$，说明 $\sqrt{x_1}$ 和 $\sqrt{x_2}$、μ_1 和 μ_2 差异不显著，两组分析有相似的准确度，可判定现用分析方法可靠。否则结论相反，可判定现用分析方法不可靠。

（二）检出限的求取

一个分析方法的检出限可以定义为：能用该方法以 95% 的置信度检出的被测定组分的最小浓度。在做微量组分含量测定时，检出限必须小于或等于要求的程度。

在计算检出限之前，先需要规定一个检出标准。检出标准是被检物的一个含量或浓度，它的含义在于，只有当一个测定结果高于检出标准，我们才确信希望检出的物质是存在的。检出标准在这里必须由空白测定实验来确定，方法如下：

首先在几天内反复采用待评价的分析方法做几次空白测定，获得空白测定结果（可以包括负值）的标准差 $S_{空白}$，然后按公式（检出标准 $= t_{空白} S_{空白}$）计算出检出标准。

现在需要在试样检出限浓度附近进行几次测定来得到测定结果的标准差 S。尽管我们现在还不知道检出限，但可估计检出限大约是检出标准的 2 倍。为谨慎起见，我们可配制浓度为检出标准 2.5 倍的试样来测定。这样获得测定结果后，计算出标准差 S，求出与该标准差相应的自由度，查 t 检验临界值表的双侧检验表下的 t 值，最后用下列公式计算出检出限：

$$检出限 = 检出标准 + tS \qquad (1-7)$$

（三） 测定回收率

回收率（$R \cdot C$）是检验分析方法准确度的一种常用方法，该方法是在被分析的样品中定量的加入标准的被测成分，经过测定后，如果加入的标准被测成分被很准确地定量测出，我们就判定这种方法的准确度很高；如果加入的标准被测成分不能被准确地定量测出，但分析的精密度仍保持较高，我们判定这种分析方法存在系统误差。

回收率的计算公式如下：

$$R \cdot C = \frac{\bar{x_i} - \bar{x_{i0}}}{\bar{w}} \times 100 \qquad (1-8)$$

式中　$R \cdot C$——回收率，常表示为百分比；

$\bar{x_i}$ 和 $\bar{x_{i0}}$——加入和未加入标准被测成分时数次平行测定结果的均值；

$\bar{w}$——各次加标试验时所加标准物量的均值。

一般情况下，回收率从 95% 到 105% 可接受。

第四节　试验误差及消除方法

一、　误差分类和其减免指南

（一） 系统误差

1. 特点

（1）对分析结果的影响比较恒定；

（2）在同一条件下，重复测定，重复出现；

（3）影响准确度，不影响精密度；

（4）可以消除。

2. 产生的原因

（1）方法误差　选择的方法不够完善。

例：滴定分析中指示剂选择不当；比色分析中干扰显色的杂质的清除或掩蔽方法不当。

（2）仪器误差　仪器本身的缺陷。

例：天平不准确又未校正；滴定管、容量瓶刻度精度不高，刻度存在误差又没校正；仪器仪表指示数据不准确又未校准；色谱柱中原存的污染物未被彻底清除等。

（3）试剂误差　所用试剂有杂质。

例：去离子水不合格；试剂纯度不够（含待测组分或干扰离子）；标准溶液标定后被污染，但又未发现等。

（4）主观误差　操作人员主观因素造成。

例：对指示剂颜色辨别偏深或偏浅；滴定管读数习惯性偏大或偏小。

3. 减免指南

（1）方法误差　采用标准方法。

（2）仪器误差　校正仪器。

（3）试剂误差　作空白、对比试验。

对比（对照）试验：用标准样品进行测定，并与标准值相比较。

空白试验：在不加试样的情况下，按照与测定试样相同的分析条件和步骤进行测定，所得结果称为空白值。从试样的测定结果中扣除空白值可消除试剂误差。

（4）主观误差　更换操作人员或通过培训纠正操作人员主观错误。

（二） 偶然误差

1. 特点

（1）不恒定　可大可小，可正可负。

（2）难以校正　不能通过校正或小心操作来完全消除偶然误差。

（3）服从正态分布　从统计规律来看，偶然误差的出现呈正态分布，小误差出现的几率大，大误差出现的几率小。

2. 产生的原因

偶然因素，如：实验室环境温度、压力波动，偶然出现的振动，操作人员操作精度、读数准确性的正常波动等。

3. 减免指南

增加平行测定的次数。测定次数较多时，偶然误差的分布符合正态分布，在进行统计加和时，有可能相互抵偿。

（三） 过失误差

1. 特点

（1）技术不熟练的操作者易出现过失误差。

（2）可以避免。

（3）在一组平行试验中，发生偶然过失的试验的结果数据往往离群。

2. 产生原因

由于操作失误所造成的误差，如称量时样品洒落；滴定时滴定剂滴在锥形瓶外；仪器工作条件调整中无意识的出现了错误；PCR 操作中出现污染等。

3. 减免指南

（1）加强操作技术训练，加强责任心。

（2）操作中一旦发现某次试验出现了难以弥补的过失，停止这次试验并重做。

（3）操作中未意识到存在过失，但发现平行试验结果中有可疑值，可采用可疑值检验方法进行检验，排除偶然过失试验数据对试验结果的影响。

二、　误差的表示和传递

（一）　绝对误差和相对误差

由于试验误差（特别是偶然误差）在所难免，科学实验和生产及商业检验都允许试验存在一定的误差。在综合考虑了生产或科研的要求、分析方法可能达到的精密度和准确度、样品成分的复杂程度和样品中待测成分的含量高低等因素的基础之上提出的可以接受的最大误差数值称为合理的允许误差。所以，不论误差来源如何，误差的大小是最关键的。

在分析实验中，误差的大小可用绝对误差（Ea）与相对误差（Er）两种方式表示。

绝对误差　　　　绝对误差 = 测量值 - 真值　　　　　　即 $Ea = X - T$

相对误差　　　　相对误差 = 100（测量值 - 真值）/真值　　即 $Er = (Ea/T) \times 100\%$

例如，在使用常量滴定管进行一次滴定后，有三位学生分别读得消耗的滴定液为 10.00、10.01 和 10.02mL（最后一位小数是估计值），假如真值是 10.01mL，那么这批数据的个别测定误差范围计算如下：

$$个别测定绝对误差范围 = \pm 0.01mL$$

$$个别测定相对误差范围 = \pm \left(\frac{0.01}{10.01} \right) \times 100\% = \pm 0.1\%$$

然而，这批数据的平均测定绝对误差和平均测定相对误差均为零。这说明，仅从平均测定绝对误差和平均测定相对误差的大小，不能看出一组平行测定的精密度。为反映一组平行测定数据的精密度，需用到偏差。

（二）　平均偏差与标准偏差

1. 平均偏差

平均偏差又称算术平均偏差，用来表示一组数据的精密度。

平均偏差：

$$\bar{d} = \frac{\Sigma \mid X - \bar{X} \mid}{n} \tag{1-9}$$

式中　X——某次测定数据；

　　　$\bar{X}$——一组平行测定数据的平均值；

　　　n——平行测定次数。

优点：计算简单，可粗略表示一组平行测定数据的精密度；缺点：该组测定中各次测定偏差的大小差异得不到应有反映。

2. 标准偏差

标准偏差又称均方根偏差。标准偏差的计算分两种情况：

（1）当测定次数趋于无穷大时　标准偏差：

$$\sigma = \sqrt{\frac{\Sigma (X - \mu)^2}{n}} \tag{1-10}$$

式中　μ——无限多次测定的平均值（总体平均值）。

即：$\lim\limits_{n\to\infty}\overline{X} = \mu$。当消除系统误差时，$\mu$ 即为真值。

（2）当有限测定次数时　标准偏差：

$$S = \sqrt{\frac{\Sigma(X - \overline{X})^2}{n - i}} \qquad (1-11)$$

相对标准偏差(变异系数)：$\qquad CV(\%) = \dfrac{S}{X} \qquad (1-12)$

从数学上看，标准偏差的大小既决定于各次测定是否存在偏差，又决定于各次测定偏差之间的大小差异，大的偏差比小的偏差对标准偏差影响更大。因此，用标准偏差比用平均偏差表示测定偏差更科学、更准确。

例如，对下列两组平行测定数据，分别计算出平均偏差和标准偏差比较。

$X - \overline{X}$: 0. 11，-0.73，0. 24，0. 51，-0.14，0. 00，0. 30，-0.21

$n = 8$　　$d_1 = 0.28$　　$S_1 = 0.38$

$X - \overline{X}$: 0. 18，0. 26，-0.25，-0.37，0. 32，-0.28，0. 31，-0.27

$n = 8$　　$d_2 = 0.28$　　$S_2 = 0.29$

可见：$d_1 = d_2$，　　而：$S_1 > S_2$

3. 平均值的标准偏差

若 m 个 n 次平行测定的平均值为：$\overline{X}_1$，$\overline{X}_2$，$\overline{X}_3$，$\cdots$，$\overline{X}_m$

由统计学可得上列 m 个数据的标准偏差（平均值的标准偏差）$S_{\overline{X}}$ 与 n 次平行测定的标准偏差 S 之间的关系：$S_{\overline{X}} = \dfrac{S}{\sqrt{n}}$

$S_{\overline{X}}$ 又称为标准误，它在表示分析结果时用到。

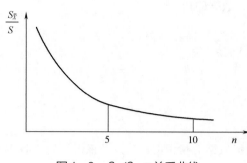

图 1-3　$S_{\overline{X}}/S$—n 关系曲线

由 $S_{\overline{X}}/S$—n 关系曲线（如图 1-3 所示）可知：

当 n 大于 5 以后，曲线变化趋缓；当 n 大于 10 以后，曲线变化不大。所以 n 大于 5 时，可以用 $\overline{X} \pm S_{\overline{X}}$ 的形式来表示分析结果。

例：水垢中 Fe_2O_3 的质量分数 6 次测定数据为：79. 58%，79. 45%，79. 47%，79. 50%，79. 62%，79. 38%。计算得出：

$\overline{X} = 79.50\%$　　$S = 0.09\%$　　$S_{\overline{X}} = 0.04\%$

则分析结果为：水垢中 Fe_2O_3 的质量分数 = 79. 50% ± 0. 04%

根据置信度和置信区间知识，用 $\overline{X} \pm tS_{\overline{X}}$ 表示的结果更合理、更科学。因为用这种方式表示的结果是在一定置信度下真值所处的范围（无系统误差时）。

4. 不确定度

不确定度表示由于测量误差的存在而对被测量值不能肯定的程度。此参数表明测量结果的分散程度，是一个正数，它反映了测量结果中未能确定的量值的范围。不确定度按误差性质可分为随机不确定度和系统不确定度，一种性质的不确定度也可由不同分量组成。不确定度的估计方法可分成两类：用统计方法对多次重复测量结果计算出的标准偏差为 A 类标准不确定度，以 u_A 表示，用其他方法估计出的近似"标准偏差"为 B 类标准不确定度，以 u_B 表示。用合成方差的方法将各分量合成所得的结果称为合成不确定度（例如将不同标准不确定度各分量用这种方法合成后的结果称标准不确定度，以 u 表示），合成不确定度乘以某一合理的正数后称为扩展不确定度（又称总不确定度，以 U 表示）。不确定度具有概率的概念，标准不确定度的置信概率为 68.27%（按正态分布概率计算），而总不确定度的置信程度应该与之相等或更高。若需要更高，则应乘一因子（称为置信因子），这正是由合成不确定度计算总不确定度时应该所乘的那个正数。从而得出总不确定度，此时所乘的置信因子通常必须说明。

A 类不确定度的计算方法如下：

对于一次进行的 n 个平行测定的结果，如果已排除了系统误差，规定用标准误来表征 A 类标准不确定度分量的数值。

当 n 足够大时，每一测定结果出现的概率服从正态分布，A 类不确定度的置信概率为 68.3%，u_A 就以标准误表示：

$$u_A = S_{\bar{x}}$$

当 n 只是个位数时（平行测定个数只有几个时），每一测定结果出现的概率服从 t 分布，A 类不确定度的置信概率为 68.3%，u_A 就以下式表示：

$$u_A = tS_{\bar{x}}$$

式中　t——置信因子，在这里被称作校正系数，可根据 n 和要求的显著性因子在 t 分布表中查出该值。对于常规分析，在查该值时，通常采用置信概率 $P = 95\%$ 或显著性因子 $\alpha = 0.05$。

B 类不确定度通常是只考虑仪器的精密度或稳定性问题引起的随机误差，其值近似为仪器测量的极限误差 Δ_{B_j} 与该仪器测量随机误差的统计分布规律所对应的分布因子 K_{B_j} 之商。

如果某次测量的平行测定个数很多，而误差的数值相差不大，可将其分布视为正态分布，一般取 $K_{B_j} = 2$ 或 $K_{B_j} = 3$。如果某次测量的平行测定个数不多，且仪器测量时，其测量读数在一定区间基本为一个定值，那么其误差分布为均匀分布。一般取 $K_{B_j} = \sqrt{3}$。

仪器测量的极限误差 Δ_{B_j} 是指实验中所涉及仪器引起的最大误差，一般情况下可直接取仪器出厂检定书或仪器上注明的仪器的误差。即

$$\Delta_{B_j} = \Delta_{仪}$$

在各不确定度分量彼此独立情况下，合成不确定度 u 的计算方法如下：

设测量结果的不确定度的 A 分量和 B 分量分别独立且彼此独立，则合成不确定度为：

$$u = \sqrt{\sum u_{Ai}^2 + \sum u_{Bi}^2}$$

式中　u_{Ai}——u_A 的第 i 个分量；

u_{Bi}——u_B的第 i 个分量。

最后应当说明，在分析领域，不确定度的应用目前还不如误差的应用广泛，但在某些分析领域，它有逐渐取代误差的趋势。

（三）误差的传递

1. 系统误差的传递

加减运算

$$\Delta y = \Delta x_1 + \Delta x_2 + \Delta x_3 + \cdots$$

计算结果的绝对系统误差等于各个直接测量值的绝对系统误差的代数和。

乘除运算

$$\Delta y/y = \Delta x_1/x_1 + \Delta x_2/x_2 + \Delta x_3/x_3 + \cdots$$

计算结果的相对系统误差等于各个直接测量值的相对系统误差的代数和。

2. 偶然误差的传递

加减运算

$$S_y^2 = S_{x1}^2 + S_{x2}^2 + S_{x3}^2 + \cdots$$

计算结果的方差（标准偏差平方）等于各个直接测量值方差的加和。

乘除运算

$$(S_y/y)^2 = (S_{x1}/x_1)^2 + (S_{x2}/x_2)^2 + (S_{x3}/x_3)^2 + \cdots$$

计算结果的相对标准偏差的平方，等于各个直接测量值的相对标准偏差的平方的加和。由此可见，如果要使测定结果准确性高就需要保证每次测量有较小的误差。

（四）置信度与置信区间

由于偶然误差难以完全避免，在测定获得数据后必须确定测定数据的可靠程度。

数据的可信程度与偶然误差的存在及出现的几率有着直接关系。对于不含系统误差的无数次平行测定数据，其偶然误差分布可用正态分布曲线（高斯曲线）来表征。以偶然误差 $(x-\mu)$ 为横坐标，偶然误差出现的频率 y 为纵坐标，绘制的正态分布曲线如图 1-4 所示。

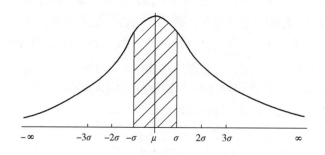

图 1-4 误差正态分布曲线

曲线的形状受总体标准偏差 σ 控制，σ 很小时，曲线又高又窄，表明数据精密度好。3σ 的数值约等于曲线上的拐点到对称轴的距离，曲线的峰高等于 $1/[\sigma(2\pi)^{1/2}]$。正态分布曲线与横轴所包围面积的大小代表了误差出现的概率（可由高斯方程积分获得），如表 1-1 所示。

表 1-1　　　　　　　　　　　误差出现的概率与曲线下面积的关系

曲线下面积包含的区间	误差出现的概率
$-\infty \sim +\infty$	100%
$\mu \pm \sigma$	68.3%
$\mu \pm 2\sigma$	99.5%
$\mu \pm 3\sigma$	99.7%

由数据可见，偶然误差出现在 $\mu \pm 3\sigma$ 范围内的概率高达 99.7%。

对于不含系统误差的有限次平行测定数据，其偶然误差分布可用学生分布曲线（t 分布曲线）来表征。t 分布类似于正态分布，t 分布曲线与正态分布曲线相似，有限次平行测定的次数 n 减 1 称为自由度 f（即 $f=n-1$），$f \geqslant 5$ 后，t 分布曲线与正态分布曲线近似相等。

置信度是指人们所做判断的可靠性，或指试验所测数据的可信程度，它在数值上与平行测定所得数据中包含的偶然误差出现在一定范围的几率相等。对于有限次平行测定来说，

置信度：以测量结果的平均值为中心，在一定范围内，真值出现在该范围内的几率。

置信区间：在某一置信度下，以测量结果的平均值为中心，真值出现的范围。

置信区间可表示为：

$$\mu = \overline{X} \pm t\frac{S}{\sqrt{n}} \tag{1-13}$$

式中　　t——有限次测定结果的平均值与真值之差与有限次测定标准误（$S_{\overline{X}}$）之比，在统计学中 t 称为置信因子，可在 t 分布表查出（表 1-2）。

表 1-2　　　　　　　　　　　t 分布表 （双侧）

测定次数 n	置信度				
	50%	90%	95%	99%	99.5%
2	1.000	6.314	12.706	63.657	127.32
3	8.16	2.920	4.303	9.909	14.089
4	0.765	2.353	3.182	5.841	7.453
5	0.741	2.132	2.776	4.604	5.598
6	0.727	2.015	2.571	4.032	4.773

从表 1-2 中可看出：①置信度不变时：n 增加，t 变小，置信区间变小；

②n 不变时：置信度增加，t 变大，置信区间变大。

例如，一组关于某食品的总酸含量的平行测定得到下列 5 个平行分析结果：1.12、1.15、1.11、1.16、1.12g/100g。求置信度为 95% 时该食品总酸含量总体均值的置信区间。

解：$\overline{X} = 1.13$　　　$S = 0.022$　　　$P = 95\%$　　　$f = 4$

查 t 分布表得：$t_{(P=0.95, f=4)} = 2.78$

所以，$\mu_{p=0.95} = 1.13 \pm \dfrac{2.78 \times 0.022}{\sqrt{5}} = 1.13 \pm 0.027$

（五） 在实验步骤和原始记录中控制误差

控制试验原始数据的误差是控制整个试验误差的基础。一般分析工作中，可根据试验使用的量具和仪器所能达到的最高精确度来读取和记录数据。例如，从万分之一的天平上最小可读出万分之一克，由此天平称量的物质的质量数据通常就记录到小数点后第四位。普通滴定管的刻度的最小单位是 0.1mL，读数和记录的最小值应达到 0.01mL，其中最后一位小数值是要求实验者通过目测得出的估计值。在做食品安全和质量检验试验时，也可按检验工作的要求来读取和记录数据。例如，检验要求称量误差、滴定误差和吸光度误差范围分别小于 ±1%、±1% 和 ±2%，则用万分之一天平时被称量物的质量应不低于 0.02g，用常量滴定管滴定时标准溶液的消耗量应不少于 2mL，用 721 分光光度计时，吸光度值应控制在 0.05～0.99 之间。

检验工作的允许误差范围给定后，怎样来计算试验原始数据的控制范围呢？可以下面的计算为例：

如滴定管的最小刻度只精确到 0.1mL，两个最小刻度间可以估读一位，则单次读数估计误差为 ±0.01mL。在分析中要获得一个滴定体积值 V（mL），至少需两次读数，则最大读数误差为 ±0.02mL。若要控制滴定分析的相对误差在要求的 0.1% 以内，则滴定体积要大于：

$$V = \pm 0.02 / \pm 0.1\% = 20\text{mL}$$

按以上要求记录原始数据的目的是将整个试验的随机误差控制在分析工作要求的范围内，并且为发现系统误差打好基础。将随机误差控制到允许的范围内后，比较现用分析方法和仪器与用精确方法和仪器的分析结果，就会发现系统误差是否存在和其大小。只有当随机误差和系统误差都控制在允许范围时才能得到满意的分析结果。

第五节　试验数据的整理和处理

一、 原始数据的整理

原始数据信息庞大，在结果计算和误差分析中并不全用，另外直接用原始记录进行结果计算和误差分析也很不方便，所以需要对原始数据进行整理。

对于分析工作来说，数据整理要求用清晰的格式把平行试验、空白试验和对照试验中相同步骤记录下的原始数据分类列出，其类别至少包含结果计算和误差分析等数据处理工作所需要的一切原始数据，例如试样称量数据、稀释倍数、标准溶液浓度和滴定消耗量、吸光度值等。

数据整理完成后，按分析方法指定的结果计算式计算出各试验的结果，并把它们也列入数据整理表中，以便在误差分析和其他数据处理时使用。

二、 可疑数据的取舍——过失误差的判断

方法：Q 检验法；格鲁布斯（Grubbs）检验法。

作用：确定某个数据是否可用。

经常会遇到这样的情况，一组平行测定数据中，有一个数据与其他数据偏离较大，若随意处置该数据，将产生三种结果：

（1）不应舍去，而将其舍去 由于该数据存在的较大偏离是较大偶然误差所引起，舍去后，精密度虽提高，但准确度降低，如图 1-5（1）所示：c 线代表真值所在位置，b 线代表所有数据的平均值，a 线代表舍去最右端数据后的平均值，可见 a 线偏离真值更大。

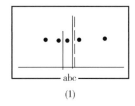 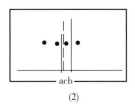

(1)	(2)

图 1-5 可疑值取舍对平均值的影响

（2）应舍去，而未将其舍去 该数据存在的较大偏离由未发现的操作过失所引起，如果将其保留，结果的精密度和准确度均降低。如图 1-5（2）所示，所有数据的平均值（b 线）偏离真值（c 线）较大。如果将其舍去，则结果的精密度和准确度均提高（a 线）。

（3）随意处理的结果与正确处理的结果发生巧合，两者一致 虽然结果对了，但这样做盲目性大，随意处理数据使结果无可信而言。

正确的处理是按一定的统计学方法检验可疑值后，再按检验结果决定其取舍。

（一）Q 检验法步骤

（1）将平行测定数据按由小到大次序排列 X_1，X_2，$\cdots$，X_n；

（2）根据该次平行测定个数 n 和可疑值究竟是 X_1 还是 X_n，在统计量 Q 值计算公式表（见表 1-3）中找到相应的计算公式，并将相应数据代入，求出 $Q_{计算}$ 值；

（3）根据该次平行测定的个数 n 和所要求的置信概率，通过 Dixon 检验的临界值（又称为 $Q_{极限值}$）分布表（见表 1-3）查得 $Q_{极限值}$ 值；

（4）如果 $Q_{计算} \geqslant Q_{极限值}$，则可疑值应被舍去，反之可疑值应被保留。

表1-3　Dixon 检验的临界值（$Q_{极限值}$）分布表及统计量 （$Q_{计算}$） 的计算公式

平行测定数（n）	三种置信概率 （P） 下的临界值			统计量 r 的算式	
	90%	95%	99%	怀疑 x_1 时	怀疑 x_n 时
3	0.886	0.941	0.988		
4	0.679	0.765	0.889	$\dfrac{X_2 - X_1}{X_n - X_1}$	$\dfrac{X_n - X_{n-1}}{X_n - X_1}$
5	0.557	0.642	0.780		
6	0.482	0.560	0.698		
7	0.434	0.507	0.637		
8	0.479	0.554	0.683		
9	0.441	0.512	0.635	$\dfrac{X_2 - X_1}{X_{n-1} - X_1}$	$\dfrac{X_n - X_{n-1}}{X_n - X_2}$
10	0.409	0.477	0.597		
11	0.517	0.576	0.679		
12	0.490	0.546	0.642	$\dfrac{X_3 - X_1}{X_{n-1} - X_1}$	$\dfrac{X_n - X_{n-2}}{X_n - X_2}$
13	0.467	0.521	0.615		
14	0.492	0.546	0.641		
15	0.472	0.525	0.616		
16	0.454	0.507	0.595		
17	0.438	0.490	0.577		
18	0.424	0.475	0.561		
19	0.412	0.462	0.547	$\dfrac{X_3 - X_1}{X_{n-2} - X_1}$	$\dfrac{X_n - X_{n-2}}{X_n - X_3}$
20	0.401	0.450	0.535		
21	0.391	0.440	0.524		
22	0.382	0.430	0.514		
23	0.374	0.421	0.505		
24	0.367	0.413	0.497		
25	0.360	0.406	0.489		

（二） 格鲁布斯（Grubbs）检验法简介

基本步骤：

（1） 将平行测定数据按由小到大次序排列：X_1，X_2，$\cdots$，X_n；

（2） 求 $\overline{X}$ 和标准偏差 S；

（3） 计算 G 值；$G_{计算} = \dfrac{X_n - \overline{X}}{S}$ 或 $G = \dfrac{\overline{X} - X_1}{S}$

（4）由测定次数和要求的置信度，查 Grubbs 检验的临界值表得 $G_表$；

（5）比较。

若 $G_{计算} > G_表$，弃去可疑值，反之保留。

由于格鲁布斯（Grubbs）检验法引入了标准偏差，所以准确性比 Q 检验法高。

三、 分析方法准确性的检验——系统误差的判断

在工作中经常会遇到这样的问题：①建立了一种新的分析方法，该方法是否可靠？②两个实验室或两个操作人员，采用相同方法，分析同样的试样，谁的结果准确？对于第一个问题，新方法是否可靠，需要与标准方法进行对比实验，获得两组数据，然后加以科学对比。对于第二个问题，由于偶然误差的存在，两个结果之间有差异是必然的，但由偶然误差引起的差异应当是小的、不显著的，只要排除了系统误差，结果的准确度就可通过标准误来判别。无论以上哪种情况，关键是要确定是否存在有系统误差，即检验两组数据之间是否有显著性差异，这是判定新方法是否可靠、谁的结果准确的关键所在。显著性检验方法有 t 检验法和 F 检验法。

（一） 平均值（$\overline{X}$）与标准值（μ）的比较 （t 检验法）

该方法用于检验某一方法是否可靠。用被检验方法分析标准试样，得平行测定数据的平均值 $\overline{X}$ 和标准差 S，令标准试样的标准值为 μ_0。检验步骤如总体均值的检验——t 检验法。

当 $|t_{计算}| \geq t_表$ 时，说明分析方法存在系统误差，用此方法得出的 μ 与 μ_0 有显著差异。

例如，某化验室测定某样品中 CaO 的质量分数为 30.43%，得如下结果：$n = 6$，$\overline{X} = 30.51\%$，$S = 0.05\%$。问此测定是否有系统误差？

解：已知 $\mu_0 = 30.43\%$，则有

$$t_{计算} = \frac{\overline{X} - \mu_0}{S/\sqrt{n}} = \frac{30.51\% - 30.43\%}{0.05/\sqrt{6}} = 3.9$$

查 t 分布表知：$t_表 = t_{(0.05, f=5)} = 2.57$

由于 $t_{计算} > t_表$，所以 μ 和 μ_0 有显著差异，此测定方法存在系统误差。

（二） 两组数据的标准偏差和平均值比较 （同一试样， 无标准值）

该方法用于新方法和经典方法（标准方法）测定的两组数据之间的比较；两位分析人员或两个实验室测定的两组数据之间的比较。

这种方法的检验步骤如两组测量结果的差异显著性检验。

其中：t 检验用于 $\overline{X}_1$ 与 $\overline{X}_2$ 之间的比较。

当 $t_{计算} > t_表$，表示 $\overline{X}_1$ 与 $\overline{X}_2$ 之间有显著性差异，说明新方法可能还需进一步考察改进，或两位分析人员的分析水平不一致，或两个实验室的分析水平不一致。

当 $t_{计算} < t_表$，表示 $\overline{X}_1$ 与 $\overline{X}_2$ 之间无显著性差异，说明新方法与经典方法有相似的可靠性，或两位分析人员的分析水平一致，或两个实验室的分析水平一致。

F 检验法用于 S_1^2 与 S_2^2 之间的比较。

由于标准偏差反映测定结果的精密度，F 检验法实质上是检验了两组数据的精密度有无显著性差异。

若 $F_{计算} > F_{表}$，表示两组数据的精密度有显著性差异，反之无显著性差异。

四、 有效数字

（一） 数字在分析化学中的含义

实验过程中遇到的两类数字：

（1） 数目　如测定次数、倍数、系数、分数。

（2） 测量值或计算值　数据的位数与测定准确度有关。

记录的数字不仅表示数量的大小，而且要正确地反映测量的精确程度。如称取物质的质量为 0.1g，表示是在小台秤上称取的。称取物质的质量为 0.1000g，表示是用万分之一的分析天平称取的。要准确配制 50.00mL 溶液，需要用 50.00mL 容量瓶配制，而不能用烧杯和量杯。取 25.00mL 溶液，需用移液管，而不能用量杯。取 25mL 溶液，表示是用量杯量取的。滴定管的初始读数为零时，应记录为 0.00mL，而不能记录为 0mL。

分析化学中测定或计算所获得的数据的位数反映出测量结果的精确程度，这类数字称为"有效数字"。在有效数字中，末位数字是不准确的，是估计值，称为可疑数字，具有 ±1 的偏差，其他数字是准确的。

有效数字的位数对相对误差有很大的影响，例如从下列一组数据（表 1-4）可看出，三个数值的大小似乎相同，但它们的相对偏差间却有很大差异。

表 1-4　　　　　　　　　　　　相对偏差示例

数据	绝对偏差	相对偏差	有效数字位数
0.51800	±0.00001	±0.002%	5
0.5180	±0.0001	±0.002%	4
0.518	±0.001	±0.2%	3

有效数字的用途、特点和注意点如下：

（1） 作普通数字用。

（2） 作定位用　如 0.0518 的 3 位有效数写作 5.18×10^{-2}，又如 0.5180 的 4 位有效数字写作 5.180×10^{-1}。

（3） 改变单位，不改变有效数字的位数，如：$24.01\text{mL} = 24.01 \times 10^{-3}\text{L}$。

（4） 注意点

①分析天平（万分之一）取 4 位有效数字；

②标准溶液的浓度，用 4 位有效数字表示；

③pH 4.34，小数点后的数字位数为有效数字位数；

④对数值，lg$X$ = 2.38，表示两位有效数字。

（二）　数字修约规则

1. 加减运算

结果的有效数字位数取决于绝对误差最大的数据的位数，即小数点后位数最少的数据的位数。

例：$0.0121 + 25.64 + 1.057 = 25.7091$，应保留几位有效数字？

0.0121 绝对误差：0.0001

25.64 绝对误差：0.01

1.057 绝对误差：0.001

计算结果的有效数字位数应与 25.64 保持一致，为：25.71

2. 乘除运算

有效数字的位数取决于相对误差最大的数据的位数。

例：$(0.0325 \times 5.103 \times 60.06)/139.8 = 0.071179184$

计算各数据的相对误差：

0.0325　　　±0.0001/0.0325 × 100% = ±0.3%

5.103　　　±0.001/5.103 × 100% = ±0.02%

60.06　　　±0.01/60.06 × 100% = ±0.02%

139.8　　　±0.1/139.8 × 100% = ±0.07%

相对误差最大的数据 0.0325 有 3 位有效数字位数，故计算结果应为：0.0712

滴定分析中所采用的容量器皿（滴定管、容量瓶、移液管）均保留四位有效数字，故实验结果的数据有效位数为四位。

3. 数字修约规则

在计算和读取数据时，数据的位数可能比规定的有效数字位数多。例如，用计算器可得七位的数据；在用分析天平称量时，可读出小数点后五位；因此需要将多余的数字舍去，舍去多余的数字的过程称为数字修约过程，所遵循的规则称为数字修约规则。

过去常采用：四舍五入的数字修约规则。

现国家标准规定采用：四舍六入五留双的数字修约规则。

例如：

0.132349→0.1323；　　　20.4862→20.49；

1.0055→1.006；　　　　1.0025→1.002

四舍六入五留双的规则避免了进舍时的单向性，降低了进舍时产生的误差。

五、　回归分析法建立两组数据间的线性关系

（一）　最小二乘法拟合的统计学原理

经常需要寻找两组数据间是否存在线性关系，或者已知是线性关系，由试验数据而求

线性方程，从而建立标准曲线（工作曲线、校正曲线）的数学表达式等。在此介绍常用的最小二乘法线性拟合，即

一元线性方程：$y = a_0 + a_1 x$

由试验获得 m 组数据：$(y_i, x_i)(i = 1, 2, \cdots, m)$

假设已求得 a_0、a_1，并将实验所得数据 x_i 代入一元线性方程可计算出相应 y 的计算值 $y_i'(y_i' = a_0 + a_1 x_i)$。

如果实测值 y_i 与计算值 y_i' 之间偏差越小，则拟合的越好。拟合最好的时候即偏差平方和最小：

$$S_{(a_0, a_1)} = \sum_{i=1}^{m} (y_i - y_i')^2 = \sum_{i=1}^{m} (y_i - a_0 - a_1 x_i)^2 \tag{1-14}$$

注意：此式中 $S_{(a_0, a_1)}$ 表示的是偏差平方和，而不是标准偏差。

将上式求导，得：

$$\frac{\partial S}{\partial a_0} = -2 \sum_{i=1}^{m} (y_i - a_0 - a_1 x_i) = 0; \qquad \frac{\partial S}{\partial a_1} = -2 \sum_{i=1}^{m} (y_i - a_0 - a_1 x_i) x_i = 0$$

$$a_0 + \frac{a_1}{m} \sum_{i=1}^{m} x_i = \frac{1}{m} \sum_{i=1}^{m} y_i; \qquad a_0 \sum_{i=1}^{m} x_i + a_1 \sum_{i=1}^{m} x_i^2 = \sum_{i=1}^{m} x_i y_i$$

式中 $\bar{x}$, $\bar{y}$ 等于：

$$\bar{x} = \frac{1}{m} \sum_{i=1}^{m} x_i; \qquad \bar{y} = \frac{1}{m} \sum_{i=1}^{m} y_i$$

根据上式，将实验数据代入，即可求得拟合程度相对最好的一元线性方程的 a_0 和 a_1。由此建立的方程称为一元线性回归方程。

（二）相关系数 R

相关系数的含义是 y 和 x 因某种直接或间接的原因而彼此关联的程度。分析工作中，建立了一个相对最好拟合的一元线性方程后，应当通过相关系数的求取和检验，评价该方程是否已达到可以应用的程度。

相关系数的计算可按下列公式进行：

$$R = \frac{l_{xy}}{\sqrt{l_{xx} l_{yy}}} \tag{1-15}$$

其中：

$$l_{xy} = \sum_{i=1}^{m} x_i y_i - m \overline{xy} \tag{1-16}$$

$$l_{xx} = \sum_{i=1}^{m} x_i^2 - m \bar{x}^2 \tag{1-17}$$

$$l_{yy} = \sum_{i=1}^{m} y_i^2 - m \bar{y}^2 \tag{1-18}$$

式中　x_i 和 y_i——标准曲线制作时第 i 号试液中加入标准溶液后形成的标准物浓度和测定时产生的响应信号值；

m——标准曲线制作时总共进行了几个试液的测定；

$\bar{x}$ 和 $\bar{y}$——m 个 x 和 m 个 y 的平均值。

计算出 R 后，如果

$R=1$，则说明 x 和 y 完全线性相关，无实验误差，回归方程可以使用；

$R=0$，则说明 x 和 y 毫无线性关系；回归方程不可以使用；

R 等于其他值时，先查相关系数临界值表（见表 1-5），查出一定显著性水平下的 R 临界值，如果 $R > R_{临界值}$，在选定的显著性水平上，x 和 y 显著相关，所建立的回归方程可以使用。否则不能用。

表 1-5 相关系数 （R） 临界值表

df	r （α，df）			
	α = 0.01	α = 0.05	α = 0.10	α = 0.15
1	0.9999	0.9969	0.9877	0.9724
2	0.9900	0.9500	0.9000	0.8500
3	0.9587	0.8783	0.8054	0.7433
4	0.9172	0.8114	0.7293	0.6645
5	0.8745	0.7545	0.6694	0.6051
6	0.8343	0.7067	0.6215	0.5587
7	0.7977	0.6664	0.5822	0.5214
8	0.7646	0.6319	0.5494	0.4905
9	0.7348	0.6021	0.5214	0.4645
10	0.7079	0.5760	0.4973	0.4422
11	0.6635	0.5529	0.4762	0.4228
12	0.6614	0.5324	0.4575	0.4058

例如，采用邻二氮菲比色法测定蘑菇罐头中 Fe^{2+} 的含量时，采用的标准溶液的浓度为 $c_{Fe^{2+}} = 0.1026 mmol/L$（相当于 $6.00 \mu g/mL$），用标准溶液共进行 6 次测定（包括一次空白），样品共测了一次（但应用了样品空白），测样品时的取样量是 61.9g，处理样品中的稀释比是 100:2，测定数据见表 1-6，求该罐头中的 Fe^{2+} 含量。

表 1-6 例题测样数据

测量项目	用标准溶液测定时的数据						用样液测定时的数据
用液量/mL	0	0.33	1.00	1.66	3.30	5.00	2.00
Fe^{2+} 含量/mg	0.000	0.002	0.006	0.010	0.020	0.030	
吸光度	0.000	0.020	0.080	0.135	0.275	0.400	0.110

解：利用表中标准溶液测定的数据可算得：

$$n = 6 \quad \bar{x} = 0.011333 \quad \bar{y} = 0.151667$$

$$L_{xy} = 0.009057 \quad L_{xx} = 0.000694 \quad L_{yy} = 0.122633 \quad a = 13.05043$$

$$b = 13.05043 \qquad R_{\text{计算}} = 0.98175$$

回归方程为：$y = 0.037665 + 13.05043x$

由于 $f = 6 - 2 = 4$，选定显著性水平为 $\alpha = 0.01$，查相关系数临界值表（表 1-5）得：

$R_{\text{表}} = 0.9172$

因为 $R_{\text{计算}} > R_{\text{表}}$，所以回归方程可用。

根据该方程，$y = 0.110$ 时，$x = (y - a)/b = 0.008720(\text{mg})$

该蘑菇中 Fe^{2+} 的含量为：

$$c_{Fe2+}(\text{mg}/100\text{g}) = (0.008720 \times 50/61.9) \times 100 = 0.7043(\text{mg}/100\text{g})$$

思考题

1. 样品采集与保存的注意事项有哪些？

2. 试验样品、复检样品和保留样品的用途各是什么？

3. 样品制备常包括哪些处理？样品前处理常包括哪些处理？

4. 色谱法中调整保留时间和分离度受哪些因素影响？

5. 怎样检验和减免系统误差？怎样减少偶然误差？

6. 根据 GB/T 2828.1—2012 规定，如果是正常抽样检验，如何确定取样量和判断产品质量？

自测题（不定项选择，至少一项正确，至多不限）

1. 采样单内容包括（　　）。

A. 物主名称及负责人签字、品名、数量和编号

B. 物品产地、生产厂家、生产日期、生产批号

C. 检验批数量和每一个检验批采得样品数量

D. 采样单位（盖章）、采样人（签字）、采样日期

2. 用于微生物检验的样品盛样容器应采用（　　）消毒处理。

A. 消毒剂　　　　　　B. 防腐剂　　　　　　C. 加热　　　　　　D. 紫外线

3. 根据（　　）可得样本量字码。

A. 总货批量和检验水平　　　　　　B. GB/T 2828.1—2008 附表

C. GB/T 6378.1—2008 附表　　　　　　D. GB 2760—2014

4. 检测时所称的同一"货批"术语是指（　　）的物品构成的货物群体。

A. 相同品名、相同物品、相同来源　　　　　　B. 相同包装

C. 相同生产时间和地点　　　　　　D. 相同生产批次

5. 每件样品采集好后，立即由采样人封签，并在包装外贴好标签。标签的内容有：（　　）。

A. 样品编号、品名、来源和数量　　　　　　B. 采样日期

C. 采样方式　　　　　　D. 采样地点和采样人

6. 超临界 CO_2 萃取技术和液态 CO_2 提取技术可提取食品中多种成分，如（　　）等。

A. 香精油等天然有机成分　　　　　　B. 氨基酸、维生素

C. 有机磷农药残留　　　　　　　　　　D. 寡糖

7. 柱层析的效果受很多因素影响，主要因素包括（　　）。

A. 固定相、展开液和洗脱液的极性和离子强度

B. 超声和温度　　　　　　　　　　C. 柱径和柱长

D. 装柱、进样及洗脱速率等

8. 检测误差产生的原因主要有（　　）。

A. 系统误差　　　　B. 仪器误差　　　　C. 试剂误差　　　　D. 主观误差

9. 偶然误差产生的原因主要有（　　）。

A. 实验室环境温度、压力波动　　　　B. 偶然出现的振动

C. 操作人员情绪波动　　　　　　　　D. 操作人员操作精度、读数准确性等

10. 减免过失误差的方法主要有（　　）。

A. 加强责任心　　　　B. 有错就改　　　　C. 可疑值检验　　　　D. 重新选择方法

11. 一样品质量为 0.1000g。这表明该样品是用（　　）天平称取的。

A. 百分之一　　　　B. 万分之一　　　　C. 十分之一　　　　D. 千分之一

12. 在有效数字中，末位数字（　　）。

A. 是不准确的，是估计值　　　　　　B. 是可疑数字，具有 ±1 的偏差

C. 是可疑数字，其他数字是准确的　　D. 也是准确的，是有效数字

13. 根据现行的国家数字修约规则，如保留小数点后三位数，1.0055 和 1.0025 应是（　　）。

A. 1.006、1.002　　B. 1.006、1.003　　C. 1.005、1.002　　D. 1.005、1.003

14. （　　）规定了按统计学抽样方案进行检验的程序。

A. GB/T 2828.1 和 GB/T 6378.1　　　　B. GB/T 2828—2014 和 GB/T 6378—2015

C. GB/T 2828　　　　　　　　　　　　D. GB/T 6378

15. 检验水平指抽取的样本量和批样本总量之比，通常分为（　　）水平。

A. Q　　　　　　B. t　　　　　　C. Ⅰ 和 Ⅱ　　　　D. Ⅲ

参考文献

[1] 隋红军，管延武. 信息化管理系统在职业病健康检查中的开发应用 [J]. 中国医药指南，2011（31）：474–475.

[2] 张荣珍，隋红军，陈会欣，等. 信息化管理系统在预防性健康检查中的开发应用 [J]. 中国医药指南，2010，8（29）：172–174.

[3] 黄晓钰，刘邻渭. 食品化学与分析综合实验 [M]. 北京：中国农业大学出版社，2009.

[4] 大连理工大学国家工科化学教学基地 analab 研究室网络分析化学工作组. 分析化学网络课程 [M]. 北京：高等教育出版社，2003.

[5] 黄怡淳，丁炜炜，张卓旻，等. 食品安全分析样品前处理–快速检测联用方法研究进展 [J]. 色谱，2013，31（7）：613–619.

第二章　CHAPTER 2

食品营养成分测定

内容摘要：食品质量与其营养成分含量有密切的关系。本章主要介绍了间接测定和直接测定水分的方法，碳水化合物总量、蔗糖、淀粉、果胶、膳食纤维及单糖的测定方法，脂溶性维生素（维生素 A、维生素 D、维生素 E）和水溶性维生素（B 族维生素、维生素 C 等）测定技术，矿物质总量、矿质元素组成、蛋白质总量及氨基酸、脂肪总量及组成等测定技术。

第一节　水分测定（含水分活度）

水是维持动物、植物和人体生存必不可少的物质，也是多数食品中的主要成分之一。从食品理化性质上讲，水在食品中起着溶解、分散淀粉、蛋白质等水溶性成分的作用，使它们形成溶液或凝胶；从食品质地方面讲，水分对食品的鲜度、硬度、流动性、耐储藏性及加工适应性等都具有重要的影响；从食品安全方面讲，水是微生物繁殖的必需条件；从食品工艺角度讲，水分起着膨润、浸透、均匀化等功能。

不同的食品其水分含量差别较大，在绝大多数食品中，水分是一个主要组成部分。一般来说，水果及蔬菜水分含量为 70% ~97%、蛋类为 67% ~77%、乳类为 87% ~89%、肉类为 43% ~72%、鱼类为 67% ~81%。控制食品中的水分含量对保持食品的感官性状，维持食品中其他组分的平衡，保证食品具有一定的保存期等具有重要作用，因此食品感官标准中对部分食品中的水分含量作了规定，如面粉为 12% ~ 14%、方便面 ≤10%、肉松 ≤20%、巧克力 ≤1%、全蛋粉 ≤4.5%、全脂乳粉 ≤2.75%。

固形物，是指食品内将水分排除以后的全部残留物，其组分包括蛋白质、脂肪、纤维素、无氮抽出物和灰分。直接测定固形物的方法也就是间接测定水分的方法。

水分是食品加工、运输、贮存过程中必须测量的重要指标。近几十年来，随着水分检测技术的迅速发展，形成了多种水分检测方法。水分定量的方法有直接干燥法、减压干燥法、化学干燥法、微波干燥法、红外线干燥法、蒸馏法、滴定法（卡尔 - 费休法）。

一、　直接干燥法

1. 原理

利用食品中水分的物理性质,在 101.3kPa,温度 101～105℃下采用挥发方法测定样品中干燥减失的重量,包括吸湿水、部分结晶水和该条件下能挥发的物质,再通过干燥前后的称量数值计算出水分的含量。

2. 试剂

(1) 盐酸(HCl)　分析纯。

(2) 氢氧化钠(NaOH)　分析纯。

3. 试剂配制

(1) 6mol/L 盐酸　量取 50mL 盐酸,加蒸馏水稀释至 100mL。

(2) 6mol/L 氢氧化钠　称取 24g 氢氧化钠,加水溶解并稀释至 100mL。

(3) 海砂　取水洗去泥的海砂或河砂,先用 6mol/L 盐酸煮沸 30min,用水洗至中性,然后用 6mol/L 氢氧化钠煮沸 30min,用水洗至中性,经 105℃干燥备用。

4. 仪器设备

(1) 电热恒温干燥箱。

(2) 天平　感量为 0.1mg。

(3) 扁形铝制或玻璃制称量瓶。

(4) 干燥器　内附有效干燥剂。

5. 操作方法

(1) 固体试样　取洁净铝制或玻璃制的扁形称量瓶,置于 101～105℃干燥箱中,瓶盖斜支于瓶边,加热 1.0h,取出盖好,置于干燥器内冷却 0.5h,称量,并重复干燥至前后两次质量差不超过 2mg,即为恒重。将混合均匀的试样迅速磨细至颗粒小于 2mm,不易研磨的样品应尽可能切碎,称取 2～10g 试样(精确至 0.0001g),放入称量瓶中,试样厚度不超过 5mm,如为疏松试样,厚度不超过 10mm,加盖,精密称量后,置于 101～105℃干燥箱中干燥 1h 左右,取出,放入干燥器内冷却 0.5h 后称量。然后再放入 101～105℃干燥箱中干燥 1h 左右,取出,放入干燥器内冷却 0.5h 后再称量。并重复以上操作至前后两次质量差不超过 2mg,即为恒重。

两次恒重值在最后计算中,取质量较小的一次称量值。

(2) 半固体或液体试样　取洁净的称量瓶,内加 10g 海砂(实验过程中可根据需要适当增加海砂的质量)及一根小玻棒,置于 101～105℃干燥箱中,干燥 1.0h 后取出,放入干燥器内冷却 0.5h 后称量,并重复干燥至恒重。然后称取 5～10g 试样(精确至 0.0001g),置于称量瓶中,用小玻棒搅匀放在沸水浴上蒸干,并随时搅拌,擦去瓶底的水滴,置于 101～105℃干燥箱中干燥 4h 后盖好取出,放入干燥器内冷却 0.5h 后称量。然后再放入 101～105℃干燥箱中干燥 1h 左右,取出,放入干燥器内冷却 0.5h 后再称量。并重复以上操作至前后两次质量差不超过2mg，即为恒重。

6. 结果计算

样品中水分含量的计算公式如下：

$$X = \frac{m_1 - m_2}{m_1 - m_3} \times 100 \qquad (2-1)$$

式中　X——样品中水分含量，g/100g；

m_1——称量瓶（加海砂、玻棒）和试样的质量，g；

m_2——称量瓶（加海砂、玻棒）和样品干燥后的质量，g；

m_3——称量瓶（加海砂、玻棒）的质量，g。

水分含量≥1g/100g时，计算结果保留三位有效数字；水分含量<1g/100g时，计算结果保留两位有效数字。

7. 说明

本法采用国家标准方法（GB 5009.3—2016），适用于在101～105℃下，蔬菜、谷物及其制品、水产品、豆制品、乳制品、肉制品、卤菜制品、粮食（水分含量低于18%）、油料（水分含量低于13%）、淀粉及茶叶类等食品中水分的测定，不适用于水分含量小于0.5g/100g的样品。在重复性条件下获得的两次独立测定结果的绝对差值不得超过算术平均值的10%。

二、 减压干燥法

1. 原理

利用食品中水分的物理性质，在达到40～53kPa压力后加热至（60±5）℃，采用减压烘干方法去除试样中的水分，再通过烘干前后的称量数值计算出水分的含量。

2. 仪器和设备

（1）真空干燥箱、干燥器　内附有效干燥剂。

（2）天平　感量为0.1mg。

（3）扁形铝制或玻璃制称量瓶。

3. 操作方法

（1）试样制备　粉末和结晶试样直接称取；较大块硬糖经研钵粉碎，混匀备用。

（2）测定　取已恒重的称量瓶称2～10g（精确至0.0001g）试样，放入真空干燥箱内，将真空干燥箱连接真空泵，抽出真空干燥箱内空气（所需压力一般为40～53kPa），并同时加热至所需温度（60±5）℃。关闭真空泵上的活塞，停止抽气，使真空干燥箱内保持一定的温度和压力，经4h后，打开活塞，使空气经干燥装置缓缓通入真空干燥箱内，待压力恢复正常后再打开。取出称量瓶，放入干燥器中0.5h后称量，并重复以上操作至前后两次质量差不超过2mg，即为恒重。

4. 结果计算

计算方法同直接干燥法。

5. 说明

本法采用国家标准方法（GB 5009.3—2016），适用于高温易分解的样品及水分较多的样品（如糖、味精等食品）中水分的测定，不适用于添加了其他原料的糖果（如奶糖、软糖等食品）中水分的测定，不适用于水分含量小于 0.5g/100g 的样品（糖和味精除外）。在重复性条件下获得的两次独立测定结果的绝对差值不得超过算术平均值的 10%。

三、　蒸馏法

1. 原理

利用食品中水分的物理化学性质，使用水分测定器将食品中的水分与甲苯或二甲苯共同蒸出，根据接收的水的体积计算出试样中水分的含量。本方法适用于含较多其他挥发性物质的食品，如香辛料等。

2. 试剂

甲苯（C_7H_8）或二甲苯（C_8H_{10}）。

3. 试剂配制

甲苯或二甲苯制备：取甲苯或二甲苯，先以水饱和后，分去水层，进行蒸馏，收集馏出液备用。

4. 仪器和设备

蒸馏式水分测定仪，如图 2-1 所示。

5. 检测步骤

准确称取适量试样（应使最终蒸出的水在 2 ~ 5mL，但最多取样量不得超过蒸馏瓶的 2/3），放入 250mL 蒸馏瓶中，加入新蒸馏的甲苯（或二甲苯）75mL，连接冷凝管与水分接收管，从冷凝管顶端注入甲苯，装满水分接收管。同时做甲苯（或二甲苯）的试剂空白。加热慢慢蒸馏，使每秒钟的馏出液为 2 滴，待大部分水分蒸出后，加速蒸馏约每秒钟 4 滴，当水分全部蒸出后，接收管内的水分体积不再增加时，从冷凝管顶端加入甲苯冲洗。如冷凝管壁附有水滴，可用附有小橡皮头的铜丝擦下，再蒸馏片刻至接收管上部及冷凝管壁无水滴附着，接收管水平面保持 10min 不变为蒸馏终点，读取接收管水层的容积。

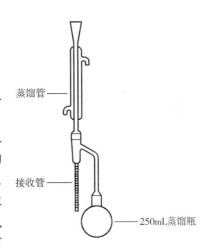

蒸馏管

接收管

250mL蒸馏瓶

图 2-1　水分测定器

6. 结果计算

水分含量的计算公式如下：

$$X = \frac{V - V_0}{m} \times 100 \qquad (2-2)$$

式中　　X——试样中水分的含量，mL/100g（或按水在 20℃ 的相对密度 0.998，20g/mL 计算质量）；

 V——接收管内水的体积，mL；

 V_0——做试剂空白时，接收管内水的体积，mL；

 m——样品质量，g；

 100——单位换算系数。

以重复性条件下获得的两次独立测定结果的算术平均值表示，结果保留三位有效数字。

7. 说明

本法采用国家标准方法（GB 5009.3—2016），适用于含水较多又含有较多挥发性成分的水果、香辛料及调味品、肉与肉制品等食品中水分的测定，不适用于水分含量小于1g/100g的样品。在重复性条件下获得的两次独立测定结果的绝对差值不得超过算术平均值的10%。

四、 卡尔·费休法

1. 原理

根据碘能与水和二氧化硫发生化学反应，在有嘧啶和甲醇共存时，1mol碘只与1mol水作用，反应式如下：

$$C_5H_5N \cdot I_2 + C_5H_5N \cdot SO_2 + C_5H_5N + H_2O + CH_3OH \longrightarrow 2C_5H_5N \cdot HI + C_5H_6N[SO_4CH_3]$$

卡尔·费休水分测定法又分为库伦法和容量法。其中容量法测定的碘是作为滴定剂加入的，滴定剂中碘的浓度是已知的，根据消耗滴定剂的体积，计算消耗碘的量，从而计量出被测物质水的含量。

2. 试剂

（1）卡尔·费休试剂。

（2）无水甲醇（CH_3OH） 优级纯。

3. 仪器和设备

（1）卡尔·费休水分测定仪。

（2）天平 感量为0.1mg。

4. 检测步骤

（1）卡尔·费休试剂的标定（容量法） 在反应瓶中加一定体积（浸没铂电极）的甲醇，在搅拌下用卡尔·费休试剂滴定至终点。加入10mg水（精确至0.0001g），滴定至终点并记录卡尔·费休试剂的用量（V）。卡尔·费休试剂的滴定度按下式计算：

$$T = \frac{m}{V} \tag{2-3}$$

式中 T——卡尔·费休试剂的滴定度，mg/mL；

 m——水的质量，mg；

 V——滴定水消耗的卡尔·费休试剂的用量，mL。

（2）试样前处理 可粉碎的固体试样要尽量粉碎，使之均匀。不易粉碎的试样可切碎。

（3）试样中水分的测定 于反应瓶中加一定体积的甲醇或卡尔·费休测定仪中规定的

溶剂浸没铂电极，在搅拌下用卡尔·费休试剂滴定至终点。迅速将易溶于甲醇或卡尔·费休测定仪中规定的溶剂的试样直接加入滴定杯中；对于不易溶解的试样，应采用对滴定杯进行加热或加入已测定水分的其他溶剂辅助溶解后用卡尔·费休试剂滴定至终点。建议采用容量法测定试样中的含水量应大于100μg。对于滴定时，平衡时间较长且引起漂移的试样，需要扣除其漂移量。

（4）漂移量的测定 在滴定杯中加入与测定样品一致的溶剂，并滴定至终点，放置不少于10min后再滴定至终点，两次滴定之间的单位时间内的体积变化即为漂移量（*D*）。

5. 结果计算

固体试样中水分的含量按式（2-4）计算，液体试样中水分的含量按式（2-5）计算：

$$X = \frac{(V_1 - D \times t) \times T}{m} \times 100 \qquad (2-4)$$

$$X = \frac{(V_1 - D \times t) \times T}{V_2 \rho} \times 100 \qquad (2-5)$$

式中 X——试样中水分的含量，g/100g；

　　V_1——滴定样品时卡尔·费休试剂体积，mL；

　　D——漂移量，mL/min；

　　t——滴定时所消耗的时间，min；

　　T——卡尔·费休试剂的滴定度，g/mL；

　　m——样品质量，g；

　　100——单位换算系数；

　　V_2——液体样品体积，mL；

　　ρ——液体样品的密度，g/mL。

水分含量≥1g/100g时，计算结果保留三位有效数字；水分含量＜1g/100g时，计算结果保留两位有效数字。

6. 说明

本法采用国家标准方法（GB 5009.3—2016），适用于食品中含微量水分的测定，不适用于含有氧化剂、还原剂、碱性氧化物、氢氧化物、碳酸盐、硼酸等食品中水分的测定。卡尔·费休容量法适用于水分含量大于 1.0×10^{-3} g/100g 的样品。在重复性条件下获得的两次独立测定结果的绝对差值不得超过算术平均值的10%。

五、 水分活度的测定

1. 原理

在密封、恒温的康卫氏皿中，试样中的自由水与水分活度（A_w）较高和较低的标准饱和溶液相互扩散，达到平衡后，根据试样质量的变化量，求得样品的水分活度。

2. 试剂

除非另有说明，本方法所用试剂均为分析纯，水为 GB/T 6682 规定的三级水。所用试剂有：溴化锂（LiBr·2H$_2$O）、氯化锂（LiCl·H$_2$O）、氯化镁（MgCl$_2$·6H$_2$O）、碳酸钾（K$_2$CO$_3$）、硝酸镁［Mg（NO$_3$）$_2$·6H$_2$O］、溴化钠（NaBr·2H$_2$O）、氯化钴（CoCl$_2$·6H$_2$O）、氯化锶（SrCl$_2$·6H$_2$O）、硝酸钠（NaNO$_3$）、氯化钠（NaCl）、溴化钾（KBr）、硫酸铵［（NH$_4$）$_2$SO$_4$］、氯化钾（KCl）、硝酸锶［Sr（NO$_3$）$_2$］、氯化钡（BaCl$_2$·2H$_2$O）、硝酸钾（KNO$_3$）、硫酸钾（K$_2$SO$_4$）。

3. 试剂配制

（1）溴化锂饱和溶液（水分活度为 0.064，25℃）　在易于溶解的温度下，准确称取 500g 溴化锂，加入热水 200mL，冷却至形成固液两相的饱和溶液，贮于棕色试剂瓶中，常温下放置一周后使用。

（2）氯化锂饱和溶液（水分活度为 0.113，25℃）　在易于溶解的温度下，准确称取 220g 氯化锂，加入热水 200mL，冷却至形成固液两相的饱和溶液，贮于棕色试剂瓶中，常温下放置一周后使用。

（3）氯化镁饱和溶液（水分活度为 0.328，25℃）　在易于溶解的温度下，准确称取 150g 氯化镁，加入热水 200mL，冷却至形成固液两相的饱和溶液，贮于棕色试剂瓶中，常温下放置一周后使用。

（4）碳酸钾饱和溶液（水分活度为 0.432，25℃）　在易于溶解的温度下，准确称取 300g 碳酸钾，加入热水 200mL，冷却至形成固液两相的饱和溶液，贮于棕色试剂瓶中，常温下放置一周后使用。

（5）硝酸镁饱和溶液（水分活度为 0.529，25℃）　在易于溶解的温度下，准确称取 200g 硝酸镁，加入热水 200mL，冷却至形成固液两相的饱和溶液，贮于棕色试剂瓶中，常温下放置一周后使用。

（6）溴化钠饱和溶液（水分活度为 0.576，25℃）　在易于溶解的温度下，准确称取 260g 溴化钠，加入热水 200mL，冷却至形成固液两相的饱和溶液，贮于棕色试剂瓶中，常温下放置一周后使用。

（7）氯化钴饱和溶液（水分活度为 0.649，25℃）　在易于溶解的温度下，准确称取 160g 氯化钴，加入热水 200mL，冷却至形成固液两相的饱和溶液，贮于棕色试剂瓶中，常温下放置一周后使用。

（8）氯化锶饱和溶液（水分活度为 0.709，25℃）　在易于溶解的温度下，准确称取 200g 氯化锶，加入热水 200mL，冷却至形成固液两相的饱和溶液，贮于棕色试剂瓶中，常温下放置一周后使用。

（9）硝酸钠饱和溶液（水分活度为 0.743，25℃）　在易于溶解的温度下，准确称取 260g 硝酸钠，加入热水 200mL，冷却至形成固液两相的饱和溶液，贮于棕色试剂瓶中，常温下放置一周后使用。

（10）氯化钠饱和溶液（水分活度为 0.753，25℃）　在易于溶解的温度下，准确称取 100g 氯化钠，加入热水 200mL，冷却至形成固液两相的饱和溶液，贮于棕色试剂瓶中，常温下放置一周后使用。

（11）溴化钾饱和溶液（水分活度为 0.809，25℃） 在易于溶解的温度下，准确称取 200g 溴化钾，加入热水 200mL，冷却至形成固液两相的饱和溶液，贮于棕色试剂瓶中，常温下放置一周后使用。

（12）硫酸铵饱和溶液（水分活度为 0.810，25℃） 在易于溶解的温度下，准确称取 210g 硫酸铵，加入热水 200mL，冷却至形成固液两相的饱和溶液，贮于棕色试剂瓶中，常温下放置一周后使用。

（13）氯化钾饱和溶液（水分活度为 0.843，25℃） 在易于溶解的温度下，准确称取 100g 氯化钾，加入热水 200mL，冷却至形成固液两相的饱和溶液，贮于棕色试剂瓶中，常温下放置一周后使用。

（14）硝酸锶饱和溶液（水分活度为 0.851，25℃） 在易于溶解的温度下，准确称取 240g 硝酸锶，加入热水 200mL，冷却至形成固液两相的饱和溶液，贮于棕色试剂瓶中，常温下放置一周后使用。

（15）氯化钡饱和溶液（水分活度为 0.902，25℃） 在易于溶解的温度下，准确称取 100g 氯化钡，加入热水 200mL，冷却至形成固液两相的饱和溶液，贮于棕色试剂瓶中，常温下放置一周后使用。

（16）硝酸钾饱和溶液（水分活度为 0.936，25℃） 在易于溶解的温度下，准确称取 120g 硝酸钾，加入热水 200mL，冷却至形成固液两相的饱和溶液，贮于棕色试剂瓶中，常温下放置一周后使用。

（17）硫酸钾饱和溶液（水分活度为 0.973，25℃） 在易于溶解的温度下，准确称取 35g 硫酸钾，加入热水 200mL，冷却至形成固液两相的饱和溶液，贮于棕色试剂瓶中，常温下放置一周后使用。

4. 仪器和设备

（1）水分活度测定仪。

（2）天平 感量 0.01g。

（3）样品皿。

5. 检测步骤

（1）试样制备

①粉末状固体、颗粒状固体及糊状样品：取有代表性样品至少 200g，混匀，置于密闭的玻璃容器内。

②块状样品：取可食部分的代表性样品至少 200g。在室温 18～25℃，相对湿度 50%～80% 的条件下，迅速切成约小于 3mm×3mm×3mm 的小块，不得使用组织捣碎机，混匀后置于密闭的玻璃容器内。

③瓶装固体、液体混合样品：取液体部分。

④质量多样混合样品：取有代表性的混合均匀样品。

⑤液体或流动酱汁样品：直接取均匀样品进行称重。

（2）试样的测定

①在室温 18~25℃，相对湿度 50%~80% 的条件下，用饱和盐溶液校正水分活度仪。

②称取约 1g（精确至 0.01g）试样，迅速放入样品皿中，封闭测量仓，在温度 20~25℃、相对湿度 50%~80% 的条件下测定。每间隔 5min 记录水分活度仪的响应值。当相邻两次响应值之差小于 $0.005A_w$ 时，即为测定值。仪器充分平衡后，同一样品重复测定 3 次。

6. 结果计算

当符合精密度所规定的要求时，取两次平行测定的算术平均值作为结果。计算结果保留两位有效数字。

7. 说明

本法采用国家标准方法（GB 5009.238—2016），本标准规定了康卫氏皿扩散法和水分活度仪扩散法测定食品中的水分活度，这里介绍的是第二法。本标准适用于预包装谷物制品类、肉制品类、水产制品类、蜂产品类、薯类制品类、水果制品类、蔬菜制品类、乳粉、固体饮料的水分活度的测定，不适用于冷冻和含挥发性成分的食品。

第二节 维生素的测定

维生素是一类维持人体正常生理功能所必需的有机营养素，每种维生素履行着特殊的生理功能，缺乏时将引起相关的营养缺乏症。通常根据它们的溶解性质，将其分为脂溶性维生素（维生素 A、维生素 D、维生素 E 等）和水溶性维生素（B 族维生素、维生素 C 等）两大类。

一、 维生素 A 的测定 （反相高效液相色谱法）

1. 原理

样品皂化后，维生素 A 抽提至有机溶剂中，经浓缩后，C_{30} 或 PFP 反相液相色谱柱分离，紫外检测器或荧光检测器检测，外标法定量。

2. 试剂及设备

（1）试剂 无水乙醇、抗坏血酸、氢氧化钾、乙醚、石油醚、无水硫酸钠、pH 试纸、甲醇、淀粉酶（活力单位≥100U/mg）和 2，6 - 二叔丁基对甲苯酚（BHT）。

（2）维生素 A 标准品 视黄醇（纯度≥95%）。

（3）设备 高效液相色谱仪（带紫外检测器或二极管阵列检测器或荧光检测器）、磁力加热搅拌器、旋转蒸发器、恒温水浴振荡器、分析天平、分液漏斗、玻璃漏斗、容量瓶（100mL）、标准口三角瓶、移液管（1mL、10mL）、氮吹仪、定量滤纸。

3. 检测步骤

（1）样品处理 取牛乳50mL（或蛋黄5g）于标准口三角瓶中，加乙醇60mL、50% KOH 2mL，接上冷凝管，于磁力搅拌器上加热30min，温度控制在50℃左右。取分液漏斗两个，固定于铁架台上，一个加50mL乙醚或乙烷做第一次提取用，另一个加30mL乙醚做第二次提取用。样品皂化完后，取下三角瓶并用蒸馏水将冷凝管口冲洗，洗液并入三角瓶内，冷却至室温后，慢慢倒入第一个分液漏斗中，并用蒸馏水洗三角瓶2~3次，振摇片刻后静止待分层。取下层液移入第二次提取液中，同上处理后弃去下层。将两次提取液合并，同时将另一漏斗用乙醚冲洗三次，然后用蒸馏水洗涤提取液，以除去KOH和乙醇，直至蒸馏水用pH试纸测试为中性。

在100mL棕色容量瓶中加0.2g BHT，瓶上放漏斗、滤纸及无水Na_2SO_4，将提取液通过无水Na_2SO_4脱水，用乙醚冲洗分液漏斗，最后定容至1000mL，摇匀待用。取10mL于鸡心瓶中，在50℃恒温水浴中旋转蒸发至干，取下后立即用1.0mL无水甲醇溶解，摇动后上机测定。

（2）色谱条件 色谱柱：C_{30}柱（柱长250mm，内径4.6mm，粒径3μm）；流动相：A：水；B：甲醇，洗脱梯度见表2-1；紫外检测波长：325nm；流速：0.8mL/min；进样量：10μL；柱温：20℃。

表2-1　　　　　　　　C_{30}色谱柱-反相高效液相色谱法洗脱梯度参考条件

时间/min	流动相A梯度/%	流动相B梯度/%	流速/（mL/min）
0.0	4	96	0.8
13.0	4	96	0.8
20.0	0	100	0.8
24.0	0	100	0.8
24.5	4	96	0.8
30.0	4	96	0.8

（3）标准曲线的制作 本法采用外标法定量。将维生素A标准系列工作溶液分别注入高效液相色谱仪中，测定相应的峰面积，以峰面积为纵坐标，以标准测定液浓度为横坐标绘制标准曲线，计算直线回归方程。

（4）样品测定 试样液经高效液相色谱仪分析，测得峰面积，采用外标法通过上述标准曲线计算其浓度。在测定过程中，建议每测定10个样品用同一份标准溶液或标准物质检查仪器的稳定性。

4. 结果计算

试样中维生素A的含量按下式计算：

$$X = \frac{\rho \times V \times f \times 100}{m} \tag{2-6}$$

式中　X——试样中维生素A的含量，μg/100g；

　　　ρ——根据标准曲线计算得到的试样中维生素A的浓度，μg/mL；

　　V——定容体积，mL；

　　f——换算因子（维生素 A：$f=1$；维生素 E：$f=0.001$）；

　100——试样中量以每 100g 计算的换算系数；

　　m——试样的称样量，g。

二、 维生素 D 的测定 （高效液相色谱法）

1. 原理

将样品皂化，由酯型转化为游离型，用高效液相色谱测定。

2. 试剂及设备

（1）试剂　乙醚（不含过氧化物）、乙醇、甲醇、无水 Na_2SO_4、50% KOH 溶液、焦性没食子酸。维生素 D 标准（Merck）液的配制：称取 5.3mg 标准品，用少量乙醇溶解后用甲醇定溶至 50mL，即为 $106\mu g/mL$ 的标准液，再取 1.0mL 定容至 25mL，即为 $4.24\mu g/mL$ 的高效液相色谱仪用的标准溶液。

（2）设备　高效液相色谱仪具可调波长紫外检测器，直型 K－D 浓缩器，磁力加热搅拌器。

3. 检测步骤

（1）皂化　取 5 ~ 10g 样品，加 1g 焦性没食子酸 50mL 乙醇溶液，在磁力搅拌器下使样品均匀溶解后加入 30mL 50% KOH 溶液，在（50±2）℃搅拌回流 40mim。

（2）提取　取下回流液，冲凉后用 50、30、20、10mL 乙醚萃取，合并乙醚层，用水洗至中性，过无水 Na_2SO_4，在 50℃下浓缩至约 5mL，取下后，用甲醇定容至 10mL，待测定。

（3）色谱条件　色谱柱：μ – Bondapak C_{18} 3.9mm × 30cm；流动相：甲醇；流速：0.8mL/min；测定波长：265nm。

（4）样品测定　吸取处理好的样品 $20\mu L$，注入高效液相色谱仪，进行 HPLC 分析，同时进行标准溶液的分析，将样品的峰与标准溶液峰比较，以保留时间定性，峰高或峰面积定量。

4. 结果计算

$$维生素 D 含量 = \frac{S'}{S} \times A \times \rho \times 100 (\mu g/100g) \qquad (2-7)$$

式中　S'——样品峰面积；

　　　S——标准峰面积；

　　　A——样品稀释总体积，mL；

　　　ρ——标准溶液浓度，$\mu g/mL$。

三、 维生素 E 含量的测定 （高效液相色谱法）

1. 原理

样品皂化后，维生素 E 由酯型转化为游离型，用高效液相色谱测定，但有时为节省时间也可省去皂化，直接提取后进行测定。

2. 试剂及设备

（1）试剂 50% KOH 溶液，无水乙醇、乙醚（无过氧化物）、2，6 - 二叔丁基对甲苯酚（BHT）、异辛烷、1，4 - 二噁烷。维生素 E 标准溶液：精确称量一定量的标准维生素 E，溶于异辛烷中，使最终浓度为 20μg/mL。

（2）设备 植物捣碎机，旋转蒸发仪，磁力加热搅拌器，冷凝管，高效液相色谱仪（具可调波长紫外检测器）。

3. 检测步骤

（1）样品处理 取样品于植物捣碎机中捣碎，准确称取 5～10g 于三角瓶中，加 20mL 50% KOH，60mL 无水乙醇，接上冷凝管，于磁力加热搅拌器上 70℃回流 30min，回流结束后，样品冷却至 40℃左右后，用乙醚提取两次，用水洗至中性，经无水 Na_2SO_4 脱水后，提取液移入 250mL 容量瓶中，加入 100mg 抗氧化剂 BHT，待 BHT 溶解后，定容至刻度，混匀，吸取 100mL 提取液于鸡心瓶中，在 50℃水浴中旋转蒸发干燥，用 2.0mL 异辛烷溶解，贮于瓶中。

（2）色谱条件 色谱柱：Lichrosorb Si - 60 250mm×4mm；流动相：含 0.4% 1，4 - 二噁烷的异辛烷；流速：1.0～1.5mL/min；检测器：紫外 280nm；进样量：20μL。

（3）结果计算 根据标准维生素 E 的保留时间定性，根据样品的峰高或峰面积积分值定量。

4. 注意事项

（1）若为蔬菜、水果等低脂肪样品，可不经过皂化，直接提取。

（2）若为植物油等样品，可稀释后过滤直接上机。

四、 维生素 B_1 （硫胺素） 含量的测定 （荧光分光光度法）

1. 原理

硫胺素在碱性铁氰化钾溶液中被氧化成噻嘧色素，在紫外线下，噻嘧色素发出荧光。在给定的条件下，以及没有其它荧光物质干扰时，此荧光强度与噻嘧色素量成正比，即与溶液中硫胺素量成正比。如试样中含杂质过多，应经过离子交换剂处理，使硫胺素与杂质分离，然后以所得溶液用于测定。

2. 试剂及设备

（1）试剂 正丁醇（$CH_3CH_2CH_2CH_2OH$），无水硫酸钠（Na_2SO_4）：560℃烘烤 6h 后使用，铁氰化钾［$K_3Fe(CN)_6$］，氢氧化钠（NaOH），盐酸（HCl），乙酸钠（$CH_3COONa \cdot 3H_2O$），冰乙酸（CH_3COOH），人造沸石，硝酸银（$AgNO_3$），溴甲酚绿（$C_{21}H_{14}Br_4O_5S$），五氧化二磷（P_2O_5）或者氯化钙（$CaCl_2$），氯化钾（KCl），淀粉酶：不含维生素 B_1，酶活力≥3700U/g，木瓜蛋白酶：不含维生素 B_1，酶活力≥800U（活力单位）/mg。

（2）试剂配制 0.1mol/L 盐酸溶液：移取 8.5mL 盐酸，用水稀释并定容至 1000mL，摇匀。

0.01mol/L 盐酸溶液：量取 0.1mol/L 盐酸溶液 50mL，用水稀释并定容至 500mL，摇匀。

2mol/L 乙酸钠溶液：称取 272g 乙酸钠，用水溶解并定容至 1000mL，摇匀。

氯化钾溶液（250g/L）：称取 250g 氯化钾，用水溶解并定容至 1000mL，摇匀。

酸性氯化钾（250g/L）：移取 8.5mL 盐酸，用 250g/L 氯化钾溶液稀释并定容至 1000mL，摇匀。

氢氧化钠溶液（150g/L）：称取 150g 氢氧化钠，用水溶解并定容至 1000mL，摇匀。

铁氰化钾溶液（10g/L）：称取 1g 铁氰化钾，用水溶解并定容至 100mL，摇匀，于棕色瓶内保存。

碱性铁氰化钾溶液：移取 4mL 10g/L 铁氰化钾溶液，用 150g/L 氢氧化钠溶液稀释至 60mL，摇匀。用时现配，避光使用。

乙酸溶液：量取 30mL 冰乙酸，用水稀释并定容至 1000mL，摇匀。

0.01mol/L 硝酸银溶液：称取 0.17g 硝酸银，用 100mL 水溶解后，于棕色瓶中保存。

0.1mol/L 氢氧化钠溶液：称取 0.4g 氢氧化钠，用水溶解并定容至 100mL，摇匀。

溴甲酚绿溶液（0.4g/L）：称取 0.1g 溴甲酚绿，置于小研钵中，加入 1.4mL 0.1mol/L 氢氧化钠溶液研磨片刻，再加入少许水继续研磨至完全溶解，用水稀释至 250mL。

活性人造沸石：称取 200g 0.25mm（40 目）～0.42mm（60 目）的人造沸石于 2000mL 试剂瓶中，加入 10 倍于其体积的接近沸腾的热乙酸溶液，振荡 10min，静置后，弃去上清液，再加入热乙酸溶液，重复一次；再加入 5 倍于其体积的接近沸腾的热 250g/L 氯化钾溶液，振荡 15min，倒出上清液；再加入乙酸溶液，振荡 10min，倒出上清液；反复洗涤，最后用水洗直至不含氯离子。

氯离子的定性鉴别方法：取 1mL 上述上清液（洗涤液）于 5mL 试管中，加入几滴 0.01mol/L 硝酸银溶液，振荡，观察是否有浑浊产生，如果有浑浊说明还含有氯离子，继续用水洗涤，直至不含氯离子为止。将此活性人造沸石于水中冷藏保存备用。使用时，倒入适量于铺有滤纸的漏斗中，沥干水后称取约 8.0g 倒入充满水的层析柱中。

（3）标准品 盐酸硫胺素（$C_{12}H_{17}ClN_4OS \cdot HCl$），CAS：67-03-8，纯度≥99.0%。

（4）标准溶液配制 维生素 B_1 标准储备液（100μg/mL）：准确称取经氯化钙或者五氧化二磷干燥 24h 的盐酸硫胺素 112.1mg（精确至 0.1mg），相当于硫胺素为 100mg，用 0.01mol/L 盐酸溶液溶解，并稀释至 1000mL，摇匀。于 0～4℃冰箱避光保存，保存期为 3 个月。

维生素 B_1 标准中间液（10.0μg/mL）：将标准储备液用 0.01mol/L 盐酸溶液稀释 10 倍，摇匀，在冰箱中避光保存。

维生素 B_1 标准使用液（0.100μg/mL）：准确移取维生素 B_1 标准中间液 1.00mL，用水稀释、定容至 100mL，摇匀。临用前配制。

（5）设备 荧光分光光度计，离心机：转速≥4000r/min，pH 计：精度 0.01，电热恒温箱，盐基交换管或层析柱（60mL，300mm × 10mm 内径），天平：感量为 0.01g 和 0.01mg。

3. 检测步骤

（1）试样预处理 用匀浆机将样品均质成匀浆，于冰箱中冷冻保存，用时将其解冻混匀。干燥试样取不少于 150g，将其全部充分粉碎备用。

（2）提取 准确称取适量试样（估计其硫胺素含量约为 10 ~ 30μg，一般称取 2 ~ 10g 试样），置于 100mL 锥形瓶中，加入 50mL 0.1mol/L 盐酸溶液，使得样品分散开，将样品放入恒温箱中于 121℃水解 30min，结束后，凉至室温后去除。用 2mol/L 乙酸钠溶液调 pH 为 4.0 ~ 5.0 或者用 0.4g/L 溴甲酚绿溶液为指示剂，滴定至溶液由黄色转变为蓝绿色。

酶解：于水解液中加入 2mL 混合酶液，于 45 ~ 50℃恒温箱中保温过夜（16h）。待溶液凉至室温后，转移至 100mL 容量瓶中，用水定容至刻度。混匀、过滤，即得提取液。

（3）净化 装柱：根据待测样品的数量，取适量处理好的活性人造沸石，经滤纸过滤后，放在烧杯中。用少许脱脂棉铺于盐基交换管柱（或层析柱）的底部，加水将棉纤维中的气泡排出，关闭柱塞，加入约 20mL 水，再加入约 8.0g（以湿重计，相当于干重 1.0 ~ 1.2g）经预先处理的活性人造沸石，要求保持盐基交换管中液面始终高过活性人造沸石。活性人造沸石柱床的高度对维生素 B_1 测定结果有影响，高度不低于 45mm。

样品提取液的净化：准确加入 20mL 上述提取液于上述盐基交换管柱（或层析柱）中，使通过活性人造沸石的硫胺素总量约为 2 ~ 5μg，流速约为 1 滴/s。加入 10mL 近沸腾的热水冲洗盐基交换柱，流速约为 1 滴/s，弃去淋洗液，如此重复三次。于交换管下放置 25mL 刻度试管用于收集洗脱液，分两次加入 20mL 温度约为 90℃的酸性氯化钾溶液，每次 10mL，流速为 1 滴/s。待洗脱液凉至室温后，用 250g/L 酸性氯化钾定容，摇匀，即为试样净化液。标准溶液的处理：重复上述操作，取 20mL 维生素 B_1 标准使用液（0.1μg/mL）代替试样提取液，同上用盐基交换管（或层析柱）净化，即得到标准净化液。

（4）氧化 将 5mL 试样净化液分别加入 A、B 两支已标记的 50mL 离心管中。在避光条件下将 3mL 150g/L 氢氧化钠溶液加入离心管 A，将 3mL 碱性铁氰化钾溶液加入离心管 B，涡旋 15s；然后各加入 10mL 正丁醇，将 A、B 管同时涡旋 90s。静置分层后吸取上层有机相于另一套离心管中，加入 2 ~ 3g 无水硫酸钠，涡旋 20s，使溶液充分脱水，待测定。

用标准的净化液代替试样净化液重复上述的操作。

（5）荧光强度的测定 测定条件：激发波长 365nm；发射波长 435nm；激发波狭缝 5nm；

①试样空白荧光强度（试液反应瓶 A）；

②标准空白荧光强度（标准反应瓶 A）；

③试样荧光强度（试样反应瓶 B）；

④标准荧光强度（标准反应瓶 B）。

4. 结果计算

$$X = (U - U_b) \times \frac{\rho_1 V}{(S - S_b)} \times \frac{V_1}{V_2} \times \frac{\rho_2}{m} \times \frac{100}{1000} \qquad (2-8)$$

式中　X——样品中维生素 B_1（硫胺素计）含量，mg/100g；

U——试样荧光强度；

U_b——试样空白荧光强度；

S——标准荧光强度；

S_b——标准空白强度；

ρ_1——硫胺素标准使用液浓度，μg/mL；

V——用于净化的硫胺素标准使用液体积，mL；

V_1——试样水解后定容之体积，mL；

V_2——试样用于净化的提取液体积，mL；

ρ_2——硫胺素标准使用液浓度，μg/mL；

m——试样质量，g；

$\dfrac{100}{1000}$——样品含量由 μg/g 换算成 mg/100g 的系数。

5. 说明

（1）本法适用于各类食物中硫胺素的测定，但不适用于有吸附硫胺素能力的物质和含有影响噻嘧色素荧光物质的样品。

（2）检出限为 0.04mg/100g，定量限为 0.12mg/100g。

五、 维生素 B_2（核黄素）的测定 （荧光法）

1. 原理

核黄素在 440～500nm 波长光照射下发生黄绿色荧光，在稀溶液中其荧光强度与核黄素的浓度成正比，在波长 525nm 下测定其荧光强度，试液再加入低亚硫酸钠（$Na_2S_2O_4$）将核黄素还原为无荧光的物质，然后再测定试液中残余荧光杂质的荧光强度，两者之差即为食品中核黄素所产生的荧光强度。

2. 试剂及设备

（1）试剂　2.5mol/L 无水乙酸钠溶液，硅镁吸附剂（60～100 目），10% 木瓜蛋白酶（用 2.5mol/L 乙酸钠配制，使用时现配），10% 淀粉酶（用 2.5mol/L 乙酸钠配制，使用时现配），0.1mol/L 盐酸，0.1mol/L NaOH，1mol/L NaOH，20% 低亚硫酸钠溶液（用时现配，保存于冰水浴中，4h 内有效），洗脱液（丙酮：冰乙酸：水 = 5：2：9），0.04% 溴甲酚绿指示剂（称取 0.1g 溴甲酚绿于研钵中，加 1.4mL 0.1mol/L NaOH 溶液研磨，加少许水，继续研磨，直至完全溶解，用水稀释至 250mL），3% $KMnO_4$ 溶液，3% H_2O_2 溶液。实验用水为蒸馏水，试剂不加说明为分析纯。

核黄素标准使用溶液：吸取 2.00mL 核黄素标准储备液（25μg/mL），置于 50mL 棕色容量瓶中，用水稀释至刻度，避光，储于 4℃ 冰箱，可保存 1 周，此溶液每毫升相当于 1.00μg 核黄素。

（2）设备 实验室常用设备，高压消毒锅，电热恒温培养箱，核黄素吸附柱，荧光分光光度计。

3. 检测步骤

（1）样品提取

①水解：称取 2 ~ 10g 样品（约含 10 ~ 20μg 核黄素）于 100mL 三角瓶中，加入 50mL 0.1mol/L 的盐酸，搅拌直到颗粒物分散均匀，用 40mL 瓷坩埚为盖扣住瓶口，置于高压锅内高压水解，103kPa 30min，水解液冷却后，滴加 1mol/L NaOH，取少许溶液，用 0.04% 溴甲酚绿检验呈草绿色，pH 4.5。

②酶解：a. 含有淀粉的水解液：加入 3mL 10% 淀粉酶溶液，于 37 ~ 40℃ 保温约 16h。

b. 含高蛋白的水解液：加入 3mL 10% 木瓜蛋白酶溶液，于 37 ~ 40℃ 保温约 16h。

③过滤：上述酶解液定容至 100.0mL，用干滤纸过滤，此提取液在 4℃ 冰箱中可保存一周。

（2）氧化去杂质 取一定体积的样品提取液及核黄素标准使用液（约含 1 ~ 10μg 核黄素）分别于 20mL 的带盖刻度试管中，加水至 15mL，各管加 0.5mL 冰乙酸，加 3% KMnO$_4$ 溶液 0.5mL，混匀，放置 2min，使氧化去杂质，滴加 3% 双氧水溶液数滴，直至 KMnO$_4$ 的颜色褪去，剧烈振摇试管，使多余的 O$_2$ 逸出。

（3）吸附和洗脱

①核黄素吸附柱：硅镁吸附剂约 1g 用湿法装入柱，占柱长 1/2 ~ 2/3（约 5cm）为宜，吸附柱下端用一小团脱脂棉垫上，勿使柱内产生气泡，调节流速约为 60 滴/min。

②过柱与洗脱：将全部氧化后的样液及标准液通过吸附柱后，用 20mL 热水洗去样品中的杂质。然后用 5.00mL 洗脱液将样品中的核黄素洗脱并收集于一带盖 10mL 刻度试管中，再用水洗吸附柱，收集洗出之液体并定容至 10mL，混匀后待测荧光。

（4）测定 于激发光波长 440nm，发射光波长 525nm，测量样品管及标准管的荧光值，待样品及标准的荧光值测量后，在各管的剩余液（约 5 ~ 7mL）中加 0.1mL 20% 的低亚硫酸钠溶液，立即摇匀，在 20s 内测出各管的荧光值，作为各自的空白值。

4. 结果计算

$$X = \frac{(A - B) \times m'}{(C - D) \times m} \times f \times \frac{100}{1000} \qquad (2 - 9)$$

式中 X——样品中核黄素的含量，mg/100g；

　　　C——标准管荧光值；

　　　A——样品管荧光值；

　　　D——标准管空白荧光值；

　　　B——样品管空白荧光值；

　　　f——稀释倍数；

m——样品质量，g；

m'——标准管中的核黄素含量，μg；

$\dfrac{100}{1000}$——将样品中核黄素量由 μg/g 折算成 μg/100g 的折算系数。

5. 说明

整个过程需避光进行；因核黄素在碱性溶液中不稳定，因而加 NaOH 时应边摇边加，防止局部碱度过大，破坏核黄素。

六、 维生素 C 含量的测定 （高效液相色谱法）

1. 原理

试样中的抗坏血酸用偏磷酸溶解超声提取后，以离子对试剂为流动相，经反相色谱柱分离，其中 L(+)-抗坏血酸和 D(+)-抗坏血酸直接用配有紫外检测器的液相色谱仪（波长 245nm）测定；试样中的 L(+)-脱氢抗坏血酸经 L-半胱氨酸溶液进行还原后，用紫外检测器 （波长 245nm） 测定 L(+)-抗坏血酸总量，或减去原样品中测得的 L(+)-抗坏血酸含量而获得 L(+)-脱氢抗坏血酸的含量。以色谱峰的保留时间定性，外标法定量。

2. 试剂与设备

（1）试剂　偏磷酸（HPO_3）$_n$：含量 （以 HPO_3 计） $\geqslant 38\%$，磷酸三钠 （$Na_3PO_4 \cdot 12H_2O$），磷酸二氢钾 （KH_2PO_4），磷酸 （H_3PO_4）：85%，L-半胱氨酸（$C_3H_7NO_2S$）：优级纯，十六烷基三甲基溴化铵 （$C_{19}H_{42}BrN$）：色谱纯，甲醇 （CH_3OH）：色谱纯。

（2）试剂配制　偏磷酸溶液 （200g/L）：称取 200g （精确至 0.1g） 偏磷酸，溶于水并稀释至 1L，此溶液于 4℃ 的环境下可保存一个月；

偏磷酸溶液 （20g/L）：量取 50mL 200g/L 偏磷酸溶液，用水稀释至 500mL；

磷酸三钠溶液 （100g/L）：称取 100g （精确至 0.1g） 磷酸三钠，溶于水并稀释至 1L。

L-半胱氨酸溶液 （40g/L）：称取 4g L-半胱氨酸，溶于水并稀释至 100mL，临用时配制。

（3）标准品　L(+)-抗坏血酸标准品 （$C_6H_8O_6$）：纯度 $\geqslant 99\%$，D(+)-抗坏血酸 （异抗坏血酸） 标准品 （$C_6H_8O_6$）：纯度 $\geqslant 99\%$。

（4）标准溶液配制　L(+)-抗坏血酸标准贮备溶液 （1.000mg/mL）：准确称取 L(+)-抗坏血酸标准品 0.01g （精确至 0.01mg），用 20g/L 的偏磷酸溶液定容至 10mL。该贮备液在 2~8℃ 避光条件下可保存一周。

D(+)-抗坏血酸标准贮备溶液 （1.000mg/mL）：准确称取 D(+)-抗坏血酸标准品 0.01g （精确至 0.01mg），用 20g/L 的偏磷酸溶液定容至 10mL。该贮备液在 2~8℃ 避光条件下可保存一周。

（5）设备　液相色谱仪：配有二极管阵列检测器或紫外检测器，pH 计：精度为 0.01，天平：感量为 0.1g、1mg、0.01mg，超声波清洗器，离心机：转速 $\geqslant 4000$r/min，均质机，滤膜：0.45μm 水相膜，振荡器。

3. 检测步骤

整个检测过程尽可能在避光条件下进行。

（1）试样制备　液体或固体粉末样品：混合均匀后，应立即用于检测。水果、蔬菜及其制品或其他固体样品：取 100g 左右样品加入等质量 20g/L 的偏磷酸溶液，经均质机均质并混合均匀后，应立即测定。

（2）试样溶液的制备　称取相对于样品约 0.5～2g（精确至 0.001g）混合均匀的固体试样或匀浆试样，或吸取 2～10mL 液体试样［使所取试样含 L（＋）- 抗坏血酸约 0.03～6mg］于 50mL 烧杯中，用 20g/L 的偏磷酸溶液将试样转移至 50mL 容量瓶中，振摇溶解并定容。摇匀，全部转移至 50mL 离心管中，超声提取 5min 后，于 4000r/min 离心 5min，取上清液过 0.45μm 水相滤膜，滤液待测［由此试液可同时分别测定试样中 L（＋）- 抗坏血酸和 D（＋）- 抗坏血酸的含量］。

（3）试样溶液的还原　准确吸取 20mL 上述离心后的上清液于 50mL 离心管中，加入 10mL 40g/L 的 L - 半胱氨酸溶液，用 100g/L 磷酸三钠溶液调节 pH 至 7.0～7.2，以 200 次/min 振荡 5min。再用磷酸调节 pH 至 2.5～2.8，用水将试液全部转移至 50mL 容量瓶中，并定容至刻度。混匀后取此试液过 0.45μm 水相滤膜后待测［由此试液可测定试样中包括脱氢型的 L（＋）- 抗坏血酸总量］。

若试样含有增稠剂，可准确吸取 4mL 经 L - 半胱氨酸溶液还原的试液，再准确加入 1mL 甲醇，混匀后过 0.45μm 滤膜后待测。

（4）仪器参考条件　色谱柱：C_{18} 柱，柱长 250mm，内径 4.6mm，粒径 5μm，或同等性能的色谱柱。

检测器：二极管阵列检测器或紫外检测器。

流动相：A：6.8g 磷酸二氢钾和 0.91g 十六烷基三甲基溴化铵，用水溶解并定容至 1L（用磷酸调 pH 至 2.5～2.8）；B：100% 甲醇。按 A：B＝98：2 混合，过 0.45μm 滤膜，超声脱气。

流速：0.7mL/min；检测波长：245nm；柱温：25℃；进样量：20μL。

（5）标准曲线制作　分别对抗坏血酸混合标准系列工作溶液进行测定，以 L（＋）- 抗坏血酸（或 D（＋）- 抗坏血酸）标准溶液的质量浓度（μg/mL）为横坐标，L（＋）- 抗坏血酸（或 D（＋）- 抗坏血酸）的峰高或峰面积为纵坐标，绘制标准曲线或计算回归方程。

（6）试样溶液的测定　对试样溶液进行测定，根据标准曲线得到测定液中 L（＋）- 抗坏血酸［或 D（＋）- 抗坏血酸］的浓度（μg/mL）。

（7）空白试验　空白试验系指除不加试样外，采用完全相同的检测步骤、试剂和用量，进行平行操作。

4. 结果计算

试样中 L（＋）- 抗坏血酸［或 D（＋）- 抗坏血酸］的含量和 L（＋）- 抗坏血酸总量以毫克每百克表示，按下式计算：

$$X = \frac{(\rho_1 - \rho_2) \times V}{m \times 1000} \times F \times K \times 100 \qquad (2-10)$$

式中　X——试样中 L(+)-抗坏血酸［或 D(+)-抗坏血酸、L(+)-抗坏血酸总量］的
　　　　　　含量，mg/10g；

　　　　ρ_1——样液中 L(+)-抗坏血酸［或 D(+)-抗坏血酸］的质量浓度，μg/mL；

　　　　ρ_2——样品空白液中 L(+)-抗坏血酸［或 D(+)-抗坏血酸］的质量浓度，μg/mL；

　　　　V——试样的最后定容体积，mL；

　　　　m——实际检测试样质量，g；

　　　1000——换算系数（由 μg/mL 换算成 mg/mL 的换算因子）；

　　　　F——稀释倍数（若使用"试样溶液的还原"步骤时，即为 2.5）；

　　　　K——若使用"试样溶液的还原"中甲醇沉淀步骤时，即为 1.25；

　　　100——换算系数（由 mg/g 换算成 mg/100g 的换算因子）。

　　计算结果以重复性条件下获得的两次独立测定结果的算术平均值表示，结果保留三位
有效数字。

5. 说明

　　固体样品取样量为 2g 时，L(+)-抗坏血酸和 D(+)-抗坏血酸的检出限均为 0.5mg/
100g，定量限均为 2.0mg/100g。液体样品取样量为 10g（或 10mL）时，L(+)-抗坏血酸
和 D(+)-抗坏血酸的检出限均为 0.1mg/100g（或 0.1mg/100mL），定量限均为 0.4mg/
100g（或 0.4mg/100mL）。

第三节　矿物质总量及矿物质元素组成测定

一、 矿物质总量 （灰分） 的测定

　　食品的组成十分复杂，除含有大量的有机物质外，还含有丰富的无机成分，这些无机
成分包括人体必需的无机盐或矿物质，其中含量较多的有钙、镁、钾、钠、硫、磷、氯等
元素。此外，还含有少量的微量元素，如铁、铜、锌、锰、碘、氟等。当食品经高温灼烧
时，将发生一系列的物理和化学变化，有机成分挥发逸散，而无机成分（主要是无机盐和
金属氧化物）则残留下来，这些残留物称为灰分，它是标示食品中无机成分总量的一项
指标。

　　食品的灰分与食品中原来存在的无机成分在数量和组成上并不完全相同，这是因为食
品在灰化时，某些易挥发元素，如氯、碘、铅等会挥发散失，磷、硫等也能以含氧酸的形
式挥发散失。另一方面，某些金属氧化物会吸收有机物分解产生的二氧化碳而形成碳酸盐，
使无机成分增多。因此，灰分并不能准确地表示食品中原来的无机成分的总量，从这种观
点出发通常把食品经高温灼烧后的残留物称为粗灰分（或总灰分）。

　　不同的食品，因所用原料、加工方法及测定条件不同，各种灰分的组成和含量也不相

同，当这些条件确定后，某种食品的灰分常在一定范围内。如果灰分含量超过了正常范围，说明食品生产中使用了不合乎卫生标准要求的原料或食品添加剂，或食品在加工、贮运过程中受到了污染。因此，测定灰分可以判断食品受污染的程度。

灰分可以作为评价食品的质量指标。例如，在面粉加工中，常以总灰分含量评定面粉等级，富强粉为 0.3% ~ 0.5%，标准粉为 0.6% ~ 0.9%。加工精度越细，总灰分含量越低，这是因为小麦麸皮中灰分的含量较胚乳高 20 倍左右。

在生物体内已发现的几十种元素，C、H、O、N、S、P、Cl、Ca、Mg、Na、K 这 11 种元素在人体内的含量为 99.95%，称为常量元素。除去构成水分和有机物质的 C、H、O、N 四种元素外，其余的通称为矿物成分，每日膳食需要总量为 100mg 左右。为保障人体健康，对食品中人体需要的元素进行检测分析是十分必需的。

1. 原理

食品经灼烧后所残留的无机物质称为灰分。灰分数值通过灼烧、称重后计算得出。

2. 试剂

（1）乙酸镁 [（CH$_3$COO）$_2$Mg·4H$_2$O]　分析纯。

（2）浓盐酸（HCl）。

3. 试剂配制

（1）乙酸镁溶液（80g/L）　称取 8.0g 乙酸镁加水溶解定容至 100mL，混匀。

（2）乙酸镁溶液（240g/L）　称取 24.0g 乙酸镁加水溶解并定容至 100mL，混匀。

（3）10% 盐酸溶液　量取 24mL 分析纯浓盐酸用蒸馏水稀释至 100mL。

4. 仪器和设备

（1）高温炉　温度≥950℃；干燥器（内有干燥剂）；电热板。

（2）分析天平或电子天平　感量分别为 0.1mg、1mg 和 0.1g。

（3）石英坩埚或瓷坩埚。

（4）恒温水浴锅　控温精度 ±2℃。

5. 检测步骤

（1）坩埚预处理

①含磷量较高的食品和其他食品：取大小适宜的石英坩埚或瓷坩埚置高温炉中，在（550 ± 25）℃下灼烧 30min，冷却至 200℃ 左右，取出，放入干燥器中冷却 30min，准确称量。重复灼烧至前后两次称量相差不超过 0.5mg 为恒重。

②淀粉类食品：先用沸腾的稀盐酸洗涤，再用大量自来水洗涤，最后用蒸馏水冲洗。将洗净的坩埚置于高温炉内，在（900 ± 25）℃下灼烧 30min，并在干燥器内冷却至室温，称重，精确至 0.0001g。

（2）称样　含磷量较高的食品和其他食品：灰分大于或等于 10g/100g 的试样称取 2 ~ 3g（精确至 0.0001g）；灰分小于或等于 10g/100g 的试样称取 3 ~ 10g（精确至 0.0001g，对于灰分含量更低的样品可适当增加称样量）。淀粉类食品：迅速称取样品 2 ~ 10g（马铃薯淀粉、小麦淀粉以及大米淀粉至少称5g，玉米淀粉和木薯淀粉称10g），精确至0.0001g。将样品均匀分布在坩埚内，不要压紧。

（3）测定

①含磷量较高的豆类及其制品、肉禽及其制品、蛋及其制品、水产及其制品、乳及乳制品：a. 称取试样后，加入1.00mL乙酸镁溶液（240g/L）或3.00mL乙酸镁溶液（80g/L），使试样完全润湿。放置10min后，在水浴上将水分蒸干，在电热板上以小火加热使试样充分炭化至无烟，然后置于高温炉中，在（550±25）℃灼烧4h。冷却至200℃左右，取出，放入干燥器中冷却30min，称量前如发现灼烧残渣有炭粒时，应向试样中滴入少许水湿润，使结块松散，蒸干水分再次灼烧至无炭粒即表示灰化完全，方可称量。重复灼烧至前后两次称量相差不超过0.5mg为恒重。

b. 吸取3份与a中相同浓度和体积的乙酸镁溶液，做3次试剂空白试验。当3次试验结果的标准偏差小于0.003g时，取算术平均值作为空白值。若标准偏差大于或等于0.003g时，应重新做空白值试验。

②淀粉类食品：将坩埚置于高温炉口或电热板上，半盖坩埚盖，小心加热使样品在通气情况下完全炭化至无烟，即刻将坩埚放入高温炉内，将温度升高至（900±25）℃，保持此温度直至剩余的炭全部消失为止，一般1h可灰化完毕，冷却至200℃左右，取出，放入干燥器中冷却30min，称量前如发现灼烧残渣有炭粒时，应向试样中滴入少许水湿润，使结块松散，蒸干水分再次灼烧至无炭粒即表示灰化完全，方可称量。重复灼烧至前后两次称量相差不超过0.5mg为恒重。

③其他食品：液体和半固体试样应先在沸水浴上蒸干。固体或蒸干后的试样，先在电热板上以小火加热使试样充分炭化至无烟，然后置于高温炉中，在（550±25）℃灼烧4h。冷却至200℃左右，取出，放入干燥器中冷却30min，称量前如发现灼烧残渣有炭粒时，应向试样中滴入少许水湿润，使结块松散，蒸干水分再次灼烧至无炭粒即表示灰化完全，方可称量。重复灼烧至前后两次称量相差不超过0.5mg为恒重。

6. 结果计算

（1）以试样质量计

①加了乙酸镁溶液的试样中灰分的含量，按下式计算：

$$X_1 = \frac{m_1 - m_2 - m_0}{m_3 - m_2} \times 100 \qquad (2-11)$$

式中　X_1——加了乙酸镁溶液试样中灰分的含量，g/100g；

　　　m_1——坩埚和灰分的质量，g；

　　　m_2——坩埚的质量，g；

　　　m_0——氧化镁（乙酸镁灼烧后生成物）的质量，g；

　　　m_3——坩埚和试样的质量，g；

　　　100——单位换算系数。

②未加乙酸镁溶液的试样中灰分的含量，按下式计算：

$$X_2 = \frac{m_1 - m_2}{m_3 - m_2} \times 100 \tag{2-12}$$

式中 X_2——未加乙酸镁溶液的试样中灰分的含量，g/100g；

m_1——坩埚和灰分的质量，g；

m_2——坩埚的质量，g；

m_3——坩埚和试样的质量，g；

100——单位换算系数。

（2）以干物质计

①加了乙酸镁溶液的试样中灰分的含量，按下式计算：

$$X_1 = \frac{m_1 - m_2 - m_0}{(m_3 - m_2) \times \omega} \times 100 \tag{2-13}$$

式中 X_1——加了乙酸镁溶液试样中灰分的含量，g/100g；

m_0——氧化镁（乙酸镁灼烧后生成物）的质量，g；

m_1——坩埚和灰分的质量，g；

m_2——坩埚的质量，g；

m_3——坩埚和试样的质量，g；

ω——试样干物质含量（质量分数），%；

100——单位换算系数。

②未加乙酸镁溶液的试样中灰分的含量，按下式计算：

$$X_2 = \frac{m_1 - m_2}{(m_3 - m_2) \times \omega} \times 100 \tag{2-14}$$

式中 X_2——未加乙酸镁溶液的试样中灰分的含量，g/100g；

m_1——坩埚和灰分的质量，g；

m_2——坩埚的质量，g；

m_3——坩埚和试样的质量，g；

ω——试样干物质含量（质量分数），%；

100——单位换算系数。

试样中灰分含量≥10g/100g 时，保留三位有效数字；试样中灰分含量＜10g/100g 时，保留两位有效数字。在重复条件下获得的两次独立测定结果的绝对差值不得超过算术平均值的5%。

二、 钙的测定

1. 原理

试样经消解处理后，加入镧溶液作为释放剂，经原子吸收火焰原子化，在422.7nm处测定的吸光度值在一定浓度范围内与钙含量成正比，与标准系列比较定量。

2. 试剂和材料

（1）试剂 硝酸（HNO_3）、高氯酸（$HClO_4$）、盐酸（HCl）、氧化镧（La_2O_3）。

（2）试剂配制

①硝酸溶液（5 + 95）：量取 50mL 硝酸，与 950mL 水混合均匀。

②硝酸溶液（1 + 1）：量取 500mL 硝酸，与 500mL 水混合均匀。

③盐酸溶液（1 + 1）：量取 500mL 盐酸，与 500mL 水混合均匀。

④镧溶液（20g/L）：称取 23.45g 氧化镧，先用少量水湿润后再加入 75mL 盐酸溶液（1 + 1）溶解，转入 1000mL 容量瓶中，加水定容至刻度，混匀。

（3）标准品 碳酸钙（$CaCO_3$，CAS 号 471 – 34 – 1）：纯度 > 99.99%，或经国家认证并授予标准物质证书的一定浓度的钙标准溶液。

（4）标准溶液的配制

①钙标准储备液（1000mg/L）：准确称取 2.4963g（精确至 0.0001g）碳酸钙，加盐酸溶液（1 + 1）溶解，移入 1000mL 容量瓶中，加水定容至刻度，混匀。

②钙标准中间液（100mg/L）：准确吸取钙标准储备液（1000mg/L）10mL 于 100mL 容量瓶中，加硝酸溶液（5 + 95）至刻度，混匀。

③钙标准系列溶液：分别吸取钙标准中间液（100mg/L）0、0.500、1.00、2.00、4.00、6.00mL 于 100mL 容量瓶中，另在各容量瓶中加入 5mL 镧溶液（20g/L），最后加硝酸溶液（5 + 95）定容至刻度，混匀。此钙标准系列溶液中钙的质量浓度分别为 0、0.500、1.00、2.00、4.00 和 6.00mg/L。

注：可根据仪器的灵敏度及样品中钙的实际含量确定标准溶液系列中元素的具体浓度。

3. 仪器设备

（1）原子吸收光谱仪 配火焰原子化器，钙空心阴极灯。

（2）分析天平 感量为 1mg 和 0.1mg。

（3）微波消解系统 配聚四氟乙烯消解内罐。

（4）可调式电热炉和可调式电热板。

（5）压力消解罐 配聚四氟乙烯消解内罐。

（6）恒温干燥箱和马弗炉。

所有玻璃器皿及聚四氟乙烯消解内罐均需硝酸溶液（1 + 5）浸泡过夜，用自来水反复冲洗，最后用水冲洗干净。

4. 检测步骤

（1）试样制备 在采样和试样制备过程中，应避免试样污染。

①粮食、豆类样品：样品去除杂物后，粉碎，贮于塑料瓶中。

②蔬菜、水果、鱼类、肉类等样品：样品用水洗净，晾干，取可食部分，制成匀浆，贮于塑料瓶中。

③饮料、酒、醋、酱油、食用植物油、液态乳等液体样品：将样品摇匀。

（2）试样消解

①湿法消解：准确称取固体试样 0.2~3g（精确至 0.001g）或准确移取液体试样 0.500~5.00mL 于带刻度消化管中，加入 10mL 硝酸、0.5mL 高氯酸，在可调式电热炉上消解（参考条件：120℃/0.5h~120℃/1h、升至 180℃/2h~180℃/4h、升至 200~220℃）。若消化液呈棕褐色，再加硝酸，消解至冒白烟，消化液呈无色透明或略带黄色。取出消化管，冷却后用水定容至 25mL，再根据实际测定需要稀释，并在稀释液中加入一定体积的镧溶液（20g/L），使其在最终稀释液中的浓度为 1g/L，混匀备用，此为试样待测液。同时做试剂空白试验。亦可采用锥形瓶，于可调式电热板上，按上述操作方法进行湿法消解。

②微波消解：准确称取固体试样 0.2~0.8g（精确至 0.001g）或准确移取液体试样 0.500~3.00mL 于微波消解罐中，加入 5mL 硝酸，按照微波消解的检测步骤消解试样，消解条件参考表 2-2。冷却后取出消解罐，在电热板上于 140~160℃赶酸至 1mL 左右。消解罐放冷后，将消化液转移至 25mL 容量瓶中，用少量水洗涤消解罐 2~3 次，合并洗涤液于容量瓶中并用水定容至刻度。根据实际测定需要稀释，并在稀释液中加入一定体积镧溶液（20g/L）使其在最终稀释液中的浓度为 1g/L，混匀备用，此为试样待测液。同时做试剂空白试验。

表2-2 微波消解升温程序参考条件

步骤	设定温度/℃	升温时间/min	恒温时间/min
1	120	5	5
2	160	5	10
3	180	5	10

③压力罐消解：准确称取固体试样 0.2~1g（精确至 0.001g）或准确移取液体试样 0.500~5.00mL 于消解内罐中，加入 5mL 硝酸。盖好内盖，旋紧不锈钢外套，放入恒温干燥箱，于 140~160℃下保持 4~5h。冷却后缓慢旋松外罐，取出消解内罐，放在可调式电热板上于 140~160℃赶酸至 1mL 左右。冷却后将消化液转移至 25mL 容量瓶中，用少量水洗涤内罐和内盖 2~3 次，合并洗涤液于容量瓶中并用水定容至刻度，混匀备用。根据实际测定需要稀释，并在稀释液中加入一定体积的镧溶液（20g/L），使其在最终稀释液中的浓度为 1g/L，混匀备用，此为试样待测液。同时做试剂空白试验。

④干法灰化：准确称取固体试样 0.5~5g（精确至 0.001g）或准确移取液体试样 0.500~10.0mL 于坩埚中，小火加热，炭化至无烟，转移至马弗炉中，于 550℃灰化 3~4h。冷却，取出。对于灰化不彻底的试样，加数滴硝酸，小火加热，小心蒸干，再转入 550℃马弗炉中，继续灰化 1~2h，至试样呈白灰状，冷却，取出，用适量硝酸溶液（1+1）溶解转移至刻度管中，用水定容至 25mL。根据实际测定需要稀释，并在稀释液中加入一定体积的镧溶液，使其在最终稀释液中的浓度为 1g/L，混匀备用，此为试样待测液。同时做试剂空白试验。

（3）仪器参考条件　如表2-3所示。

表2-3　　　　　　　　　　　火焰原子吸收光谱法参考条件

元素	波长/um	狭缝/nm	灯电流/mA	燃烧头高度/nm	空气流量/（L/min）	乙炔流量/min
钙	422.7	1.3	5~15	3	9	2

（4）标准曲线的制作　将钙标准系列溶液按浓度由低到高的顺序分别导入火焰原子化器，测定吸光度值，以标准系列溶液中钙的质量浓度为横坐标，相应的吸光度值为纵坐标，制作标准曲线。

（5）试样溶液的测定　在与测定标准溶液相同的实验条件下，将空白溶液和试样待测液分别导入原子化器，测定相应的吸光度值，与标准系列比较定量。

5. 结果计算

$$X = \frac{(\rho - \rho_0) \times f \times V}{m} \qquad (2-15)$$

式中　X——试样中钙的含量，mg/kg 或 mg/L；

　　　ρ——试样待测液中钙的质量浓度，mg/L；

　　　ρ_0——空白溶液中钙的质量浓度，mg/L；

　　　f——试样消化液的稀释倍数；

　　　V——试样消化液的定容体积，mL；

　　　m——试样质量或移取体积，g 或 mL。

当钙含量 ≥10.0mg/kg 或 10.0mg/L 时，计算结果保留三位有效数字，当钙含量 < 10.0mg/kg 或 10.0mg/L 时，计算结果保留两位有效数字。

6. 说明

本法采用国家标准方法（GB 5009.92—2016），本标准规定了食品中钙含量测定的火焰原子吸收光谱法、滴定法、电感耦合等离子体发射光谱法和电感耦合等离子体质谱法。本标准适用于食品中钙含量的测定，此处介绍的是第一法。在重复性条件下获得的两次独立测定结果的绝对差值不得超过算术平均值的 10%。以称样量 0.5g（或 0.5mL），定容至 25mL 计算，方法检出限为 0.5mg/kg（或 0.5mg/L），定量限为 1.5mg/kg（或 1.5mg/L）。

三、　铁的测定

1. 原理

试样消解后，经原子吸收火焰原子化，在 248.3nm 处测定吸光度值。在一定浓度范围内铁的吸光度值与铁含量成正比，与标准系列比较定量。

2. 试剂和材料

除非另有说明，本方法所用试剂均为优级纯，水为 GB/T 6682 规定的二级水。

（1）试剂 硝酸（HNO_3）、高氯酸（$HClO_4$）、硫酸（H_2SO_4）。

（2）试剂配制

①硝酸溶液（5+95）：量取50mL硝酸，倒入950mL水中，混匀。

②硝酸溶液（1+1）：量取250mL硝酸，倒入250mL水中，混匀。

③硫酸溶液（1+3）：量取50mL硫酸，缓慢倒入150mL水中，混匀。

（3）标准品 硫酸铁铵［$NH_4Fe(SO_4)_2 \cdot 12H_2O$，CAS号7783-83-7］：纯度＞99.99%。或一定浓度经国家认证并授予标准物质证书的铁标准溶液。

（4）标准溶液配制

①铁标准储备液（1000mg/L）：准确称取0.8631g（精确至0.0001g）硫酸铁铵，加水溶解，加1.00mL硫酸溶液（1+3），移入100mL容量瓶，加水定容至刻度。混匀。此铁溶液质量浓度为1000mg/L。

②铁标准中间液（100mg/L）：准确吸取铁标准储备液（1000mg/L）10mL于100mL容量瓶中，加硝酸溶液（5+95）定容至刻度，混匀。此铁溶液质量浓度为100mg/L。

③铁标准系列溶液：分别准确吸取铁标准中间液（100mg/L）0、0.500、1.00、2.00、4.00、6.00mL于100mL容量瓶中，加硝酸溶液（5+95）定容至刻度，混匀。此铁标准系列溶液中铁的质量浓度分别为0、0.500、1.00、2.00、4.00、6.00mg/L。

注：可根据仪器的灵敏度及样品中铁的实际含量确定标准溶液系列中铁的具体浓度。

3. 仪器设备

①原子吸收光谱仪：配火焰原子化器，铁空心阴极灯。

②分析天平：感量0.1mg和1mg。

③微波消解仪：配聚四氟乙烯消解内罐。

④可调式电热炉、可调式电热板、恒温干燥箱、马弗炉。

⑤压力消解罐：配聚四氟乙烯消解内罐。

所有玻璃器皿及聚四氟乙烯消解内罐均需硝酸溶液（1+5）浸泡过夜，用自来水反复冲洗，最后用水冲洗干净。

4. 检测步骤

（1）试样制备 在采样和制备过程中，应避免试样污染。

①粮食、豆类样品：样品去除杂物后，粉碎，贮于塑料瓶中。

②蔬菜、水果、鱼类、肉类等样品：样品用水洗净，晾干，取可食部分，制成匀浆，贮于塑料瓶中。

③饮料、酒、醋、酱油、食用植物油、液态乳等液体样品：将样品摇匀。

（2）试样消解

①湿法消解：准确称取固体试样0.5~3g（精确至0.001g）或准确移取液体试样1.00~5.00mL于带刻度消化管中，加入10mL硝酸和0.5mL高氯酸，在可调式电热炉上消解（参考条件：120℃/0.5h~120℃/h、升至180℃/2h~180℃/4h、升至200~220℃）。若

消化液呈棕褐色，再加硝酸，消解至冒白烟，消化液呈无色透明或略带黄色，取出消化管，冷却后将消化液转移至 25mL 容量瓶中，用少量水洗涤 2~3 次，合并洗涤液于容量瓶中并用水定容至刻度，混匀备用。同时做试样空白试验。亦可采用锥形瓶，于可调式电热板上，按上述操作方法进行湿法消解。

②微波消解：准确称取固体试样 0.2~0.8g（精确至 0.001g）或准确移取液体试样 1.00~3.00mL 于微波消解罐中，加入 5mL 硝酸，按照微波消解的检测步骤消解试样，消解条件如表 2-4 所示。冷却后取出消解罐，在电热板上于 140~160℃ 赶酸至 1.0mL 左右。冷却后将消化液转移至 25mL 容量瓶中，用少量水洗涤内罐和内盖 2~3 次，合并洗涤液于容量瓶中并用水定容至刻度，混匀备用。同时做试样空白试验。

表 2-4 微波消解升温程序

步骤	设定温度/℃	升温时间/min	恒温时间/min
1	120	5	5
2	160	5	10
3	180	5	10

③压力罐消解：准确称取固体试样 0.3~2g（精确至 0.001g）或准确移取液体试样 2.00~5.00mL 于消解内罐中，加入 5mL 硝酸。盖好内盖，旋紧不锈钢外套，放入恒温干燥箱，于 140~160℃ 下保持 4~5h。冷却后缓慢旋松外罐，取出消解内罐，放在可调式电热板上于 140~160℃ 赶酸至 1.0mL 左右。冷却后将消化液转移至 25mL 容量瓶中，用少量水洗涤内罐和内盖 2~3 次，合并洗涤液于容量瓶中并用水定容至刻度，混匀备用。同时做试样空白试验。

④干法消解：准确称取固体试样 0.5~3g（精确至 0.001g）或准确移取液体试样 2.00~5.00mL 于坩埚中，小火加热，炭化至无烟，转移至马弗炉中，于 550℃ 灰化 3~4h。冷却，取出，对于灰化不彻底的试样，加数滴硝酸，小火加热，小心蒸干，再转入 550℃ 马弗炉中，继续灰化 1~2h，至试样呈白灰状，冷却，取出，用适量硝酸溶液（1+1）溶解，转移至 25mL 容量瓶中，用少量水洗涤内罐和内盖 2~3 次，合并洗涤液于容量瓶中并用水定容至刻度。同时做试样空白试验。

（3）测定

①仪器测试条件如表 2-5 所示。

表 2-5 火焰原子吸收光谱法参考条件

元素	波长/nm	狭缝/nm	灯电流/mA	燃烧头高度/mm	空气流量/（L/min）	乙炔流量/min
钙	248.3	0.2	5~15	3	9	2

②标准曲线的制作：将标准系列工作液按质量浓度由低到高的顺序分别导入火焰原子化器，测定其吸光度值。以铁标准系列溶液中铁的质量浓度为横坐标，以相应的吸光度值为纵坐标，制作标准曲线。

③试样测定：在与测定标准溶液相同的实验条件下，将空白溶液和样品溶液分别导入原子化器，测定吸光度值，与标准系列比较定量。

5. 结果计算

$$X = \frac{(\rho - \rho_0) \times V}{m} \tag{2-16}$$

式中　X——试样中铁的含量，mg/kg 或 mg/L；

　　　ρ——测定样液中铁的质量浓度，mg/L；

　　　ρ_0——空白液中铁的质量浓度，mg/L；

　　　V——试样消化液的定容体积，mL；

　　　m——试样称样量或移取体积，g 或 mL。

当铁含量 ≥ 10.0mg/kg 或 10.0mg/L 时，计算结果保留三位有效数字：当铁含量 < 10.0mg/kg 或 10.0mg/L 时，计算结果保留 2 位有效数字。

6. 说明

本法采用国家标准方法（GB 5009.90—2016），本标准规定了食品中铁含量测定的火焰原子吸收光谱法、电感耦合等离子体发射光谱法和电感耦合等离子体质谱法。本标准适用于食品中铁含量的测定，此处介绍的是第一法。在重复性条件下获得的两次独立测定结果的绝对差值不得超过算术平均值的 10%。当称样量为 0.5g（或 0.5mL），定容体积为 25mL 时，方法检出限为 0.75mg/kg（或 0.75mg/L），定量限为 2.5mg/kg（或 2.5mg/L）。

四、 锌的测定 （原子吸收光谱法）

1. 原理

试样经处理后，导入原子吸收分光光度计中，原子化后，吸收 213.8nm 共振线，其吸收值与锌含量成正比，与标准系列比较定量。

2. 试剂

（1）磷酸溶液（1:10）、盐酸（1:11）、混合酸［硝酸:高氯酸（4:1）］。

（2）锌标准贮备液　准确称取 0.5000g 金属锌（99.99%），溶于 10mL 盐酸中，在水浴上蒸发至近干，用少量水溶解后移入 1000mL 容量瓶中，用水稀释至刻度，储存于聚乙烯瓶中，此溶液锌含量为 0.50mg/mL。

（3）锌标准使用液　吸取 10.0mL 锌标准贮备液于 50mL 容量瓶中，用盐酸溶液（0.1mol/L）稀释至刻度，此溶液锌含量为 100.0μg/mL。

3. 仪器设备

原子吸收分光光度计。

4. 操作方法

（1）样品处理

①谷类：除去其中杂物及尘土，必要时除去外壳，磨碎，过孔径为 0.38mm 分样筛，混匀。称取 5.00~10.00g 置于 50mL 瓷坩埚中，小火炭化至无烟后移入马弗炉中，（500±25）℃灰化约 8h 后，取出坩埚，放冷后再加入少量混合酸，小火加热（不能干涸），必要时加少许混合酸，如此反复，直至残渣中无炭粒，待坩埚稍冷，加 10mL 盐酸（1:11）溶解残渣并移入 50mL 容量瓶中，再用盐酸（1:11）反复洗涤坩埚，洗液并入容量瓶中，稀释至刻度，混匀备用。

取与样品处理相同量的混合酸和盐酸（1:11），按相同的操作方法做试剂空白试验。

②蔬菜、瓜果及豆类：取可食部分洗净晾干，充分切碎或打碎，混匀。称取 10.00~20.00g 于瓷坩埚中，加 1mL 磷酸（1:10），小火炭化至无烟后移入马弗炉中，以下同谷类中操作。

③禽、蛋、水产及乳制品：取可食部分充分混匀。称取 5.00~10.00g 于瓷坩埚中，小火炭化至无烟后移入马弗炉中，以下同谷类中操作。

乳制品类经混匀后，量取 50mL 于瓷坩埚中，加 1mL 磷酸（1:10），在水浴上蒸干，小火炭化至无烟后移入马弗炉中，以下同谷类中操作。

（2）测定 吸取 0.0、0.10、0.20、0.40、0.80mL 锌标准使用液，分别置于 50mL 容量瓶中，用盐酸（1:11）稀释至刻度，混匀（各容量瓶中锌的含量为 0、0.2、0.4、0.8、1.6μg/mL）。

将处理后的样液、试剂空白液和锌标准溶液分别导入调至最佳条件的火焰原子化器进行测定。参考测定条件：灯电流 6mA，波长 213.8nm，狭缝 0.38nm，空气流量 10L/min，乙炔流量 2.3L/min，灯头高度 3nm，氘灯背景校正，以锌含量对应吸光值与标准曲线比较或代入方程求出含量。

5. 结果计算

$$X = \frac{(\rho_1 - \rho_2) \times V \times 1000}{m \times 1000} \qquad (2-17)$$

式中 X——样品中锌的含量，mg/kg 或 mg/L；

ρ_1——试样溶液中锌的含量，μg/mL；

ρ_2——试剂空白液中锌的含量，μg/mL；

V——样品处理液的总体积，mL；

m——样品质量（固体为 g，液体为 mL）。

计算结果保留两位有效数字。

6. 说明

本法采用国家标准方法（GB 5009.14—2003），本标准规定了食品中锌含量测定方法，适用于食品中锌含量的测定，本方法检出限：原子吸收法为 0.4mg/kg；二硫腙比色法为 2.5mg/kg，此处介绍的是第一法。在重复性条件下获得的两次独立测定结果的绝对差值不得超过算术平均值的 10% 。

五、 硒的测定

（一） 荧光法

1. 原理

样品经混合酸消化后，硒化合物被氧化为四价无机硒（Se^{4+}），与 2，3 - 二氨基萘（2，3 - Diaminonaphtkhalene，简称 DAN）反应生成 4，5 - 苯并苯硒脑（4，5 - Benzo piaselenol），其荧光强度与硒的浓度在一定条件下成正比。用环己烷萃取后于激发光波长 376nm，发射光波长 520nm 处测定荧光强度，与绘制的标准曲线比较定量。本方法检出限为 3ng。

2. 试剂

除非另有规定，本方法所使用试剂均为分析纯，水为 GB/T 6682 规定的三级水。

（1）硒标准溶液　准确称取元素硒（光谱纯）100.0mg，溶于少量浓硝酸中，加入 2mL 高氯酸（70% ~72%），至沸水浴中加热 3 ~4h，冷却后加入 8.4mL HCl（盐酸浓度为 0.1mol/L）。再置沸水浴中煮 2min。准确稀释至 1000mL，此为储备液（Se 含量：100μg/mL）。使用时用 0.1mol/L 盐酸将储备液稀释至每毫升含 0.05μg 硒。于冰箱内保存，两年内有效。

（2）DAN 试剂（1.0g/L）　　此试剂在暗室内配制。称取 DAN（纯度 95% ~98%）200mg 于一带盖锥形瓶中，加入 0.1mol/L 盐酸 200mL，振摇约 15min 使其全部溶解。加入约 40mL 环己烷，继续振荡 5min。将此液倒入塞有玻璃棉（或脱脂棉）的分液漏斗中，待分层后滤去环己烷层，收集 DAN 溶液层，反复用环己烷纯化直至环己烷中荧光降至最低时为止（约纯化 5 ~6 次）。将纯化后的 DAN 溶液贮于棕色瓶中，加入约 1cm 厚的环己烷覆盖表层，至冰箱内保存。必要时在使用前再以环己烷纯化一次。

警告：此试剂有一定毒性，使用本试剂的人员应有正规实验室工作经验。使用者有责任采取适当的安全和健康措施，并保证符合国家有关规定的条例。

（3）混合酸　将硝酸与高氯酸按 9∶1 体积混合。

（4）去硒硫酸　取浓硫酸 200mL 缓慢倒入 200mL 水中，再加入 48% 氢溴酸 30mL，混匀，至沙浴上加热至出现白浓烟，此时体积应为 200mL。

（5）EDTA 混合液

①EDTA 溶液（0.2mol/L）：称取 EDTA 二钠盐 37g，加水并加热至完全溶解，冷却后稀释至 500mL。

②盐酸羟胺溶液（100g/L）：称取 10g 盐酸羟胺溶于水中，稀释至 100mL。

③甲酚红指示剂（0.2g/L）：称取甲酚红 50mg 溶于少量水中，加氨水（1 + 1）1 滴，待完全溶解后加水稀释至 250mL。

④取 EDTA 溶液（0.2mo/L）及盐酸羟胺溶液（100g/L）各 50mL，加甲酚红指示剂（0.2g/L）5mL，用水稀释至 1L，混匀。

（6）氨水（1:1）。

（7）盐酸（1:9）。

（8）环己烷 需先测试有无荧光杂质，否则重蒸后使用，用过的环己烷可回收，重蒸后再使用。

3. 仪器设备

（1）荧光分光光度计。

（2）天平 感量为1mg。

（3）烘箱、粉碎机、电热板、水浴锅。

4. 检测步骤

（1）样品处理

①粮食：试样用水洗三次，至60℃烤箱中烘去表面水分，用粉碎机粉碎，贮于塑料瓶内，放一小包樟脑精，盖紧瓶塞保存，备用。

②蔬菜及其他植物性食物：取可食部，用蒸馏水冲洗三次后，用纱布吸去水滴，不锈钢刀切碎，取一定量试样在烘箱中于60℃烤干，称重，计算水分。粉碎，备用。

计算时应折合成鲜样重。

③其他固体试样：粉碎、混匀试样，备用。

④液体试样：混匀试样，备用。

（2）试样消化 称含硒量约为 0.01~0.5μg 的粮食或蔬菜及动物性试样 0.5~2g（精确至0.001g），液体试样吸取 1.00~10.00mL 于磨口锥形瓶内，加10mL 5% 去硒硫酸，待试样湿润后，再加20mL 混合酸液放置过夜，次日置电热板上逐渐加热。当剧烈反应发生后，溶液呈无色，继续加热至白烟产生，此时溶液逐渐变成淡黄色，即达终点。某些蔬菜试样消化后出现浑浊，以致难以确定终点，这时可注意瓶内出现滚滚白烟，此刻立即取下，溶液冷却后又变为无色。有些含硒较高的蔬菜含有较多的 Se^{6+}，需要在消化完成后再加 10mL 10% 盐酸，继续加热，使再回终点，以完全还原 Se^{6+} 为 Se^{4+}，否则结果将偏低。

（3）测定 上述消化后的试样溶液加入 20.0mL EDTA 混合液，用氨水（1:1）及盐酸（1:9）调至淡红橙色（pH 1.5~2.0）。以下步骤在暗室操作：加 DAN 试剂（1.0g/L）3.0mL，混匀后，置沸水浴中加热5min，取出冷却后，加环己烷 3.0mL，振摇 4min，将全部溶液移入分液漏斗，待分层后弃去水层，小心将环己烷层由分液漏斗上口倾入带盖试管中，勿使环己烷中混入水滴，于荧光分光光度计上用激发光波长 376nm、发射光波长 520nm 测定 4，5 - 苯并苯硒脑的荧光强度。

（4）硒标准曲线绘制 准确量取标准硒溶液（0.05μg/mL）0.00、0.20、1.00、2.00、4.00mL，相当于 0.00、0.01、0.05、0.10、0.20μg 硒，加水至 5.0mL 后，按试样检测步骤同时进行测定。

当硒含量在 0.5μg 以下时荧光强度与硒含量呈线性关系，在常规测定试样时，每次只需做试剂空白与试样硒含量相近的标准管（双份）即可。

5. 结果计算

$$X = \frac{m_1}{F_1 - F_0} \times \frac{F_2 - F_0}{m} \quad\quad (2-18)$$

式中　X——试样中硒含量，$\mu g/g$ 或 $\mu g/mL$；

　　　m_1——试管中硒的质量，μg；

　　　F_1——标准硒荧光读数；

　　　F_2——试样荧光读数；

　　　F_0——空白管荧光读数；

　　　m——试样质量，g 或 mL。

以重复性条件下获得的两次独立测定结果的算术平均值表示，结果保留三位有效数字。在重复性条件下获得的两次独立测定结果的绝对差值不得超过算术平均值的10%。

（二） 氢化物原子荧光光谱法

1. 原理

试样经酸加热消化后，在6mol/L盐酸介质中，将试样中的六价硒还原成四价硒，用硼氢化钠或硼氢化钾作还原剂，将四价硒在盐酸介质中还原成硒化氢（H_2Se），由载气（氩气）带入原子化器中进行原子化，在硒空心阴极灯照射下，基态硒原子被激发至高能态，在去活化回到基态时，发射出特征波长的荧光，其荧光强度与硒含量成正比。与标准系列比较定量。

2. 试剂

除非另有规定，本方法所使用试剂均为分析纯，水为GB/T 6682规定的三级水。

（1）硝酸、高氯酸、盐酸、氢氧化钠等　均为优级纯。

（2）混合酸　将硝酸与高氯酸按9:1体积混合。

（3）硼氢化钠溶液（8g/L）　称取8.0g硼氢化钠（$NaBH_4$），溶于氢氧化钠溶液（5g/L）中，然后定容至1000mL，混匀。

（4）铁氰化钾（100g/L）　称取10.0g铁氰化钾 $[K_3Fe(CN_6)]$，溶于100mL水中，混匀。

（5）硒标准储备液　精确称取100.0mg硒（光谱纯），溶于少量硝酸中，加2mL高氯酸，置沸水浴中加热3~4h，冷却后再加8.4mL盐酸，再置沸水浴中煮2min，准确稀释至1000mL，其盐酸浓度为0.1mol/L，此储备液浓度为每毫升相当于100μg硒。

（6）硒标准应用液　取100$\mu g/mL$硒标准储备液1.0mL，定容至100mL，此应用液浓度为1$\mu g/mL$。

注：也可购买该元素有证国家标准溶液。

（7）盐酸（6mol/L）　量取50mL盐酸（优级纯）缓慢加入40mL水中，冷却后定容至100mL。

（8）过氧化氢（30%）。

3. 仪器设备

（1）原子荧光光谱仪，带硒空心阴极灯。

（2）电热板、粉碎机、烘箱。

（3）微波消解系统。

（4）天平　感量为1mg。

4. 检测步骤

（1）样品处理

①粮食：试样用水洗三次，于60℃烘干，粉碎，贮于塑料瓶内，备用。

②蔬菜及其他植物性食物：取可食部位用水洗净后用纱布吸去水滴，打成匀浆后备用。

③其他固体试样：粉碎，混匀，备用。

④液体试样：混匀，备用。

⑤试样消解

a. 电热板加热消解：称取 0.5 ~ 2g（精确至 0.001g）试样，液体试样吸取 1.00 ~ 10.00mL，置于消化瓶中，加 10.0mL 混合酸及几粒玻璃珠，盖上表面皿冷消化过夜。次日于电热板上加热，并及时补加硝酸。当溶液变为清亮无色并伴有白烟时，再继续加热至剩余体积2mL 左右，切不可蒸干。冷却，再加 5.0mL 盐酸（6mol/L），继续加热至溶液变为清亮无色并伴有白烟出现，将六价硒还原成四价硒。冷却，转移至50mL 容量瓶中定容，混匀备用。同时做空白试验。

b. 微波消解：称取0.5 ~ 2g（精确至0.001g）试样于消化管中，加 10mL 硝酸、2mL 过氧化氢，振摇混合均匀，于微波消化仪中消化，其消化推荐条件如表 2 - 6 所示（可根据不同的仪器自行设定消解条件）：

表 2 - 6　　　　　　　　　　　　　微波消化推荐条件

阶段	功率/W		程序升温时间/min	温度/℃	持续时间/min
1	1600	100%	6：00	120℃	1：00
2	1600	100%	3：00	120℃	5：00
3	1600	100%	5：00	120℃	10：00

冷却后转入三角瓶中，加几粒玻璃珠，在电热板上继续加热至近干，切不可蒸干。再加 5.0mL 盐酸（6mol/L），继续加热至溶液变为清亮无色并伴有白烟出现，将六价硒还原成四价硒。冷却，转移试样消化液于 25mL 容量瓶中定容，混匀备用。同时做空白试验。

吸取 10.0mL 试样消化液于 15mL 离心管中，加盐酸（优级纯）2.0mL，铁氰化钾溶液（100g/L）1.0mL，混匀待测。

（2）标准曲线的配制　分别取 0.00、0.10、0.20、0.30、0.40、0.50mL 标准应用液于 15mL 离心管中用去离子水定容至 10mL，再分别加盐酸（优级纯）2mL，铁氰化钾溶液（100g/L）1.0mL，混匀，制成标准工作曲线。

（3）测定

①仪器参考条件：负高压：340V；灯电流：100mA；原子化温度：800℃；炉高：8mm；载气流速：500mL/min；屏蔽气流速：1000mL/min；测量方式：标准曲线法；读数方式：峰面积；延迟时间：1s；读数时间：15s；加液时间：8s；进样体积：2mL。

②测定：设定好仪器最佳条件，逐步将炉温升至所需温度后，稳定10~20min后开始测量。连续用标准系列的零管进样，待读数稳定之后，转入标准系列测量，绘制标准曲线。转入试样测量，分别测定试样空白和试样消化液，每次测不同的试样前都应清洗进样器。

5. 结果计算

$$X = \frac{(\rho - \rho_0) \times V \times 1000}{m \times 1000 \times 1000} \quad (2-19)$$

式中　X——试样中硒的含量，mg/kg 或 mg/L；

　　　ρ——试样消化液测定浓度，ng/mL；

　　　ρ_0——试样空白消化液测定浓度，ng/mL；

　　　m——试样质量或体积，g 或 mL；

　　　V——试样消化液总体积，mL。

以重复性条件下获得的两次独立测定结果的算术平均值表示，结果保留三位有效数字。在重复性条件下获得的两次独立测定结果的绝对差值不得超过算术平均值的10%。

六、钙、铁、锌、硒的同时测定（电感耦合等离子体质谱法）

1. 原理

试样经硝酸-过氧化氢消解，进行 ICP-MS 测定。ICP-MS 由离子源和质谱仪两个主要部分构成，试样溶液经过雾化由载气送入 ICP 炬焰中，经过蒸发、解离、原子化、电离等过程，转化为带正电荷的离子，经离子采集系统进入质谱仪，质谱仪根据质核比进行分离。对于一定质核比，质谱积分面积与进入质谱仪中的离子数成正比，即试样中元素浓度与质谱的积分面积成正比。与标准系列比较定量。

2. 试剂

（1）硝酸（70g/mL，质量浓度）　MOS 级高纯试剂。

（2）硝酸（2:98，体积比）　取 20mL 硝酸慢慢加入 980mL 超纯水中。

（3）过氧化氢（30g/mL，质量浓度）　MOS 级高纯试剂。

（4）内标溶液（^{6}Li、Sc、Ge、Y、In、Bi）　10mg/L。

（5）内标溶液（^{6}Li、Sc、Ge、Y、In、Bi）　分取内标储备溶液 5mL 于 50mL 容量瓶中，用硝酸（1:98）稀释至刻度，此溶液浓度为 1mg/L。

（6）钙、铁、锌金属元素标准储备溶液　分别为 100μg/mL。

（7）硒标准储备溶液　10μg/mL。

（8）去离子水　分析用水 GB/T 6682 中的一级水，电阻率≥18.2MΩ/cm。

（9）液氩或高纯氩气（纯度≥99.999%）。

（10）高纯氩气（纯度≥99.999%）。

3. 仪器

（1）电感耦合等离子体质谱分析仪。

（2）微波消解炉、超纯水机、恒温干燥箱（300℃）。

（3）密封消解罐（聚四氟乙烯材料特制）。

4. 检测步骤

（1）试样消解　在采样和制备过程中应注意不使试样受到污染。所有玻璃器皿及消化罐均需要用（1:4）硝酸浸泡24h，用水反复冲洗，最后用去离子水冲洗干净。

根据试样状态，一般液体试样称取 2.0 ~ 5.0g（精确至0.01g），固体试样称取0.5 ~ 1.0g（精确至0.01g）。将试样置于聚四氟乙烯消化罐中，加入 4mL 硝酸（70%，质量浓度），浸泡 1h，再加入 1mL 过氧化氢（30%，质量浓度），盖上密封盖，放入恒温干燥箱或微波消解炉中，调节恒温干燥箱温度 140 ~ 160℃ 加热 3 ~ 4h；微波消解炉功率和加热时间至最佳程序（如表2-7所示），消解结束后，冷却，将消化液转至 50mL 容量瓶中，用去离子水冲洗消化罐内壁 3 次以上，稀释至刻度，混匀，待测。可根据样品中元素实际含量适当稀释样液，确定稀释因子。

取与消化试样相同量的硝酸（70%，质量浓度）和过氧化氢（30%，质量浓度），按同一试样消解方法做试剂空白试验。

表2-7　　　　　　　　　　　　　　　　微波消解条件

条件	消化程序			
	1	2	3	4
控制温度/℃	120	120	160	160
加热时间/min	6	2	5	15

（2）标准溶液制备　分别精密移取适量四种单元素标准溶液，以硝酸（2:98）稀释，配制成含钙（Ca）10mg/L、铁（Fe）1mg/L、锌（Zn）1mg/L、硒（Se）0.5mg/L的混合标准储备液。从混合标准储备液中分别移取适量溶液，如表2-8所示，置适量的容量瓶中，用2%硝酸稀释至刻度，摇匀，即得不同浓度标准溶液。

表2-8　　　　　　　　　　　系列标准溶液浓度　　　　　　　　　单位：mg/L

系列标准溶液	Ca	Fe、Zn	Se
1	10	1	0.5
2	5.0	0.5	0.25
3	1.0	0.1	0.05
4	0.5	0.05	0.025
5	0.1	0.01	0.005

注：可根据样品中杂质的实际含量确定标准系列中各金属元素的具体浓度。

（3）测定 按照 ICP - MS 仪器的操作规程，调整仪器至最佳工作状态，参考条件见表2 - 9；分析中应用内标，采用 ICP - MS 分析方法中内标校正定量分析方法测定。待仪器稳定后，按顺序依次对标准溶液、空白溶液和试样溶液进行测定。

表2 - 9 　　　　　　　　　　　　ICP - MS 仪器参考工作条件

工作参数设置		工作参数设置	
雾化器	Babingon 高盐雾化器	雾化室	石英双通道 scott 雾化室
炬管	石英一体化，1.5mm 中心通道	雾化室温度	2℃
取样锥/截取锥	1.0/0.4mm（Ni）锥	载气流速	0.85L/min
高频发射功率	1450W	混合气流量	0.28L/min
样品提升速率	0.1r/s	等离子气流量	15.0L/min
采样深度	7.5mm	辅助气流量	1.0L/min
样品提升量	0.4mL/min	氦气流量	5mL/min

5. 结果计算

试样中各元素含量按下式进行计算，计算结果保留两位有效数字。在重复性条件下获得的两次独立测定结果的绝对值差值不得超过算术平均值的20%。

$$X_i = \frac{\rho \times V \times F}{m \times 1000 \times 1000} \qquad (2 - 20)$$

式中　　X_i——分析试样中的金属元素的含量，mg/kg 或 mg/L；

ρ——分析试样溶液中被测元素的浓度（扣空白后），mg/L；

V——测试溶液的体积，mL；

F——稀释因子；

m——分析试样的质量，g 或 mL。

第四节　蛋白质总量及氨基酸测定

蛋白质是生命的物质基础，一切有生命的东西都含有不同类型的蛋白质。蛋白质又是食品的重要组成之一，也是食品中重要的营养素指标。它是复杂的含氮有机化合物，其溶液是典型的胶体分散体系，由两性氨基酸以肽键相互联接而成。蛋白质可以用酶、酸或甲硫水解，最终水解产物为氨基酸，其中赖氨酸、色氨酸、亮氨酸、异亮氨酸、苯丙氨酸、甲硫氨酸、苏氨酸和缬氨酸在人体内不能合成，被称为必需氨酸，它们对人体起很重要的生理功能作用。

食品的种类很多，其中蛋白质含量也不同，特别是其他成分，如碳水化合物、脂肪和维生素的干扰很多，因此，蛋白质的测定通常利用经典的凯氏定氮法。食品中氨基酸的测定，主要采用氨基酸自动分析仪测定法。

一、 蛋白质总量测定

（一） 凯氏定氮法

1. 原理

食品中的蛋白质在催化加热条件下被分解，产生的氨与硫酸结合生成硫酸铵。碱化蒸馏使氨游离，用硼酸吸收后以硫酸或盐酸标准滴定溶液滴定，根据酸的消耗量乘以换算系数，即为蛋白质的含量。

2. 试剂

浓硫酸；硫酸铜；硫酸钾；氢氧化钠溶液 （400g/L）；硼酸溶液 （20g/L）；甲基红指示剂；溴甲酚绿混合指示剂；亚甲基蓝指示剂；95% 乙醇；0.1000mol/L 盐酸标准溶液。

3. 仪器设备

（1） 天平。

（2） 定氮蒸馏装置 如图 2－2 所示。

4. 操作方法

（1） 试样处理 称取充分混匀的固体试样 0.2～2g、半固体试样 2～5g 或液体试样 10～25g （约相当于 30～40mg 氮），精确至 0.001g，移入干燥的 100、250 或 500mL 定氮瓶中，加入 0.2g 硫酸铜、6g 硫酸钾及 20mL 硫酸，轻摇后于瓶口放一小漏斗，将瓶以 45° 角斜支于有小孔的石棉网上。小心加热，待内容物全部炭化，泡沫完全停止后，加强火力，并保持瓶内液体微沸，至液体呈蓝绿色并澄清透明后，再继续加热 0.5～1h。取下放冷，小心加入 20mL 水。放冷后，移入 100mL 容量瓶中，并用少量水洗定氮瓶，洗液并入容量瓶中，再加水至刻度，混匀备用。同时做试剂空白试验。

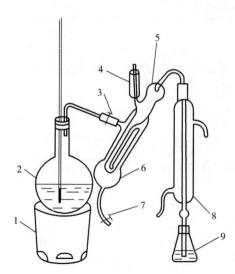

图 2－2 定氮蒸馏装置图
1—电炉 2—水蒸气发生器 （2 L 烧瓶）
3—螺旋夹 4—小玻杯及棒状玻塞
5—反应室 6—反应室外层 7—橡皮管及
螺旋夹 8—冷凝管 9—蒸馏液接收瓶

（2） 测定 按图装好定氮蒸馏装置，向水蒸气发生器内装水至 2/3 处，加入数粒玻璃珠，加甲基红乙醇溶液数滴及数毫升硫酸，以保持水呈酸性，加热煮沸水蒸气发生器内的水并保持沸腾。

向接收瓶内加入 10.0mL 硼酸溶液及 1～2 滴混合指示液 （2 份甲基红乙醇溶液与 1 份亚甲基蓝乙醇溶液，临用时混合。也可用 1 份甲基红乙醇溶液与 5 份溴甲酚绿乙醇溶液，临用时混合），并使冷凝管的下端插入液面下，根据试样中氮含量，准确吸取 $2.0 \sim 10.0mL$ 试样处理液由小玻杯注入反应室，以 10mL 水洗涤小玻杯并使之流入反应室内，随后塞紧棒状玻塞。将 10.0mL 氢氧化钠溶液倒入小玻杯，提起玻塞使其缓缓流入反应室，立即将玻塞盖紧，并加水于小玻杯以防漏气。夹紧螺旋夹，开始蒸馏。蒸馏 10min 后移动蒸馏液接收瓶，液面离开冷凝管下端，再蒸馏 1min。然后用少量水冲洗冷凝管下端外部，取下蒸馏液接收瓶。以硫酸或盐酸标准滴定溶液滴定至终点，其中 2 份甲基红乙醇溶液与 1 份亚甲基蓝乙醇溶液指示剂，颜色由紫红色变成灰色，pH 5.4；1 份甲基红乙醇溶液与 5 份溴甲酚绿乙醇溶液指示剂，颜色由酒红色变成绿色，pH 5.1。同时作试剂空白。

5. 结果计算

试样中蛋白质的含量按下式计算

$$X = \frac{(V_1 - V_2) \times c \times 0.0140}{m \times V_3/100} \times F \times 100 \tag{2-21}$$

式中　X——试样中蛋白质的含量，g/100g；

　　　V_1——试液消耗硫酸或盐酸标准滴定液的体积，mL；

　　　V_2——试剂空白消耗硫酸或盐酸标准滴定液的体积，mL；

　　　V_3——吸取消化液的体积，mL；

　　　c——硫酸或盐酸标准滴定溶液浓度，mol/L；

　0.0140——1.0mL 硫酸 $[c(1/2H_2SO_4) = 1.000mol/L]$ 或盐酸 $[c(HCl) = 1.000mol/L]$ 标准滴定溶液相当的氮的质量，g；

　　　m——试样的质量，g；

　　　F——氮换算为蛋白质的系数。一般食物为 6.25；纯乳与纯乳制品为 6.38；面粉为 5.70；玉米、高粱为 6.24；花生为 5.46；大米为 5.95；大豆及其粗加工制品为 5.71；大豆蛋白制品为 6.25；肉与肉制品为 6.25；大麦、小米、燕麦、裸麦为 5.83；芝麻、向日葵为 5.30；复合配方食品为 6.25。

以重复性条件下获得的两次独立测定结果的算术平均值表示，蛋白质含量 ≥1g/100g 时，结果保留三位有效数字；蛋白质含量 <1g/100g 时，结果保留两位有效数字。

6. 说明及注意事项

（1）所用试剂溶液应用无氨蒸馏水配制。

（2）消化时不要用强火，应保持和缓沸腾，以免粘贴在凯氏瓶内壁上的含氮化合物在无硫酸存在的情况下消化不完全而造成氮损失。

（3）消化时应注意不时转动凯氏烧瓶，以便利用冷凝酸液将附在瓶壁上的固体残渣洗下，并促进其消化完全。

（4）样品中若含脂肪较多时，消化过程中易产生大量泡沫，为防止泡沫溢出瓶外，在开始消化时应用小火加热，并时时摇动；或者加入少量辛醇或液体石蜡或硅油消泡剂，并同时注意控制热源强度。

（5）当样品消化液不易澄清透明时，可将凯氏烧瓶冷却，加入 30% 过氧化氢 $2 \sim 3mL$

再继续加热消化。

（6）若取样量较大，如干试样超过 5g 可按每克试样 5mL 的比例增加硫酸用量。

（7）一般消化至呈透明后，继续消化 30min 即可，但对于含有特别难以氨化的氮化合物的样品，如含赖氨酸、组氨酸、色氨酸、酪氨酸或脯氨酸等时，需适当延长消化时间。有机物如分解完全，消化液呈蓝色或浅绿色，但含铁量多时，呈较深绿色。

（8）蒸馏装置不能漏气。

（9）蒸馏前若加碱量不足，消化液呈蓝色，不生成氢氧化铜沉淀，此时需再增加氢氧化钠用量。氢氧化铜在 70~90℃ 时发黑。

（10）蒸馏完毕后，应先将冷凝管下端提离液面清洗管口，再蒸 1min 后关掉热源。否则可能造成吸收液倒吸。

（二）分光光度法

食品中的蛋白质在催化加热条件下被分解，分解产生的氨与硫酸结合生成硫酸铵，在 pH 4.8 的乙酸钠-乙酸缓冲溶液中与乙酰丙酮和甲醛反应生成黄色的 3，5-二乙酰-2，6-二甲基-1，4-二氢化吡啶化合物。在波长 400nm 下测定吸光度值，与标准系列比较定量，结果乘以换算系数，即为蛋白质含量。此法具体检测步骤参考 GB 5009.5—2010。

二、氨基酸的测定 （氨基酸自动分析仪测定法）

本方法适用于食品中的天冬氨酸、苏氨酸、丝氨酸、谷氨酸、脯氨酸、甘氨酸、丙氨酸、缬氨酸、甲硫氨酸、异亮氨酸、亮氨酸、酪氨酸、苯丙氨酸、组氨酸、赖氨酸和精氨酸十六种氨基酸的测定。不适用于蛋白质含量低的水果、蔬菜、饮料和淀粉类食品中氨基酸测定。

1. 原理

食品中的蛋白质经盐酸水解成为游离氨基酸，经氨基酸分析仪的离子交换柱分离后，与茚三酮溶液产生颜色反应，再通过分光光度计比色测定氨基酸含量。

2. 试剂

浓盐酸；苯酚（须重蒸馏）；混合氨基酸标准液；pH 2.2 的柠檬酸缓冲液；pH 3.3 的柠檬酸钠缓冲液；pH 4.0 的柠檬酸钠缓冲液；茚三酮溶液；高纯氮气；冷冻剂（市售食盐与冰按 1+3 混合）。

3. 仪器设备

（1）真空泵、恒温干燥箱、真空干燥器。

（2）水解管。

（3）氨基酸自动分析仪。

4. 试样处理

试样采集后用匀浆机打成匀浆（或者将试样尽量粉碎）于低温冰箱中冷冻保存，分析用时将其解冻后使用。

5. 操作方法

（1）称样 准确称取一定量均匀的试样如乳粉，精确到 0.0001g（使试样蛋白质含量在 10~20mg 范围内）；均匀性差的试样如鲜肉等，为减少误差可适当增大称样量，测定前再稀释。将称好的试样放于水解管中。

（2）水解 在水解管内加 6mol/L 盐酸 10~15mL（视试样蛋白质含量而定），含水量高的试样（如牛乳）可加入等体积的浓盐酸，加入新蒸馏的苯酚 3~4 滴，将水解管放入冷冻剂中，冷冻 3~5min，再接到真空泵的抽气管上，抽真空（接近 0Pa），然后冲入高纯氮气；再抽真空充氮气，重复三次后，在充氮气状态下封口或拧紧螺丝盖将已封口的水解管在（110±1）℃的恒温干燥箱内，水解 22h 后，取出冷却。

打开水解管，将水解液过滤后，用去离子水多次冲洗水解管，将水解液全部转移到 50mL 容量瓶内用去离子水定容。吸取滤液 1mL 于 5mL 容量瓶内，用真空干燥器在 40~50℃干燥，残留物用 1~2mL 水溶解，再干燥，反复进行两次，最后蒸干，用 1mL pH 2.2 的缓冲液溶解，供仪器测定用。

6. 测定

准确吸取 0.200mL 混合氨基酸标准液，用 pH 2.2 的缓冲液稀释到 5mL，此标准稀释液浓度为 5.00nmol/50μL，作为上机测定用的氨基酸标准，用氨基酸自动分析仪以外标法测定试样测定液的氨基酸含量。

7. 结果计算

按下式计算：

$$X = \frac{c \times \frac{1}{50} \times F \times V \times M}{m \times 10^9} \times 100 \qquad (2-22)$$

式中 X——试样氨基酸含量，g/100g；

c——试样测定液中氨基酸含量，nmol/50μL；

F——试样稀释倍数；

V——水解后试样定容体积，mL；

M——氨基酸相对分子质量；

m——试样质量，g；

$\frac{1}{50}$——折算成每毫升试样测定的氨基酸含量，μmol/L；

10^9——将试样含量由纳克折算成克的系数。

十六种氨基酸相对分子质量：天冬氨酸 133.1；苏氨酸 119.1；丝氨酸 105.1；谷氨酸 147.1；脯氨酸 115.1；甘氨酸 75.1；丙氨酸 89.1；缬氨酸 117.2；甲硫氨酸 149.2；异亮氨酸 131.2；亮氨酸 131.2；酪氨酸 181.2；苯丙氨酸 165.2；组氨酸 155.2；赖氨酸 146.2；精氨酸 174.2。

计算结果表示为：试样氨基酸含量在 1.00g/100g 以下，保留两位有效数字；含量在

1.00g/100g 以上，保留三位有效数字。

第五节 碳水化合物总量及单糖测定

食品中的糖类以多种形式存在，从代谢和供能的意义上并不等效，因此可将总碳水化合物分为两大类，即有效碳水化合物和无效碳水化合物。有效碳水化合物包括单糖、二糖、糊精、淀粉和糖原等可以被人体消化利用的糖类；无效碳水化合物包括果胶、半纤维素、纤维素以及其他不能被人体消化利用的多糖，但能促进肠道蠕动，改善消化系统功能，对维持人体健康有重要作用，因此是人体膳食中不可或缺的成分。

按照结构分类，碳水化合物可分为单糖、低聚糖和多糖。在食品加工中，糖类对食品的形态、组织结构、理化性质及其色、香、味等都有很大的影响，其含量是食品营养价值高低的重要标志。因此，碳水化合物的测定是食品的主要分析项目之一。

糖类测定的方法很多，单糖和低聚糖常采用物理法、化学法、色谱法和酶法等。物理法包括相对密度法、折光法和旋光法，通过物理法可以测定糖液浓度、番茄酱中固形物含量等。食品中还原糖、蔗糖、总糖、淀粉和果胶物质的测定多采用化学法，但仅仅是测定糖的总量，不能确定混合糖的组分及每种糖的含量。利用色谱法可以对混合糖中各种糖分进行分离分析。酶分析法也有一定的应用，如用酶－电极法和酶－比色法测定葡萄糖、半乳糖、乳糖和蔗糖含量，用酶水解法测定淀粉含量等。另外，核磁共振法、质谱法、毛细管电泳法、近红外质谱法、免疫分析法也已推出，但这些方法目前仍在不断完善中。

一、 碳水化合物的检验

（一）蔗糖的测定（Roe 比色法）

蔗糖是由葡萄糖和果糖组成的双糖，不具有还原性，不能用碱性铜盐试剂直接测定，但在一定条件下，蔗糖可水解为具有还原性的葡萄糖和果糖（转化糖），因此，可以用测定还原糖的方法测定蔗糖含量。对于纯度较高的蔗糖溶液，其相对密度、折光率、旋光度等物理常数与蔗糖浓度都有一定关系，故也可用物理检验法测定。

1. 原理

食品中的蔗糖能与间苯二酚反应生成一种紫红色物质，在分光光度计 500nm 波长处测定其消光值，即可求出蔗糖含量。

2. 试剂

间苯二酚溶液；1mg/mL 蔗糖标准溶液；10mol/L 盐酸；6mol/L 盐酸；2mol/L 氢氧化钠。

3. 仪器

722 分光光度计。

4. 检测步骤

（1）标准曲线制作　用蒸馏水将1mg/mL蔗糖标准液稀释成0.4mg/mL蔗糖溶液，然后分别吸取0，0.1，0.2，0.4，0.6，0.8，1.0mL，加入各试管再用蒸馏水将各管溶液定容到1.0mL。各管中蔗糖含量分别为0，40，80，160，240，320，400μg/mL。分别在各管中加0.1mL 2mol/L氢氧化钠，混合后在100℃水浴中加热10min，立即在冷水中冷却。再加入间苯二酚溶液1mL，10mol/L盐酸3mL，摇匀后放入60℃水浴中保温10min。冷却后在500nm波长处测消光值，以蔗糖含量为横坐标、相对应的消光值为纵坐标绘制标准曲线。

（2）样品测定　取混匀磨碎的鲜样10g，用蒸馏水稀释后定容到100mL容量瓶中，混匀，过滤，取滤液1.0mL（蔗糖含量为40～240μg/mL），加0.1mL 2mol/L氢氧化钠溶液，以下操作同标准曲线。并在500nm处测其消光值，根据所测的消光值在标准曲线上查出样品中蔗糖含量。

（二）淀粉的测定（酶水解法）

1. 原理

试样经去除脂肪及可溶性糖类后，淀粉用淀粉酶水解成小分子糖，再用盐酸水解成单糖，最后按还原糖测定，并折算成淀粉含量。

2. 试剂

（1）碘；碘化钾；高峰氏淀粉酶（酶活力大于或等于1.6U/mg）；无水乙醇；石油醚：沸点范围60～90℃；乙醚；甲苯；三氯甲烷；盐酸；氢氧化钠；硫酸铜；亚甲蓝；酒石酸钾钠；亚铁氰化钾；甲基红；葡萄糖。

（2）甲基红指示剂（2g/L）　称取甲基红0.20g，用少量乙醇溶解后，并定容至100mL。

（3）盐酸溶液（1+1）　量取50mL盐酸，与50mL水混合。

（4）氢氧化钠溶液（200g/L）　称取20g氢氧化钠，加水溶解并定容至100mL。

（5）碱性酒石酸铜甲液　称取15g硫酸铜及0.50g亚甲蓝，溶于水并定容至1000mL。

（6）碱性酒石酸铜乙液　称取50g酒石酸钾钠、75g氢氧化钠，溶于水，再加入4g亚铁氰化钾，完全溶解后，用水定容至1000mL。贮存于橡胶塞玻璃瓶内。

（7）葡萄糖标准液　称取1g（精确至0.0001g）经过98～100℃干燥2h的葡萄糖，加水溶解后加入5mL盐酸，并以水定容至1000mL。此溶液每毫升相当于1.0mg葡萄糖。

（8）淀粉酶溶液（5g/L）　称取淀粉酶0.5g，加100mL水溶液，临用现配。也可加入数滴甲苯或三氯甲烷防止长霉，贮于4℃冰箱中。

（9）碘溶液　称取3.6g碘化钾溶于20mL水中，加入1.3g碘，溶解后加水定容至100mL。

（10）85%乙醇　取85mL无水乙醇，加水定容至100mL，混匀。

3. 仪器

水浴锅。

4. 操作方法

（1）试样处理

①易于粉碎的试样：磨碎过40目筛，称取2～5g（精确至0.001g）。置于放有折叠滤纸的漏斗内，先用50mL石油醚或乙醚分五次洗除脂肪，再用约150mL乙醇（85%）洗去可溶性糖类，滤干乙醇，将残留物移入250mL烧杯内，并用50mL水洗滤纸，洗液并入烧杯内，将烧杯置沸水浴上加热15min，使淀粉糊化，放冷至60℃以下，加入20mL淀粉酶溶液，在55～60℃保温1h，并不时搅拌。然后取一滴此液加一滴碘溶液，应不显现蓝色，若显蓝色，再加热糊化并加20mL淀粉酶溶液，继续保温，直至加碘不显蓝色为止。加热至沸，冷却移入250mL容量瓶并加水至刻度，混匀，过滤，弃去初滤液。取50mL滤液，置于250mL锥形瓶中加5mL盐酸（1+1），装上回流冷凝器，在沸水浴中回流1h，冷却后加两滴甲基红指示液，用氢氧化钠溶液（200g/L）中和至中性，溶液转入100mL容量瓶中，洗涤锥形瓶，洗液并入100mL容量瓶中，加水至刻度，混合备用。

②其他样品：加适量水在组织液捣碎机中捣成匀浆（蔬菜、水果需要先洗净、晾干、取可食部分），称取相当于原样质量2.5～5g（精确至0.001g）的匀浆，以下自"置于放有折叠滤纸的漏斗内"起同①操作。

（2）测定

①标定碱性酒石酸铜溶液：吸取5.0mL碱性酒石酸铜甲液及5.0mL碱性酒石酸铜乙液，于150mL锥形瓶中，加水10mL，加入玻璃珠两粒，从滴定管加约9mL葡萄糖，控制在2min内加热至沸，趁沸以2s/滴的速度继续加葡萄糖，直至溶液蓝色刚好褪去为终点，记录消耗葡萄糖标准溶液的总体积，同时做三份平行，取其平均值，计算每10mL（甲液、乙液各5mL）碱性酒石酸铜溶液相当于葡萄糖的质量（mg）。

②试样溶液预测：吸取5.0mL碱性酒石酸铜甲液及5.0mL碱性酒石酸铜乙液，于150mL锥形瓶中，加水10mL，加入玻璃珠两粒，控制在2min内加热至沸，保持沸腾以先快后慢的速度，从滴定管中滴加试样溶液，并保持溶液沸腾状态，待溶液颜色变浅时，以每2s/滴的速度滴定，直至溶液蓝色刚好褪去为终点，记录样液消耗体积。当样液中还原糖浓度过高时，应适当稀释后再进行正式测定，使每次滴定消耗样液的体积控制在与标定碱性酒石酸铜溶液时所消耗的还原糖标准溶液的体积相近，约在10mL。

③试样溶液测定：吸取5.0mL碱性酒石酸铜甲液及5.0mL碱性酒石酸铜乙液，于150mL锥形瓶中，加水10mL，加入玻璃珠2粒，从滴定管滴加比预测体积少1mL的试样溶液至锥形瓶中，使在2min内加热至沸，保持沸腾继续以每2s/滴的速度滴定，直至蓝色刚好褪去为终点，记录样液消耗体积，同法平行操作三份，得出平均消耗体积。

同时量取50mL水及试样处理时相同量的淀粉酶溶液，按统一方法做试剂空白试验。

5. 结果计算

试样中还原糖的含量（以葡萄糖计）按下式进行计算：

$$X = \frac{m_1}{m_2 \times V/250 \times 1000} \times 100 \qquad (2-23)$$

式中　X——试样中还原糖的含量（以葡萄糖计），g/100g；

　　　m_1——碱性酒石酸铜溶液（甲液、乙液各半）相当于葡萄糖的质量，mg；

　　　m_2——试样质量，g；

　　　V——测定时平均消耗试样溶液体积，mL。

试样中淀粉的含量按下式进行计算：

$$X = \frac{(m_1 - m_2) \times 0.9}{m_0 \times 50/250 \times V/100 \times 1000} \times 100 \qquad (2-24)$$

式中　X——实验中淀粉的含量，g/100g；

　　　m_1——测定试样中葡萄糖的质量，mg；

　　　m_2——空白中葡萄糖的质量，mg；

　　　0.9——以葡萄糖计换算成淀粉的换算系数；

　　　m_0——称取试样质量，g；

　　　V——测定用试样处理液的体积，mL。

（三）　果胶的测定　（重量法）

1. 原理

在一定的条件下，果胶物质与沉淀剂氯化钙作用生成果胶钙而沉淀析出。经洗涤、烘干，由所得残留物的质量即可计算出果胶物质的含量。

2. 试剂

乙醇（99%、70%）；乙醚；0.05mol/L 盐酸溶液；0.1mol/L 氢氧化钠溶液；1mol/L 醋酸；2mol/L 氯化钙溶液。

3. 仪器设备

（1）布氏漏斗、真空泵。

（2）G_2 垂融坩埚或玻璃砂芯漏斗。

4. 操作方法

（1）样品处理

①新鲜样品：称取试样 30～50g，用小刀切成薄片，置于预先放有 99% 乙醇的 500mL 锥形瓶中，在水浴上沸腾回流 15min 后冷却。用布氏漏斗过滤，残渣移至研钵中，一边慢慢磨碎一边滴加 70% 的热乙醇，冷却后再过滤，反复操作至滤液不呈糖的反应（用苯酚－硫酸法检验）为止。残渣用 99% 乙醇洗涤脱水，再用乙醚洗涤以除去脂类和色素，漏斗中的残渣在空气中挥发去乙醚。

②干燥样品：研细并过 0.25mm 筛，称取 5～10g 样品于烧杯中，加入热的 70% 乙醇，充分搅拌以提取糖类，过滤。反复操作至滤液不呈糖的反应。残渣用 99% 乙醇洗涤，再用乙醚洗涤，最后挥发乙醚。

（2）提取果胶

①水溶性果胶提取：用 150mL 水将上述挥发至干的残渣移入 250mL 烧杯中，加热至沸

并保持沸腾 1h，随时补足蒸发的水分，冷却后移入 250mL 容量瓶中，加水定容，摇匀并过滤，弃去初滤液，收集滤液即得水溶性果胶提取液。

②总果胶的提取：用 150mL 加热至沸的 0.05mol/L 盐酸溶液把挥干的残渣移入 250mL 锥形瓶中，于沸水浴中加热回流 1h，冷却后移入 250mL 容量瓶中，加甲基红指示剂 2 滴，用 0.1mol/L 氢氧化钠中和后用水定容，摇匀，过滤，收集滤液即得总果胶提取液。

（3）测定 吸取 25mL 提取液（能生成果胶酸钙 25mg 左右）于 500mL 烧杯中，加入 0.1mol/L 氢氧化钠溶液 100mL，充分搅拌后放置 30min，再加入 1mol/L 醋酸 50mL，放置 5min，边搅拌边缓缓加入 2mol/L 氯化钙溶液 25mL，放置 1h（陈化），加热煮沸 5min，趁热用已在 105℃烘箱中烘干至恒重的滤纸（或 G_2 垂融坩埚）过滤，用热水洗涤至无氯离子（用 10% 硝酸溶液检验）为止。滤渣连同滤纸一同放入称量瓶中，置 105℃烘箱中（G_2 垂融坩埚可直接放入）干燥至恒重。

5. 结果计算

$$\omega = \frac{(m_2 - m_1) \times 0.9233}{m \times \dfrac{V_1}{V}} \times 100 \qquad (2-25)$$

式中　ω——样品中果胶酸含量，%；

　　　m_1——滤纸或垂融坩埚质量，g；

　　　m_2——果胶酸钙和滤纸（或垂融坩埚）质量，g；

　　　m——样品质量，g；

　　　V_1——测定时取果胶提取液的体积，mL；

　　　V——果胶提取液总体积，mL；

　0.9233——由果胶酸钙换算为果胶酸的系数。

6. 说明

（1）此法适用于分析各类食品，方法稳定可靠，但操作较烦琐、费时。果胶酸钙沉淀中易夹杂其他胶态物质，使本法选择性较差。

（2）新鲜试样若直接研磨，由于果胶分解酶的作用，果胶会迅速分解，所以需将切片浸入乙醇中以钝化酶的活性。

（3）可溶性糖和脂类物质对测定有影响，测定前必须设法除去。

（4）检验糖分的苯酚-硫酸法的操作过程：取检液 1mL 置于试管中，加入 5% 苯酚水溶液 1mL，再加入硫酸 5mL，混匀，如溶液呈褐色，证明检液中含有糖分。

（5）采用热过滤和热水洗涤沉淀是为了降低溶液的黏度，加快过滤和洗涤速度，并增大杂质的溶解度，使其易被洗去。

（6）本法采用氯化钙溶液作为沉淀剂，加入氯化钙溶液时，应边搅拌边缓缓滴加，以减小饱和度，并避免溶液局部过浓。

（7）本法是用沉淀剂使果胶物质沉淀析出，而后测定质量的方法。沉淀剂有两类：一类是电解质，如氯化钠、氯化钙等；另一类是有机溶剂，如甲醇、乙醇、丙酮等。果胶物质沉淀的难易程度与其酯化程度有关，酯化度越大，溶解度越大，越难以沉淀。电解质适用于酯化度小和中等的果胶物质，如酯化度为 0% ~30% 时，常用氯化钠溶液；酯化度为 40% ~70% 时，常用氯化钙溶液作为沉淀剂。有机溶剂适用于酯化度较大的果胶物质，且酯化度越大，选用的有机溶剂浓度也应越大。

（四）膳食纤维

膳食纤维是不能被人体小肠消化吸收但具有健康意义的、植物中天然存在或通过提取、合成的、聚合度 DP≥3 的碳水化合物。包括纤维素、半纤维素、果胶及其他单体成分等。其中可溶性膳食纤维是能溶于水的膳食纤维部分，包括低聚糖和部分不能消化的多聚糖等。不溶性膳食纤维是不能溶于水的膳食纤维部分，包括木质素、纤维素、部分半纤维素等。总膳食纤维是可溶性膳食纤维与不溶性膳食纤维之和。

1. 原理

干燥试样经热稳定 α – 淀粉酶、蛋白酶和葡萄糖苷酶酶解消化去除蛋白质和淀粉后，经乙醇沉淀、过滤，残渣用乙醇和丙酮洗涤，干燥称量，即为总膳食纤维残渣。另取试样同样酶解，直接抽滤并用热水洗涤，残渣干燥称量，即得不溶性膳食纤维残渣；滤液用 4 倍体积的乙醇沉淀、抽滤、干燥称量，得可溶性膳食纤维残渣。扣除各类膳食纤维残渣中相应的蛋白质、灰分和试剂空白含量，即可计算出试样中总的不溶性和可溶性膳食纤维含量。

本方法测定的总膳食纤维为不能被 α – 淀粉酶、蛋白质和葡萄糖苷酶酶解的碳水化合物聚合物，包括不溶性膳食纤维和能被乙醇沉淀的高分子质量可溶性膳食纤维，如纤维素、半纤维素、木质素、果胶、部分回生淀粉，及其他非淀粉多糖和美拉德反应产物等；不包括低分子质量（聚合度 3~12）的可溶性膳食纤维，如低聚果糖、低聚半乳糖、聚葡萄糖、抗性麦芽糊精以及抗性淀粉等。

2. 试剂

95% 乙醇；丙酮；石油醚（沸程 30 ~60℃）；氢氧化钠；重铬酸钾；三羟甲基氨基甲烷；2 –（N – 吗啉代）乙烷磺酸；冰乙酸；盐酸；硫酸；热稳定 α – 淀粉酶；蛋白酶液；淀粉葡萄糖苷酶液；硅藻土。

3. 溶液配制

（1）乙醇溶液（85%，体积分数）　取 895mL 95% 乙醇，用水稀释并定容至 1L，混匀。

（2）乙醇溶液（78%，体积分数）　取 821mL 95% 乙醇，用水稀释并定容至 1L，混匀。

（3）氢氧化钠溶液（6mol/L）　称取 24g 氢氧化钠，用水溶解至 100mL，混匀。

（4）氢氧化钠溶液（1mol/L）　称取 4g 氢氧化钠，用水溶解至 100mL，混匀。

（5）盐酸溶液（1mol/L）　取 8.33mL 盐酸，用水稀释至 100mL，混匀。

（6）盐酸溶液（2mol/L）　取 167mL 盐酸，用水稀释至 1L，混匀。

（7）MES - TRIS 缓冲液（0.05mol/L）　称取 19.52g 2 -（N - 吗啉代）乙烷磺酸和 12.2g 三羟甲基氨基甲烷，用 1.7L 水溶解，根据室温用 6mol/L 氢氧化钠溶液调 pH，20℃ 时调 pH 为 8.3，24℃时调 pH 为 8.2，28℃时调 pH 为 8.1；20～28℃之间其他室温用插入法校正 pH。加水稀释至 2L。

（8）蛋白酶溶液　用 0.05mol/L MES - TRIS 缓冲液配成浓度为 50mg/mL 的蛋白酶溶液，使用前现配，于 0～5℃暂存。

（9）酸洗硅藻土　取 200g 硅藻土于 600mL 的 2mol/L 盐酸溶液中，浸泡过夜，过滤，用水洗至滤液为中性，置于（525 ±5）℃马弗炉中灼烧灰分后备用。

（10）重铬酸钾洗液　称取 100g 重铬酸钾，用 200mL 水溶解，加入 1800mL 浓硫酸混合。

（11）乙酸溶液（3mol/L）　取 172mL 乙酸，加入 700mL 水，混匀后用水定容至 1L。

4. 仪器设备

（1）高型无导流口烧杯（400mL 或 600mL）。

（2）坩埚　具粗面烧结玻璃板，孔径 40～60μm。清洗后的坩埚在马弗炉中（525 ±5）℃灰化 6h，炉温降至 130℃以下取出，于重铬酸钾洗液中室温浸泡 2h，用水冲洗干净，再用 15mL 丙酮冲洗后风干。用前加入约 1.0g 硅藻土，130℃烘干，取出坩埚，在干燥器中冷却约 1h，称量，记录处理后坩埚质量 m_G，精确到 0.1mg。

（3）真空抽滤装置；恒温振荡水浴箱；分析天平。

（4）马弗炉、烘箱（130 ±3）℃、真空干燥箱（70 ±1）℃。

（5）筛　孔径 0.3～0.5mm。

5. 操作方法

（1）试样制备　试样处理根据水分含量、脂肪含量和糖含量进行适当的处理及干燥，并粉碎、混匀过筛。

①脂肪含量 <10% 的试样：若试样水分含量较低（<10%），取试样直接反复粉碎，至完全过筛。混匀，待用。

若试样水分含量较高（≥10%），试样混匀后，称取适量试样（m_C，不少于 50g），置于（70 ±1）℃真空干燥箱内干燥至恒重。将干燥后试样转至干燥器中，待试样温度降到室温后称量（m_D）。根据干燥前后试样质量，计算试样质量损失因子（f）。干燥后试样反复粉碎至完全过筛，置于干燥器中待用。

②脂肪含量 ≥10% 的试样：试样需经脱脂处理。称取适量试样（m_C，不少于 50g），置于漏斗中，按每克试样 25mL 的比例加入石油醚进行冲洗，连续 3 次。脱脂后将试样混匀再进行干燥、称量（m_D），记录脱脂、干燥后试样质量损失因子（f）。试样反复粉碎至完全过筛，置于干燥器中待用。

③糖含量 ≥5% 的试样：试样需经脱糖处理。称取适量试样（m_C，不少于 50g），置于漏斗中，按每克试样 10mL 的比例加入 85% 乙醇溶液进行冲洗，弃乙醇溶液，连续 3 次。脱

糖后将试样置于40℃烘箱内干燥过夜，称量（m_D），记录脱糖、干燥后试样质量损失因子（f）。干燥后试样反复粉碎至完全过筛，置于干燥器中待用。

（2）酶解　准确称取双份试样（m），约1g（精确至0.1mg），双份试样质量≤0.005g。将试样转置于400~600mL高脚烧杯中，加入0.05mol/L MES-TRIS缓冲液40mL，用磁力搅拌直至试样完全分散在缓冲液中。同时制备两个空白样液与试样液进行同步操作，用于校正试剂对测定的影响。

热稳定α-淀粉酶酶解：向试样液中分别加入50μL热稳定α-淀粉酶液缓慢搅拌，加盖铝箔，置于95~100℃恒温振荡水浴箱中持续振摇，当温度升至95℃开始计时，通常反应35min。将烧杯取出，冷却至60℃，打开铝箔盖，用刮勺轻轻地将附着于烧杯内壁的环状物以及烧杯底部的胶状物刮下，用10mL水冲洗烧杯壁和刮勺。

蛋白酶酶解：将试样液置于（60±1）℃水浴中，向每个烧杯加入100μL蛋白酶溶液，盖上铝箔，开始计时，持续振摇，反应30min。打开铝箔盖，边搅拌边加入5mL 3mol/L乙酸溶液，试样温度保持在（60±1）℃。用1mol/L氢氧化钠溶液或1mol/L盐酸溶液调节试样液pH至4.5±0.2。

淀粉葡萄糖苷酶酶解：边搅拌边加入100μL淀粉葡萄糖苷酶液，加上铝箔，继续于（60±1）℃水浴中持续振摇，反应30min。

（3）测定

①总膳食纤维测定：沉淀：向每份试样酶解液中，按乙醇与试样液体积比4:1的比例加入预热至（60±1）℃的95%乙醇（预热后体积约为225mL），取出烧杯，盖上铝箔，于室温条件下沉淀1h。

抽滤：取已加入硅藻土并干燥称量的坩埚，用15mL 78%乙醇润湿硅藻土并展平，接上真空抽滤装置，抽去乙醇使坩埚中硅藻土平铺于滤板上。将试样乙醇沉淀液转移入坩埚中抽滤，用刮勺和78%乙醇将高脚烧杯中所有残渣转至坩埚中。

洗涤：分别用78%乙醇15mL洗涤残渣2次，用95%乙醇15mL洗涤残渣2次，丙酮15mL洗涤残渣2次，抽滤去除洗涤液后，将坩埚连同残渣在105℃烘干过夜。将坩埚置干燥器中冷却1h，称量（m_{GR}，包括处理后坩埚质量及残渣质量），精确至0.1mg。减去处理后坩埚质量，计算试样残渣质量（m_R）。

蛋白质和灰分测定：取2份试样残渣中的1份按GB 5009.5测定氮含量，以6.25为换算系数，计算蛋白质质量（m_P）；另1份试样测定灰分，即在525℃灰化后，于干燥器中冷却，精确称量坩埚总质量（精确至0.1mg），减去处理后坩埚质量，计算灰分质量（m_A）。

②不溶性膳食纤维测定：按（1）、（2）称取试样、酶解。

抽滤洗涤：取已处理的坩埚，用3mL水润湿硅藻土并展平，抽去水分使坩埚中的硅藻土平铺于滤板上。将试样酶解液全部转移至坩埚中抽滤，残渣用70℃热水10mL洗涤2次，收集并合并滤液，转移至另一600mL高脚烧杯中，备测可溶性膳食纤维。残渣按测定总膳食纤维中的方法洗涤、干燥、称量，记录残渣重量。

③可溶性膳食纤维测定：计算滤液体积：收集不溶性膳食纤维抽滤产生的滤液，至已预先称量的 600mL 高脚烧杯中，通过称量"烧杯 + 滤液"总质量，扣除烧杯质量的方法估算滤液体积。

沉淀：按滤液体积加入 4 倍量预热至 60℃ 的 95% 乙醇，室温下沉淀 1h。以下测定按总膳食纤维检测步骤进行。

6. 结果计算

试剂空白质量按下式计算：

$$m_B = m_{BR} - m_{BP} - m_{BA} \qquad (2-26)$$

式中　m_B——试剂空白质量，g；

　　m_{BR}——双份试剂空白残渣质量均值，g；

　　m_{BP}——试剂空白残渣中蛋白质质量，g；

　　m_{BA}——试剂空白残渣中灰分质量，g。

试样中膳食纤维含量按下式计算：

$$m_R = m_{GR} - m_G \qquad (2-27)$$

$$X = \frac{\overline{m}_R - m_P - m_A - m_B}{\overline{m} \times f} \qquad (2-28)$$

$$f = \frac{m_C}{m_D} \qquad (2-29)$$

式中　m_R——试样残渣质量，g；

　　m_{GR}——处理后坩埚质量及残渣质量，g；

　　m_G——处理后坩埚质量，g；

　　X——试样中膳食纤维的含量，g/100g；

　　$\overline{m}_R$——双份试样残渣质量均值，g；

　　m_P——试样残渣中蛋白质质量，g；

　　m_A——试样残渣中灰分质量，g；

　　m_B——试剂空白质量，g；

　　$\overline{m}$——双份试样取样质量均值，g；

　　f——试样制备时因干燥、脱脂、脱糖导致质量变化的校正因子；

　　m_C——试样制备前质量，g；

　　m_D——试样制备后质量，g。

如果试样没有经过干燥、脱脂、脱糖等处理，$f=1$。

二、　单糖的测定

目前，检测食品单糖的方法有化学法、高效液相色谱法和气相色谱法等。液相色谱法与现在使用的测定糖含量的菲林滴定法相比具有灵敏度好，检测速度快，适用范围广等特点，本节主要介绍利用高效液相色谱法对食品中单糖进行测定。

1. 试剂

乙腈（色谱纯）；乙酸锌溶液；亚铁氰化钾溶液：称取 10.6g 亚铁氰化钾，加水溶解并稀释至 100mL；石油醚（沸程 30~60℃）；糖（纯度≥99%）；单糖标准品。

2. 仪器设备

（1）高效液相色谱仪（具有示差折光检测器）、色谱柱（氨基色谱柱：4.6mm × 250mm，5μm）。

（2）磁力搅拌器、离心机。

3. 操作方法

（1）试样的制备

①块状或颗粒状样品：取有代表性的样品至少 200g，用粉碎机粉碎，置于密闭的容器内。

②粉末状、糊状或液体样品：取有代表性的样品至少 200g，充分混匀，置于密闭的容器内。

（2）样品处理

①脂肪含量小于 10% 的食品：称取均匀的食品样品 0.5~10g（m_1，精确至 0.1mg），含糖量 5% 以下称取 10g，含糖量 5%~10% 以下称取 5g，含糖量 10%~40% 称取 2g，含糖量 40% 以上称取 0.5g，于 150mL 带有磁力搅拌子的烧杯中，加水约 50g 溶解，缓慢加入乙酸锌溶液和亚铁氰化钾溶液各 5mL，再加水至溶液总质量约为 100g（m_2，精确至 0.1mg），磁力搅拌 30min，放置室温后，用干燥滤纸过滤，取约 2mL 滤液用 0.45μm 微孔滤膜或离心获取清液至样品瓶，待色谱仪测定。

②糖浆、蜂蜜类：称取 1~2g 均匀样品（m_1，精确至 0.1mg）于 50mL 容量瓶，加水至溶液总质量约为 50g（m_2，精确至 0.1mg），充分摇匀，用 0.45μm 微孔滤膜或离心获取清液至样品瓶，待色谱仪测定。

③含二氧化碳的饮料：吸取去除了二氧化碳的样品 50mL（m_1），移入 100mL 容量瓶中，缓慢加入乙酸锌溶液和亚铁氰化钾各 5mL，放置室温后，用水定容至刻度（m_2），摇匀，静置 30min，然后用干燥滤纸过滤，取约 2mL 滤液，用 0.45μm 微孔滤膜或离心获取清液至样品瓶，待色谱仪测定。

④脂肪含量大于 10% 的食品：称取均匀的样品 5~10g（m_1，精确至 0.1mg），置于 100mL 具塞离心管中，加入 50mL 石油醚，振摇 2min，1800r/min 离心 15min，去除石油醚，重复以上步骤至去除大部分脂肪。蒸发残留的石油醚，用玻璃棒将样品捣碎，将样品移至 150mL 带有磁力搅拌子的烧杯中，用 50g 水分两次冲洗离心管，洗液并入烧杯，以下步骤自加入乙酸锌溶液和亚铁氰化钾溶液依次进行操作。

（3）测定

①色谱参考条件：柱温：40℃；流动相：乙腈 - 水（85 + 15，体积比）；流速：1.0mL/min；进样体积：20μL。

分别吸取 20μL 标准工作液注入高效液相色谱仪，在上述色谱条件下测定标准溶液的响应值（峰面积），以浓度为横坐标、峰面积为纵坐标，绘制标准曲线。

②样品中糖的测定：吸取 20μL 样液注入高效液相色谱仪，在上述色谱条件下测定试样的响应值（峰面积）。由标准曲线上查得样液中各单糖的含量，或利用回归方程式计算样液中各单糖的含量。

4. 结果计算

样品中各单糖含量以质量分数 X 计，数值以%表示，按下式计算：

$$\omega = \frac{c \times m_2}{m_1 \times 1000} \times 100 \qquad (2-30)$$

式中　ω——样品中糖含量,%；

c——样液中糖的含量，mg/g；

m_2——水溶液总质量或总体积，g 或 mL；

m_1——样品的质量或体积，g 或 mL。

平行测定结果用算术平均值表示，保留三位有效数字。

第六节　脂肪测定

脂类化合物是食品三大营养物质之一，95% 是脂肪（甘油三酯、中性脂），5% 是其他脂类，如磷脂、糖脂、固醇等。食品中脂肪除提供人体必需的能量和某些脂肪酸外，它可为食品提供滑润的口感，光洁的外观，赋予加工食品特殊的风味。本节主要介绍脂肪总量及组成的检测技术。

一、 脂肪总量的测定

（一） 索氏抽提法

1. 原理

经干燥后的样品使用索氏脂肪抽提装置，在一定温度下以有机溶剂提取样品中的脂肪后，蒸去溶剂，所得的物质即为脂肪。

2. 仪器

索氏脂肪抽提器。

3. 试剂

无水乙醚，无水硫酸钠，硫酸铜及氢氧化钠溶液。

4. 操作方法

（1）样品处理　准确称取肉、蛋和鱼粉样品 5.00～8.00g，装入滤纸筒中；谷、豆类样品磨碎成粉末，经 100～105℃烘干 2～3h 后，准确称取 5.00～10.00g，装滤纸筒中；称取糖果和果酱等样品 5.00～10.00g，置于烧杯中，分别加入水 200mL，搅拌中加入 10mL 硫酸铜溶液（69.3g/L），充分搅匀后加入氢氧化钠溶液（10.2g/L）调节 pH 至呈微酸性，充分搅和后静置，过滤除去糖分，将残留物及滤纸一起烘干装入滤纸筒中。

（2）样品测定　滤纸筒上层覆盖脱脂棉后放在索氏抽提器的抽提管内，把抽提管与已知重量的干燥脂肪烧瓶连接并接在冷凝器上，由抽提器冷凝管上端加入乙醚约 100mL，通入冷凝水，在 70℃左右水浴上加热 6～8h，最好控制每小时虹吸 20 次。取出滤纸筒，利用抽提器回收乙醚。将烧瓶取下揩干，在 100～105℃烘箱中烘干 1～2h，直至前后两次重量差不超过 0.001g 为止。

5. 结果计算

$$粗脂肪含量(\%) = \frac{m_1}{m_2} \times 100 \qquad (2-31)$$

式中　m_1——乙醚抽出物质量，g；

m_2——样品的质量，g。

6. 说明

（1）本法是经典方法，也是 GB 5009.6—2016 食品安全国家标准。由于食品种类不同，提取脂肪的时间也不同，因此根据不同食品中脂肪含量掌握加热提取时间。检查样品中脂肪是否提取完全，可以用滤纸条将抽提管内氯仿滴在滤纸上，待乙醚挥发后观察滤纸上有无油迹，如无油迹存在，说明提取完全。

（2）抽取试剂要按检验方法所规定的要求选择。一般使用甲醇或氯仿 – 甲醇提取脂肪，比单独用氯仿提取脂肪，其含量高一些。原因是样品中（如鱼粉）含有的脂蛋白和磷酯类的脂肪完全被抽提出来。

（二）碱性乙醚抽取法

本法是乳品脂肪测定公认的标准法。适用于能在碱性溶液中溶解或至少能形成均匀混悬胶体的样品，除牛乳、奶油外，也适用于溶解度良好的乳粉。至于已结块的乳粉，用本法测定时，其结果往往偏低。

1. 原理

乙醚不能从牛乳或其他液体食品中直接抽取脂肪。需先用碱处理，使酪蛋白钙盐溶解，并降低其吸附力，才能使脂肪球与乙醚混合。在乙醇和石油醚存在下，使乙醇溶解物留存在溶液内，加入石油醚则可使乙醚不与水混溶，而只抽出脂肪和类脂化合物。石油醚的存在可使分层清晰。将醚层分离并将醚除去后，即可得出脂肪含量。

2. 试剂

氢氧化铵，96% 乙醇，乙醚，石油醚（馏程 30～60℃）。

3. 操作方法

称取样品 1.00～5.00g，置于小烧杯中，加水至 10mL，再加氢氧化铵 10mL，用玻璃棒搅拌成匀乳状，倒入 100mL 具塞量筒中（若为液体样品如牛乳，可直接吸取 10mL 于量筒中，加氢氧化铵 1.25mL，以下见鲜乳中有关脂肪的测定）。用 10mL 乙醇分数次洗涤烧杯，洗液并入量筒中，加塞振摇。再以 25mL 乙醚洗涤烧杯，并入量筒中，加塞振荡 1min。再用 25mL 石油醚洗涤烧杯，并入量筒中，加塞振荡 1min。静置约 30min，待分层清晰后，装上吹管，将上层醚层吹出，经干燥滤纸滤入已知重量的脂肪瓶中。再加乙醚 - 石油醚（1:1）混合液 10mL 于量筒中，不经振荡，静置 5min，再将醚层吹出，滤入上述脂肪层中。再加乙醇 2mL、乙醚 15mL 于量筒中，振摇 0.5min，再加石油醚 15mL（或混合醚 30mL），静置，待分层清晰后，吹出，滤至同一脂肪瓶中。重复上述操作 1 次，将脂肪瓶内混合醚在水浴上蒸馏回收，所得脂肪在 100～106℃烘箱中烘 2h，冷却称重。

4. 结果计算

按下式计算脂肪含量：

$$脂肪含量（\%）= \frac{m_1}{m_2} \times 100 \tag{2-32}$$

式中　m_1——剩余物的质量，g；

　　　m_2——样品的质量，g。

（三）　酸性乙醚提取法

1. 原理

食品样品经盐酸水解后，用乙醚提取脂肪，然后在沸水浴中回收和除去溶剂，称重而获得游离和结合的脂肪含量。

2. 试剂

盐酸，乙醇，乙醚，石油醚。

3. 仪器

索氏抽脂瓶或锥形瓶。

4. 操作方法

①准确称取固体样品 2.00g，移入 50mL 大试管中，加入蒸馏水 8mL，混匀后再加入盐酸 10mL（液体样品称取 10.00g，加入盐酸 10mL 于大试管中）。将试管移入 70～80℃水浴中加热，每隔 5～10min 摇动一次至全部样品完全消化为止。时间约 40～50min。

②取出试管，冷却，加入乙醇 10mL，然后将全部样液移入 125mL 分液漏斗中，以 25mL 乙醚分次洗涤试管。将乙醚移入分液漏斗中，加塞，振摇 1min。振摇时不断地放出气体，以免样液溅出。静置 15min，并用等量的石油醚 - 乙醚混合试剂冲洗瓶塞及分液漏斗瓶口，以使附着的脂肪洗涤于瓶内。静置 10～20min，待上层有机层清晰，把下层水层放入小烧杯后，将乙醚等试剂层放至已恒重的锥形瓶中，再将水层移入分液漏斗中，再加入 5mL 乙醚，如此反复提取两次，将乙醚收集于恒重锥形瓶中，利用索氏抽脂装置或其他冷凝装置回收乙醚及石油醚，将锥形瓶置于沸水浴中完全蒸干。置于 100～105℃干燥 2h，取出放入干燥器内冷却 30min 后称重。

5. 计算

$$脂肪含量（\%）= \frac{m_1 - m_2}{m} \times 100 \qquad (2-33)$$

式中　m_1——锥形瓶及脂肪重量，g；

　　　m_2——锥形瓶质量，g；

　　　m——样品质量，g。

6. 说明

本法适用于结块和不溶性固体样品中脂肪含量的测定。

二、　食品中脂肪酸组成分析

在油脂脂肪酸组成分析中，使用最普及的分析法有气相谱法、高效液相色谱法、红外光谱法、质谱法以及联机（气相色谱－红外光谱，气相色谱－质谱）法。红外光谱及质谱起着鉴定器的作用，如红外吸收光谱可以方便地鉴定官能团，在质谱中采用大气压化学离子源（APCI）可以方便地用于极性、难挥发性化合物的离子化，通过电喷雾电离、APCI谱图可获得平均相对分子质量及相对分子质量分布信息。通过这些仪器的分离鉴定，不仅对油脂、脂肪酸及其衍生物能进行定性定量分析，而且可以对其分子结构，相对分子质量或官能团等进行鉴别。本文仅就广泛使用的气相色谱法进行扼要叙述。

1. 实验原理

本实验采用气相色谱法对食品中脂肪酸组成进行分析，其测定原理为将试样所含油脂进行皂化，脂肪酸经甲酯化后，用石油醚或正己烷提取。在一定的条件下利用样品中各组分在色谱柱中流动相和固定相的分配系数不同来达到样品的分离。与标准品进行比较，以保留时间进行定性，峰面积进行定量。

2. 试剂

1mol/L KOH－甲醇溶液：取氢氧化钾56g，用甲醇溶解，定容至1000mL。

1mol/L HCl－甲醇溶液：甲醇溶液500mL，称重。将分析纯HCl溶液滴加到氯化钙中产生气体HCl，通入500mL甲醇溶液中，一定时间后再称重，直到原甲醇溶液增加了36.5g即可。

正己烷或石油醚。

3. 仪器设备

冷冻干燥机、恒温水浴锅、电子天平，气相色谱仪GC（HP 6890）。

4. 检测步骤

（1）样品处理　将适量样品进行冷冻干燥，在研钵中充分磨细（也可取鲜样直接匀浆）。称取干燥样品50mg左右（根据脂肪含量而定）于带螺盖10mL刻度试管中。加1mol/L KOH－甲醇溶液4mL，旋紧管盖，在75~80℃水浴中保温15min，取出，待冷却后加1mol/L HCl甲醇溶液4mL，继续在75~80℃水浴中保温15min，取出，冷却后加正己烷（或石油醚）1mL充分振荡萃取1min。静止分层（需要时稍加水有利于分层），使脂肪酸甲酯溶于正己烷层。

（2）测定　用微量进样器取上清液1μL，上机进样，进行气相色谱分析。采用氢火焰离子化检测器（FID），色谱柱为毛细管柱（内径0.25mm，膜厚0.25μm，长30m，最高温度300℃）。

（3）分析条件　采取程序升温，柱温：150℃保留1min，经15℃/min升至200℃，再经2℃/min升至250℃。汽化室温度为250℃，检测器温度为250℃。氮气压力0.4MPa，氢气压力0.2~0.3MPa，空气压力0.4MPa。

5. 数据处理

（1）定性分析　比较未知峰与同样条件下测得的脂肪酸标样的保留时间，对脂肪酸进行定性分析。

（2）定量分析　组分的含量与峰面积成正比，根据面积归一法求出脂肪酸的相对含量。

6. 注意事项

（1）待测样品不宜加热干燥，否则脂肪酸易被氧化。

（2）进行脂肪酸皂化和甲酯化时，应注意温度和时间的控制。

思考题

1. 为什么国家标准中水分含量的直接测定法（GB 5009.3—2016）不适用于水分含量小于0.5g/100g的样品？

2. 为什么在测定维生素E时，有的食品可不经过皂化，就可直接提取？

3. 水分活度国家标准测定方法（GB 5009.238—2016）为什么不适用于冷冻和含挥发性成分的食品？

4. 测维生素B_2（核黄素）加NaOH时，为什么要边摇边加？

5. 用高效液相色谱法能同时测定多种维生素含量吗？

自测题（不定项选择，至少一项正确，至多不限）

1. 采用气相色谱法分析食品中脂肪酸组成，其原理是（　　）

A. 先要皂化，然后用石油醚或正己烷提取，用GC测定。

B. 先要皂化、甲酯化后，用石油醚或正己烷提取，用LC测定。

C. 先要皂化、甲酯化后，用石油醚或正己烷提取。用GC测定。

D. 脂肪酸经甲酯化后，用石油醚或正己烷提取，用GC测定。

2. 乳品中脂肪测定的公认标准法是（　　）。

A. 碱性乙醚抽取法　　　B. 酸性乙醚提取法　　　C. 索氏抽提法　　　D. 皂化后石油醚法

3. 在测定膳食纤维含量时，有的试样要用85%乙醇溶液多次清洗，其清洗目的是（　　）。

A. 脱醇溶物，如脂类、添加剂　　　　　　B. 沉淀多糖，减少干扰

C. 脱醇溶物，如单糖、双糖等　　　　　　D. 脱色素、单糖、添加剂

4. 测定新鲜样品中果胶含量时，要注意（　　）。

A. 浸入乙醇中以钝化酶的活性　　　　　B. 除去可溶性糖和脂类物质

C. 要用高温钝化酶的活性　　　　　　　D. 要先用乙醇沉淀分离出果胶

5. 在测定硒时要用到 2，3 – 二氨基萘，操作时要注意，因为它（　　）。

A. 有毒，有致癌性　　　B. 有刺激性　　　　C. 有腐蚀性　　　　D. 易挥发、易燃

6. 氮换算为蛋白质的系数一般食物为 6.25。但某些食品要少于 6.25，如芝麻、花生、大米、大豆分别是（　　）。

A. 5.30、5.46、5.95 和 5.71　　　　　　B. 5.30、5.46、5.25 和 5.71

C. 5.95、5.46、5.30 和 5.71　　　　　　D. 6.05、6.16、5.30 和 5.71

7. 凯氏定氮法时，若样品中含脂肪较多，消化过程中易产生大量泡沫。此时，在样品中加入（　　），并同时注意控制热源强度。

A. 少量石油和丙醇　　　　　　　　　　B. 少量辛醇或硅油消泡剂

C. 少量辛醇或液体石蜡　　　　　　　　D. 少量液体石蜡或硅油消泡剂

8. 蔗糖是由葡萄糖和果糖组成的双糖，（　　）直接测定。

A. 具有还原性，不能用碱性铜盐试剂　　B. 不具有还原性，不能用碱性铜盐试剂

C. 不具有还原性，能用碱性铜盐试剂　　D. 具有还原性，能用碱性铜盐试剂

9. 测定试样中硒含量时，样品先要在盐酸介质中将（　　），由载气带入检测仪器测定。

A. 二价硒氧化成四价硒　　　　　　　　B. 六价硒还原成四价硒

C. 再将四价硒还原成负二价　　　　　　D. 再将四价硒氧化成六价硒

10. 在进行凯氏定氮法测定蛋白质时，要向接收瓶内加入 10.0mL 硼酸溶液及 1~2 滴混合指示液（　　）。

A. 2 份甲基红乙醇溶液与 1 份亚甲基蓝乙醇溶液，临用时混合

B. 1 份甲基红乙醇溶液与 5 份溴甲酚绿乙醇溶液，临用时混合

C. 1 份甲基红乙醇溶液与 2 份亚甲基蓝乙醇溶液，临用时混合

D. 5 份甲基红乙醇溶液与 1 份溴甲酚绿乙醇溶液，临用时混合

参考文献

[1] 张意静. 食品分析技术 [M]. 北京：中国轻工业出版社，2001.

[2] 黄伟坤. 食品成分分析手册 [M]. 北京：中国轻工业出版社，1998.

[3] 王世平. 食品理化检验技术 [M]. 北京：中国林业出版社，2009.

[4] 刘绍. 食品分析与检验 [M]. 武汉：华中科技大学出版社，2011.

CHAPTER

第三章

食品添加剂含量的测定

3

内容摘要：现代食品工业离不开食品添加剂，但每种食品添加剂都必须在规定的食品中按一定的量使用。因此，掌握食品添加剂含量的测定技术十分必要。本章介绍了食品中常用的一些食品添加剂，如着色剂、护色剂、甜味剂、防腐剂、抗氧化剂等含量的测定原理、样品处理及测定步骤等。

GB 2760—2014《食品安全国家标准 食品添加剂使用标准》将食品添加剂定义为：为改善食品品质和色、香、味，以及为防腐、保鲜和加工工艺的需要而加入食品中的人工合成或者天然物质。食品用香料、胶基糖果中基础剂物质、食品工业用加工助剂也包括在内。其中"食品工业加工助剂"是指保证食品加工能顺利进行的各种物质，与食品本身无关。如助滤、澄清、吸附、脱模、脱色、脱皮、提取溶剂、发酵用营养物质等。按照现行标准，食品添加剂分为22类，分别为：酸度调节剂、抗结剂、消泡剂、抗氧化剂、漂白剂、膨松剂、胶基糖果中基础剂物质、着色剂、护色剂、乳化剂、酶制剂、增味剂、面粉处理剂、被膜剂、水分保持剂、防腐剂、稳定和凝固剂、甜味剂、增稠剂、食品用香料、食品工业用加工助剂和其他。

食品添加剂对于改善食品色、香、味，提高食品档次，延长食品保质期具有重要作用，但另一方面食品添加剂也可能有一定的副作用，特别是有些品种在较高浓度时还有一定的毒性。毒性除与物质本身的化学结构与理化性质有关外，还与其有效浓度或剂量、作用时间及次数、接触途径与部位、物质的相互作用与机体的功能状态等条件有关。

为了安全使用食品添加剂，需要对其进行毒理学评价。通过毒理学评价确定食品添加剂在食品中无害的最大限量，它是制定食品添加剂使用标准的重要依据。每日允许摄入量（Acceptable Daily Intake，ADI）是指人类每天摄入某种食品添加剂直到终生而对健康无任何毒性作用或不良影响的剂量，以每人每日每千克体重摄入的质量（mg/kg）表示。ADI是国内外评价食品添加剂安全性的首要和最终依据，也是制定食品添加剂使用卫生标准的重要依据。最大使用量是指某种添加剂在不同食品中允许使用的最大添加量，通常以"g/kg"表示。

截至目前，全世界开发的食品添加剂有约1.4万余种，直接使用的有3000余种。各国允许使用的食品添加剂品种和范围有所不同，我国允许使用的食品添加剂有 22 类 2300 多种。本章将着重介绍一些对人体健康影响较大的食品添加剂在食品中含量的测定方法，主要依据为食品安全国家标准。

第一节　合成着色剂含量的测定

食品着色剂又称食用色素，是以食品着色为目的的一类食品添加剂。食品着色剂按其来源和性质可分为食品合成着色剂和食品天然着色剂。食品合成着色剂有着色力强、色泽鲜艳、稳定性好、易调色、成本低等的特点，但同时安全性也低。合成着色剂的测定以前主要用薄层层析法，现在主要用高效液相色谱法，本测定方法依据 GB 5009.35—2016，2017 年 3 月 1 日开始实施。

（一）测定原理

食品中人工合成着色剂用聚酰胺吸附法或液 – 液分配法提取，制成水溶液，注入高效液相色谱仪，经反相色谱分离，根据保留时间定性和与峰面积比较进行定量。

（二）试剂及仪器

1. 试剂

（1）正己烷（C_6H_{14}），盐酸（HCl），冰醋酸（CH_3COOH），甲酸（HCOOH），甲醇（CH_3OH）：色谱纯，正丁醇（$C_4H_{10}O$），三正辛胺（$C_{24}H_{51}N$），无水乙醇（CH_3CH_2OH）。

（2）乙酸铵溶液（0.02mol/L）　称取 1.54g 乙酸铵，加水至 1000mL，溶解，经 0.45μm 微孔滤膜过滤。

（3）氨水溶液　量取氨水［（$NH_3 \cdot H_2O$），含量 20%～25%］2mL，加水至 100mL，混匀。

（4）甲醇 – 甲酸溶液（6 + 4，体积比）　量取甲醇 60mL，甲酸 40mL，混匀。

（5）柠檬酸溶液　称取 20g 柠檬酸（$C_6H_8O_7 \cdot H_2O$），加水至 100mL，溶解混匀。

（6）无水乙醇 – 氨水 – 水溶液（7 + 2 + 1，体积比）　量取无水乙醇 70mL、氨水溶液 20mL、水 10mL，混匀。

（7）三正辛胺 – 正丁醇溶液（5%）　量取三正辛胺 5mL，加正丁醇至 100mL，混匀。

（8）饱和硫酸钠（Na_2SO_4）溶液。

（9）pH 6 的水　在水中加入柠檬酸溶液调 pH 到 6。

（10）pH 4 的水　在水中加入柠檬酸溶液调 pH 到 4。

（11）聚酰胺粉（尼龙 6）　过 200 目筛。

2. 合成着色剂标准溶液

（1）标准品　柠檬黄（CAS：1934 21 0）、新红（CAS：220658 76 4）、苋菜红（CAS：

915 67 3）、胭脂红（CAS：2611 82 7）、日落黄（CAS：2783 94 0）、亮蓝（CAS：3844 45 9）、赤藓红（CAS：16423 68 0）。

（2）标准溶液配制

①合成着色剂标准贮备液（1mg/mL）：准确称取按其纯度折算为100%质量的上述标准品各0.1g（精确至0.0001g），置于100mL容量瓶中，加 pH 6 的水到刻度，配成水溶液（1.00mg/mL）。

②合成着色剂标准使用液（50μg/mL）：临用时将标准贮备液加水稀释20倍，经0.45μm 微孔滤膜过滤，配成每 mL 相当于50.0μg 的合成着色剂。

3. 仪器

（1）高效液相色谱仪　带二极管阵列或紫外检测器。

（2）天平　感量为0.001g 和0.0001g。

（3）恒温水浴锅。

（4）G_3 垂融漏斗。

（三）测定步骤

1. 样品处理

（1）果汁饮料及果汁、果味碳酸饮料等　称取20～40g（精确至0.001g），放入100mL 烧杯中。含二氧化碳样品加热或超声驱除二氧化碳。

（2）配制酒类　称取20～40g（精确至0.001g），放入100mL 烧杯中，加小碎瓷片数片，加热驱除乙醇。

（3）硬糖、蜜饯类、淀粉软糖等食品　称取5～10g（精确至0.001g），粉碎试样，放入100mL 小烧杯中，加水30mL，温热溶解，若试样溶液 pH 较高，用柠檬酸溶液调 pH 到6左右。

（4）巧克力豆及着色糖衣制品　称取5～10g（精确至0.001g），放入100mL 小烧杯中，用水反复洗涤色素，到试样无色素为止，合并色素漂洗液为样品溶液。

2. 色素提取

（1）聚酰胺吸附法　样品溶液加柠檬酸溶液调 pH 到6，加热至60℃，将1g 聚酰胺粉加少许水调成粥状，倒入样品溶液中，搅拌片刻，以 G_3 垂融漏斗抽滤，用60℃ pH 4 的水洗涤3～5次，然后用甲醇－甲酸混合溶液洗涤3～5次［含赤藓红的样品用（2）法处理］，再用水洗至中性，用乙醇－氨水－水混合溶液解吸3～5次，直至色素完全解吸，收集解吸液，加乙酸中和，蒸发至近干，加水溶解，定容至5mL。经0.45μm 微孔滤膜过滤，进高效液相色谱仪分析。

（2）液－液分配法（适用于含赤藓红的样品）将制备好的样品溶液放入分液漏斗中，加2mL 盐酸、三正辛胺－正丁醇溶液（5%）10～20mL，振摇提取，分取有机相，重复提取至有机相无色，合并有机相，用饱和硫酸钠溶液洗2次，每次10mL，分取有机相，放入蒸发皿中，水浴加热浓缩至10mL，转移至分液漏斗中，加10mL 正己烷，混匀，加氨水提取2～3次，每次5mL，合并氨水溶液层（含水溶性酸性色素），用正己烷洗2次，氨水层加乙酸调成中性，水浴加热蒸发至近干，加水定容至5mL。经0.45μm微孔滤膜过滤，进高效液相色谱仪分析。

3. 高效液相色谱参考条件

（1）色谱柱 C_{18}柱，4.6mm×250mm，5μm。

（2）进样量 10μL，流速1.0mL/min。

（3）柱温 35℃。

（4）二极管阵列检测器波长范围 400~800nm，或紫外检测器波长254nm。

（5）梯度洗脱 如表3-1所示。

表3-1 梯度洗脱表

时间/min	0.02mol/L乙酸铵溶液含量/%	甲醇含量/%
0	95	5
3	65	35
7	0	100
10	0	100
10.1	95	5
21	95	5

4. 测定

将样品提取液和合成着色剂标准使用液分别注入高效液相色谱仪，根据保留时间定性，外标峰面积法定量。

（四）结果计算

着色剂含量的计算公式为：

$$X = \frac{\rho \times V \times 1000}{m \times 1000 \times 1000} \tag{3-1}$$

式中 X——样品中着色剂的含量，g/kg；

ρ——进样液中着色剂的浓度，μg/mL；

V——样品稀释总体积，mL；

m——样品质量，g；

1000——换算系数。

计算结果以重复条件下获得的两次独立测定结果的算术平均值表示，结果保留两位有效数字。精密度：在重复条件下获得的两次独立测定结果的绝对差值不得超过算术平均值的10%。

柠檬黄、新红、苋菜红、胭脂红、日落黄的检出限均为0.5mg/kg，亮蓝、赤藓红的检出限均为0.2mg/kg（检测波长254nm时亮蓝检出限为1.0mg/kg，赤藓红检出限为0.5mg/kg）。

第二节　护色剂含量的测定

食品护色剂又称发色剂、呈色剂，是指能与肉及肉制品中呈色物质作用，使之在食品加工、储藏等过程中不致分解、破坏，呈现良好色泽的物质。在食品的加工过程中使用护色剂，能够较好的改善食品的感官性状及提高其商品性能。

护色剂一般泛指硝酸盐和亚硝酸盐类物质，它们本身并无着色能力，但当其应用于动物类食品后，腌制过程中其产生的一氧化氮能使肌红蛋白或血红蛋白形成亚硝基肌红蛋白或亚硝基血红蛋白，从而使肉制品保持稳定的鲜红色。在国家食品安全标准 GB 5009.33—2016 中规定了三种测定食品中亚硝酸盐与硝酸盐的方法，分别为离子色谱法、分光光度法和紫外分光光度法。紫外分光光度法主要用于蔬菜、水果中硝酸盐的测定。

一、 离子色谱法

（一） 测定原理

试样经沉淀蛋白质、除去脂肪后，采用相应的方法提取和净化，以氢氧化钾溶液为淋洗液，阴离子交换柱分离，电导检测器或紫外检测器检测。以保留时间定性，外标法定量。

（二） 试剂和溶液

1. 试剂

（1）乙酸（CH_3COOH），氢氧化钾（KOH）。

（2）乙酸溶液（3%）　量取乙酸 3mL 于 100mL 容量瓶中，以水稀释至刻度，混匀。

（3）氢氧化钾溶液（1mol/L）　称取 6g 氢氧化钾，加入新煮沸过的冷水溶解，并稀释至 100mL，混匀。

（4）亚硝酸盐标准储备液（100mg/L，以 NO_2^- 计，下同）　准确称取 0.1500g 于 110～120℃ 干燥至恒重的亚硝酸钠标准品，用水溶解并转移至 1000mL 容量瓶中，加水稀释至刻度，混匀。

（5）硝酸盐标准储备液（1000mg/L，以 NO_3^- 计，下同）　准确称取 1.3710g 于 110～120℃ 干燥至恒重的硝酸钠标准品，用水溶解并转移至 1000mL 容量瓶中，加水稀释至刻度，混匀。

（6）亚硝酸盐和硝酸盐混合标准中间液　准确移取亚硝酸根离子（NO_2^-）和硝酸根离子（NO_3^-）的标准储备液各 1.0mL 于 100mL 容量瓶中，用水稀释至刻度，此溶液每升含亚硝酸根离子 1.0mg 和硝酸根离子 10.0mg。

（7）亚硝酸盐和硝酸盐混合标准使用液　移取亚硝酸盐和硝酸盐混合标准中间液，加水逐级稀释，制成系列混合标准使用液，亚硝酸根离子浓度分别为 0.02、0.04、0.06、

0.08、0.10、0.15、0.20mg/L；硝酸根离子浓度分别为 0.2、0.4、0.6、0.8、1.0、1.5、2.0mg/L。

2. 仪器和设备

（1）离子色谱仪　配电导检测器及抑制器或紫外检测器，高容量阴离子交换柱，50μL 定量环。

（2）食物粉碎机。

（3）超声波清洗器。

（4）分析天平　感量为 0.1mg 和 1mg。

（5）离心机　转速≥10000r/min，配 50mL 离心管。

（6）22μm 水性滤膜针头滤器。

（7）净化柱　包括 C$_{18}$ 柱、Ag 柱和 Na 柱或等效柱。

（8）注射器　1.0mL 和 2.5mL。

所有玻璃器皿使用前均需依次用 2mol/L 氢氧化钾和水分别浸泡 4h，然后用水冲洗 3 ~ 5 次，晾干备用。

（三）　测定步骤

1. 取样及预处理

（1）蔬菜、水果　将新鲜蔬菜、水果试样用自来水洗净后，用水（GB/T 6682）冲洗，晾干后，取可食部位切碎混匀。将切碎的样品用四分法取适量，用食物粉碎机制成匀浆，备用。如需加水应记录加水量。

（2）粮食及其他植物样品　除去可见杂质后，取有代表性试样 50 ~ 100g，粉碎后过 0.30mm 孔筛，混匀备用。

（3）肉类、蛋、水产及其制品　用四分法取适量或取全部，用食物粉碎机制成匀浆，备用。

（4）乳粉、豆奶粉、婴儿配方粉等固态乳制品（不包括干酪）　将试样装入能够容纳 2 倍试样体积的带盖容器中，通过反复摇晃和颠倒容器使样品充分混匀直到使试样均一化。

（5）发酵乳、乳、炼乳及其他液体乳制品　通过搅拌或反复摇晃和颠倒容器使试样充分混匀。

（6）干酪　取适量的样品研磨成均匀的泥浆状。为避免水分损失，研磨过程中应避免产生过多的热量。

2. 提取

（1）蔬菜、水果等植物性试样　称取试样 5g（精确至 0.001g，可适当调整试样的取样量，以下相同），置于 150mL 具塞锥形瓶中，加入 80mL 水，1mL 1mol/L 氢氧化钾溶液，超声提取 30min，每隔 5min 振摇 1 次，保持固相完全分散。于 75℃ 水浴中放置 5min，取出放置至室温，定量转移至 100mL 容量瓶中，加水稀释至刻度，混匀。溶液经滤纸过滤后，取部分溶液于 10000r/min 离心 15min，上清液备用。

（2）肉类、蛋类、鱼类及其制品等　称取试样匀浆 5g（精确至 0.001g），置于 150mL 具塞锥形瓶中，加入 80mL 水，超声提取 30min，每隔 5min 振摇 1 次，保持固相完全分散。于 75℃ 水浴中放置 5min，取出放置至室温，定量转移至 100mL 容量瓶中，加水稀释至刻度，混匀。溶液经滤纸过滤后，取部分溶液于 10000r/min 离心 15min，上清液备用。

（3）腌鱼类、腌肉类及其他腌制品　称取试样匀浆 2g（精确至 0.001g），置于 150mL 具塞锥形瓶中，加入 80mL 水，超声提取 30min，每隔 5min 振摇 1 次，保持固相完全分散。于 75℃ 水浴中放置 5min，取出放置至室温，定量转移至 100mL 容量瓶中，加水稀释至刻度，混匀。溶液经滤纸过滤后，取部分溶液于 10000r/min 离心 15min，上清液备用。

（4）乳　称取试样 10g（精确至 0.01g），置于 100mL 具塞锥形瓶中，加水 80mL，摇匀，超声 30min，加入 3% 乙酸溶液 2mL，于 4℃ 放置 20min，取出放置至室温，加水稀释至刻度。溶液经滤纸过滤，滤液备用。

（5）乳粉及干酪　称取试样 2.5g（精确至 0.01g），置于 150mL 具塞锥形瓶中，加水 80mL，摇匀，超声 30min，取出放置至室温，定量转移至 100mL 容量瓶中，加入 3% 乙酸溶液 2mL，加水稀释至刻度，混匀。于 4℃ 放置 20min，取出放置至室温，溶液经滤纸过滤，滤液备用。

取上述备用溶液约 15mL，通过 0.22μm 水性滤膜针头滤器、C_{18} 柱，弃去前面 3mL（如果氯离子浓度大于 100mg/L，则需要依次通过针头滤器、C_{18} 柱、Ag 柱和 Na 柱，弃去前面的 7mL），收集后面洗脱液待测。

固相萃取柱使用前需进行活化，C_{18} 柱（1.0mL）、Ag 柱（1.0mL）和 Na 柱（1.0mL），其活化过程为：C_{18} 柱（1.0mL）使用前依次用 10mL 甲醇、15mL 水通过，静置活化 30min。Ag 柱（1.0mL）和 Na 柱（1.0mL）用 10mL 水通过，静置活化 30min。

3. 色谱参考条件

（1）色谱柱　氢氧化物选择性，可兼容梯度洗脱的二乙烯基苯 - 乙基苯乙烯共聚物基质，烷醇基季铵盐功能团的高容量阴离子交换柱，4mm×250mm（带保护柱 4mm×50mm），或性能相当的离子色谱柱。

（2）淋洗液　氢氧化钾溶液，浓度为 6～70mmol/L，洗脱梯度为 6mmol/L 30min，70mmol/L 5min，6mmol/L 5min，流速 1.0mL/min。

若样品为粉状婴幼儿配方食品：氢氧化钾溶液，浓度为 5～50mmol/L，洗脱梯度为 5mmol/L 33min，50mmol/L 5min，5mmol/L 5min，流速 1.3mL/min。

（3）抑制器　连续自动再生膜阴离子抑制器或等效抑制装置。

（4）检测器　电导检测器，检测池温度为 35℃；或紫外检测器，检测波长为 226nm。

（5）进样体积　50μL（可根据试样中被测离子含量进行调整）。

4. 标准曲线制作

将标准系列工作液分别注入离子色谱仪中，得到各浓度标准工作液色谱图，测定相应的峰高（μS）或峰面积，以标准工作液的浓度为横坐标，以峰高（μS）或峰面积为纵坐标，绘制标准曲线。

5. 试样溶液测定

将空白和试样溶液注入离子色谱仪中，得到空白和试样溶液的峰高（μS）或峰面积，根据标准曲线得到待测液中亚硝酸根离子或硝酸根离子的浓度。

（四）结果计算

$$X = \frac{(\rho - \rho_0) \times V \times f \times 1000}{m \times 1000} \qquad (3-2)$$

式中　X——试样中亚硝酸根离子或硝酸根离子的含量，mg/kg；

　　　ρ——测定用试样溶液中的亚硝酸根离子或硝酸根离子浓度，mg/L；

　　　ρ_0——试剂空白液中亚硝酸根离子或硝酸根离子的浓度，mg/；

　　　V——试样溶液体积，mL；

　　　f——试样溶液稀释倍数；

　1000——换算系数；

　　　m——试样取样量，g。

试样中测得的亚硝酸根离子含量乘以换算系数1.5，即得亚硝酸盐（按亚硝酸钠计）含量；试样中测得的硝酸根离子含量乘以换算系数1.37，即得硝酸盐（按硝酸钠计）含量。

结果保留2位有效数字。在重复性条件下获得的两次独立测定结果的绝对差值不得超过算术平均值的10%。

此方法中亚硝酸盐和硝酸盐检出限分别为0.2mg/kg和0.4mg/kg。

二、分光光度法

亚硝酸盐采用盐酸萘乙二胺法测定，硝酸盐采用镉柱还原法测定。

（一）测定原理

样品经沉淀蛋白质、除去脂肪后，在弱酸条件下亚硝酸盐与对氨基苯磺酸重氮化后，再与盐酸萘乙二胺偶合形成紫红色染料，外标法测得亚硝酸盐含量。采用镉柱将硝酸盐还原成亚硝酸盐，测得亚硝酸盐总量，由测得的亚硝酸盐总量减去试样中亚硝酸盐含量，即得试样中硝酸盐含量。

（二）试剂和仪器

1. 试剂

（1）亚铁氰化钾溶液（106g/L）　称取106.0g亚铁氰化钾 $[K_4Fe(CN)_6 \cdot 3H_2O]$，用水溶解并稀释至1000mL。

（2）乙酸锌溶液（220g/L）　称取220.0g乙酸锌 $[Zn(CH_3COO)_2 \cdot 2H_2O]$，加30mL冰乙酸溶于水并稀释至1000mL。

（3）饱和硼砂溶液（50g/L）　称取50g硼酸钠（$Na_2B_4O_7 \cdot 10H_2O$），溶于100mL热

水中，冷却后备用。

（4）氨缓冲溶液（pH 9.6 ~ 9.7）　量取 30mL 盐酸，100mL 水，混匀后加 65mL 氨水，再加水稀释至 1000mL，混匀。

（5）氨缓冲液的稀释液　量取 50mL pH 9.6 ~ 9.7 氨缓冲溶液，加水稀释至 500mL，混匀。

（6）盐酸（0.1mol/L）　量取 8.3mL 盐酸，用水稀释至 1000mL。

（7）盐酸（2mol/L）　量取 167mL 盐酸，用水稀释至 1000mL。

（8）盐酸溶液（20%）　量取 20mL 盐酸，用水稀释至 100mL。

（9）对氨基苯磺酸溶液（4g/L）　称取 0.4g 对氨基苯磺酸，溶于 100mL 20% 盐酸中，混匀，置棕色瓶中，避光保存。

（10）盐酸萘乙二胺溶液（2g/L）　称取 0.2g 盐酸萘乙二胺，溶解于 100mL 水中，混匀后，置棕色瓶中，避光保存。

（11）硫酸铜溶液（20g/L）　称取 20g 硫酸铜，加水溶解，并稀释至 1000mL。

（12）硫酸镉溶液（40g/L）　称取 40g 硫酸镉，加水溶解，并稀释至 1000mL。

（13）乙酸溶液（3%）　量取冰乙酸 3mL 于 100mL 容量瓶中，以水稀释至刻度，混匀。

（14）亚硝酸钠标准溶液（200μg/mL，以亚硝酸钠计）　准确称取 0.1000g 于 110 ~ 120℃ 干燥恒重的亚硝酸钠标准品，加水溶解移入 500mL 容量瓶中，加水稀释至刻度，混匀。

（15）硝酸钠标准溶液（200μg/mL，以亚硝酸钠计）　准确称取 0.1232g 于 110 ~ 120℃ 干燥恒重的硝酸钠标准品，加水溶解，移于 500mL 容量瓶中，并稀释至刻度。

（16）亚硝酸钠标准使用液（5.0μg/mL）　临用前，吸取 2.50mL 亚硝酸钠标准溶液，置于 100mL 容量瓶中，加水稀释至刻度。

（17）硝酸钠标准使用液（5.0μg/mL）　临用前，吸取 2.50mL 硝酸钠标准溶液，置于 100mL 容量瓶中，加水稀释至刻度。

2. 仪器

（1）天平　感量为 0.1mg 和 1mg。

（2）组织捣碎机、超声波清洗器、恒温干燥箱、分光光度计、镉柱或镀铜镉柱。

①海绵状镉的制备：镉粒直径 0.3 ~ 0.8mm。将适量的锌棒放入烧杯中，用 40g/L 硫酸镉溶液浸没锌棒。在 24h 之内，不断将锌棒上的海绵状镉轻轻刮下。取出残余锌棒，使镉沉底，倾去上层溶液。用水冲洗海绵状镉 2 ~ 3 次后，将镉转移至搅拌器中，加 400mL 盐酸（0.1mol/L），搅拌数秒，以得到所需粒径的镉颗粒。将制得的海绵状镉倒回烧杯中，静置 3 ~ 4h，期间搅拌数次，以除去气泡。倾去海绵状镉中的溶液，并可按下述方法进行镉粒镀铜。

②镉粒镀铜：将制得的镉粒置锥形瓶中（所用镉粒的量以达到要求的镉柱高度为准），

加足量的盐酸（2mol/L）浸没镉粒，振荡5min，静置分层，倾去上层溶液，用水多次冲洗镉粒。在镉粒中加入20g/L硫酸铜溶液（每克镉粒约需2.5mL），振荡1min，静置分层，倾去上层溶液后，立即用水冲洗镀铜镉粒（注意镉粒要始终用水浸没），直至冲洗的水中不再有铜沉淀。

　　③镉柱的装填：如图3-1所示，用水装满镉柱玻璃柱，并装入约2cm高的玻璃棉做垫，将玻璃棉压向柱底时，应将其中所包含的空气全部排出，在轻轻敲击下，加入海绵状镉至8~10cm［装置（1）］或15~20cm［装置（2）］，上面用1cm高的玻璃棉覆盖。若使用装置（2），应在上置一贮液漏斗，末端要穿过橡皮塞与镉柱玻璃管紧密连接。如无镉柱玻璃管时，可以用25mL酸式滴定管代替，但过柱时要注意始终保持液面在镉层之上。

　　镉柱填装好后，先用0.1mol/L盐酸25mL洗涤，再以水洗2次，每次25mL。镉柱每次使用完毕后，应先以25mL盐酸（0.1mol/L）洗涤，再以水洗2次，每次25mL，最后用水

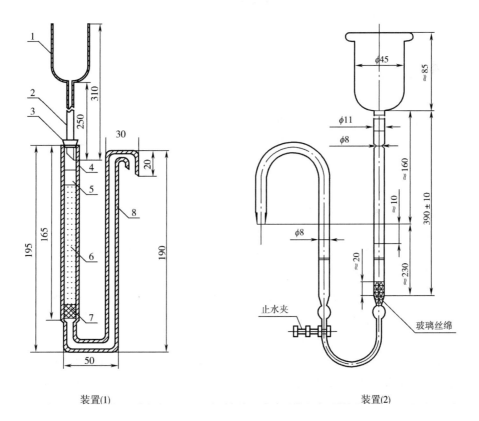

装置(1)　　　　　　　　　　　　　　　　装置(2)

图3-1　镉柱的装填示意图

1—贮液漏斗，内径35mm，外径37mm　2—进液毛细管，内径0.4mm，外径6mm

3—橡皮塞　4—镉柱玻璃管，内径12mm，外径16mm　5、7—玻璃棉

6—海绵状镉　8—出液毛细管，内径2mm，外径8mm

覆盖镉柱。镉柱不用时用水封盖，随时都要保持水平面在镉层之上，不得使镉层夹有气泡。

④镉柱还原效率的测定：吸取 20mL 硝酸钠标准使用液，加入 5mL 氨缓冲液稀释液，混匀后注入贮液漏斗，使其流经镉柱还原，用 100mL 容量瓶收集洗提液。洗提液的流量不应超过 6mL/min，在贮液杯将要排空时，用约 15mL 水冲洗杯壁。冲洗水流尽后，再用 15mL 水重复冲洗，第 2 次冲洗水流尽后，将贮液杯灌满水，并使其以最大流量流过柱子。当容量瓶中的洗提液接近 100mL 时，从柱子下取出容量瓶，用水定容至刻度，混匀。

取 10.0mL 还原后的溶液（相当 10μg 亚硝酸钠）于 50mL 比色管中，吸取 0.00、0.20、0.40、0.60、0.80、1.00、1.50、2.00、2.50mL 亚硝酸钠标准使用液（相当于 0.0、1.0、2.0、3.0、4.0、5.0、7.5、10.0、12.5μg 亚硝酸钠），分别置于 50mL 带塞比色管中。上述各管中分别加入 2mL 4g/L 对氨基苯磺酸溶液，混匀，静置 3～5min，各加入 1mL 2g/L 盐酸萘乙二胺溶液，加水至刻度，混匀，静置 15min，用 1cm 比色杯，零管调零，在波长 538nm 处测吸光度，绘制标准曲线。根据标准曲线计算测得结果，与加入量一致，还原效率应大于 95% 为符合要求。还原效率的计算：

$$X = \frac{m_1}{10} \times 100 \qquad\qquad (3-3)$$

式中　　X——还原效率，%；

　　　　m_1——测得亚硝酸钠的含量，μg；

　　　　10——测定用溶液相当于亚硝酸钠的含量，μg。

如果还原率小于 95% 时，将镉柱中的镉粒倒入锥形瓶中，加入足量的盐酸（2moL/L）中，振荡数分钟，再用水反复冲洗。

（三）测定步骤

（1）取样及预处理　同离子色谱法。

（2）提取

①干酪：称取试样 2.5g（精确至 0.001g），置于 150mL 具塞锥形瓶中，加水 80mL，摇匀，超声 30min，取出放置至室温，定量转移至 100mL 容量瓶中，加入 3% 乙酸溶液 2mL，加水稀释至刻度，混匀。于 4℃ 放置 20min，取出放置至室温，溶液经滤纸过滤，滤液备用。

②液体乳样品：称取试样 90g（精确至 0.001g），置于 250mL 具塞锥形瓶中，加 12.5mL 饱和硼砂溶液，加入 70℃ 左右的水约 60mL，混匀，沸水浴中加热 15min，取出置冷水浴中冷却至室温。定量转移上述提取液至 200mL 容量瓶中，加入 5mL106g/L 亚铁氰化钾溶液，摇匀，再加入 5mL 220g/L 乙酸锌溶液，以沉淀蛋白质。加水至刻度，摇匀，放置 30min，除去上层脂肪，上清液用滤纸过滤，滤液备用。

③乳粉：称取试样 10g（精确至 0.001g），置于 150mL 具塞锥形瓶中，加 12.5mL 50g/L 饱和硼砂溶液，加入 70℃ 左右的水约 150mL，混匀，以下操作同②。

④其他样品：称取 5g（精确至 0.001g）匀浆试样（如制备过程中加水，应按加水量折算），置于 250mL 具塞锥形瓶中，加 12.5mL 50g/L 饱和硼砂溶液，加入 70℃ 左右的水约

150mL，混匀，以下操作同②。

（3）亚硝酸盐的测定　吸取 40.0mL 上述滤液于 50mL 带塞比色管中，另吸取 0.00、0.20、0.40、0.60、0.80、1.00、1.50、2.00、2.50mL 亚硝酸钠标准使用液（相当于 0.0、1.0、2.0、3.0、4.0、5.0、7.5、10.0、12.5μg 亚硝酸钠），分别置于 50mL 带塞比色管中。于标准管与试样管中分别加入 2mL 4g/L 对氨基苯磺酸溶液，混匀，静置 3～5min 后各加入 1mL 2g/L 盐酸萘乙二胺溶液，加水至刻度，混匀，静置 15min，用 1cm 比色杯，以零管调节零点，于波长 538nm 处测吸光度，绘制标准曲线，同时做试剂空白。结果计算：

$$X_1 = \frac{m_2 \times 1000}{m_3 \times \dfrac{V_1}{V_0} \times 1000} \tag{3-4}$$

式中　X_1——试样中亚硝酸钠的含量，mg/kg；

　　　m_2——测定用样液中亚硝酸钠的质量，μg；

　　1000——转换系数；

　　　m_3——试样质量，g；

　　　V_1——测定用样液体积，mL；

　　　V_0——试样处理液总体积，mL。

结果保留 2 位有效数字，在重复性条件下获得的两次独立测定结果的绝对差值不得超过算术平均值的 10%。

（4）硝酸盐的测定

①镉柱还原：先以 25mL 氨缓冲液的稀释液冲洗镉柱，流速控制在 3～5mL/min（以滴定管代替的可控制在 2～3mL/min）。

吸取 20mL 滤液于 50mL 烧杯中，加 5mL pH 9.6～9.7 氨缓冲溶液，混合后注入贮液漏斗，使其流经镉柱还原，当贮液杯中的样液流尽后，加 15mL 水冲洗烧杯，再倒入贮液杯中。冲洗水流完后再用 15mL 水重复 1 次。当第 2 次冲洗水快流尽时，将贮液杯装满水，以最大流速过柱。当容量瓶中的洗提液接近 100mL 时，取出容量瓶，用水定容刻度，混匀。

②亚硝酸钠总量的测定：吸取 10～20mL 还原后的样液于 50mL 比色管中。以下同上述亚硝酸盐测定。硝酸盐（以硝酸钠计）含量计算：

$$X_2 = \left(\frac{m_4 \times 1000}{m_5 \times \dfrac{V_2}{V_3} \times \dfrac{V_5}{V_4} \times 1000} - X_1 \right) \times 1.232 \tag{3-5}$$

式中　X_2——试样中硝酸钠的含量，mg/kg；

　　　m_4——经镉粉还原后测得总亚硝酸钠的质量，μg；

　　1000——转换系数；

　　　m_5——试样的质量，g；

　　　V_2——测总亚硝酸钠的测定用样液体积，mL；

　　　V_3——试样处理液总体积，mL；

　　　V_5——经镉柱还原后样液的测定用体积，mL；

V_4——经镉柱还原后样液总体积，mL；

X_1——试样中亚硝酸钠的含量，mg/kg；

1.232——亚硝酸钠换算成硝酸钠的系数。

结果保留 2 位有效数字，在重复性条件下获得的两次独立测定结果的绝对差值不得超过算术平均值的 10%。

三、 紫外分光光度法 （蔬菜、 水果中硝酸盐的测定）

（一） 测定原理

用 pH 9.6～9.7 的氨缓冲液提取样品中硝酸根离子，同时加活性炭去除色素类物质，加沉淀剂去除蛋白质及其他干扰物质，利用硝酸根离子和亚硝酸根离子在紫外区 219nm 处具有吸收波长的特性，测定提取液的吸光度。其测得结果为硝酸盐和亚硝酸盐吸光度的总和，鉴于新鲜蔬菜、水果中亚硝酸盐含量甚微，可忽略不计。测定结果为硝酸盐的吸光度，可从工作曲线上查得相应的质量浓度，计算样品中硝酸盐的含量。

（二） 试剂和溶液

1. 试剂

（1） 盐酸（HCl，密度 1.19g/mL），氨水（$NH_3 \cdot H_2O$，25%），正辛醇（$C_8H_{18}O$），活性炭（粉状）。

（2） 氨缓冲溶液（pH 9.6～9.7）　量取 20mL 盐酸，加入到 500mL 水中，混合后加入 50mL 氨水，用水定容至 1000mL，调 pH 至 9.6～9.7。

（3） 亚铁氰化钾溶液（150g/L）　称取 150g 亚铁氰化钾溶于水，定容至 1000mL。

（4） 硫酸锌溶液（300g/L）　称取 300g 硫酸锌溶于水，定容至 1000mL。

（5） 硝酸钾标准储备液液（500mg/L，以硝酸根计）　称取 0.2039g 于 110～120℃ 干燥至恒重的硝酸钾标准品，用水溶解并转移至 250mL 容量瓶中，加水稀释至刻度，混匀。于冰箱内保存。

（6） 硝酸盐标准曲线工作液　分别吸取 0、0.2、0.4、0.6、0.8、1.0 和 1.2mL 硝酸盐标准储备液于 50mL 容量瓶中，加水定容至刻度，混匀。此标准系列溶液硝酸根质量浓度分别为 0、2.0、4.0、6.0、8.0、10.0 和 12.0mg/L。

2. 仪器

紫外分光光度计；分析天平：感量 0.01g 和 0.0001g；组织捣碎机；可调式往返振荡机；pH 计：精度为 0.01。

（三） 测定步骤

1. 取样及预处理

选取一定数量有代表性的样品，先用自来水冲洗，再用水（GB/T 6682）清洗干净，晾干表面水分，用四分法取样，切碎，充分混匀，于组织捣碎机中匀浆（部分少汁样品可按一定质量比例加入等量水），在匀浆中加 1 滴正辛醇消除泡沫。

2. 提取

称取 10g（精确至 0.01g）匀浆试样（如制备过程中加水，应按加水量折算）于 250mL 锥形瓶中，加水 100mL，加入 5mL 氨缓冲溶液（pH 9.6～9.7），2g 粉末状活性炭。振荡（往复速度为 200 次/min）30min。定量转移至 250mL 容量瓶中，加入 2mL 150g/L 亚铁氰化钾溶液和 2mL 300g/L 硫酸锌溶液，充分混匀，加水定容至刻度，摇匀，放置 5min，上清液用定量滤纸过滤，滤液备用。同时做空白。

3. 测定

根据试样中硝酸盐含量的高低，吸取上述滤液 2～10mL 于 50mL 容量瓶中，加水定容至刻度，混匀。用 1cm 石英比色皿，于 219nm 处测定吸光度。按公式计算硝酸盐（以硝酸根计）含量：

$$X = \frac{\rho \times V_6 \times V_8}{m_6 \times V_7} \tag{3-6}$$

式中　X——试样中硝酸盐的含量，mg/kg；

　　　ρ——由工作曲线获得的试样溶液中硝酸盐的质量浓度，mg/L；

　　　V_6——提取液定容体积，mL；

　　　V_8——待测液定容体积，mL；

　　　m_6——试样的质量，g；

　　　V_7——吸取的滤液体积，mL。

结果保留 2 位有效数字，在重复性条件下获得的两次独立测定结果的绝对差值不得超过算术平均值的 10%。

第三节　食品漂白剂含量的测定

漂白剂是指能够破坏、抑制食品的发色因素，使食品褪色或免于褐变的物质。根据作用机制，食品漂白剂可分为还原性漂白剂和氧化性漂白剂。还原性漂白剂实际应用较广，且多属于亚硫酸类化合物，它们都是以其所产生的具有强还原性的二氧化硫起作用。主要用于果干、菜干、动物胶、果酒、糖品、果汁的漂白。氧化性漂白剂能使着色物质氧化分解而起到漂白的作用。氧化性漂白剂除了用于面粉处理的过氧化苯甲酰等少数品种外，在我国实际应用很少。

一、　食品中二氧化硫的测定

GB 5009.34—2016《食品安全国家标准　食品中二氧化硫的测定》于 2017 年 3 月 1 日正式实施，此方法适用于果脯、干菜、米粉类、粉条、砂糖、食用菌和葡萄酒等食品中总二氧化硫的测定。

（一） 测定原理

在密闭容器中对样品进行酸化、蒸馏，蒸馏物用乙酸铅溶液吸收。吸收后的溶液用盐酸酸化，碘标准溶液滴定，根据所消耗的碘标准溶液量计算出样品中的二氧化硫含量。

（二） 试剂和仪器

1. 试剂

（1） 盐酸（HCl）；硫酸（H_2SO_4）；可溶性淀粉 $[(C_6H_{10}O_5)_n]$；氢氧化钠（NaOH）；碳酸钠（Na_2CO_3）；乙酸铅（$C_4H_6O_4Pb$）；硫代硫酸钠（$Na_2S_2O_3 \cdot 5H_2O$）或无水硫代硫酸钠（$Na_2S_2O_3$）；碘（I_2）；碘化钾（KI）。

（2） 盐酸溶液（1 + 1） 取 50mL 盐酸，缓缓倾入 50mL 水中，边加边搅拌。

（3） 硫酸溶液（1 + 9） 取 10mL 硫酸，缓缓倾入 90mL 水中，边加边搅拌。

（4） 淀粉指示液（10g/L） 称取 1g 可溶性淀粉，用少许水调成糊状，缓缓倾入 100mL 沸水中，边加边搅拌，煮沸 2min，放冷备用，临用时现配。

（5） 乙酸铅溶液（20g/L） 称取 2g 乙酸铅，溶于少量水中并稀释至 100mL。

（6） 重铬酸钾（$K_2Cr_2O_7$）标准品 纯度≥99%。

（7） 硫代硫酸钠标准溶液（0.1mol/L） 称取 25g 含结晶水的硫代硫酸钠或 16g 无水硫代硫酸钠溶于 1000mL 新煮沸放冷的水中，加入 0.4g 氢氧化钠或 0.2g 碳酸钠，摇匀，贮存于棕色瓶内，放置两周后过滤，用重铬酸钾标准溶液标定其准确浓度。

（8） 碘标准溶液 $[c(1/2I_2) = 0.10mol/L]$ 称取 13g 碘和 35g 碘化钾，加水约 100mL，溶解后加入 3 滴盐酸，用水稀释至 1000mL，过滤后转入棕色瓶。使用前用硫代硫酸钠标准溶液标定。

（9） 重铬酸钾标准溶液 $[c(1/6K_2Cr_2O_7) = 0.1000mol/L]$ 准确称取于（120 ± 2）℃干燥至恒重的重铬酸钾 4.9031g，溶于水并转移至 1000mL 量瓶中，定容。

（10） 碘标准溶液 $[c(1/2I_2) = 0.01000mol/L]$ 将 0.1000mol/L 碘标准溶液用水稀释 10 倍。

2. 仪器和设备

（1） 全玻璃蒸馏器 500mL，或等效的蒸馏设备。

（2） 酸式滴定管 25mL 或 50mL。

（3） 剪切式粉碎机。

（4） 碘量瓶 500mL。

（三） 测定步骤

1. 取样及预处理

对于固体样品，称取 5g 均匀样品（精确至 0.001g，取样量可视含量高低而定），液体样品可直接吸取 5.00 ~ 10.00mL 样品，置于蒸馏烧瓶中。加入 250mL 水，装上冷凝装置，冷凝管下端插入预先备有 25mL 乙酸铅吸收液的碘量瓶的液面下，然后在蒸馏瓶中加入 10mL 盐酸溶液，立即盖塞，加热蒸馏。当蒸馏液约 200mL 时，使冷凝管下端离开液面，再蒸馏 1min。用少量蒸馏水冲洗冷凝管下端。同时做空白试验。

2. 滴定

向取下的碘量瓶中依次加入 10mL 浓盐酸、1mL 淀粉指示液，摇匀之后用碘标准滴定溶液（0.010mol/L）滴定至变蓝且在 30s 内不褪色为止，记录消耗的碘标准溶液体积。

（四） 结果计算

$$X = \frac{(V - V_0) \times 0.032 \times c \times 1000}{m} \tag{3-7}$$

式中 X——样品中的二氧化硫总含量（以 SO_2 计），g/kg 或 g/L；

　　　V——滴定样品所用碘标准滴定溶液的体积，mL；

　　　V_0——滴定空白所用碘标准滴定溶液的体积，mL；

　　　m——样品质量或体积，g 或 mL；

　0.032——1mL 碘标准溶液 $[c(1/2I_2) = 1.0mol/L]$ 相当于二氧化硫的质量，g；

　　　c——碘标准溶液浓度，mol/L。

计算结果以重复性条件下获得的两次独立测定结果的算术平均值表示，当二氧化硫含量 ≥1g/kg（或 1g/L）时，结果保留三位有效数字；当二氧化硫含量 <1g/kg（或 1g/L）时，结果保留两位有效数字。

方法的检出限：当取 5g 固体样品时，检出限（LOD）为 3.0mg/kg，定量限为 10.0mg/kg；当取 10mL 液体样品时，检出限（LOD）为 1.5mg/L，定量限为 5.0mg/L。

二、 小麦粉中过氧化苯甲酰的测定 （高效液相色谱法）

GB/T 22325—2008 规定了高效液相色谱法测定小麦粉中过氧化苯甲酰含量的方法。本方法最低检出限为 0.5mg/kg。

（一） 测定原理

由甲醇提取的过氧化苯甲酰，用碘化钾作为还原剂将其还原为苯甲酸，高效液相色谱分离，在 230nm 下检测。

（二） 试剂和仪器

1. 试剂

本标准所用试剂除特别注明外，均为分析纯试剂，实验用水应符合 GB/T 6682 规定的一级水要求。

（1）甲醇　色谱纯。

（2）碘化钾溶液　500g/L 水溶液（质量浓度）。

（3）苯甲酸标准品　纯度 ≥99.9%。

（4）乙酸铵缓冲溶液（0.02mol/L）　称取乙酸铵 1.54g 用水溶解并稀释至 1L，混匀后用 0.45μm 的滤膜过滤后使用。

（5）苯甲酸标准贮备溶液（1mg/mL）　称取 0.1g（精确至 0.0001g）苯甲酸，用甲醇稀释至 100mL。

2. 仪器及设备

高效液相色谱仪：配有紫外检测器；色谱柱：C_{18} 反相柱；旋涡混合器；溶剂过滤器；天平。

（三） 测定步骤

1. 样品制备

称取样品 5g（准确至 0.1mg）于 50mL 具塞比色管中，加 10.0mL 甲醇，在旋涡混合器上混匀 1min，静置 5min，加 50% 碘化钾水溶液 5.0mL，在涡旋混合器上混匀 1min，放置 10min。加水至 50.0mL，混匀，静置，吸取上层清液通过 0.22μm 滤膜，滤液置于样品瓶中备用。

2. 标准曲线的制备

准确移取苯甲酸标准储备液 0、0.625、1.25、2.50、5.00、10.00、12.50、25.00mL 分别置于 8 个 25mL 容量瓶中，分别加甲醇至 25.0mL，配成浓度分别为 0、25.0、50.0、100.0、200.0、400.0、500.0、1000.0μg/mL 的苯甲酸标准系列溶液。

分别称取 8 份 5g（精确至 0.1mg）不含苯甲酸和过氧化苯甲酰的小麦粉于 8 支 50mL 具塞比色管中，分别准确加入苯甲酸标准系列溶液 10.00mL，其余操作同 "1. 样品制备" 中 "在旋涡混合器上混匀 1min" 以下叙述。标准液的最终浓度分别为：0、5.0、10.0、20.0、40.0、80.0、100.0、200.0μg/mL。依次取不同浓度的苯甲酸标准液 10.0μL，注入液相色谱仪，以苯甲酸峰面积为纵坐标，以苯甲酸浓度为横坐标，绘制标准曲线。

3. 色谱参考条件

色谱柱：4.6mm×250mm，C_{18} 反相柱（5μm）（为了延长柱子寿命，建议加 C_{18} 保护柱）；检测波长：230nm；流动相：甲醇：水（含 0.02mol/L 乙酸铵）为 10：90（体积分数）；流速：1.0mL/min；进样量：10.0μL。

4. 测定

取 10.0μL 样品溶液注入液相色谱仪，根据苯甲酸的峰面积从工作曲线上查取对应的苯甲酸浓度，并计算样品中过氧化苯甲酰的含量。

（四） 结果计算

$$X = \frac{\rho \times V \times 1000}{m \times 1000 \times 1000} \times 0.992 \tag{3-8}$$

式中　X——样品中过氧化苯甲酰的含量，g/kg；

ρ——由工作曲线上查出的样品测定液中相当于苯甲酸的浓度，μg/mL；

V——样品提取液的体积，mL；

m——样品质量，g；

0.992——由苯甲酸换算成过氧化苯甲酰的换算系数：242.2/（2×122.1）。

结果保留两位有效数字。小麦粉中过氧化苯甲酰的含量在 0.00～0.20mg/kg 范围。

在重复性条件下获得的两次独立测定结果的绝对差值不得超过重复性限（r），本方法的重复性限计算：$r = 4.7964 + 0.0594x$（x——两次测定值的平均值，mg/kg）。

如果差值超过重复性限，应舍弃试验结果并重新完成两次单个试验的测定。

第四节　食品合成甜味剂含量的测定

甜味剂是以赋予食品甜味为主要目的的食品调味剂。其分类有多种方法，按其营养价值分为营养性甜味剂和非营养性甜味剂；按其化学结构和性质分为糖类和非糖类甜味剂；按其来源分为天然甜味剂和化学合成甜味剂。合成甜味剂是人工合成的非营养性甜味剂。糖精钠、甜蜜素（环己基氨基磺酸钠）、安赛蜜（乙酰磺胺酸钾）和阿斯巴甜属于化学合成甜味剂。

一、食品中糖精钠的测定

食品中糖精钠的测定采用液相色谱法，按照 GB/T 500928—2016 的规定与食品中苯甲酸、山梨酸同时测定。

（一）测定原理

样品经水提取，高脂肪样品经正己烷脱脂，高蛋白样品经蛋白沉淀剂沉淀蛋白，采用液相色谱分离、紫外检测器检测，外标法定量。

（二）试剂和仪器

1. 试剂

（1）氨水、无水乙醇、正己烷。

（2）亚铁氰化钾 $\{K_4[Fe(CN)_6] \cdot 3H_2O\}$。

（3）乙酸锌 $[Zn(CH_3COO)_2 \cdot 2H_2O]$。

（4）甲醇、乙酸铵和甲酸（色谱纯）。

（5）氨水溶液（1 + 99）　取氨水 1mL，加到 99mL 水中，混匀。

（6）亚铁氰化钾溶液（92g/L）　称取 106g 亚铁氰化钾，加入适量水溶解，用水定容至 1000mL。

（7）乙酸锌溶液（183g/L）　称取 220g 乙酸锌溶于少量水中，加入 30mL 冰乙酸，用水定容至 1000mL。

（8）乙酸铵溶液（20mmol/L）　称取 1.54g 乙酸铵，加入适量水溶解，用水定容至 1000mL，经 0.22μm 微孔滤膜过滤备用。

（9）甲酸 – 乙酸铵溶液（2mmol/L 甲酸 + 20mmol/L 乙酸铵）　称取 1.54g 乙酸铵，加入适量水溶解，再加入 75.2μL 甲酸，用水定容至 1000mL，经 0.22μm 微孔滤膜过滤备用。

2. 标准品

糖精钠（$C_6H_4CONNaSO_2 \cdot 2H_2O$，纯度$\geqslant 99\%$）；苯甲酸钠（$C_6H_5COONa$，纯度$\geqslant 99\%$）或苯甲酸（$C_6H_5COOH$，纯度$\geqslant 99\%$）；山梨酸钾（$C_6H_7KO_2$，纯度$\geqslant 99\%$）或山梨酸（$C_6H_8O_2$，纯度$\geqslant 99\%$）。

（1）糖精钠标准储备液（1000mg/L）　准确称取经120℃烘干4h后的糖精钠0.117g（精确到0.0001），加水溶解定容至100mL。于4℃贮存，保存期为6个月。

（2）苯甲酸、山梨酸标准储备液（1000mg/L）　分别准确称取苯甲酸钠、山梨酸钾0.118g和0.134g（精确到0.0001g），加水溶解定容至100mL。于4℃贮存，保存期为6个月。当使用苯甲酸和山梨酸标准品时用甲醇溶解并定容。

（3）糖精钠（以糖精计）、苯甲酸、山梨酸混合标准中间溶液（200mg/L）　分别准确吸取糖精钠、苯甲酸和山梨酸标准储备液各10mL于50mL容量瓶中，用水定容。于4℃贮存，保存期为3个月。

（4）糖精钠（以糖精计）、苯甲酸、山梨酸混合标准系列工作溶液　分别准确吸取上述混合标准中间溶液0、0.05、0.25、0.50、1.00、2.50、5.00、10.0mL，用水定容至10mL，配制成浓度分别为0、1.00、5.00、10.0、20.0、50.0、100、200mg/L的混合标准系列工作溶液，临用现配。

3. 仪器

（1）高效液相色谱仪　配紫外检测器。

（2）分析天平　感量为0.001g和0.0001g。

（3）涡旋振荡器；匀浆机；恒水浴锅；超声波发生器。

（4）离心机　转速>8000r/min。

（三）测定步骤

1. 取样

均匀的饮料、液态奶等样品，取多个预包装样品直接混合；非均匀的液态、半固态样品用组织匀浆机匀浆；固体样品用研磨机充分粉碎并搅拌均匀；奶酪、黄油、巧克力等采用50~60℃加热熔融，并趁热充分搅拌均匀。取均匀后的样品200g装入玻璃容器中，密封，液体试样于4℃保存，其他试样于-18℃保存。

2. 样品处理

（1）一般性试样　准确称取约2g（精确到0.001g）试样于50mL具塞离心管中，加水约25mL，涡旋混匀，于50℃水浴超声20min，冷却至室温后加亚铁氰化钾溶液2mL和乙酸锌溶液2mL，混匀，于8000r/min离心5min，将水相转移至50mL容量瓶中，于残渣中加水20mL，涡旋混匀后超声5min，于8000r/min离心5min，将水相转移至同一个50mL容量瓶中，用水定容，混匀。取适量上清液过0.22μm滤膜，待测。（注：碳酸饮料、果酒、果汁、蒸馏酒等测定时可以不加蛋白沉淀剂）。

（2）含胶基的果冻、糖果等试样　准确称取约2g（精确到0.001g）试样于50mL具塞离心管中，加水约 25mL，涡旋混匀，于 70℃ 水浴加热溶解试样，于 50℃ 水浴超声 20min，之后操作同（1）。

（3）油脂、巧克力、奶油、油炸食品等高油脂试样　准确称取约 2g（精确到 0.001g）试样于 50mL 具塞离心管中，加正己烷 10mL，于 60℃ 水浴加热约 5min，并不时轻摇溶解脂肪，然后加氨水溶液 25mL，乙醇 1mL，涡旋混匀，于 50℃ 水浴超声 20min，冷却至室温后，加亚铁氰化钾溶液 2mL 和乙酸锌溶液 2mL，混匀，于 8000r/min 离心 5min，弃去有机相，水相移至 50mL 容量瓶中，残渣操作同（1）再提取一次后测定。

3. 色谱参考条件

（1）色谱柱　C_{18} 柱，柱长 250mm，内径 4.6mm，粒径 5μm，或等效色谱柱。

（2）流动相　甲醇 + 乙酸铵溶液 = 5 + 95；流速：1mL/min；检测波长：230nm；进样量：10μL。

当存在干扰峰或需要辅助定性时，可以采用加入甲酸的流动相来测定，如流动相：甲醇 + 甲酸 – 乙酸铵溶液 = 8 + 92。

4. 标准曲线的制作

将混合标准系列工作液分别注入液相色谱仪中，测定相应的峰面积，以混合标准系列工作溶液的质量浓度为横坐标，以峰面积为纵坐标，绘制标准曲线。

5. 试样溶液的测定

将试样溶液注入液相色谱仪中，得到峰面积，根据标准曲线得到待测液中糖精钠（以糖精计）、苯甲酸和山梨酸的质量浓度。

（四） 结果计算

$$X = \frac{\rho \times V}{m \times 1000} \tag{3-9}$$

式中　X——样品中待测组分含量，g/kg；

ρ——由标准曲线得出的试样液中待测物的质量浓度，mg/L；

V——试样定容体积，mL；

m——试样质量，g；

1000——由 mg/kg 转换为 g/kg 的换算因子。

计算结果保留 3 位有效数字。精密度要求在重复性条件下获得的两次独立测定结果的绝对差值不得超过算术平均值的 10%。

按取样量 2g，定容 50mL 时，糖精钠、苯甲酸和山梨酸的检出限均为 0.005g/kg，定量限均为 0.01g/kg。

二、 食品中环己基氨基磺酸钠 （甜蜜素） 的测定

GB 5009.97—2016 规定了食品中环己基氨基磺酸钠测定的三种方法，包括气相色谱法、液相色谱法和液相色谱 – 质谱/质谱法。

（一） 气相色谱法

气相色谱法适用于饮料类、蜜饯凉果、果丹类、话化类、带壳及脱壳熟制坚果与籽类、水果罐头、果酱、糕点、面包、饼干、冷冻饮品、果冻、复合调味料、腌渍蔬菜、腐乳等食品中环己基氨基磺酸钠的测定。气相色谱法不适用于白酒中该化合物的测定。

1. 测定原理

食品中环己基氨基磺酸钠用水提取，在硫酸介质中与亚硝酸反应，生成环己醇亚硝酸酯，利用气相色谱氢火焰离子化检测器进行分离及分析，保留时间定性，外标法定量。

2. 试剂和仪器

（1）试剂

①正庚烷 ［CH_3（CH_2）$_5CH_3$］、氯化钠 （NaCl）、石油醚：沸程为 $30 \sim 60℃$。

②氢氧化钠 （NaOH） 溶液：40g/L。

③硫酸溶液：200g/L。

④亚铁氰化钾 ｛K_4［Fe（CN）$_6$］ $\cdot 3H_2O$｝ 溶液：150g/L。称取折合 15g 亚铁氰化钾，溶于水并稀释至 100mL，混匀。

⑤硫酸锌 （$ZnSO_4 \cdot 7H_2O$） 溶液：300g/L。称取折合 30g 硫酸锌，溶于水并稀释至 100mL，混匀。

⑥亚硝酸钠 （$NaNO_2$） 溶液：50g/L。称取 25g 亚硝酸钠，溶于水并稀释至 500mL，混匀。

⑦环己基氨基磺酸钠标准储备液 （5.00mg/mL）：精确称取 0.5612g 环己基氨基磺酸钠标准品 （纯度≥99%），加水溶解并定容至 100mL，此溶液 1.00mL 相当于环己基氨基磺酸 5.00mg。置于 $1 \sim 4℃$ 冰箱中保存，可保存 12 个月。

⑧环己基氨基磺酸钠标准使用液 （1.00mg/mL）：准确移取 20.0mL 环己基氨基磺酸钠标准储备液用水稀释并定容至 100mL。置于 $1 \sim 4℃$ 冰箱中可保存 6 个月。

（2）仪器及设备

①气相色谱仪 （配氢火焰离子化检测器）。

②涡旋混合器，离心机 （转速≥4000r/min），超声波振荡器，样品粉碎机，10μL 微量注射器，恒温水浴锅，天平 （感量1mg、0.1mg）。

3. 测定步骤

（1）取样及样品处理

①液体试样：普通液体试样：摇匀后称取 25.0g 试样 （如需要可过滤），用水定容至 50mL 备用。

含 CO_2的试样：称取 25.0g 试样于烧杯中，60℃ 水浴加热 30min 以除去 CO_2，放冷，用水定容至 50mL 备用。

含酒精的试样：称取 25.0g 试样于烧杯中，用 NaOH 溶液调至弱碱性 pH $7 \sim 8$，60℃ 水浴加热 30min 以除去酒精，放冷，用水定容至 50mL 备用。

②固体、半固体试样：低脂、低蛋白样品（果酱、果冻、水果罐头、果丹类、蜜饯凉果类、浓缩果汁、面包、糕点、饼干、复合调味料、带壳熟制坚果和籽类、腌渍蔬菜等）：称取打碎、混匀的样品 3.00 ~ 5.00g 于 50mL 离心管中，加 30mL 水，振摇，超声提取 20min，混匀，离心（3000r/min）10min，过滤，用水分次洗涤残渣，收集滤液并定容至 50mL，混匀备用。

高蛋白、高脂样品（酸乳、雪糕、冰淇淋等奶制品及豆制品、腐乳等）：冰棒、雪糕、冰淇淋等分别放置于 250mL 烧杯中，待融化后搅匀，称取样品 3.00 ~ 5.00g 于 50mL 离心管中，加 30mL 水，超声提取 20min，加 2mL 亚铁氰化钾溶液混匀，再加入 2mL 硫酸锌溶液，混匀，离心（3000r/min）10min，过滤，用水分次洗涤残渣，收集滤液并定容至 50mL，混匀备用。

高脂样品（奶油制品、海鱼罐头、熟肉制品等）：称取打碎、混匀的样品 3.00 ~ 5.00g 于 50mL 离心管中，加入 25mL 石油醚，振摇，超声提取 3min，再混匀，离心（1000r/min 以上）10min，弃石油醚，再用 25mL 石油醚提取一次，弃石油醚，60℃ 水浴挥发除去石油醚，残渣加 30mL 水，混匀，超声提取 20min，加 2mL 亚铁氰化钾溶液混匀，再加入 2mL 硫酸锌溶液，混匀，离心（3000r/min）10min，过滤，用水分次洗涤残渣，收集滤液并定容至 50mL，混匀备用。

（2）试样衍生化 准确移取处理好的液体试样、固体、半固体试样溶液 10.0mL 于 50mL 带盖离心管中。离心管置试管架上冰浴 5min 后，准确加入 5.00mL 正庚烷，再加入 2.5mL 亚硝酸钠溶液，2.5mL 硫酸溶液，盖紧离心管盖，在冰浴中放置 30min，期间振摇 3 ~ 5 次；加入 2.5g 氯化钠，盖上盖后置涡旋混合器上振荡 1min，低温离心（3000r/min）10min 分层，或低温静置 20min 至澄清分层后取上清液，放置于 1 ~ 4℃ 冰箱中保存备用。

（3）标准溶液系列的制备及衍生化 准确移取 1.00mg/mL 环己基氨基磺酸钠标准溶液 0.50、1.00、2.50、5.00、10.0、25.0mL 于 50mL 容量瓶中，加水定容，配成标准溶液系列浓度为 0.01、0.02、0.05、0.10、0.20、0.50mg/mL。临用时配制以备衍生化。准确移取系列标准溶液 10.0mL 进行衍生化，方法同步骤（2）。

（4）色谱条件

①色谱柱：弱极性石英毛细管柱（内涂 5% 苯基甲基聚硅氧烷，30m × 0.53mm × 1.0μm）或等效柱。

②柱温升温程序：初温 55℃ 保持 3min，10℃/min 升温至 90℃ 保持 0.5min，20℃/min 升温至 200℃ 保持 3min。

③进样口：温度 230℃；进样量 1μL，不分流/分流进样，分流比 1:5（分流比及方式可根据色谱仪器条件调整）。

④检测器：氢火焰离子化检测器（FID），温度 260℃。

⑤载气：高纯氮气，流量 12.0mL/min，尾吹 20mL/min。

⑥氢气：30mL/min；空气 330mL/min（载气、氢气、空气流量大小可根据仪器条件进

行调整）。

（5）测定方法　分别吸取 $1\mu L$ 经衍生化处理的标准系列浓度上清液，注入气相色谱仪中，测得不同浓度被测物的相应峰面积值，以浓度为横坐标，以环己醇亚硝酸酯和环己醇两峰面积之和为纵坐标，绘制标准曲线。

在完全相同的条件下进样 $1\mu L$ 经衍生化处理的试样待测液上清液，保留时间定性，测得峰面积，根据标准曲线得到样液中的组分浓度；试样上清液响应值若超出线性范围，应用正庚烷稀释后再进样分析，平行测定次数不少于两次。

4. 结果计算

$$X = \frac{\rho}{m} \times V \tag{3-10}$$

式中　X——试样中环己基氨基磺酸的含量，g/kg；

ρ——由标准曲线计算出定容样液中环己基氨基磺酸的浓度，mg/mL；

m——试样质量，g；

V——试样的最后定容体积，mL。

计算结果以重复性条件下获得的两次独立测定结果的算术平均值表示，结果保留三位有效数字。精密度要求在重复性条件下获得的两次独立测定结果的绝对差值不得超过算术平均值的 10%。

（二）　高效液相色谱法

液相色谱法适用于饮料类、蜜饯凉果、果丹类、话化类、带壳及脱壳熟制坚果与籽类、配制酒、水果罐头、果酱、糕点、面包、饼干、冷冻饮品、果冻、复合调味料、腌渍蔬菜、腐乳等食品中环己基氨基磺酸钠的测定。

1. 测定原理

食品中环己基氨基磺酸钠用水提取后，在强酸性溶液中与次氯酸钠反应，生成 N, N - 二氯环己胺，用正庚烷萃取后，利用高效液相色谱法检测，保留时间定性，外标法定量。

2. 试剂和仪器

（1）试剂

①正庚烷 ［CH_3（CH_2）$_5CH_3$］和乙腈（CH_3CN）：均是色谱纯。

②石油醚：沸程为 $30 \sim 60℃$。

③硫酸溶液（1+1）：50mL 硫酸小心缓缓加入 50mL 水中，混匀。

④次氯酸钠溶液：用次氯酸钠稀释，保存于棕色瓶中，保持有效氯含量 50g/L 以上，混匀，市售产品需及时标定，临用时配制。

⑤碳酸氢钠溶液（50g/L）：称取 5g 碳酸氢钠，用水溶解并稀释至 100mL，混匀。

⑥硫酸锌溶液（300g/L）：称取折合 30g 硫酸锌，溶于水并稀释至 100mL，混匀。

⑦亚铁氰化钾溶液（150g/L）：称取折合 15g 亚铁氰化钾，溶于水并稀释至 100mL，混匀。

⑧环己基氨基磺酸钠标准储备液（5.00mg/mL）：精确称取 0.5612g 环己基氨基磺酸钠

标准品（纯度≥99%），加水溶解并定容至100mL，此溶液1.00mL相当于环己基氨基磺酸5.00mg。置于1~4℃冰箱中保存，可保存12个月。

⑨环己基氨基磺酸钠标准中间液（1.00mg/mL）：准确移取20.0mL环己基氨基磺酸钠标准储备液用水稀释并定容至100mL。置于1~4℃冰箱中可保存6个月。

⑩环己基氨基磺酸钠标准曲线系列工作液：分别吸取标准中间液0.50、1.0、2.5、5.0、10.0mL至50mL容量瓶中，用水定容。该标准系列浓度分别为10.0、20.0、50.0、100、200μg/mL。临用现配。

（2）仪器和设备

①液相色谱仪：配有紫外检测器或二极管阵列检测器。

②超声波振荡器、样品粉碎机、恒温水浴锅、天平（感量1mg、0.1mg）。

③离心机：转速≥4000r/min。

3. 测定步骤

（1）试样溶液的制备

①固体和半固体类试样处理：称取均质后试样5.00g于50mL离心管中，加入30mL水，混匀，超声提取20min，离心（3000r/min）20min，将上清液转出，用水洗涤残渣并定容至50mL备用。含高蛋白类样品可在超声提取时加入2.0mL硫酸锌溶液和2.0mL亚铁氰化钾溶液。含高脂质类样品可在提取前加入25mL石油醚振摇后弃去石油醚层除脂。

②液体类试样处理：普通液体试样摇匀后可直接称取样品25.0g，用水定容至50mL备用（如需要可过滤）。

含CO_2的试样：称取25.0g试样于烧杯中，60℃水浴加热30min以除去CO_2，放冷，用水定容至50mL备用。

含酒精的试样：称取25.0g试样于烧杯中，用NaOH溶液调至弱碱性pH 7~8，60℃水浴加热30min以除去酒精，放冷，用水定容至50mL备用。

含乳类饮料：称取试样25.0g于50mL离心管中，加入3.0mL硫酸锌溶液和3.0mL亚铁氰化钾溶液，混匀，离心分层后，将上清液转出，用水洗涤残渣并定容至50mL备用。

（2）衍生化　准确移取10mL已制备好的试样溶液，加入2.0mL硫酸溶液、5.0mL正庚烷和1.0mL次氯酸钠溶液，剧烈振荡1min，静置分层，除去水层后在正庚烷层加入25mL碳酸氢钠溶液，振荡1min。静置取上层有机相经0.45μm微孔有机相膜过滤，滤液备用。

（3）色谱条件　色谱柱：C_{18}柱，5μm，150mm×3.9mm（i.d），或同等性能的色谱柱。

流动相：乙腈＋水（70＋30）；流速：0.8mL/min；进样量：10μL；检测器：紫外检测器或二极管阵列检测器；检测波长：314nm。

（4）标准曲线的制作　移取10mL环己基氨基磺酸钠标准系列工作液，按上述方法衍生化。取过0.45μm微孔有机相膜过滤后的溶液10μL分别注入液相色谱仪中，测定相应的峰面积，以标准工作溶液的浓度为横坐标，以环己基氨基磺酸钠衍生化产物N, N-二氯环己胺峰面积为纵坐标，绘制标准曲线。

（5）样品的测定　将衍生化后的试样溶液 10μL 注入液相色谱仪中，保留时间定性，测得峰面积，根据标准曲线得到试样定容溶液中环己基氨基磺酸的浓度，平行测定次数不少于两次。

4. 结果计算

$$X = \frac{\rho \times V}{m \times 1000} \qquad (3-11)$$

式中　X——试样中环己基氨基磺酸的含量，g/kg；

　　　ρ——由标准曲线计算出试样定容溶液中环己基氨基磺酸的浓度，μg/mL；

　　　m——试样质量，g；

　　　V——试样的最后定容体积，mL；

1000——由 μg/g 换算成 g/kg 的换算因子。

计算结果以重复性条件下获得的两次独立测定结果的算术平均值表示，结果保留三位有效数字。精密度要求在重复性条件下获得的两次独立测定结果的绝对差值不得超过算术平均值的 10%。

（三） 液相色谱法 – 质谱/质谱法

液相色谱法 – 质谱/质谱法适用于白酒、葡萄酒、黄酒、料酒中环己基氨基磺酸钠的测定。

1. 测定原理

酒样经水浴加热除去乙醇后以水定容，用液相色谱法 – 质谱/质谱仪测定其中的环己基氨基磺酸钠，外标法定量。

2. 试剂及仪器

（1）试剂

①甲醇：色谱纯。

②乙酸铵溶液（10mmol/L）：称取 0.78g 乙酸铵，用水溶解并稀释至 1000mL，摇匀后经 0.22μm 水相滤膜过滤备用。

③环己基氨基磺酸钠标准储备液（5.00mg/mL）：精确称取 0.5612g 环己基氨基磺酸钠标准品（纯度≥99%），加水溶解并定容至 100mL，此溶液 1.00mL 相当于环己基氨基磺酸 5.00mg。置于 1~4℃ 冰箱中可保存 12 个月。

④环己基氨基磺酸钠标准中间液（1.00mg/mL）：准确移取 20.0mL 环己基氨基磺酸钠标准储备液用水稀释并定容至 100mL。置于 1~4℃ 冰箱中可保存 6 个月。

⑤环己基氨基磺酸钠标准工作液（10μL/mL）：用水将 1.00mL 标准中间液定容至 100mL。放置于 1~4℃ 冰箱中可保存 1 周。

⑥环己基氨基磺酸钠标准曲线系列工作液：分别吸取适量体积的标准工作液，用水稀释，配制成浓度分别为 0.01、0.05、0.1、0.5、1.0、2.0μL/mL 的系列标准工作溶液，使用前配制。

（2）仪器和设备

①液相色谱－质谱/质谱仪：配有电喷雾（ESI）离子源。

②分析天平：感量 0.1mg、0.1g。

③恒温水浴锅。

3. 测定步骤

（1）试样溶液制备 称取酒样 10.0g 置于 50mL 烧杯中，于 60℃ 水浴上加热 30min，残渣全部转移至 100mL 容量瓶中，用水定容并摇匀，经 0.22μm 水相微孔滤膜过滤后备用。

（2）色谱条件 色谱柱：C_{18} 柱，1.7μm，100mm×2.1mm（i.d），或同等性能的色谱柱；流动相：甲醇、10mmol/L 乙酸铵溶液；流速：0.25mL/min；进样量：10μL；柱温：35℃；梯度洗脱：洗脱条件如表 3－2 所示。

表 3－2　　　　　　　　　　　梯度洗脱条件

序号	时间/min	甲醇含量/%	10mmol/L 乙酸铵溶液含量/%
1	0	5	95
2	2.0	5	95
3	5.0	50	50
4	5.1	90	10
5	6.0	90	10
6	6.1	5	95
7	9	5	95

（3）质谱操作条件

①离子源：电喷雾电离源（ESI）。

②扫描方式：多反应监测（MRM）扫描；质谱调谐参数优化至最佳条件，确保环己基氨基磺酸钠在正离子模式下的灵敏度达到最佳状态，并调节正、负模式下定性离子的相对丰度接近。

（4）标准曲线制作 将配制好的标准系列溶液按照浓度由低到高的顺序进样测定，以环己基氨基磺酸钠定量离子的色谱峰面积对相应的浓度作图，得到标准曲线回归方程。

（5）定性测定 在相同的试验条件下测定试样溶液，若试样溶液质量色谱图中环己基氨基磺酸钠的保留时间与标准溶液一致（变化范围在 ±2.5% 以内），且试样定性离子的相对丰度与浓度相当的标准溶液中定性离子的相对丰度，其偏差不超过表 3－3 的规定，则可判定样品中存在环己基氨基磺酸钠。

表 3－3　　　　　　　　　定性离子相对丰度的最大允许偏差

相对离子丰度/%	>50	20~50	10~20	≤10
允许的相对偏差/%	±20	±25	±30	±50

（6）定量测定 将试样溶液注入液相色谱－质谱/质谱仪中，得到环己基氨基磺酸钠定量离子峰面积，根据标准曲线计算试样溶液中环己基氨基磺酸的浓度，平行测定次数不少于两次。

4. 结果计算

$$X = \frac{\rho \times V}{m} \tag{3-12}$$

式中 X——试样中环己基氨基磺酸的含量，g/kg；

ρ——由标准曲线计算出试样溶液中环己基氨基磺酸的浓度，μg/mL；

V——试样的定容体积，mL；

m——试样质量，g。

计算结果以重复性条件下获得的两次独立测定结果的算术平均值表示，结果保留三位有效数字。精密度要求在重复性条件下获得的两次独立测定结果的绝对差值不得超过算术平均值的 10%。

三、 饮料中乙酰磺胺酸钾的测定

此方法（GB/T 5009.140—2003）适用于汽水、可乐型饮料、果汁、果茶等食品中乙酰磺胺酸钾的测定，也适用于糖精钠的测定。检出限：乙酰磺胺酸钾、糖精钠各为 4μg/mL（g）。线性范围：乙酰磺胺酸钾、糖精钠各为 4~20μg/mL。

（一）测定原理

样品中乙酰磺胺酸钾、糖精钠经高效液相反相 C_{18} 柱分离后，以保留时间定性，峰高或峰面积定量。

（二）试剂和仪器

1. 试剂

（1）甲醇；乙腈；10% 硫酸溶液；中性氧化铝：层析用，100~200 目。

（2）0.02mol/L 硫酸铵溶液 称取硫酸铵 2.642g，加水溶解至 1000mL。

（3）乙酰磺胺酸钾、糖精钠标准储备液（1mg/mL） 精密称取乙酰磺胺酸钾、糖精钠各 0.1000g，用流动相溶解后移入 100mL 容量瓶中，并用流动相稀释至刻度。

（4）乙酰磺胺酸钾、糖精钠标准使用液 吸取乙酰磺胺酸钾、糖精钠标准储备液 2mL 于 50mL 容量瓶，加流动相至刻度，然后分别吸取此液 1、2、3、4、5mL 于 10mL 容量瓶中，各加流动相至刻度，即得各含乙酰磺胺酸钾、糖精钠 4、8、12、16、20μg/mL 的混合标准液系列。

（5）流动相 0.02mol/L 硫酸铵（740mL~800mL）+ 甲醇（170mL~150mL）+ 乙腈（90mL~50mL）+ 10% H_2SO_4（1mL）。

2. 仪器及设备

（1）高效液相色谱仪。

（2）超声清洗仪（溶剂脱气用）；离心机；抽滤瓶；G3耐酸漏斗；微孔滤膜（0.45μm）。

（3）层析柱　可用10mL注射器筒代替，内装3cm高的中性氧化铝。

（三）测定步骤

1. 样品处理

（1）汽水　将样品温热，搅拌除去二氧化碳或超声脱气，吸取样品2.5mL于25mL容量瓶中。加流动相至刻度，摇匀后，溶液通过微孔滤膜过滤，滤液备用。

（2）可乐型饮料　将样品温热，搅拌除去二氧化碳或超声脱气，吸取样品2.5mL，通过中性氧化铝柱，待样品液流至柱表面时，用流动相洗脱，收集25mL洗脱液，摇匀后超声脱气备用。

（3）果茶、果汁类食品　吸取2.5mL样品，加水约20mL混匀后，离心15min（4000r/min），上清液全部转入中性氧化铝柱，待水溶液流至柱表面时，用流动相洗脱，收集洗脱液25mL，混匀后，超声脱气备用。

2. 测定

（1）HPLC参考条件　分析柱：Spherisorb C_{18}、4.6mm×150mm，粒度5μm；检测波长：214nm；流速：0.7mL/min；进样量：10μL。

（2）标准曲线的绘制　分别进样含乙酰磺胺酸钾、糖精钠4、8、12、16、20μg/mL混合标准溶液进行HPLC分析，以峰面积为纵坐标，以乙酰磺胺酸钾、糖精钠的含量为横坐标，绘制标准曲线。

（3）样品测定　吸取经处理后的样品溶液进行HPLC分析，测定其峰面积，从标准曲线查得测定液中乙酰磺胺酸钾、糖精钠的含量。

（四）结果计算

$$X = \frac{\rho \times V \times 1000}{m \times 1000} \qquad (3-13)$$

式中　X——样品中乙酰磺胺酸钾、糖精钠的含量，mg/kg或mg/L；

　　　ρ——由标准曲线上查得进样液中乙酰磺胺酸钾、糖精钠的含量，μg/mL；

　　　V——样品稀释液总体积，mL；

　　　m——样品质量或体积，g或mL。

计算结果保留两位有效数字。精密度要求在重复性条件下获得的两次独立测定结果的绝对差值不得超过算术平均值的10%。

四、食品中阿斯巴甜和阿力甜的测定

（一）测定原理

根据阿斯巴甜和阿力甜易溶于水、甲醇和乙醇等极性溶剂的特点，蔬菜及其制品、水果及其制品、食用菌和藻类、谷物及其制品、焙烤食品、膨化食品和果冻试样用甲醇水溶液在超声波振荡下提取；浓缩果汁、碳酸饮料、固体饮料类、餐桌调味料和除胶基糖果以外的其他糖果试样用水提取；乳制品、含乳饮料类和冷冻饮品试样用乙醇沉淀蛋白后用乙醇水溶液提取；胶基糖用正己烷溶解胶基并用水提取；脂肪类乳化制品、可可制品、巧克力及巧克力制品、坚果与籽类、水产及其制品、蛋制品用水提取，然后用正己烷除去脂类成分。各提取液在液相色谱 C_{18} 反相柱上进行分离，用高效液相法（GB 5009.263—2016）测定，以色谱峰的保留时间定性，外标法定量。

（二） 试剂和仪器

1. 试剂

①甲醇（CH_3OH）：色谱纯。

②乙醇（CH_3CH_2OH）：优级纯。

③阿斯巴甜、阿力甜标准品：纯度≥99%。

④阿斯巴甜、阿力甜标准储备液（0.5mg/mL）：各称取 0.025g（精确至 0.0001g）阿斯巴甜和阿力甜标准品，用水溶解并转移至 50mL 容量瓶中，定容至刻度，置于 4℃ 左右冰箱保存，有效期为 90d。

⑤阿斯巴甜、阿力甜混合标准工作液系列的制备：将阿斯巴甜和阿力甜标准储备液用水逐级稀释成浓度均分别为100、50、25、10.0、5.0μg/mL 的标准使用溶液系列。置于 4℃ 左右的冰箱保存，有效期为 30d。

2. 仪器及设备

液相色谱仪：配有二极管阵列检测器或紫外检测器；超声波振荡器；离心机（4000r/min）。

（三） 测定步骤

1. 取样及样品处理

（1）碳酸饮料、浓缩果汁、固体饮料、餐桌调味料和除胶基糖果以外的其他糖果碳酸饮料 称取约 5g（精确到 0.001g）试样于 50mL 烧杯中，在 50℃ 水浴上除去二氧化碳，然后将试样全部转入 25mL 容量瓶中备用。

浓缩果汁：直接称取约 2g 试样（精确到 0.001g）于 25mL 容量瓶中备用。

固体饮料、餐桌调味料或绞碎的糖果：称取约 1g 试样（精确到 0.001g）于 50mL 烧杯中，加水 10mL，超声波振荡提取 20min，将提取液移入 25mL 容量瓶中，烧杯中再加入 10mL 水超声波振荡提取 10min，提取并入同一容量瓶中备用。

上述容量瓶的液体用水定容，混匀，4000r/min 离心 5min，上清液经 0.45μm 水系滤膜过滤后用于色谱分析。

（2）乳制品、含乳饮料和冷冻饮品 含有固态果肉的液态乳制品需要用食品加工机进行匀浆，对于干酪等固态乳制品，用食品加工机按试样与水的质量比 1∶4 进行匀浆。

分别称取约 5g（精确到 0.001g）液态乳制品、含乳饮料、冷冻饮品、固态乳制品匀浆试样于 50mL 离心管，加入 10mL 乙醇，盖上盖子。对于含乳饮料和冷冻饮品试样，首先轻轻上下颠倒离心管 5 次（不能振摇），对于乳制品，先将离心管涡旋混匀 10s，然后静置

1min，4000r/min 离心 5min，上清液滤入 25mL 容量瓶，沉淀用 8mL 乙醇 – 水（2 + 1）洗涤，离心后上清液转移入同一个 25mL 容量瓶，用乙醇 – 水（2 + 1）定容。经 0.45μm 有机系滤膜过滤后用于色谱分析。

（3）果冻　对于可吸果冻和透明果冻，用玻棒搅匀，含有水果果肉的果冻需要用食品加工机进行匀浆。称取约 5g（精确到 0.001g）制备均匀的果冻试样于 50mL 的比色管中，加入 25mL80% 的甲醇水溶液，在 70℃ 的水浴上加热 10min，取出比色管，趁热将提取液转入 50mL 容量瓶，再用 15mL80% 的甲醇水溶液分两次清洗比色管，每次振摇约 10s，清洗液并入同一容量瓶，冷却至室温，用 80% 的甲醇水溶液定容，混匀，4000r/min 离心 5min，将上清液经 0.45μm 有机系滤膜过滤后用于色谱分析。

（4）果蔬及其制品、食用菌和藻类　有果核的首先需要去掉果核。对于较干较硬的试样，用食品加工机按试样与水的质量比为 1∶4 进行匀浆，称取约 5g（精确到 0.001g）匀浆试样于 25mL 离心管中，加入 10mL 70% 的甲醇水溶液，摇匀，超声 10min，4000r/min 离心 5min，上清液转入 25mL 容量瓶，再加 8mL 50% 的甲醇水溶液。重复操作一次，合并上清液，用 50% 的甲醇水溶液定容，经 0.45μm 有机系滤膜过滤后用于色谱分析。

对于含糖多的、较黏的、较软的试样，用食品加工机按试样与水的质量比为 1∶2 进行匀浆，称取约 3g（精确到 0.001g）匀浆试样于 25mL 的离心管中；其他试样，用食品加工机按试样与水的质量比 1∶1 进行匀浆，称取约 2g（精确到 0.001g）匀浆试样于 25mL 的离心管中。然后向离心管加入 10mL 60% 的甲醇水溶液，摇匀，超声 10min，4000r/min 离心 5min，上清液转入 25mL 容量瓶，再加 10mL 50% 的甲醇水溶液。重复操作一次，合并上清液用 50% 的甲醇水溶液定容，经 0.45μm 有机系滤膜过滤后用于色谱分析。

（5）谷物及其制品、焙烤食品和膨化食品　用食品加工机进行均匀粉碎，称取 1g（精确到 0.001g）粉碎试样于 50mL 离心管中，加入 12mL 50% 甲醇水溶液，涡旋混匀，超声振荡提取 10min，4000r/min 离心 5min，上清液转移入 25mL 容量瓶中，再加 10mL 50% 甲醇水溶液，涡旋混匀，超声振荡提取 5min，4000r/min 离心 5min，合并上清液，用蒸馏水定容，经 0.45μm 有机系滤膜过滤后用于色谱分析。

（6）胶基糖果、脂肪类乳化制品、可可制品、巧克力及巧克力制品、坚果与籽类、水产及其制品、蛋制品。

胶基糖果：用剪刀将胶基糖果剪成细条状，称取约 3g（精确到 0.001g）试样，转入 100mL 的分液漏斗中，加水 25mL 剧烈振摇约 1min，再加入 30mL 正己烷，继续振摇直至试样全部溶解（约 5min），静置分层，将下层水相放入 50mL 容量瓶，然后加入 10mL 水到分液漏斗，轻轻振摇约 10s，静置分层，水相放入同一容量瓶中，再加水重复操作 1 次，最后用水定容至刻度，摇匀后过 0.45μm 水系滤膜后用于色谱分析。

其他：用食品加工机按试样与水的质量比为 1∶4 进行匀浆，称取约 5g（精确到 0.001g）匀浆试样于 25mL 离心管中，加水 10mL 超声振荡提取 20min，静置 1min，4000r/min 离心 5min，上清液转入 100mL 的分液漏斗中，离心管中再加入 8mL 水超声振荡提取

10min，静置和离心后将上清液再次转入分液漏斗中，向分液漏斗加入 15mL 正己烷，振摇 30s，静置分层，将下层水相放入 25mL 容量瓶，用水定容至刻度，摇匀后过 0.45μm 水系滤膜后用于色谱分析。

2. 色谱参考条件

①色谱柱：C_{18}，柱长 250mm，内径 4.6mm，粒径 5μm；柱温：30℃；流动相：甲醇 – 水 （40 + 60） 或乙腈 – 水 （20 + 80）；流速：0.8mL/min；进样量：20μL。

②检测器：二极管阵列检测器或紫外检测器，检测波长 200nm。

3. 标准曲线的制作及试样测定：

将标准系列工作液分别在上述色谱条件下测定相应的峰面积 （峰高），以标准工作液的浓度为横坐标，以峰面积 （峰高）为纵坐标绘制标准曲线。

在相同的液相色谱条件下，将试样溶液注入液相色谱仪中，以保留时间定性，以试样峰高或峰面积与标准比较定量。

（四）　结果计算

$$X = \frac{\rho \times V}{m \times 1000} \tag{3 – 14}$$

式中　X——试样中阿斯巴甜或阿力甜的含量，g/kg；

　　　　ρ——由标准曲线计算出进样液中阿斯巴甜或阿力甜的浓度，μg/mL；

　　　　V——试样的最后定容体积，mL；

　　　　m——试样的质量，g；

　　1000——由 μg/g 换算成 g/kg 的换算因子。

结果保留 3 位有效数字。精密度要求在重复性条件下获得的两次独立测定结果的绝对差值不超过算术平均值的 10%。

第五节　食品防腐剂含量的测定

食品防腐剂是防止食品腐败变质、延长食品储存期的物质。是一类以保持食品原有性质和营养价值为目的的食品添加剂。

食品防腐剂的种类很多，我国 GB 2760—2014 中公布的食品防腐剂约有 27 类。但目前食品中应用的较多的有山梨酸、苯甲酸及其盐类，另外，还有对羟基苯甲酸酯、脱氢乙酸、丙酸钠及丙酸钙等。

一、　食品中苯甲酸、 山梨酸的测定

按照食品安全国家标准 5009.28—2016 规定，食品中苯甲酸、山梨酸有两种测定方法，方法一为液相色谱法，与食品中糖精钠同时测定。具体方法详见第四节食品中糖精钠的测

定。这里介绍气相色谱法测定苯甲酸和山梨酸的方法。

（一）原理

试样经盐酸酸化后，用乙醚提取苯甲酸、山梨酸，用气相色谱－氢火焰离子化检测器分离测定，外标法定量。

（二）试剂和仪器

1. 试剂

①乙醚、乙醇、正己烷、乙酸乙酯。

②盐酸溶液（1＋1）：取50mL盐酸，边搅拌边慢慢加入到50mL水中，混匀。

③氯化钠溶液（40g/L）：称取40g氯化钠，用适量水溶解，加盐酸溶液2mL，加水定容到1L。

④正己烷－乙酸乙酯混合溶液（1＋1）：取100mL正己烷和100mL乙酸乙酯，混匀。

⑤无水硫酸钠：500℃烘8h，于干燥器中冷却至室温后备用。

⑥苯甲酸、山梨酸标准储备液（1000mg/L）：分别准确称取苯甲酸钠和山梨酸钾标准品（纯度≥99.0%）各0.1g（精确到0.0001g），用甲醇溶解并分别定容至100mL。转移至密闭容器中，于－18℃贮存，保存期为6个月。

⑦苯甲酸、山梨酸标准中间液（200mg/L）：分别准确吸取苯甲酸、山梨酸标准储备液各10.0mL于50mL容量瓶中，用乙酸乙酯定容。转移至密闭容器中，于－18℃贮存，保存期为3个月。

⑧苯甲酸、山梨酸混合标准系列工作溶液：分别准确吸取苯甲酸、山梨酸混合标准中间溶液0、0.05、0.25、0.50、1.00、2.50、5.00、10.0mL，用正己烷－乙酸乙酯混合溶剂（1＋1）定容至10mL，配制成质量浓度分别为1、1.00、5.00、10.0、20.0、50.0、100、200mg/L的混合标准系列工作溶液。临用现配。

2. 仪器

①气相色谱仪：带有氢火焰离子化检测器。

②分析天平：感量为0.001g和0.0001g。

③涡旋振荡器、匀浆机、氮吹仪。

④离心机：转速＞8000r/min。

（三）测定步骤

1. 试样制备

取多个预包装的样品，均匀样品直接混合，非均匀样品用组织匀浆机充分搅拌均匀，取其中的200g装入洁净的玻璃容器中，水溶液于4℃保存，其他试样于－18℃保存。

2. 试样提取

准确称取约2.5g（精确至0.001g）试样于50mL离心管中，加0.5g氯化钠、0.5mL盐酸溶液（1＋1）和0.5mL乙醇，用15mL和10mL乙醚提取两次，每次振摇1min，于8000r/min离心3min。每次均将上层乙醚提取液通过无水硫酸钠滤入25mL容量瓶中。加乙醚清洗无水硫酸钠层，并收集至约 25mL 刻度，最后用乙醚定容，混匀。准确吸取 5mL 乙醚提取液于 5mL 具塞刻度试管中，于 35℃ 氮吹至干，加入 2mL 正己烷－乙酸乙酯（1＋1）混合溶液溶解残渣，待气相色谱测定。

3. 色谱条件

色谱柱：聚乙二醇毛细管气相色谱柱，内径 320μm，长 30m，膜厚度 0.25μm，或等效色谱柱。

载气：氮气，流速 3mL/min；空气：400L/min；氢气：40L/min。

进样口温度：250℃；检测器温度：250℃。

柱温程序：初始温度 80℃，保持 2min，以 15℃/min 的速率升温至 250℃，保持 5min。

进样量：2μL；分流比：10∶1。

4. 标准曲线制作

将混合标准系列工作液分别注入气相色谱仪中，以质量浓度为横坐标，以峰面积为纵坐标，绘制标准曲线。

5. 试样溶液的测定

将试样溶液注入气相色谱仪中，得到峰面积，根据标准曲线得到待测液中苯甲酸、山梨酸的质量浓度。

（四） 结果计算

$$X = \frac{\rho \times V \times 25}{m \times 5 \times 1000}$$ (3－15)

式中　　X——试样中待测组分含量，g/kg；

ρ——由标准曲线得出的样液中待测物质的质量浓度，mg/L；

V——加入正己烷－乙酸乙酯（1＋1）混合溶剂的体积，mL；

25——试样乙醚提取液的总体积，mL；

m——试样的质量，g；

5——测定时吸取乙醚提取液的体积，mL；

1000——由 mg/kg 转换为 g/kg 的换算因子。

结果保留三位有效数字。精密度要求在重复条件下获得的两次独立测定结果的绝对差值不得超过算术平均值的 10%。

二、 食品中对羟基苯甲酸酯类的测定

2017 年 3 月 1 日开始实施的 GB 5009.31—2016《食品安全国家标准　食品中对羟基苯甲酸酯类的测定》规定了酱油、醋、饮料及果酱中对羟基苯甲酸酯、对羟基苯甲酸乙酯、对羟基苯甲酸丙酯、对羟基苯甲酸丁酯的测定。

（一） 测定原理

试样酸化后，对羟基苯甲酸酯类用乙醚提取，浓缩近干用乙醇复溶，并用氢火焰离子化检测器气相色谱法进行分离测定，保留时间定性，外标法定量。

（二）　试剂和仪器

1. 试剂

①无水乙醚（$C_2H_5OC_2H_5$）：重蒸；无水乙醇（C_2H_5OH）：优级纯；无水硫酸钠。

②饱和氯化钠溶液：称取 40g 氯化钠加 100mL 水充分搅拌溶解。

③碳酸氢钠溶液（10g/L）：称取 1g 碳酸氢钠，溶于水并稀释至 100mL。

④盐酸溶液（1:1）：取 50mL 盐酸，用水稀释至 100mL。

⑤对羟基苯甲酸酯类标准储备液（1.00mg/mL）：准确称取对羟基苯甲酸甲酯（纯度≥99.8%）、对羟基苯甲酸乙酯（纯度≥99.7%）、对羟基苯甲酸丁酯（纯度≥99.7%）、对羟基苯甲酸丙酯（纯度≥99.3%）标准物质各 0.0500g 分别放置于 50.0mL 容量瓶中，用无水乙醇溶解并定容至刻度，置 4℃左右冰箱保存，可保存 1 个月。

⑥对羟基苯甲酸酯类标准中间液（100μg/mL）：分别准确吸取上述对羟基苯甲酸酯类标准储备液 1.0mL 于 10.0mL 容量瓶中，用无水乙醇稀释至刻度，摇匀。临用时配制。

⑦对羟基苯甲酸酯类标准工作液 1~5：分别吸取上述对羟基苯甲酸酯类标准中间液 0.40、1.0、2.0、5.0、10.0mL 于 10.0mL 容量瓶中，用无水乙醇稀释并定容。此即为 4.0、10.0、20.0、50.0、100μg/mL 的标准工作液 1~5，临用时配制。

⑧对羟基苯甲酸酯类标准工作液 6 和标准工作液 7（200μg/mL 和 300μg/mL）：分别吸取对羟基苯甲酸酯类标准储备液 2.0mL 和 3.0mL 于 10.0mL 容量瓶中，用无水乙醇稀释至刻度，摇匀。临用时配制。

2. 仪器

气相色谱仪：具有氢火焰离子化检测器（FID）；天平：感量 0.1mg 和 1mg；旋转蒸发仪、涡旋混匀器。

（三）　测定步骤

1. 取样及处理

①酱油、醋、饮料：称取 5g（精确至 0.001g）摇匀后的试样于小烧杯中，转移至 125mL 分液漏斗中，用 10mL 饱和氯化钠溶液分次洗涤小烧杯，合并洗涤液于 125mL 分液漏斗，加入 1mL 1:1 盐酸酸化，摇匀，分别以 75、50、50mL 无水乙醚提取三次，每次 2min，放置片刻，弃去水层，合并乙醚层于 250mL 分液漏斗中，加入 10mL 饱和氯化钠溶液洗涤一次，再分别以碳酸氢钠溶液 30、30、30mL 洗涤三次，弃去水层。用滤纸吸去漏斗颈部水分，将有机层经过无水硫酸钠（约 20g）滤入浓缩瓶中，在旋转蒸发仪上浓缩近干，用氮气除去残留溶剂，准确加入 2.0mL 无水乙醇溶解残留物，供气相色谱用。

②果酱：称取 5g（精确至 0.001g）事先均匀化的果酱试样于 100mL 具塞试管中，加入 1mL 1:1 盐酸酸化，10mL 饱和氯化钠溶液，涡旋混匀 1~2min，使其为均匀溶液，再分别以 50、30、30mL 无水乙醚提取三次，每次 2min，用吸管转移至 250mL 分液漏斗中，加入 10mL 饱和氯化钠溶液洗涤一次，再分别以碳酸氢钠溶液 30、30、30mL 洗涤三次，弃去水层。用滤纸吸去漏斗颈部水分，将有机层经过无水硫酸钠（约 20g）滤入浓缩瓶中，在旋

转蒸发仪上浓缩近干，用氮气除去残留溶剂，准确加入 2.0mL 无水乙醇溶解残留物，供气相色谱用。

2. 色谱条件

色谱柱：弱极性石英毛细管柱，柱固定液为（5%）苯基 –（95%）甲基聚硅氧烷，30m×0.32mm（内径），0.25μm（膜厚）或等效柱。

程序升温条件（如表 3 – 4 所示）：

表 3 – 4   程序升温条件

阶段名称	升温速率/ （℃/min）	温度/℃	保持时间/min
初始	—	100	1.00
阶段 1	20.0	170	—
阶段 1	12.0	220	1.00
阶段 1	10.0	250	6.00

进样口：温度 220℃；进样量 1L，分流比 10∶1（分流比可根据色谱条件调整）。

检测器：氢火焰离子化检测器（FID），温度 260℃。

载气：氮气，纯度 99.99%，流量 2.0mL/min，尾吹 30mL/min（载气流量大小可根据仪器条件进行调整）。

氢气：40mL/min；空气：450mL/min（氢气、空气流量大小可根据仪器条件进行调整）。

3. 标准曲线制作

将 1.0μL 的标准系列工作液分别注入气相色谱仪中，测定相应的不同浓度标准的峰面积，以标准工作液的浓度为横坐标，以峰面积为纵坐标，绘制标准曲线。

4. 试样溶液测定

将 1.0μL 的试样溶液注入气相色谱仪中，以保留时间定性，得到相应的峰面积，根据标准曲线得到待测液中组分浓度；试样待测液响应值若超出标准曲线线性范围，应用乙醇稀释后再进样分析。

（四）结果计算

试样中对羟基苯甲酸含量按下式计算：

$$X = \frac{\rho \times V \times f}{m} \tag{3 – 16}$$

式中　X——试样中对羟基苯甲酸的含量，g/kg；

　　　ρ——由标准曲线计算出进样液中对羟基苯甲酸酯类的浓度，μg/mL；

　　　V——定容体积，mL；

　　　f——对羟基苯甲酸酯类转换为对羟基苯甲酸的换算系数；

　　　m——试样质量，g。

对羟基苯甲酸甲酯转换为对羟基苯甲酸的换算系数为 0.9078；对羟基苯甲酸乙酯转换为对羟基苯甲酸的换算系数为 0.8312；对羟基苯甲酸丙酯转换为对羟基苯甲酸的换算系数为 0.7665；对羟基苯甲酸丁酯转换为对羟基苯甲酸的换算系数为 0.7111。

结果保留三位有效数字，在重复性条件下获得的两次独立测定结果的绝对差值不超过算术平均值的 10%。

三、 食品中脱氢乙酸的测定

GB 5009.121—2016 规定了两种检测脱氢乙酸的方法：气相色谱法和液相色谱法。这两种方法均适用于果蔬汁、果蔬浆、酱菜、发酵豆制品、黄油、面包、糕点、烘烤食品馅料、复合调味料、预制肉制品及熟肉制品中脱氢乙酸含量的测定。

（一） 气相色谱法

1. 测定原理

固体（半固体）样品，经沉降蛋白、脱脂酸化后，用乙酸乙酯提取；果蔬汁、果蔬浆样品经酸化后，用乙酸乙酯提取；用配氢火焰离子化检测器的气相色谱仪分离测定，以色谱峰的保留时间定性，外标法定量。

2. 试剂和溶液

①乙酸乙酯（$C_4H_8O_2$）：色谱纯；正己烷（C_6H_{14}）：色谱纯。

②盐酸溶液（1 + 1，体积比）：量取 50mL 盐酸加入到 50mL 水中。

③硫酸锌溶液（120g/L）：称取 12g 硫酸锌，溶于水并稀释至 100mL。

④氢氧化钠溶液（20g/L）：称取 2g 氢氧化钠，溶于水并稀释至 100mL。

⑤脱氢乙酸标准储备液（1.0mg/mL）：准确称取脱氢乙酸标准品（纯度≥99.5%）0.1000g（精确至 0.0001g）于 100mL 容量瓶中，用乙酸乙酯溶解并定容。4℃保存，有效期为 3 个月。

⑥脱氢乙酸标准工作液：分别精确吸取脱氢乙酸标准贮备液 0.01、0.1、0.5、1.0、2.0mL 于 10mL 容量瓶中，用乙酸乙酯稀释并定容，配制成浓度为 1.00、10.0、50.0、100、200μg/mL 标准工作液。4℃保存，有效期为 1 个月。

3. 仪器和设备

①气相色谱仪：配氢火焰离子化检测器。

②天平：感量为 0.1mg 和 1mg；离心机：转速≥4000r/min；超声波清洗器：功率 35kW。

③粉碎机、不锈钢高速均质器、pH 计。

4. 测定步骤

（1）样品处理

①果蔬汁、果蔬浆：称取样品 2～5g（精确至 0.001g），置于 50mL 离心管中，加 10mL 水振摇 1min，加 1mL 盐酸溶液酸化后，准确加入 5.0mL 乙酸乙酯，振摇提取 2min，静置分

层，取上清液供气相色谱测定。

②酱菜、发酵豆制品：样品用不锈钢高速均质器均质。称取样品 2~5g（精确至0.001g），置于50mL 离心管中，加入约15mL 水、2.5mL 硫酸锌溶液，用氢氧化钠溶液调 pH 至 7.5，超声提取 15min，转移至 25mL 容量瓶中，加水定容。样液移入离心管中，4000r/min 离心 10min。取 10mL 上清液，加 1mL 盐酸溶液酸化后，准确加入 5.0mL 乙酸乙酯，振摇 2min，静置分层，取上清液供气相色谱测定。

③面包、糕点、烘烤食品馅料、复合调味料、预制肉制品及熟肉制品：样品用粉碎机粉碎或不锈钢高速均质器均质。称取样品 2~5g（精确至0.001g），置于50mL 离心管中，加入约15mL 水、2.5mL 硫酸锌溶液，用氢氧化钠溶液调 pH 至 7.5，超声提取 15min，转移至 25mL 容量瓶中，加水定容。样液移入分液漏斗中，加入 5mL 正己烷，振摇 1min，静置分层，取下层水相置于离心管中，4000r/min 离心 10min。取 10mL 上清液，加 1mL 盐酸溶液酸化后，准确加入 5.0mL 乙酸乙酯，振摇 2min，静置分层，取上清液供气相色谱测定。

④黄油：称取样品 2~5g（精确至0.001g），置于50mL 离心管中，加入约15mL 水、2.5mL 硫酸锌溶液，用氢氧化钠溶液调 pH 至 7.5，超声提取 15min，转移至 25mL 容量瓶中，加水定容。样液移入分液漏斗中，加入 5mL 正己烷，振摇 1min，静置分层，取下层水相置于离心管中，4000r/min 离心 10min。取 10mL 上清液，加 1mL 盐酸溶液酸化后，准确加入 5.0mL 乙酸乙酯，振摇 2min，静置分层，取上清液供气相色谱测定。

（2）色谱条件

①毛细管柱：极性毛细柱（化学键和聚乙二醇固定相，30m×0.32mm×0.25μm），或相当者。

②柱温升温程序：初温 150℃，以 10℃/min 速率升至 210℃，20℃/min 速率升至 240℃，保持 2min。

③进样口温度：240℃；检测器温度：300℃。

④载气（N_2）流量：1.0mL/min。

⑤分流进样，分流比为 5:1，进样体积 1.0μL。

（3）测定步骤

①标准曲线制作：将脱氢乙酸标准工作液分别注入气相色谱仪中，测定相应峰面积，以标准工作液的浓度为横坐标，峰面积为纵坐标，绘制标准曲线。

②样品测定：将测定溶液注入气相色谱仪中，以保留时间定性，同时记录峰面积，根据标准曲线得到测定溶液中的脱氢乙酸浓度。

③空白试验：除不加试样外，空白试验应与样品测定平行进行，并采用相同的分析步骤分析。

5. 结果计算

果蔬汁、果蔬浆试样中脱氢乙酸含量按式（3-17）计算：

$$X_1 = \frac{(\rho_1 - \rho_0) \times V \times 1000}{m \times 1000 \times 1000} \qquad (3-17)$$

其他试样中脱氢乙酸含量按式（3-18）计算：

$$X_2 = \frac{(\rho_1 - \rho_0) \times V_1 \times V \times 1000}{m \times V_2 \times 1000 \times 1000} \qquad (3-18)$$

式中　X_1——试样中脱氢乙酸的含量，g/kg；

　　　ρ_1——试样溶液中脱氢乙酸的质量浓度，μg/mL；

　　　ρ_0——空白试样溶液中脱氢乙酸的质量浓度，μg/mL；

　　　V——乙酸乙酯定容体积，mL；

　　　m——称取试样的质量，g；

　　　X_2——试样中脱氢乙酸的含量，g/kg；

　　　V_1——试样处理后定容体积，mL；

　　　V_2——萃取脱氢乙酸所取试样液体积，mL。

计算结果以重复性条件下获得的两次独立测定结果的算术平均值表示，结果保留三位有效数字。在重复性条件下获得的两次独立测定结果的绝对差值不得超过算术平均值的 10%。

（二）液相色谱法

1. 试验原理

用氢氧化钠溶液提取试样中的脱氢乙酸，经脱脂、去蛋白处理，过膜，用配紫外或二极管阵列检测器的高效液相色谱仪测定，以色谱峰的保留时间定性，外标法定量。

2. 试剂和溶液

①甲醇（CH$_4$O）：色谱纯；正己烷（C$_6$H$_{14}$）。

②乙酸铵溶液（0.02mol/L）：称取 1.54g 乙酸铵，溶于水并稀释至 1L。

③氢氧化钠溶液（20g/L）：称取 20g 氢氧化钠，溶于水并稀释至 1L。

④甲酸溶液（10%）：量取 10mL 甲酸，加水 90mL，混匀。

⑤硫酸锌溶液（120g/L）：称取 120g 硫酸锌，溶于水并稀释至 1L。

⑥甲醇溶液（70%）：量取 70mL 甲醇，加水 30mL，混匀。

⑦脱氢乙酸标准储备液（1.0mg/mL）：准确称取脱氢乙酸标准品（纯度 ≥99.5%）0.1000g（精确至 0.0001g）于 100mL 容量瓶中，用 10mL 氢氧化钠溶液溶解，用水定容。4℃保存，有效期为 3 个月。

⑧脱氢乙酸标准工作液：分别吸取脱氢乙酸标准贮备液 0.1、1.0、5.0、10、20mL 于 100mL 容量瓶中，用水定容，配制成浓度为 1.00、10.0、50.0、100、200μg/mL 标准工作液。4℃保存，有效期为 1 个月。

3. 仪器和设备

①高效液相色谱仪：配有紫外检测器或二极管阵列检测器。

②分析天平：感量为 0.1mg 和 1mg。

③粉碎机、不锈钢高速均质器、涡旋混合器、pH 计。

④超声波清洗器：功率 35kW。

⑤离心机：转速≥4000r/min。

⑥C_{18}固相萃取柱：500mg，6mL（使用前用 5mL 甲醇、10mL 水活化，使柱子保持湿润状态）。

4. 测定步骤

（1）样品处理

①果蔬汁、果蔬浆：称取样品 2～5g（精确至 0.001g），置于 50mL 离心管中，加入约 10mL 水，用氢氧化钠溶液调 pH 至 7.5，转移至 50mL 容量瓶中，加水稀释至刻度，摇匀。置于离心管中，4000r/min 离心 10min。取 20mL 上清液用 10% 的甲酸溶液调 pH 至 5，定容到 25mL。取 5mL 过已活化固相萃取柱，用 5mL 水淋洗，2mL 70% 的甲醇溶液洗脱，收集洗脱液 2mL，涡旋混合，过 0.45μm 有机滤膜，供高效液相色谱测定。

②酱菜、发酵豆制品：样品用不锈钢高速均质器均质。称取样品 2～5g（精确至 0.001g），置于 25mL 离心管中，加入约 10mL 水、5mL 硫酸锌溶液，用氢氧化钠溶液调 pH 至 7.5，转移至 25mL 容量瓶中，加水稀释至刻度，摇匀。置于 25mL 离心管中，超声提取 10min，4000r/min 离心 10min，取上清液过 0.45μm 有机滤膜，供高效液相色谱测定。

③面包、糕点、焙烤食品馅料、复合调味料：样品用粉碎机粉碎或不锈钢高速均质器均质。称取样品 2～5g（精确至 0.001g），置于 25mL 离心管（如需过固相萃取柱则用 50mL 离心管）中，加入约 10mL 水、5mL 硫酸锌溶液，用氢氧化钠溶液调 pH 至 7.5，转移至 25mL 容量瓶（如需过固相萃取柱则用 50mL 容量瓶）中，加水稀释至刻度，摇匀。置于离心管中，超声提取 10min，转移到分液漏斗中，加入 10mL 正己烷，振摇 1min，静置分层，弃去正己烷层，加入 10mL 正己烷重复进行一次，取下层水相置于离心管中，4000r/min 离心 10min。取上清液过 0.45μm 有机滤膜，供高效液相色谱测定。若高效液相色谱分离效果不理想，取 20mL 上清液，用 10% 的甲酸调 pH 至 5，定容到 25mL，取 5mL 过已活化的固相萃取柱，用 5mL 水淋洗，2mL 70% 的甲醇溶液洗脱，收集洗脱液 2mL，涡旋混合，过 0.45μm 有机滤膜，供高效液相色谱测定。

④黄油：称取样品 2～5g（精确至 0.001g），置于 25mL 离心管（如需过固相萃取柱则用 50mL 离心管）中，加入约 10mL 水、5mL 硫酸锌溶液，用氢氧化钠溶液调 pH 至 7.5，转移至 25mL 容量瓶（如需过固相萃取柱则用 50mL 容量瓶）中，加水稀释至刻度，摇匀。置于离心管中，超声提取 10min，转移到分液漏斗中，加入 10mL 正己烷，振摇 1min，静置分层，弃去正己烷层，加入 10mL 正己烷重复进行一次，取下层水相置于离心管中，4000r/min 离心 10min。取上清液过 0.45μm 有机滤膜，供高效液相色谱测定。若高效液相色谱分离效果不理想，取 20mL 上清液，用 10% 的甲酸调 pH 至 5，定容到 25mL，取 5mL 过已活化的固相萃取柱，用 5mL 水淋洗，2mL70% 的甲醇溶液洗脱，收集洗脱液 2mL，涡旋混合，过 0.45μm 有机滤膜，供高效液相色谱测定。

（2）色谱参考条件　色谱柱：C_{18} 柱，5μm，250mm×4.6mm（内径）或相当者。流动相：甲醇+0.02mol/L 乙酸铵（10+90，体积比）；流速：1.0mL/min；柱温：30℃；进样量：10μL；检测波长：293nm。

（3）测定

①标准曲线制作：将脱氢乙酸标准工作液分别注入液相色谱仪中，测定相应的峰面积，以标准工作液的浓度为横坐标，峰面积为纵坐标，绘制标准曲线。

②样品测定：将测定溶液注入液相色谱仪中，测得相应峰面积，根据标准曲线得到测定溶液中的脱氢乙酸浓度。

③空白试验：除不加试样外，空白试验应与样品测定平行进行，并采用相同的分析步骤分析。

5. 结果计算

$$X = \frac{(\rho_1 - \rho_0) \times V \times 1000 \times f}{m \times 1000 \times 1000} \tag{3-19}$$

式中　X——试样中脱氢乙酸的含量，g/kg；

　　　ρ_1——试样溶液中脱氢乙酸的质量浓度，μg/mL；

　　　ρ_0——空白试样溶液中脱氢乙酸的质量浓度，μg/mL；

　　　V——试样溶液总体积，mL；

　　　f——过固相萃取柱换算系数（$f=0.5$）；

　　　m——称取试样的质量，g。

计算结果以重复性条件下获得的两次独立测定结果的算术平均值表示，结果保留三位有效数字。在重复性条件下获得的两次独立测定结果的绝对差值不得超过算术平均值的10%。

四、　食品中丙酸钠、丙酸钙的测定

GB/T 5009.20—2016 于 2017 年 3 月 1 日正式实施，标准规定了豆类制品、生湿面制品、面包、糕点、醋、酱油中丙酸钠、丙酸钙测定的液相色谱和气相色谱两种方法。同时代替了 GB/T 5009.120—2003《食品中丙酸钠、丙酸钙的测定》和 GB/T 23382—2009《食品中丙酸钠、丙酸钙的测定　高效液相色谱法》。

（一）液相色谱法

1. 测定原理

试样中的丙酸盐通过酸化转化为丙酸，经超声波水浴提取或水蒸气蒸馏，收集后调 pH，经高效液相色谱测定，外标法定量其中丙酸的含量。样品中的丙酸钠和丙酸钙以丙酸计，需要时可根据相应参数分别计算丙酸钠和丙酸钙的含量。

2. 试剂和溶液

①硅油。

②磷酸溶液（1mol/L）：在 50mL 水中加入 53.5mL 磷酸，混匀后，加水定容至 1000mL。

③磷酸氢二铵溶液（1.5g/L）：称取磷酸氢二铵 1.5g，加水溶解定容至 1000mL。

④丙酸标准储备液（10mg/mL）：精确称取 250.0mg 丙酸标准品（纯度≥97.0%）于 25mL 容量瓶中，加水至刻度，4℃冰箱中保存，有效期为 6 个月。

3. 仪器和设备

①高效液相色谱（HPLC）仪：配有紫外检测器或二极管阵列检测器。

②天平：感量 0.0001g 和 0.01g。

③超声波水浴；离心机：转速不低于 4000r/min；组织捣碎机、50mL 具塞塑料离心管、500mL 水蒸气蒸馏装置、鼓风干燥箱、pH 计。

4. 测定步骤

（1）样品处理　固体样品经组织捣碎机捣碎混匀后备用（面包样品在 37℃下鼓风干燥 2～3h 进行，置于组织捣碎机中磨碎），液体样品摇匀后备用。

①豆类制品、生湿面制品、醋、酱油等样品采用蒸馏法处理：样品均质后，准确称取 25g（精确至 0.01g），置于 500mL 蒸馏瓶中，加入 100mL 水，再用 50mL 水冲洗容器，转移到蒸馏瓶中，加 1mol/L 磷酸溶液 20mL，2～3 滴硅油，进行水蒸气蒸馏，将 250mL 容量瓶置于冰浴中作为吸收液装置，待蒸馏至约 240mL 时取出，在室温下放置 30min，用 1mol/L 磷酸溶液调 pH 为 3 左右，加水定容至刻度，摇匀，经 0.45μm 微孔滤膜过滤后，待液相色谱测定。

②面包、糕点等样品用直接浸提法处理：准确称取 5g（精确至 0.01g）试样至 100mL 烧杯中，加水 20mL，加入 1mol/L 磷酸溶液 0.5mL，混匀，经超声浸提 10min 后，用 1mol/L 磷酸溶液调 pH 为 3 左右，转移试样至 50mL 容量瓶中，用水定容至刻度，摇匀。将试样全部转移至 50mL 具塞塑料离心管中，以不低于 4000r/min 离心 10min，取上清液，经 0.45μm 微孔滤膜过滤后，待液相色谱测定。

（2）色谱条件

①色谱柱：C_{18} 柱，4.6mm×250mm，5μm 或等效色谱柱。

②流动相：1.5g/L 磷酸氢二铵溶液，用 1mol/L 磷酸溶液调 pH 为 2.7～3.5（使用时配制），经 0.45μm 微孔滤膜过滤。

③流速：1.0mL/min；柱温：25℃；进样量：20μL；波长：214nm。

（3）色谱柱清洗参考条件　实验结束后，用 10% 甲醇清洗 1h，再用 100% 甲醇清洗 1h。

（4）标准曲线绘制

①蒸馏法：准确吸取标准储备液 0.5、1.0、2.5、5.0、7.5、10.0、12.5mL 置于 500mL 蒸馏瓶中，其他操作同样品处理，其丙酸标准溶液的最终浓度分别为 0.02、0.04、0.1、0.2、0.3、0.4、0.5mg/mL，经 0.45μm 微孔滤膜过滤，浓度由低到高进样，以浓度为横坐

标，以峰面积为纵坐标，绘制标准曲线。

②直接浸提法：准确吸取 5.0mL 标准储备液于 50mL 容量瓶中，用水稀释至刻度，配制成浓度为 1.0mg/mL 标准工作液。再准确吸取标准工作液 0.2、0.5、1.0、2.0、3.0、4.0、5.0mL 至 10mL 容量瓶中，分别加入 1mol/L 磷酸 0.2mL，用水定容至 10mL，混匀。其丙酸标准溶液的最终浓度分别为 0.02、0.05、0.1、0.2、0.3、0.4、0.5mg/mL，经 0.45μm 微孔滤膜过滤，浓度由低到高进样，以浓度为横坐标，以峰面积为纵坐标，绘制标准曲线。

（5）试样溶液的测定 处理后的样液同标准系列同样进机测试。根据标准曲线计算样品中的丙酸浓度。若待测样液中丙酸响应值超出标准曲线浓度线性范围则应稀释后再进样分析。

5. 结果计算

$$X = \frac{\rho \times V \times 1000}{m \times 1000} \times f \qquad (3-20)$$

式中 X——样品中丙酸钠（钙）含量（以丙酸计），g/kg；

ρ——由标准曲线得出的样液中丙酸的浓度，mg/mL；

V——样液最后定容体积，mL；

m——样品质量，g；

f——稀释倍数。

试样中测得的丙酸含量乘以换算系数 1.2967，即得丙酸钠的含量；试样中测得的丙酸含量乘以换算系数 1.2569，即得丙酸钙含量。

计算结果保留三位有效数字。在重复性条件下获得的两次独立测定结果的绝对差值不得超过算术平均值的 10%。

（二）气相色谱法

1. 测定原理

试样中的丙酸盐通过酸化转化为丙酸，经水蒸气蒸馏收集后直接进气相色谱，用氢火焰离子化检测器检测，以保留时间定性，外标法定量其中丙酸的含量。样品中的丙酸钠和丙酸钙以丙酸计，需要时，可根据相应参数分别计算丙酸钠和丙酸钙的含量。

2. 试剂和溶液

①硅油。

②磷酸溶液（10+90）：取 10mL 磷酸加水至 100mL。

③甲酸溶液（2+98）：取 1mL 甲酸加水至 50mL。

④丙酸标准储备液（10mg/mL）：精确称取 250.0mg 丙酸标准品（纯度≥970%）于 25mL 容量瓶中，加水至刻度，4℃冰箱中保存，有效期为 6 个月。

⑤丙酸标准使用液：将贮备液用水稀释成 10~250μg/mL 的标准系列，临用现配。

3. 仪器和设备

①气相色谱仪：带氢火焰离子化检测器。

②天平：感量为 0.0001g 和 0.01g。

③水蒸气蒸馏装置、鼓风干燥箱。

4. 测定步骤

（1）样品处理　样品均质后，准确称取 25g（面包样品需用鼓风干燥箱在 37℃下通风干燥 2~3h，之后置于研钵中磨碎），置于 500mL 蒸馏瓶中，加入 100mL 水，再用 50mL 水冲洗容器，转移到蒸馏瓶中，加 10mL 磷酸溶液，2~3 滴硅油，进行水蒸气蒸馏，蒸馏速度为 2~3 滴/s，将 250mL 容量瓶置于冰浴中作为吸收液装置，待蒸馏近 250mL 时取出，在室温下放置 30min，加水至刻度。混匀，供气相色谱分析用。

（2）色谱参考条件

①色谱柱：聚乙二醇（PEG）石英毛细管柱，柱长 30m，内径 0.25mm，膜厚度 0.5μm 或同等性能色谱柱。

②载气：氮气，纯度 >99.99%；载气流速：1mL/min。

③进样口温度：250℃；分流比：10∶1；检测器温度：250℃；柱温箱温度：125℃保持 5min，然后以 15℃/min 的速率升到 180℃，保持 3min；进样量：1μL。

（3）标准曲线的制作　取标准系列中各种浓度的标准使用液 10mL，加 0.5mL 甲酸溶液混匀。将其分别注入气相色谱仪中，测定相应的峰面积或峰高，以标准工作液的浓度为横坐标，响应值（峰面积或峰高）为纵坐标，绘制标准曲线。

（4）样品测定　吸取 10mL 制备的样品溶液于试管中，加入 0.5mL 甲酸溶液，混匀，同标准系列同样进机测试。根据标准曲线计算样品中的丙酸浓度。

5. 结果计算

$$X = \frac{\rho}{m} \times \frac{V}{1000} \qquad (3-21)$$

式中　X——样品中丙酸钠（钙）含量（以丙酸计），g/kg；

　　　ρ——由标准曲线得出的样液中丙酸的浓度，μg/mL；

　　　m——样品质量，g；

　　　V——样液最终定容体积，mL；

　　1000——μg/g 换算至 g/kg 的系数。

样品中测得的丙酸含量乘以换算系数 1.2967，即得丙酸钠的含量；样品中测得的丙酸含量乘以换算系数 1.2569，即得丙酸钙含量。

以重复性条件下获得的两次独立测定结果的算术平均值表示，结果保留三位有效数字。在重复性条件下获得的两次独立测定结果的绝对差值不得超过算术平均值的 10%。

第六节　食品抗氧化剂含量的测定

食品抗氧化剂是防止或延缓油脂、食品成分氧化、变质，提高食品稳定性的一类食品添加剂。抗氧化剂具有抗氧化作用主要通过以下途径：①抗氧化剂自身氧化，消耗油脂中的氧，油脂中没有氧，自然也就不氧化；②抗氧化剂给出电子或氢原子，阻断油脂分子自动氧化的链式反应；③抗氧化剂通过抑制氧化酶的活性而使油脂不被氧化。

在于 2017 年 6 月 23 日实施的国家安全标准（GB 5009.32—2016）中规定了食品中九种抗氧化剂的测定方法，包括：没食子酸丙酯（PG）、2，4，5 - 三羟基苯丁酮（THBP）、叔丁基对苯二酚（TBHQ）、去甲二氢愈创木酸（NDGA）、叔丁基对羟基茴香醚（BHA）、2，6 - 二叔丁基 4 - 羟甲基苯酚（Ionox 100）、没食子酸辛酯（OG）、2，6 - 二叔丁基对甲基苯酚（BHT）、没食子酸十二酯（DG）。比旧的标准增加了抗氧化剂的种类、扩大了适用范围。新标准中规定了比色法、高效液相色谱法、气相色谱法、液相色谱串联质谱法及气相色谱质谱法五种检测方法。

一、 比色法

比色法适用于油脂中没食子酸丙酯（PG）的测定。

1. 测定原理

试样经石油醚溶解，用乙酸铵水溶液提取后，没食子酸丙酯（PG）与亚铁酒石酸盐起颜色反应，在波长 540nm 处测定吸光度，与标准比较定量。

2. 试剂和溶液

①石油醚：沸程 30 ~ 60℃、乙酸铵（CH_3COONH_4）、硫酸亚铁（$FeSO_4 \cdot 7H_2O$）、酒石酸钾钠（$NaKC_4H_4O_4 \cdot 4H_2O$）。

②乙酸铵溶液（100g/L）：称取 10g 乙酸铵加适量水溶解，转移至 100mL 容量瓶中，加水定容至刻度。

③乙酸铵溶液（16.7g/L）：称取 16.7g 乙酸铵加适量水溶解，转移至 1000mL 容量瓶中，加水定容至刻度。

④显色剂：称取 0.1g 硫酸亚铁和 0.5g 酒石酸钾钠，加水溶解，稀释至 100mL，临用前配制。

⑤PG 标准溶液：准确称取 0.0100g PG 溶于水中，移入 200mL 容量瓶中，并用水稀释至刻度。此溶液每毫升含 50.0μg PG。

3. 仪器和设备

①分析天平：感量为 0.01g 和 0.1mg。

②分光光度计。

4. 测定步骤

（1）样品制备 称取 10.00g 试样，用 100mL 石油醚溶解，移入 250mL 分液漏斗中，加 20mL 乙酸铵溶液（16.7g/L），振摇 2min，静置分层，将水层放入 125mL 分液漏斗中（如乳化，连同乳化层一起放下），石油醚层再用 20mL 乙酸铵溶液（16.7g/L）重复提取两次，合并水层。石油醚层用水振摇洗涤两次，每次 15mL，水洗涤并入同一个 125mL 分液漏斗中，振摇静置。将水层通过干燥滤纸滤入 100mL 容量瓶中，用少量水洗涤滤纸，加水至刻度，摇匀。将此溶液用滤纸过滤，弃去初滤液的 20mL。收集滤液供比色测定用。同时做空白试验。

（2）样品测定　移取 20.0mL 上述处理后的样品提取液于 25mL 具塞比色管中，加入 1mL 显色剂，加 4mL 水，摇匀。另准确吸取 0、1.0、2.0、4.0、6.0、8.0、10.0mL PG 标准溶液（相当于 0、50、100、200、300、400、500μg PG），分别置于 25mL 带塞比色管中，加入 2.5mL 乙酸铵溶液（100g/L），加入水至约 23mL，加入 1mL 显色剂，再准确加水定容至 25mL，摇匀。用 1cm 比色杯，以零管调节零点，在波长 540nm 处测定吸光度，绘制标准曲线比较。

5. 结果计算

$$X = \frac{m_1}{m_2 \times (V_2/V_1)} \tag{3-22}$$

式中　X——试样中 PG 含量，mg/kg；

$\quad m_1$——样液中 PG 的质量，μg；

$\quad m_2$——称取的试样质量，g；

$\quad V_2$——测定用吸取样液的体积，mL；

$\quad V_1$——提取后样液总体积，mL。

计算结果保留三位有效数字（或保留到小数点后两位）。在重复性条件下获得的两次独立测定结果的绝对差值不得超过算术平均值的 10%。

二、 高效液相色谱法

高效液相色谱法适用于食品中没食子酸丙酯（PG）、2，4，5 - 三羟基苯丁酮（THBP）、叔丁基对苯二酚（TBHQ）、去甲二氢愈创木酸（NDGA）、叔丁基对羟基茴香醚（BHA）、2，6 - 二叔丁基对甲基苯酚（BHT）、2，6 - 二叔丁基 4 - 羟甲基苯酚（Ionox 100）、没食子酸辛酯（OG）、没食子酸十二酯（DG）9 种抗氧化剂的测定。

1. 测定原理

油脂样品经有机溶剂溶解后，使用凝胶渗透色谱（GPC）净化；固体类食品样品用正己烷溶解，用乙腈提取，固相萃取柱净化。高效液相色谱法测定，外标法定量。

2. 试剂和溶液

①甲酸（HCOOH）、乙腈（CH_3CN）、甲醇（CH_3OH）、正己烷（C_6H_{14}，分析纯，重蒸）、乙酸乙酯（$CH_3COOCH_2CH_3$）、环己烷（C_6H_{12}）、氯化钠（NaCl，分析纯）。

②无水硫酸钠（Na_2SO_4）：分析纯，650℃灼烧 4h，贮存于干燥器中，冷却后备用。

③乙腈饱和的正己烷溶液：正己烷中加入乙腈至饱和。

④正己烷饱和的乙腈溶液：乙腈中加入正己烷至饱和。

⑤乙酸乙酯和环己烷混合溶液（1 + 1）：取 50mL 乙酸乙酯和 50mL 环己烷混匀。

⑥乙腈和甲醇混合溶液（2 + 1）：取 100mL 乙腈和 50mL 甲醇混合。

⑦饱和氯化钠溶液：水中加入氯化钠至饱和。

⑧甲酸溶液（0.1+99.9）：取 0.1mL 甲酸移入 100mL 容量瓶，定容至刻度。

⑨抗氧化剂标准混合储备液：准确称取 0.1g（精确至 0.1mg）上述 9 种抗氧化剂的标准品（纯度均≥98%），用乙腈溶于 100mL 棕色容量瓶中，定容至刻度，配制成浓度为 1000mg/L 的标准混合储备液，0~4℃避光保存。

⑩抗氧化剂混合标准使用液：移取适量体积的浓度为 1000mg/L 的抗氧化剂标准混合储备液分别稀释至浓度为 20、50、100、200、400mg/L 的混合标准使用液。

3. 仪器和设备

高效液相色谱仪；凝胶渗透色谱仪；离心机（转速≥3000r/min）；旋转蒸发仪、涡旋振荡器；分析天平：感量为 0.01g 和 0.1mg；C_{18} 固相萃取柱：2000mg/12mL；有机系滤膜：孔径 0.22μm。

4. 测定步骤

（1）取样和处理

①取样：固体或半固体样品粉碎混匀，然后用对角线法取四分之二或六分之二，或根据试样情况取有代表性试样，密封保存；液体样品混合均匀，取有代表性试样，密封保存。

②提取：固体类样品：称取 1g（精确至 0.01g）试样于 50mL 离心管中，加入 5mL 乙腈饱和的正己烷溶液，涡旋 1min 充分混匀，浸泡 10min。加入 5mL 饱和氯化钠溶液，用 5mL 正己烷饱和的乙腈溶液涡旋 2min，3000r/min 离心 5min，收集乙腈层于试管中，再重复使用 5mL 正己烷饱和的乙腈溶液提取 2 次，合并 3 次提取液，加 0.1% 甲酸溶液调节 pH 4，待净化。同时做空白试验。

油类样品：称取 1g（精确至 0.001g）试样于 50mL 离心管中，加入 5mL 乙腈饱和的正己烷溶液溶解样品，涡旋 1min，静置 10min，用 5mL 正己烷饱和的乙腈溶液涡旋提取 2min，3000r/min 离心 5min，收集乙腈层于试管中，再重复使用 5mL 正己烷饱和的乙腈溶液提取 2 次，合并 3 次提取液，待净化。同时做空白试验。

③净化：在 C_{18} 固相萃取柱中装入约 2g 的无水硫酸钠，用 5mL 甲醇活化萃取柱，再以 5mL 乙腈平衡萃取柱，弃去流出液。将所有提取液倾入柱中，弃去流出液，再以 5mL 乙腈和甲醇的混合溶液洗脱，收集所有洗脱液于试管中，40℃下旋转蒸发至干，加 2mL 乙腈定容，过 0.22μm 有机系滤膜，待测。

④凝胶渗透色谱法处理：如果是纯油类样品可以选用凝胶渗透色谱法进行样品处理。

称取样品 10g（精确至 0.01g）于 100mL 容量瓶中，以乙酸乙酯和环己烷混合溶液定容至刻度，作为母液；取 5mL 母液于 10mL 容量瓶中以乙酸乙酯和环己烷混合溶液定容至刻度，待净化。

取 10mL 待测液加入凝胶渗透色谱（GPC）进样管中，使用 GPC 净化，收集流出液，40℃下旋转蒸发至干，加 2mL 乙腈定容，过 0.22μm 有机系滤膜，供液相色谱测定。同时做空白试验。

GPC 净化条件：凝胶渗透色谱柱用 300mm × 20mm 玻璃柱，BioBeads（S - X3），40 ~ 75μm；柱分离度，玉米油与九种抗氧化剂的分离度 >85%；流动相为乙酸乙酯∶环己烷 = 1∶1（体积比）；流速为 5mL/min；进样量为 2mL；流出液收集时间为 7 ~ 17.5min；紫外检测器波长为 280nm。

（2）色谱参考条件

①色谱柱：C_{18} 柱，柱长 250mm，内径 4.6mm，粒径 5μm，或等效色谱柱。

②流动相 A：0.5% 甲酸水溶液，流动相 B：甲醇；洗脱梯度：按表 3 - 5 进行。

表 3 - 5　　　　　　　　　　　　　　液相色谱洗脱梯度

时间段/min	0 ~ 5	5 ~ 15	15 ~ 20	20 ~ 25	25 ~ 27	27 ~ 30
流动相 A/%	50%	50%→20%	20%	20%→10%	10%→50%	50%

③柱温：35℃；进样量：5μL；检测波长：280nm。

（3）标准曲线的制作　将系列浓度的标准工作液分别注入液相色谱仪中，测定相应的抗氧化剂，以标准工作液的浓度为横坐标，以响应值（峰面积、峰高、吸收值等）为纵坐标，绘制标准曲线。

（4）样品测定　将试样溶液注入高效液相色谱仪中，得到相应色谱峰的响应值，根据标准曲线得到待测液中抗氧化剂的浓度。

5. 结果计算

$$X = \rho \times \frac{V}{m} \tag{3 - 23}$$

式中　X——试样中抗氧化剂含量，mg/kg；

ρ——从标准曲线上得到的抗氧化剂溶液浓度，μg/mL；

V——样液最终定容体积，mL；

m——称取的试样质量，g。

结果保留三位有效数字（或保留到小数点后两位）。在重复性条件下获得的两次独立测定结果的绝对差值不得超过算术平均值的 10%。

三、 气相色谱法

气相色谱法适用于食品中叔丁基对羟基茴香醚（BHA）、2，6 - 二叔丁基对甲基苯酚（BHT）、叔丁基对苯二酚（TBHQ）的测定。

1. 测定原理

样品中的抗氧化剂用有机溶剂提取、凝胶渗透色谱（GPC）净化后，用气相色谱氢火焰离子化检测器检测，采用保留时间定性，外标法定量。

2. 试剂和溶液

①石油醚：沸程 30 ~ 60℃（重蒸）、乙腈（CH_3CN）、丙酮（CH_3COCH_3）。

②乙酸乙酯和环己烷混合溶液（1+1）：量取 50mL 乙酸乙酯和 50mL 环己烷混匀。

③BHA、BHT、TBHQ 标准储备液：准确称取 BHA（纯度≥99.0%）、BHT（纯度≥99.3%）、TBHQ（纯度≥99.0%）标准品各 50mg（精确至 0.1mg），用乙酸乙酯和环己烷混合溶液定容至 50mL，配制成 1mg/mL 的储备液，于 4℃冰箱中避光保存。

④BHA、BHT、TBHQ 标准使用液：分别吸取标准储备液 0.1、0.5、1.0、2.0、3.0、4.0、5.0mL 于 7 个 10mL 容量瓶中，用乙酸乙酯和环己烷混合溶液定容，此标准系列的浓度为 0.01、0.05、0.1、0.2、0.3、0.4、0.5mg/mL，现用现配。

3. 仪器和设备

气相色谱仪（GC）：配氢火焰离子化检测器（FID）；凝胶渗透色谱仪（GPC），或可进行脱脂的等效分离装置；分析天平：感量为 0.01g 和 0.1mg；旋转蒸发仪、涡旋振荡器、粉碎机；有机系滤膜：孔径 0.45μm。

4. 测定步骤

（1）样品制备和处理

①样品制备：固体或半固体样品粉碎混匀，然后用对角线法取四分之二或六分之二，或根据试样情况取有代表性试样，密封保存；液体样品混合均匀，取有代表性试样，密封保存。

②样品处理：油脂样品：混合均匀的油脂样品，过 0.45μm 滤膜后，准确称取 0.5g（精确至 0.1mg），用乙酸乙酯和环己烷的混合溶液准确定容至 10.0mL，混合均匀待净化。

油脂含量较高或中等的样品（油脂含量 15% 以上的样品）：根据样品中油脂的实际含量，称取 5g 混合均匀的样品，置于 250mL 具塞锥形瓶中，加入适量石油醚，使样品完全浸没，放置过夜，用快速滤纸过滤后，旋转蒸发回收溶剂，得到的油脂用乙酸乙酯和环己烷混合溶液准确定容至 10.0mL，混合均匀待净化。

油脂含量少的试样（油脂含量 15% 以下的样品）和不含油脂的样品（如口香糖等）：称取 1g（精确至 0.01g）试样于 50mL 离心管中，加入 5mL 乙腈饱和的正己烷溶液，涡旋 1min 充分混匀，浸泡 10min。加入 5mL 饱和氯化钠溶液，用 5mL 正己烷饱和的乙腈溶液涡旋 2min，3000r/min 离心 5min，收集乙腈层于试管中，再重复使用 5mL 正己烷饱和的乙腈溶液提取 2 次，合并 3 次提取液，加 0.1% 甲酸溶液调节 pH 至 4，待净化。

③净化：上述处理后的样品经凝胶渗透色谱装置净化（凝胶渗透色谱净化条件同"二、高效液相色谱法"）的测定步骤的"④凝胶渗透色谱法处理"，收集流出液蒸发浓缩至近干，用乙酸乙酯和环己烷混合溶液定容至 2mL，进气相色谱仪分析。不同试样的前处理需要同时做试样空白试验。

（2）色谱参考条件

①5% 苯基 - 甲基聚硅氧烷毛细管柱，柱长 30m，内径 0.25mm，膜厚 0.25μm，或等效色谱柱。

②进样口温度：230℃。

③升温程序：初始柱温80℃，保持1min，以10℃/min升温至250℃，保持5min。

④检测器温度：250℃；进样量：1μL；进样方式：不分流进样。

⑤载气：氮气，纯度≥99.999%，流速1mL/min。

（3）将标准系列工作液分别注入气相色谱仪中，测定相应的抗氧化剂，以标准工作液的浓度为横坐标，以响应值（峰面积、峰高、吸收值等）为纵坐标，绘制标准曲线。

（4）样品溶液的测定　将试样溶液注入气相色谱仪中，得到相应抗氧化剂的响应值，根据标准曲线得到待测液中相应抗氧化剂的浓度。

5. 结果计算

$$X = \rho \times \frac{V}{m}$$

式中　X——试样中抗氧化剂含量，mg/kg；

　　　　ρ——从标准曲线上得到的抗氧化剂溶液浓度，μg/mL；

　　　　V——样液最终定容体积，mL；

　　　　m——称取的试样质量，g。

结果保留三位有效数字（或保留到小数点后两位）。在重复性条件下获得的两次独立测定结果的绝对差值不得超过算术平均值的10%。

四、 液相色谱串联质谱法

液相色谱串联质谱法适用于食品中2，4，5 – 三羟基苯丁酮（THBP）、没食子酸丙酯（PG）、没食子酸辛酯（OG）、去甲二氢愈创木酸（NDGA）、没食子酸十二酯（DG）。

1. 测定原理

油脂样品经有机溶剂溶解后，使用凝胶渗透色谱（GPC）净化；固体类食品样品用正己烷溶解，用乙腈提取，固相萃取柱净化。液相色谱串联质谱联用仪测定，外标法定量。

2. 试剂和溶液

①甲酸（HCOOH）、乙腈（CH₃CN）、甲醇（CH₃OH）、正己烷（C_6H_{14}，分析纯，重蒸）、乙酸乙酯（CH₃COOCH₂CH₃）、环己烷（C_6H_{12}）、氯化钠（NaCl，分析纯）。

②无水硫酸钠（Na₂SO₄）：分析纯，650℃灼烧4h，贮存于干燥器中，冷却后备用。

③乙腈饱和的正己烷溶液：正己烷中加入乙腈至饱和。

④正己烷饱和的乙腈溶液：乙腈中加入正己烷至饱和。

⑤乙酸乙酯和环己烷混合溶液（1＋1）：取50mL乙酸乙酯和50mL环己烷混匀。

⑥乙腈和甲醇混合溶液（2＋1）：取100mL乙腈和50mL甲醇混合。

⑦饱和氯化钠溶液：水中加入氯化钠至饱和。

⑧甲酸溶液（0.1＋99.9）：取0.1mL甲酸移入100mL容量瓶，定容至刻度。

⑨标准物质储备液：准确称取0.1g（精确至0.1mg）固体抗氧化剂标准物质，用乙腈溶于100mL棕色容量瓶中，定容至刻度，配制成浓度为1000mg/L的标准储备液，0～4℃避光保存。

⑩标准物质中间液：移取标准物质储备液 1.0mL 于 100mL 容量瓶中，用乙腈定容，配制成浓度为 10mg/L 的混合标准中间液，0~4℃避光保存。

⑪标准物质使用液：移取适量体积的标准物质中间液分别稀释至浓度为 0.01、0.02、0.05、0.1、0.2、0.5、1、2mg/L 的混合标准使用液。

3. 仪器和设备

液相色谱串联质谱仪；凝胶渗透色谱仪；离心机：转速≥3000r/min；旋转蒸发仪、涡旋振荡器；分析天平：感量为 0.01g 和 0.1mg。

4. 测定步骤

（1）取样和处理　同液相色谱法。

（2）液相色谱-串联质谱仪参考条件

①色谱柱：C_{18} 键合硅胶色谱柱，柱长 50mm，内径 2.0mm，粒径 1.8μm，或等效色谱柱。

②流动相 A：水，流动相 B：乙腈；流速：0.2mL/min；洗脱梯度：洗脱条件如表 3-6 所示。

表3-6　　　　　　　　　　　液相色谱质谱法洗脱条件

时间/min	0~3	3~5	5~10	10~12	12~12.01	12.01~14
流动相 B 梯度/%	10→30	30	30→80	80	80→10	10

③柱温：35℃，进样量：2μL。

④电离源模式：电喷雾离子化；喷雾流速：3L/min；干燥气流速：15L/min；离子喷雾电压：3500V。

⑤监测离子对、碰撞能量、驻留时间和保留时间：见表 3-7。

表3-7　　　食品中抗氧化剂的监测离子对、碰撞能量、驻留时间和保留时间

抗氧化剂名称	母离子量/（m/z）	子离子量/（m/z）	碰撞能量/eV	驻留时间/ms	保留时间/min
THBP	195	125	20	25	6.175
		166	22		
PG	211	125	23	25	4.932
		168.9	18		
OG	281.1	124	31	25	9.327
		169	21		
NDGA	301.1	122.1	29	25	8.136
		108	30		
DG	337.2	124	33	25	11.456
		169	26		

（3）定性测定 在相同试验条件下进行样品测定时，如果检出的色谱峰的保留时间与标准样品相一致，并且在扣除背景后的样品质谱图中，所选择的离子均出现，而且所选择的离子丰度比与标准样品相一致（相对丰度 >50%，允许 ±20% 偏差；相对丰度 >20% ~ 50%，允许 ±25% 偏差；相对丰度 >10% ~20%，允许 ±30% 偏差；相对丰度 ≤10%，允许 ±50% 偏差），则可判断样品中存在这种抗氧化剂。

（4）标准曲线制作 将标准系列工作液进行液相色谱串联质谱仪测定，以定量离子对峰面积对应标准溶液浓度绘制标准曲线。

（5）样品测定 将样品溶液进行液相色谱串联质谱仪测定，根据标准曲线得到待测液中抗氧化剂的浓度。

5. 结果计算

$$X = \rho \times \frac{V}{m}$$

式中　X——试样中抗氧化剂含量，mg/kg；

　　　ρ——从标准曲线上得到的抗氧化剂溶液浓度，μg/mL；

　　　V——样液最终定容体积，mL；

　　　m——称取的试样质量，g。

结果保留三位有效数字（或保留到小数点后两位）。在重复性条件下获得的两次独立测定结果的绝对差值不得超过算术平均值的 10%。

五、 气相色谱 – 质谱法

气相色谱质谱法适用于食品中叔丁基对羟基茴香醚（BHA）、2，6 – 二叔丁基对甲基苯酚（BHT）、叔丁基对苯二酚（TBHQ）、2，6 – 二叔丁基 4 – 羟甲基苯酚（Ionox 100）的测定。

1. 测定原理

油脂样品经有机溶剂溶解后，使用凝胶渗透色谱（GPC）净化；固体类食品样品用正己烷溶解；用乙腈提取；固相萃取柱净化。气相色谱 – 质谱联用仪测定；外标法定量。

2. 试剂和溶液

①标准物质储备液：准确称取 0.1g（精确至 0.1mg）上述四种固体抗氧化剂标准品（纯度均 ≥98%），用乙腈溶于 100mL 棕色容量瓶中，定容至刻度，配制成浓度为 1000mg/L 的标准储备液，0 ~4℃ 避光保存。

②标准混合使用液：移取适量体积的浓度为 1000mg/L 的抗氧化剂标准储备液混合后，分别稀释至浓度为 1、2、5、10、20、50、100、200mg/L 的混合标准使用液。

③其他试剂和溶液：同高效液相色谱法。

3. 仪器和设备

气相色谱质谱联用仪；凝胶渗透色谱仪；旋转蒸发仪；离心机（转速 ≥3000r/min）；分析天平（感量为 0.01g 和 0.1mg）；涡旋振荡器。

4. 测定步骤

（1）样品制备及处理　同高效液相色谱法。

（2）色谱质谱参考条件

①色谱柱：5% 苯基 – 甲基聚硅氧烷毛细管柱，柱长 30m，内径 0.25mm，膜厚 0.25μm，或等效色谱柱。

②色谱柱升温程序：70℃保持 1min，然后以 10℃/min 程序升温至 200℃保持 4min，再以 10℃/min 升温至 280℃保持 4min。

③载气：氦气，纯度≥99.999%，流速 1mL/min。

④进样口温度：230℃，进样量：1μL；进样方式：无分流进样，1min 后打开阀。

⑤电子轰击源：70eV；离子源温度：230℃；GC – MS 接口温度：280℃；溶剂延迟：8min。

⑥选择离子监测：每种化合物分别选择一个定量离子，2~3 个定性离子。每组所有需要检测离子按照出峰顺序，分时段分别检测。每种化合物的保留时间、定量离子、定性离子、驻留时间见表 3 – 8。

表 3 –8　　食品中抗氧化剂的保留时间、 定量离子、 定性离子及丰度比值和驻留时间

抗氧化剂名称	保留时间/min	定量离子	定性离子 1	定性离子 2	驻留时间/ms
BHA	11.981	165（100）	137（76）	180（50）	20
BHT	12.251	205（100）	145（13）	220（25）	20
TBHQ	12.805	151（100）	123（100）	166（47）	20
Ionox – 100	15.598	221（100）	131（8）	236（23）	20

（3）定性测定　在相同试验条件下进行样品测定时，如果检出的色谱峰的保留时间与标准样品相一致，并且在扣除背景后的样品质谱图中，所选择的离子均出现，而且所选择的离子丰度比与标准样品相一致（相对丰度 >50%，允许 ±20% 偏差；相对丰度 >20% ~50%，允许 ±25% 偏差；相对丰度 >10% ~20%，允许 ±30% 偏差；相对丰度≤10%，允许 ±50% 偏差），则可判断样品中存在这种抗氧化剂。

（4）标准曲线制作　将标准系列工作液进行气相色谱质谱联用仪测定，以定量离子峰面积对应标准溶液浓度绘制标准曲线。

（5）样品溶液测定　将样品溶液注入气相色谱质谱联用仪中，得到相应色谱峰响应值，根据标准曲线得到待测液中抗氧化剂的浓度。

5. 结果计算

$$X = \rho \times \frac{V}{m}$$

式中　X——试样中抗氧化剂含量，mg/kg；

　　　ρ——从标准曲线上得到的抗氧化剂溶液浓度，μg/mL；

V——样液最终定容体积，mL；

m——称取的试样质量，g。

结果保留三位有效数字（或保留到小数点后两位）。在重复性条件下获得的两次独立测定结果的绝对差值不得超过算术平均值的 10%。

思考题

1. 食品添加剂的 ADI 和最大使用量的含义分别是什么？

2. 为什么要测定镉柱的还原效率？若镉柱的还原效率低于 90% 时是否应弃去重新制备？

3. 在食品中对羟基苯甲酸乙酯的测定中，样品酸化时 pH 的变化对检测结果有何影响？

4. 国标中规定了三种甜蜜素的测定方法，三种方法各适用于哪些食品？为什么不同食品最适测定方法不同？

5. 液相色谱法测定食品中阿斯巴甜和阿力甜的原理是什么？

6. 液相色谱－质谱和气相色谱－质谱测定抗氧化剂的原理是什么？二者有何异同？

自测题（不定项选择，至少一项正确，至多不限）

1. 食品添加剂检测对象主要有（　　）。

A. 酸度调节剂、营养增加剂、消泡剂、抗氧化剂、漂白剂等 23 类

B. 酸度调节剂、护色剂、消泡剂、抗氧化剂、漂白剂等 23 类

C. 酸度调节剂、护色剂、消泡剂、抗氧化剂、漂白剂等 22 类

D. 酸度调节剂、抗结剂、消泡剂、抗氧化剂、涂膜剂等 22 类

2. 在进行合成着色剂含量测定时，样品中若有（　　）需要除去。

A. 二氧化碳　　　　　　B. 乙醇　　　　　　　C. 天然色素　　　　　　D. 二氧化硫

3. 在 GB 5009.33—2016 中规定了测定食品中亚硝酸盐的方法，分别为（　　）。

A. 离子色谱法

B. 离子滴定法、分光光度法和紫外分光光度法

C. 分光光度法

D. 紫外分光光度法

4. 利用硝酸根离子和亚硝酸根离子在紫外区 219nm 处具有等吸收波长的特性，可用紫外分光光度法测定果蔬中（　　）含量。

A. 硝酸盐　　　　　　　　　　　　　　B. 亚硝酸盐

C. 硝酸盐和亚硝酸盐　　　　　　　　　D. 亚硝酸盐 ×1.37

5. 按照 GB/T 500928—2016 的规定，食品中（　　）可用液相色谱法同时测定。

A. 糖精钠　　　　B. 苯甲酸和山梨酸　　C. 安赛蜜　　　　　　D. 甜蜜素

6. 用气相色谱法测定甜蜜素不适用于（　　）中该化合物的测定。

A. 饮料类

B. 带壳及脱壳熟制坚果类

C. 水果罐头及果酱

D. 白酒

7. 现行标准对于白酒、葡萄酒等酒中甜蜜素的测定采用（ ）。

A. 液相色谱法–质谱/质谱法   B. 质谱法

C. 液相色谱法   D. 气相色谱法

8. GB 5009.31—2016 规定了食品中对羟基苯甲酸酯类的测定，这类防腐剂包括（ ）。

A. 对羟基苯甲酯   B. 对羟基苯甲酸乙酯

C. 对羟基苯甲酸丙酯   D. 对羟基苯甲酸丁酯

9. 高效液相色谱法测定食品中脱氢乙酸时，要进行（ ）处理。

A. 脱二氧化硫   B. 脱脂及去色素   C. 去蛋白   D. 脱脂

10. 2017 年 6 月 23 日实施的 GB 5009.32—2016 中规定了食品中抗氧化剂高效液相色谱法，该方法可用于（ ）等抗氧化剂的测定。

A. PG、THBP   B. TBHQ、NDGA、BHA

C. BHT、Ionox 100   D. OG、DG

参考文献

［1］郝利平. 食品添加剂（第 3 版）［M］. 北京：中国农业大学出版社，2016.

［2］中国食品安全标准网. http：//www. cnspbzw. com.

［3］GB/T 5009.140—2003 食品中乙酰磺胺酸钾的测定［S］. 2003.

［4］GB/T 22325—2008 小麦粉中过氧化苯甲酰的测定［S］. 2008.

［5］GB 2760—2014 食品安全国家标准 食品添加剂使用标准［S］. 2014.

第四章

食品中有毒、有害成分检测技术

内容摘要：食品中内源性有毒、有害成分检测，如过敏原、河豚毒素、生物胺等；食品原料在生产过程污染或残留有毒、有害成分检测，如农药残留、抗生素残留、有害重金属残留等；食品在加工及贮运过程中产生或污染的有毒、有害成分检测，如有毒微生物污染物、苯并芘、亚硝胺等。

如何减少食物中有毒、有害成分残留，保障食品的质量与安全是当前食物生产及食品加工行业的重要任务之一。要减少食物中有毒、有害成分的残留就必须了解有害成分在食物中的存在状态、理化性质及代谢途径和影响其残留量的因素。只有这样才能在食品生产及食品加工过程中有的放矢，提高食品的质量与安全。

食品中有毒、有害成分虽然目前尚没有统一分类标准，一般可细分为有毒成分、有害成分和抗营养素。食品中有毒成分是指这类成分存在于食品中不管其含量多少总是具有一定的毒性。食品中有害成分是指这类成分含量超标时就会对人体产生危害。食品中抗营养素是指这类成分能干扰或抑制食品中其他营养成分的吸收。当然定义某物质是有毒、有害成分或是抗营养素是相对的，在某些情况下它是抗营养成分，在另一情况下它可能又是有益成分或是保健成分。如食品中酚类物质，当它与其他成分一同食用时，它对蛋白质或铁的吸收有一定的抑制作用，此时它是抗营养素；但当单独食用它时，由于它有清除自由基等作用，它又是保健成分。本章主要介绍食品尤其是海洋食品中有毒、有害成分的检测技术，有关其分类、性质、产生途径及危害性请参考相关教材。

第一节 食品中内源性毒素的测定

一、棉 酚

棉酚是锦葵科植物棉花的根、茎和种子所含的一种黄色多元酚类有毒化合物。棉酚在棉花中的存在形式可分为游离型和结合型，两者之和即为总棉酚。棉酚在棉籽中含量为0.15% ~ 1.8%，其中棉壳中含0.005% ~ 0.01%，棉仁中含0.5% ~ 2.5%。一般产生有害性的是游离棉酚，所以世界卫生组织（WHO）、联合国粮农组织（FAO）、联合国儿童基金会（UNICEF）规定供人食用的棉籽蛋白制品中游离棉酚（FGP）的含量不得超过0.06%，总棉酚（TGP）不得超过1.2%。如人长期食用含有超标棉酚的棉籽蛋白食品，会产生一系列蓄积性中毒反应。中毒症状为皮肤和胃灼烧、恶心、呕吐、腹泻、头痛，危急时下肢麻痹、昏迷、抽搐、便血，乃至因呼吸、循环系统衰竭而死亡等。

食品及饲料中棉酚的测定方法主要有可见分光光度法、紫外分光光度法及高压液相色谱法等。本实验介绍GB/T 17334—1998用HPLC测定食品中游离棉酚的方法。

（一） 检测原理

将食品中的游离棉酚用有机溶液提取后，溶于无水乙醇中，用C_{18}柱将棉酚与杂质分开，在235nm处测定。根据色谱峰的保留时间定性，外标法定量。

（二） 主要试剂及仪器

无水乙醇、无水乙醚、棉酚、磷酸均为分析纯，甲醇为HPLC色谱纯，普通氮气。

Agilent 1000高效液相色谱仪，KD - 浓缩仪，离心机，100μL微量注射器，Micropark - C_{18}（250mm，6mm）不锈钢色谱柱。

（三） 检测步骤

1. 样品中游离棉酚的提取

（1）植物油 取油样1.000g，加入5mL无水乙醇，剧烈振摇2min，静置分层，取上清液过滤，离心。

（2）水溶性样品 取样品10.0mL于离心试管中，加入10mL无水乙醚，振摇2min，静置5min，取上层乙醚层，用氮气吹干，用1.0mL无水乙醇溶解，用0.45μm微孔滤膜过滤。

2. 标准曲线制备

（1）棉酚标准储备液及工作液的配制 精密称取0.1000g棉酚纯品，用无水乙醚溶解，并定容至100mL，为棉酚标准储备液（1.0mg/mL）。取棉酚储备液5.0mL于100mL容量瓶中，用无水乙醇定容至100mL，为棉酚工作液（50μg/mL）。

（2）色谱分析条件 柱温40℃；流动相，甲醇：磷酸水溶液 = 85：15；测定波长235nm；流量1.0mL/min；进样10μL。

（3）绘制标准曲线 准确吸取2.00，4.00，6.00，8.00，10.00mL的棉酚工作液于10mL容量瓶中，用无水乙醇稀释至刻度，进样10μL，根据响应值绘制标准曲线。

（4）样品分析 取10μL样品溶液进行HPLC分析，根据保留时间确定游离棉酚，根据峰高从标准曲线上查出游离棉酚的含量。

（5）结果计算

$$X = 5\rho/m \qquad\qquad (4-1)$$

式中 X——样品中棉酚的含量，mg/kg；

ρ——从标准曲线查出的游离棉酚的含量，$\mu g/mL$；

m——样品质量，g。

（四） 注意事项

（1） 对油溶性样品用无水乙醇提取其中的游离棉酚，对水溶性产品则用无水乙醚提取。

（2） 棉酚提取液及流动相均用 $0.45\mu m$ 或 $0.2\mu m$ 的微孔滤膜过滤。

二、 河豚毒素

河豚毒素（tetrodotoxin，TTX）是豚毒鱼类中的一种神经毒素，为氨基全氢喹唑啉型化合物，分子式 $C_{11}H_{17}O_8N_3$，相对分子质量 319.27。TTX 是一种毒性极强的天然毒素，经腹腔注射对小鼠的 LD_{50} 为 $8.7\mu g/kg$，其毒性是氰化钠的 1000 多倍。TTX 除在豚毒鱼类中广泛存在外，在两栖动物、软体动物、棘皮动物及甲壳动物等近百种动物中也广泛存在。TTX 作为一种钠离子通道阻断剂具有镇痛和解毒等生理功能。TTX 主要分布于河豚鱼的肝脏、卵巢、血液和皮肤中。肌肉一般视为无毒，但如鱼体死后时间较长，内脏和血液中的毒素将会慢慢渗入到肌肉中，引起中毒。河豚毒素的毒力单位一般以鼠单位（MU）表示，即在 30min 内杀死一只 20g 左右的雄性 ddy 小鼠的毒素量，根据每克河豚组织中所含毒素的多少，可将河豚组织的毒力分成四个等级：20000MU 以上为"猛毒"或"剧毒"；2000～20000MU 之间为"强毒"；200～2000MU 之间为"弱毒"；100MU 以下为"无毒"。据测定，在产卵期间，红鳍圆豚肝脏的毒力为 24×10^6MU，紫圆豚肝脏的毒力为 65×10^6MU，毒性剧烈。

TTX 的检测方法主要有小鼠单位法、荧光分光光度法、高压液相色谱法（HPLC）、酶联免疫吸附法（ELISA）、毛细管电泳法（CE）和液相色谱－荧光检测法等。荧光分光光度法定量测定 TTX 的原理是，TTX 在碱性条件下水解后生成 2－氨基－6 羟甲基－8－羟基喹唑啉（简称 C_9 碱），该物质在 370nm 光激发下，在 495nm 处有最大发射波长，通过检测该物质的荧光强度实现 TTX 的定量。该方法的检出限为 0.34～10.0mg/L。除 $N，N$－二甲酰胺可轻度增强荧光外，其他多种试剂对反应均无影响。ELISA 法检出限低，可达到 0.01mg/L，但需要制备抗 TTX 的特异性单克隆抗体（McAb）。本实验介绍液相色谱－荧光检测法（GB/T 23217—2008）定量测定 TTX。该方法适用于河豚鱼、织纹螺、虾、牡蛎、花蛤、鱿鱼中河豚毒素的测定与确证。本标准方法的检出限为 0.05mg/kg。

（一） 检测原理

液相色谱－荧光检测法原理是样品中 TTX 经酸性甲醇提取浓缩后，过 C_{18} 固相萃取小柱净化，液相色谱柱后衍生，然后用荧光检测器测定，外标法定量。在定量前，本方法还需液相色谱－串联质谱法确证，请参照 GB/T 23217—2008 介绍。

（二） 主要试剂与仪器

1. 试剂

甲醇、乙酸、甲酸为色谱纯，其它试剂为分析纯。乙酸铵缓冲液：称取 4.6g 乙酸铵和 2.02g 庚烷磺酸钠，加入约 700mL 水溶解，以乙酸调节 pH 为 5.0，以水稀释至 1.0L。

4.0mol/L 氢氧化钠溶液：称取 160g 氢氧化钠，以水溶解并稀释至 1.0L。河豚毒素标准物质（tetrodotoxin，分子式 $C_{11}H_{17}N_3O_8$，CAS 4368 - 28 - 9）：纯度≥98%。

标准储备液（100mg/L）：准确称取河豚毒素 10.0mg，用少量水溶解后以甲醇定容至 100mL，该标准贮备液置于 4℃冰箱中保存。标准工作液：根据需要取适量标准储备液，以 0.1% 甲酸水溶液 + 甲醇（9 + 1，体积比）稀释成适当浓度的标准工作液。标准工作液当天现配。基质标准工作液：以空白基质溶液配制适当浓度的标准工作液。基质标准工作液要当天配制。

2. 仪器与设备

C_{18} 固相萃取柱（500mg/3mL），用前依次以 3mL 甲醇、3mL 1% 乙酸溶液活化，保持柱体湿润，滤膜（0.2μm）及 1mL 离心超滤管（截留相对分子质量为 3000），旋涡振荡器、超声波发生器、减压浓缩装置、固相萃取装置、真空泵（真空度应达到 80kPa）、离心机（转速达 4000r/min 及 13000r/min，配有酶标转子）、冷冻高速离心机（转速达到 18000r/min，可制冷 4℃）。

液相色谱仪（带有荧光检测器与柱后衍生装置）。

（三）检测步骤

1. 样品制备

取出有代表性样品可食部分约 500g，切成小块，放入组织捣碎机均质，充分混匀，装入清洁容器内，并标记。

2. 样品保存

试样于 -18℃以下保存，新鲜或冷冻的组织样品可在 2 ~ 6℃贮存 72h。

3. 提取

称取 5.00g 匀浆样品置于 50mL 聚丙烯离心管中，加入 20mL 1% 乙酸的甲醇溶液，旋涡振荡 2min，50℃水浴超声提取 20min，4000r/min 离心 5min，取上清液，在残渣中再加入 20mL 1% 乙酸的甲醇溶液，重复以上步骤，合并上清液，过滤至 100mL K - D 浓缩瓶中，60℃旋转蒸发浓缩至近干，加入 2mL 1% 乙酸溶液，振荡洗涤浓缩瓶，转移至 10mL 聚丙烯离心管中，4℃下于 18000r/min 离心 10min，取上清液待净化。

4. 净化

将上清液以约 1mL/min 的流速过柱，用 10mL 1% 乙酸溶液洗脱，合并流出液与洗脱液，置于 25mL K - D 浓缩瓶中，于 60℃下减压浓缩至近干，用 1% 乙酸溶液定容 1.0mL，过 0.2μm 滤膜，供液相色谱分析。

5. 空白基质溶液的制备

称取阴性样品 5.00g，按上述相同的方法操作。

6. 测定条件

（1）液相色谱参考条件　色谱柱：Purospher Star PR - 18e C_{18} 柱，5μm，250mm × 4.6mm（内径）或相当者；柱温：30℃；流动相：乙腈 - 乙酸铵缓冲液（1 + 19）；流速：

1.0mL/min；激发波长：385nm，发射波长：505nm；进样量：40.0/μL。

（2）柱后衍生参考条件　衍生溶液：4.0mol/L 氢氧化钠溶液；衍生溶液流速：0.5mL/min；衍生管温度：110℃。

（3）色谱测定　根据样品中被测物的含量情况，选取响应值适宜的标准工作液进行色谱分析。标准工作液和待测样液中河豚毒素的响应值应在仪器线性响应范围内。标准工作液与待测样液等体积进样。在上述色谱条件下，河豚毒素的参考保留时间约为 10.3min，根据标准溶液色谱峰的保留时间和峰面积，对样液的色谱峰进行定性并外标法定量。

7. 确证

由于影响河豚毒素定性及定量的因素较多，在定量前，有条件的实验室还需液相色谱–串联质谱法确证，具体请参照 GB/T 23217—2008 介绍。

（四）注意事项

样品操作过程中应防止样品受到污染或发生残留物含量的变化。由于河豚毒素为剧毒物质，对于可能含有河豚毒素的产品，应避免直接接触或误食，相关的器皿和器具可以采用4%碳酸钠溶液浸泡加热去毒处理。实验完成后，剩余的实验材料要妥善处理，以免造成中毒。

三、 贝类中麻痹性毒素

麻痹性贝类毒素（paralytic shellfish poison，PSP）广泛分布于全球各大海域，是一类对人类健康有较大危害的海洋生物毒素。水体中的藻类是麻痹性贝毒的主要来源，现已知海洋中有 13 种单细胞的甲藻类可产生麻痹性贝毒。贝类因滤食有毒藻而在体内积累素毒。PSP 除存在于贻贝、石房蛤外，还见于某些扇贝、腹足类和蟹类中。PSP 在水产动物体内并不是均匀分布的，而是因种类不同、器官不同而有所差异，并有明显的季节变化。对大西洋沿岸的调查表明，软体动物大多数种类的消化系统夏季含毒量最高，鳃和卵巢次之，肌肉含量较低，秋季毒含量下降。

PSP 是一类四氢嘌呤的衍生物，到目前为止，已经证实结构的 PSP 有 20 多种。根据基团的相似性，PSP 可以分为：氨甲酰基类毒素（Carbamoyl compounds）：如石房蛤毒素（saxiltoxins，STX）、新石房蛤毒素（neosaxitoxins，neoSTX）、膝沟藻毒素 1 ~ 4（gonyautox-insGTX1 ~ 4）；N–磺酰氨甲酰基类毒素（N–sulfocarbamoyl compounds）：如 C1 ~ 4、GTX5、GTX6；脱氨甲酰基类毒素（decarbamoyl compounds）：如 dcSTX、dcneoSTX、dcGTX1 ~ 4；脱氧脱氨甲酰基类毒素（deoxydecarbomyl compounds）：如 doSTX、doGTX2, 3 等。据报道，PSP 的毒性因组分不同而差异较大，毒性较高的为氨甲酰基类，而氨甲酰基–N–磺基类毒素的毒性较低。PSP 易溶于水且对酸和热稳定，在碱性条件下易分解失活。PSP 是一类神经肌肉麻痹剂，其毒理主要是通过对细胞内钠通道的阻断，造成神经系统传输障碍而产生麻痹作用。中毒的临床症状首先是外周麻痹，从嘴唇与四肢的轻微麻刺感和麻木直到肌肉完全丧失力量，呼吸衰竭而死。症状通常在 5 ~ 30min 出现，12h 内死亡。PSP 的毒性很大，与河豚毒素相当，摄入这种贝毒仅1mg就可导致人死亡。国际许可的安全剂量为100g贝肉中含有相当于80μg以下的STX的毒量。

PSP的检测方法主要有高效液相色谱法、小鼠单位法及细胞毒性试验法等。小鼠生物测试法是检测PSP的传统方法，经过一系列改进后，它是现在唯一国际认可的定量检测PSP方法（Association Official Analytial Chemists，AOAC）。小鼠生物测试法的优点是技术容易掌握、不需要专门的仪器设备，但检测的敏感性与小白鼠的品系关系很大，使得该方法的特异性和精确度不高。利用离子交换型层析法可分离贝类PSP中的STX、neoSTX和GTX1－6，分离的PSP组分在碱性条件下通过氧化作用，可衍生为荧光化合物。将这一氧化反应作为柱后的反应系统与HPLC相结合，即可敏感、专一地定量检测各种PSP毒素。实验证明，柱后衍生HPLC法与生物测试的结果有很好的相关性，灵敏度更高。而且，与其他的检测方法相比，最大的优点是能从少量的粗样中定量分析PSP的毒性成分。但这种方法需要不同结构的PSP毒素标准品。利用高效液相色谱－质谱（LC－MS）则可以直接对样品中的PSP进行分离、定性和定量。目前主要采用动物法测定PSP含量。本实验主要介绍小鼠单位法的测定，以掌握该方法测定贝类PSP的基本技术。

（一）检测原理

GB/T 5009.213—2008规定了麻痹性贝类毒素的检验方法。该标准采用传统的小鼠生物法。鼠单位的定义为：对体重为20g的ICR雄性小鼠腹腔注射1mL麻痹性贝类毒素提取液，使其在15min时杀死小鼠所需的最低毒素量。采用石房蛤毒素（saxitoxin）作为毒素的标准品，将鼠单位换算成毒素的微克数。根据小鼠注射贝类提取液后的死亡时间，查出鼠单位，并按小鼠体重，校正鼠单位，计算确定每100g贝肉内的PSP的微克数。所测的结果代表存在于贝肉内各种化学结构的PSP毒素的含量。

（二）主要试剂及仪器

盐酸、氢氧化钠等均为分析纯。体重19～21g ICR品系的雄性健康小白鼠。

石房蛤毒素（saxitoxin，$C_{10}H_{11}N_7O_4 \cdot 2HCl$）标准溶液（100μg/mL）：用蒸馏水水配制20%（体积分数）的乙醇溶液，用5mol/L盐酸调节pH至2.0～4.0，用上述溶液配制石房蛤毒素。

（三）检测步骤

1. 样品中PSP的提取

用清水将牡蛎外表彻底洗净，切断闭壳肌，开壳，用清水淋洗内部去除泥沙及其他外来物，取出贝肉。收集约200g肉于10号筛子中沥水5min，检出碎壳等杂物后匀浆。取100g已均质的贝肉于烧杯中，加100mL 0.18mol/L的HCl溶液，充分搅拌，使pH为2.0～4.0。将混合物加热并煮沸5min。冷却后离心5min（3000r/min），取上清液作为样品液。

2. PSP标准工作液的配制

精密称取10.00mg贝类毒素标准品（saxitoxin）于100mL容量瓶中用盐酸酸化的20%乙醇（pH 2～4）定容至100mL。此溶液可无限期保存。

用移液管取 1mL 标准液于 100mL 容量瓶中，用盐酸酸化的蒸馏水（pH 3）定容至 100mL，配成 1μg/mL 的标准工作液。该溶液在 3～4℃ 能稳定数周。分别用 10、15、20、25 和 30mL 水稀释 10mL 浓度为 1μg/mL 的标准工作液，稀释液的 pH 应为 2～4。

3. 中位数死亡时间的标准液选择

将各种稀释度的标准工作液各 1mL 腹腔注射数只小鼠，选择中位死亡时间为 5～7min 的浓度剂量。如某浓度稀释液已达到要求，还需以 1mL 水的增减量进行补充实验。例如：用 25mL 水稀释的 10mL 标准液在 5～7min 内杀死小鼠，还需进行（24 + 10）和（26 + 10）的稀释度试验。

以 10 个小鼠为一组，用中位数死亡时间在 5～7min 范围内的二种（最好是三种）稀释度的标准液注射小鼠。记录小鼠腹腔注射完毕至停止呼吸的所需死亡时间。

每只小鼠事先称重，精确到 0.5g。死亡时间的最短间隔为 5s，即 7s 校正为 5s，8s 校正为 10s，如表 4 – 1 所示。

4. 毒素转换系数的计算

根据所选稀释液注射的 10 只小鼠的死亡时间为 5～7min 之间的死亡时间，由表 4 – 1 和表 4 – 2 分别查出鼠单位和重量校正因子，两者相乘求得每毫升稀释液的校正鼠单位。将所选稀释液每毫升实际毒素含量的微克数（以 Saxitoxin 计）除以 CMU 值便得到毒素转换系数（CF），即 CF = μgSAX. /CMU。

计算每组 10 只小鼠的平均 CF 值，再取其组间平均值，并以此作为标准作常规检测。

5. 小鼠试验

将小鼠称重并记录重量，注射三只小鼠，每只小鼠注射 1mL 提取液。注射完毕后用秒表记录死亡时间。若小鼠中位死亡时间小于 5min，则要进行稀释再注射另一组小鼠。

6. 样品中 PSP 毒力计算

根据每只小鼠的死亡时间，查表 4 – 1 得出相应的每毫升注射液的鼠单位数 MU，再查表 4 – 2 得出质量校正系数。质量校正系数乘以该只小鼠的 MU 便得到 CMU。计算该组小鼠的中位数 CMU（将存活鼠的死亡时间视为大于 60min）。以中位数按下式计算样品中 PSP 的含量。

$$\mu g\ PSP/100g\ 肉\ =\ 中位数\ CMU/mL \times CF \times DF \times 200 \qquad (4-2)$$

式中　中位数 CMU/mL——样品的校正鼠单位；

　　　　　　CF——由标准 PSP 工作液测定的毒素转换系数；

　　　　　　DF——样品溶液的稀释倍数。

（四）注意事项

（1）STX 作为剧毒品已被收入《化学武器公约》中禁止化学品的第二类清单。STX 标准品及检测到有毒的水产品应妥善处理。

（2）给小鼠做腹腔注射时应熟练操作。若有一滴以上提取液溢出就必须重新注射一只小鼠，并妥善处理所用小鼠。

表 4-1　　　　　　　　　　　　PSP 死亡时间-鼠单位的关系

时间	鼠单位	时间	鼠单位	时间	鼠单位	时间	鼠单位	时间	鼠单位
1：00	100	2：45	4.26	4：20	2.26	6：30	1.48	12：00	1.05
1：10	66.2	2：50	4.06	4：25	2.21	6：45	1.43	12：15	1.00
1：15	38.3	2：55	3.88	4：30	2.16			12：20	0.96
1：20	26.4			4：35	2.12	7：00	1.39	12：25	0.93
1：25	20.7	3：00	3.70	4：40	2.08	7：15	1.35	12：30	0.92
1：30	16.5	3：05	3.57	4：45	2.04	7：30	1.31	12：40	0.90
1：35	13.9	3：10	3.43	4：50	2.00	7：45	1.28	12：50	0.88
1：40	11.9	3：15	3.31	4：55	1.96				
1：45	10.4	3：20	3.19			8：00	1.25		
1：50	9.33	3：25	3.08	5：00	1.92	8：15	1.22		
1：55	8.42	3：30	2.98	5：05	1.89	8：30	1.20		
		3：35	2.88	5：10	1.86	8：45	1.18		
2：00	7.67	3：40	2.79	5：15	1.83				
2：05	7.04	3：45	2.71	5：20	1.80	9：00	1.16		
2：10	6.52	3：50	2.63	5：30	1.74	9：30	1.13		
2：15	6.06	3：55	2.56	5：40	1.69				
2：20	5.66			5：45	1.67	10：00	1.11		
2：25	5.32	4：00	2.50	5：50	1.64	10：30	1.09		
2：30	5.00	4：05	2.44						
2：35	4.73	4：10	2.38	6：00	1.60	11：00	1.08		
2：40	4.48	4：15	2.32	6：15	1.54	11：30	1.06		

表 4-2　　　　　　　　　　　　小鼠体重校正表

小鼠重量/g	鼠单位	小鼠重量/g	鼠单位	小鼠重量/g	鼠单位	小鼠重量/g	鼠单位	小鼠重量/g	鼠单位
10.0	0.50	13.0	0.675	16.0	0.84	19.0	0.97	22.0	1.05
10.5	0.53	13.5	0.70	16.5	0.86	19.5	0.985	22.5	1.06
11.0	0.56	14.0	0.73	17.0	0.88	20.0	1.00	23.0	1.07
11.5	0.59	14.5	0.76	17.5	0.905	20.5	1.015		
12.0	0.62	15.0	0.785	18.0	0.93	23.0	1.03		
12.5	0.65	15.5	0.81	18.5	0.95	23.5	1.04		

四、 贝类中腹泻性贝类毒素

腹泻性贝类毒素 （Diarrhetic shellfish poison，DSP）是一类脂溶性物质，其化学结构是聚醚或大环内酯化合物。根据这些成分的碳骨架结构，可以将它们分成三组：酸性成分的大田软海绵酸及其衍生物如大田软海绵酸 （okadaic acid，OA）和鳍藻毒素 1－3 （dinophysistoxin，DTX1－3）；中性成分的大环内酯如蛤毒素 1－7 （pectonotoxin，PTX1－7）；磺化毒素成分如扇贝毒素 （yessotoxin，YTX）。积累这类毒素的贝类主要有日本栉孔扇贝 （Dhlamys nipponensis）、凹线蛤蜊 （Mucta sulcatara）、牡蛎 （Ostrea sp.）、凤螺 （Strombus Sp）、紫贻贝 （Mytilusedulis）、扇贝 （Pecten albicans）、中国蛤蜊 （Mactrachinensis）及蛤仔 （Ruditaoes phlippinarum）等。DSP 的直接生产者也是海洋藻类。能产生 DSP 的藻类主要是甲藻如鳍藻属和原甲藻属的一些藻类。三类毒素的毒理作用各不相同。OA 对小鼠腹腔注射的半致死剂量为 160μg/g，会使小鼠或其他动物发生腹泻，并且具有强烈的致癌作用。PTX 对小鼠的半致死剂量为 16～77μg/g，主要作用是肝损伤。磺化毒素对小鼠的半致死剂量是 10μg/g，主要破坏动物的心肌。

能引起动物腹泻的 DSP 主要是 OA 和 DTX1－3。中毒症状为腹泻、呕吐、腹痛和头痛。发病时间在食后 0.5～14h 不等，一般 48h 内恢复健康。一般止泻药不能医治。

检测贝类组织中 DSP 的方法主要是小鼠单位法，即测定小鼠急性中毒的毒量。该方法是 AOAC 标准方法，也是目前国家规定的标准检测方法 （GB/T 5009.212—2008）。其测量单位是鼠单位 （MU），即腹腔注射 0.5～1.0mL 毒素溶液，在注射后使体重 16～20g 小鼠致死的毒素量，定义为一个鼠单位。1MU 相当于 3.2μgDTX1。这种方法不需要大型仪器，操作简单，但测定的检出限依赖于小鼠的品系，使结果的重现性差。细胞毒性试验法是基于 DSP 对某些细胞的毒性，能抑制其生长，毒素剂量与细胞的生长成反比。通过测定细胞的生长来测定毒素的剂量。这种方法与小鼠生物法有极好的相关性，但灵敏度较小鼠生物法差。常用的细胞有 L1210 小鼠白血病细胞及 BGM 细胞等。HPLC 法是目前用于 DSP 不同结构组成分析及鉴定最常用的方法。利用 HPLC 能直接分离贝类原料中的不同结构的 DSP，通过将 DSP 转化成荧光酯类衍生物，通过测定分离组分的荧光强度，并与 DSP 标准品的荧光衍生物相比较，可实现 DSP 的定性与定量分析。能与 DSP 反应生成荧光产物的化合物主要有 9－蒽基叠氮甲烷 （ADAM）、4－溴甲基－6，7－二甲氧基香豆素 （BrDMC）及 9－氯甲基蒽 （CA）等。由于 ADAM 极不稳定，而且价格昂贵，BrDMC 的选择性不如 ADAM，所以现在大多用 CA 作为衍生化试剂。HPLC 结合质谱分析 （LC－ISMS），则可直接对贝类中 DSP 的种类和含量进行分析鉴定。

小鼠单位法在贝类中麻痹性毒素检测时已介绍，本次介绍高效液相色谱分离荧光检测器检测分析贝类中腹泻性贝类毒素含量。

（一） 检测原理

贝类组织中的 DSP 经甲醇提取并用 CA 衍生化，变成能产生荧光的衍生物，用固相萃取柱提取其中的 DSP 衍生物后，用反相色谱柱分离，并与标准品比较可确定贝类 DSP 的种类和含量。

（二）检测材料、试剂及仪器

1. 检测材料

扇贝。

2. 试剂

OA、DTX1 标准品。

甲醇、二氯甲烷、正己烷、无水硫酸钠、9 - 氯甲基蒽（CA）、四甲基氢氧化胺（TMAH）、乙腈。

3. 仪器与设备

电动匀浆器；Beckman 114M 高效液相色谱仪 ［Jasco 821 - FP 荧光检测器、Beckman210 手动进样器、Supelco 反相 C_{18} 柱（4.6mm × 150mm，5μm）］；硅胶基固相萃取柱（SPE，Supelco，USA）。

（三）检测步骤

1. DSP 的提取

将购自市场的鲜活扇贝，用刀切开闭壳肌取出贝肉，称取 100g 贝肉仔细切取全部中肠腺，将中肠腺匀浆。取 1g 匀浆后的中肠腺加 6mL 80%（体积分数）甲醇后匀浆 2min，离心取上清液。残渣加 2mL 80% 甲醇继续匀浆 2min，离心取上清液。合并两次离心上清液。将上清液转入分液漏斗中用 15%（体积分数）二氯甲烷/正己烷溶液脱脂三次（每次 15mL），加 5mL 水，再用 50%（体积分数）二氯甲烷/正己烷溶液萃取三次（每次 15mL）。合并二氯甲烷层，用无水硫酸钠脱水后蒸发至干。用甲醇定容至 1mL。得到 DSP 提取液。

2. DSP 的衍生化

取 25 ~ 50μL 样品 DSP 溶液于 1mL Eppendorf 管中，于室温下用氮气吹干。加入 400μL TMAH 溶液（0.8mmol/L，用乙腈稀释），于 40℃ 保温 2min，使 DSP 充分溶解。用氮气吹干。加入 400μL CA 溶液（0.8mmol/L，用乙腈溶解）于 90℃ 反应 1h。冷却至室温，用氮气吹干。加入 300μL 50%（体积分数）二氯甲烷/正己烷溶液，溶解衍生化的 DSP。

OA 和 DTX1 标准的衍生化按上述同样进行衍生化。

3. 衍生化 DSP 的提取

取两支硅胶基固相萃取柱，一支依次用 6mL 二氯甲烷和 6mL 50%（体积分数）二氯甲烷/正己烷溶液活化（记为 A），另一支只用 6mL 二氯甲烷活化（记为 B）。将 300μL 衍生化的 DSP 全部转移至 A 萃取柱中，同时将 Eppendorf 管用 300μL 50% 二氯甲烷/正己烷淋洗两次，并将淋洗液全部转移至 A 萃取柱中，弃去流出液。再分别用 6mL 50% 二氯甲烷/正己烷溶液和 1mL 1% 甲醇/二氯甲烷溶液洗 A 萃取柱一次，并弃去流出液。将 B 柱与 A 柱出口相接，在 A 柱加 7mL 5% 甲醇/二氯甲烷溶液，收集 B 柱出口的流出液。室温下用氮气吹干，用 2mL 流动相溶解，供 HPLC 分析用。

4. HPLC 分析

流动相：乙腈/甲醇（75/25，体积分数），流速 1.0mL/min；激发波长：365nm；发射波长：412nm；进样量 50μL。

5. DSP 组分确定及含量计算

通过与标准 DSP 洗脱时间对比进行定性，内标法确定含量。

（四） 注意事项

（1） 进行 DSP 的衍生化反应之前，加入 TMAH 的作用是 TMAH 与 DSP 形成盐，过量的 TMAH 会影响后续的衍生化反应。因此在加入 TMAH 与 DSP 完全反应后，要用氮气彻底除去过量的 TMAH。

（2） 在用固相萃取柱提纯 DSP 衍生物时要注意正确的活化方法。

五、 记忆缺失性贝类毒素

记忆缺失性贝类毒素 （amnesic shellfish toxin，ASP） 是一类存在于赤潮藻类中的硅藻属如多列尖刺菱形藻 （*Nitzsch pungens f. multiseries*） 中的毒素。中毒症状包括恶心、呕吐、腹痛、腹泻等，同时有昏眩、昏迷等类似神经性中毒症状，永久性丧失部分记忆是此类中毒后的典型特征，因此它被称为记忆缺失性贝类毒素。ASP 的主要成分是软骨藻酸 （do-moicacid，简称 DA） 是一种具有生理活性的氨基酸类物质。因最早从红藻属的树枝软骨藻 （*Chondria armata*） 中分离出来而被命名为软骨藻酸。双壳贝类因滤食海洋微藻而积累 ASP。到目前为止，已从紫贻贝 （*Myltilus edulis*）、扇贝 （*Pecten maximus*）、文蛤 （*Callistachione*） 等贝类体内以及鳀鱼、鲭鱼和石蟹的内脏中检测到了软骨藻酸。美国食品药品管理局 （FDA） 将它确定为 4 种主要海洋生物毒素之一，并规定贝肉中软骨藻酸的安全剂量为 20μg/g。我国也于 2003 年 9 月 2 日发布了 GB/T 5009.198—2003 《贝类记忆丧失性贝类毒素软骨藻酸的测定》。

小白鼠生物检测方法首先被应用于记忆缺失性贝类毒素的检测，该方法是 AOAC 标准方法。但小鼠生物法的最低检出限为 50μg/g，远高于美国 FDA 规定的贝类食品中 ASP 的限量标准。为了提高贝类样品中 ASP 检测的灵敏度，陆续开发了以仪器分析为基础的 ASP 检测技术。目前，用于贝类食品中 ASP 检测的仪器分析法主要有高效液相色谱法 （HPLC） 和毛细管电泳法 （CE）。用一定的溶液提取贝类食品中的 ASP，用 C_{18} 反相高效液相色谱柱分离其中的 DA。根据 DA 的紫外吸收特性，用 UV 检测器进行检测，并通过与标准 DA 的色谱行为进行比较完成贝类食品中 ASP 的定性与定量。这种方法的检出限为 0.5μg/g，是小鼠生物法的 100 倍。将贝类的 ASP 提取液事先用离子交换柱去除部分杂质后，再进行 HPLC 分析，则检出限可提高到 0.02 ~ 0.03μg/g。去除杂质后，再用荧光衍生化进行衍生化，则检出限提高到 0.006μg/g。毛细管电泳法是近几年发展起来的海洋生物毒素分离检测技术之一，它的基本原理是带电粒子因其不同的质荷比在电场中具有不同的迁移速度而得到分离。软骨藻酸分子中的官能团使其具有质子化的能力，因此它能产生带电粒子并易于毛细管电泳分离。毛细管电泳法的检出限与 HPLC 法相当。另外，ASP 检测还有 ELISA 检测试剂盒。

本次实验主要介绍贝类食品中 ASP 的提取、纯化方法和毛细管电泳法测定贝类食品中 ASP 含量的方法。

（一）检测原理

贝类组织中的 ASP（主要是 DA）用甲醇溶液提取，并经离子交换树脂纯化，用毛细管电泳分离其中的 DA，并与标准 DA 的电泳行为比较进行定量。

（二）主要试剂与仪器

DA 标准品、MUS－1 标准物质（贝类组织参照物，DA 含量 98μg/g）、四硼酸钠（分析纯）、乙腈（色谱纯）、甲醇（色谱纯）、甲酸（色谱纯）。

BioFocus 300 自动毛细管电泳仪（Bio－Rad Laboratories），配紫外检测器、组织匀浆器、高速离心机、精密 pH 计。

阴离子交换柱（SAX：Part No. 1210－2044，Lot No. 182639，Varian）、阳离子交换柱（SCX：Part No. 1211－3039，Lot No. 171069，Varian）、0.45μm 微孔滤膜。

（三）检测步骤

1. 贝类组织中 ASP 的提取

将购自市场的鲜活扇贝，用刀切开闭壳肌取出贝肉匀浆，取 4g 匀浆物加 16.0mL 甲醇－水（1∶1，体积分数）溶液继续匀浆 3min，在 4500r/min 下离心 10min，将上清液用 0.45μm 微孔滤膜过滤后得到 ASP 粗提取液。

2. ASP 溶液的初步提纯

将 SAX 柱依次用甲醇、水、甲醇－水（1∶1，体积比）预处理。取 5.0mLASP 粗提液加入到 SAX 柱使液体流出，再用 5mL 乙腈－水（1∶1，体积分数）以 1 滴/s 的速度洗脱杂质。最后，用 5mL 甲酸溶液（0.1mol/L）洗脱吸附在柱上的 DA。

将 SCX 柱依次用甲醇、水和 0.1mol/L 甲酸处理。加入 5mL 从 SAX 柱上洗脱的 DA 溶液，用 5mL 甲酸溶液（0.05mol/L）洗去杂质。最后用 6mL 的硼酸钠（25mmol/L，pH 9.2）－乙腈（9∶1，体积分数）洗脱，收集 4~6mL 的含 DA 洗脱液用于毛细管电泳分析。

3. DA 的毛细管电泳－紫外检测分析（CE－UV）

非涂渍石英毛细管柱，检测波长 242nm，分离电压 15.0kV，柱温 25℃，压力进样 41.37kPa×1s，冲洗及运行缓冲液为 25mmol/L 硼酸溶液。

在两样电泳条件下，以 2μg/mL 的 DA 标准溶液进行 CE－UV 分析。

4. 扇贝样品中 DA 的定性与定量

通过与标准 DA 的电泳行为比较进行定性，以外标法进行定量。

六、　蔬菜中硫代葡萄糖苷

硫代葡萄糖苷（glucosinolates，GS）是广泛存在于油菜、甘蓝、芥菜及萝卜等十字花科植物中的一类含硫次级代谢产物。目前已鉴定出的天然硫代葡萄糖苷有 100 多种。GS 在组成上都有一个相同的母体，区别则在于支链 R 的结构不同。根据 R 基团的结构特征，可将硫苷分为三大类：脂肪族（第一类）、芳香族（第二类）和吲哚型（第三类）。

GS 本身是一稳定的化合物，但在芥子酶（myrosinases）或胃肠道中的细菌酶的催化作用下，会发生降解并生成多种降解产物。硫苷与芥子酶隔离共存于植物体内，当植物的器官受损或对植物加工时它们相接触导致硫苷降解。硫苷和它的降解产物都具有活跃的生物、化学特性。例如，在食品中赋予产品特殊的风味，从而影响食物的适口性。如芥末、辣根的辛辣味，雪菜的雪菜味等。GS 的降解产物如 5 - 乙烯基噁唑硫酮（OZT）及硫氰酸盐等，这些降解产物能抑制甲状腺素的合成和对碘的吸收，从而引起甲状腺肿大。

GS 的测定方法有高效液相色谱（HPLC）法和比色法。HPLC 法主要用沸腾的甲醇溶液提取样品中的硫代葡萄糖苷，并将提取的 GS 溶液用离子交换柱进行预处理，然后用配备紫外检测器的反相高效液相色谱（RP - HPLC）仪测定。在此方法中，选用了硫代葡萄糖苷类化合物中的一种，即带有一个结晶水的黑芥子硫苷酸钾（相对分子质量 415.49）作为定量分析的内标物。经过多个国际权威实验室的协同试验，共同确定了 16 种以上硫代葡萄糖苷类化合物的仪器保留时间，将色谱图上各类硫代葡萄糖苷的峰面积根据内标物峰面积校正，计算得到其单独含量，累加得到硫代葡萄糖苷类化合物的总量，均以 μmol/g 为单位。该方法已于 1992 年被确认为国际标准（ISO），目前是加拿大谷物委员会（CGC）谷物研究实验室（GRL）出具加拿大双低油菜籽年度质量分析报告时所使用的基准方法。这种方法的优点是能对蔬菜样品中的各种 GS 进行定性和定量分析。

高效液相色谱法是目前报道较多的测定方法。如，我国农业部规定的油菜籽中硫代葡萄糖苷含量的方法（NT/T 1582—2007）。本实验介绍高效液相色谱法测定 GS 总量的方法。

（一） 检测原理

用甲醇 - 水溶液，提取硫代葡萄糖苷，然后在阴离子交换树脂上纯化并酶解脱去硫酸根，再经反相 C_{18} 柱分离，由紫外检测器检测硫代葡萄糖苷，内标法定量。

（二） 试剂及仪器

1. 试剂及溶液配制

硫酸酯酶（EC3.1.6.1），每毫升硫酸酯酶活性单位不低于 0.5，硫酸酯酶溶液应即配即用。葡聚糖凝胶悬浮液：称取 10g DEAE SephadexG - 25 葡聚糖凝胶，浸泡在过量的 2mol/L 醋酸溶液中，静置沉淀，再加入 2mol/L 醋酸溶液，直到液体体积是沉淀体积的 2 倍，于 4℃ 冰箱中存放，待用。甲醇 - 水溶液（70 + 30）。0.02mol/L 醋酸钠溶液：称取 0.272g 醋酸钠（$CH_3COONa \cdot 3H_2O$），加入 800mL 水溶解，用醋酸调节溶液的 pH 至 4.0，加水定容至 1L。6.0mol/L 甲酸咪唑溶液：称取 204g 咪唑，溶解于 113mL 甲酸中，待溶液冷却后加水定容至 500mL。

用丙烯基硫代葡萄糖苷（相对分子质量 415.49）作内标，当样品中含有丙烯基硫代葡萄糖苷时，用苯甲基硫代葡萄糖苷（相对分子质量 447.52）作内标。当样品硫代葡萄糖苷含量低于 20.0pmol/g 时，可将丙烯基硫代葡萄糖苷等内标物质浓度降低为 1.0 ~ 3.0mmol/

L。内标溶液在4℃的冰箱中可存放3周，在 –18℃条件下可保存更长时间，内标溶液的纯度检定参照表4–3执行。

表4–3   脱硫硫代葡萄糖苷的相对校正系数

序号	硫代葡萄糖苷名称		相对校正系数/K_g
	中文	英文	
1	2–羟基–3–丁烯基脱硫硫代葡萄糖苷	desulfoprogoitrin	1.09
2	反式2–羟基–3–丁烯基脱硫硫代葡萄糖苷	desulfoepi – progoitrin	1.09
3	丙烯基脱硫硫代葡萄糖苷	desulfosinigrin	1.00
4	4–甲亚砜丁基脱硫硫代葡萄糖苷	desulfoglucoraphanin	1.07
5	2–羟基–4–戊烯基脱硫硫代葡萄糖苷	desulfogluconapoleiferin	1.00
6	5–甲亚砜戊基脱硫硫代葡萄糖苷	desulfoglucoalyssin	1.07
7	3–丁烯基脱硫硫代葡萄糖苷	desulfogluconapin	1.11
8	4–羟基–3–吲哚甲基脱硫硫代葡萄糖苷	desulfo – 4 – hydroxyglucobrassicin hydroxyglucobrassicin	0.28
9	4–戊烯基脱硫硫代葡萄糖苷	desulfoglucobrassicanapin	1.15
10	苯甲基（苄基）脱硫硫代葡萄糖苷	desulfoglucotropaeolin	0.95
11	3–吲哚甲基脱硫硫代葡萄糖苷	desulfoglucobrassicin	0.29
12	苯乙基脱硫硫代葡萄糖苷	desulfogluconasturtiin	0.95
13	4–甲氧基–3–吲哚甲基脱硫硫代葡萄糖苷	desulfo – 4 – niethoxyglucobmssicin	0.25
14	1–甲氧基–3–吲哚甲基脱硫硫代葡萄糖苷	desulfoneoglucobrassicin	0.20
15	其他	other desulfoglucosinolates	1.00

5.0mmol/L丙烯基硫代葡萄糖苷内标溶液：称取207.7mg丙烯基硫代葡萄糖苷溶解于80mL水中，加水定容至100mL。20.0mmol/L丙烯基硫代葡萄糖苷溶液：称取831.0mg丙烯基硫代葡萄糖苷溶解于80mL水中，加水定容至100mL。35mmol/L苯甲基硫代葡萄糖苷溶液：准确称取223.7mg苯甲基硫代葡萄糖苷溶解于80mL水中，加水定容至100mL。20mmol/L苯甲基硫代葡萄糖苷溶液：准确称取895.0mg苯甲基硫代葡萄糖苷溶解于80mL水中，加水定容至100mL。

流动相 A：超声波脱气 30s 的水。流动相取 200mL 色谱级乙腈，加入 800mL 水，混匀，超声波脱气 30s。

2. 仪器与设备

聚丙烯离子交换微柱（底部筛板为 100 目），离心机（5000g），0.45μm 水溶性微孔滤膜，色谱柱：填料颗粒小于或等于 10 的反相 C$_{18}$ 或 Cs 柱，高效液相色谱仪（具备梯度洗脱，柱温可控制在 30℃，带紫外检测器）。

（三）检测步骤

1. 硫代葡萄糖苷的提取

分别称取 200.0mg 待测试样至 A、B 两支离心管中。将离心管于 75℃ 水浴 1.0min，加入 2.0mL 沸甲醇 – 水溶液（70 + 30）后，立即加入 200μL 5mmol/L 内标溶液至 A 管中，200μL 20mmol/L 内标溶液至 B 管中。75℃ 水浴 10min，其间每隔 2min 取出离心管在旋涡混合器上旋涡混合，然后取出离心管冷却至室温，5000 × g 离心 3min，分别转移上清液至 10mL 刻度试管 A′、B′ 中。

分别向 A、B 管中再加入 2.0mL70% 沸甲醇 – 水溶液（70 + 30），75℃ 水浴约 30s，涡旋混匀后，75℃ 水浴 10min，其间每隔 2min 取出涡旋混合，取出离心管冷却至室温，5000g 离心 3min，分别转移上清液至原刻度试管 A′、B′ 中。用水调节 A′、B′ 管中的提取液至 5.0mL，混匀。此提取液在低于 – 18℃ 的暗处可保存 2 周。

2. 离子交换柱的制备

将聚丙烯离子交换柱垂直置于试管架上。取 0.5mL 充分混匀的葡聚糖凝胶悬浮液至每一离子交换柱中（勿黏附柱壁）。静置待液体排干后，取 2.0mL 6mol/L 甲酸咪唑溶液冲洗树脂，排干后，再用 1.0mL 水冲洗树脂两次，每次均让水分排干。

3. 纯化、脱硫酸根

取 1.0mL 提取液缓缓加入已准备好的离子交换微柱中（勿搅动表面），待液体排干后，分别加入 1mL 0.02mol/L 醋酸钠溶液两次，每次加入后均让液体排干。加入 100pL 硫酸酯酶溶液至离子交换微柱，35℃ 条件下反应 16h。分别用 1.0mL 水冲洗离子交换微柱 2 次，洗脱液收集于试管中。用水将洗脱液定容至 5.0mL，充分混匀后，用 0.45μm 的微孔滤膜过滤，待进样。洗脱液在 – 18℃ 暗处可存放 1 周。

4. 空白试验

用相同的样品进行相同的前处理，但不加内标物质，以检定样品中内标物质是否存在。

5. 色谱测定

（1）仪器条件　流动相流速为 1.0mL/min，柱温 30℃，紫外检测器检测波长 229nm。

（2）洗脱梯度　不同有分离柱，洗脱梯度不同。Spherisorb C$_{18}$ 柱，10μm（150mm × 4mm）和 Novapak C$_{18}$ 柱，5μm（150mm × 3.9mm），洗脱梯度见表 4 – 4。LichrosorbR$_{p18}$ 柱，5μm（150mm × 6mm），洗脱梯度见表 4 – 5。Lichrospher R$_{p18}$ 柱，5μm（125mm × 4mm），洗脱梯度见表 4 – 6。

表 4 - 4　　　　　　　　　　Spherisorb C$_{18}$柱和 Novapak C$_{18}$柱洗脱梯度

时间/min	流动相 A 梯度/%	流动相 B 梯度/%
0	15	85
10	100	0
12	100	0
15	15	85
20	15	85

表 4 - 5　　　　　　　　　　　Lichrosorb R$_{p18}$柱洗脱梯度

时间/min	流动相 A 梯度/%	流动相 B 梯度/%
0	100	0
1	100	0
20	0	100
25	100	0
30	100	0

表 4 - 6　　　　　　　　　　　Lichrospher R$_{p8}$柱洗脱梯度

时间/min	流动相 A 梯度/%	流动相 B 梯度/%
0	100	0
2.5	100	0
20	0	100
25	0	100
27	100	0
32	100	0

（3）色谱测定　进样量10μL，记录峰面积。内标法定量。

6. 结果计算

（1）单组分硫代葡萄糖苷含量的计算

①以每克干基脱脂油菜籽中所含硫代葡萄糖苷的物质的量（μmol）表示，按下式计算，计算结果精确到小数点后两位。

$$D_1 = \frac{A_g}{A_s} \times \frac{n}{m} \times K_g \times \frac{1}{1-w} \tag{4-3}$$

式中　D_1——干基脱脂油菜籽中硫代葡萄糖苷含量的数值，μmol/g；

　　　A_g——硫代葡萄糖苷峰面积；

A_s——内标峰面积；

K_g——脱硫硫代葡萄糖苷相对校正系数，如表 4 - 3 所示；

m——试样质量，g；

n——试样中加入内标物的量，μmol；

w——试样中水分、挥发物和含油量之和，%。

②以每克脱脂油菜籽含标准水分及挥发物时所含硫代葡萄糖苷的物质的量（μmol）表示，按下式计算，计算结果精确到小数点后两位。

$$D_2 = \frac{A_g}{A_s} \times \frac{n}{m} \times K_g \times \frac{1}{1 - w} \times (1 - w_s) \tag{4-4}$$

式中 A_g、A_s、n、m、K_g、w 同上式；

D_2——脱脂油菜籽含标准水分及挥发物时硫代葡萄糖苷的含量，μmol/g；

W_s——标准水分及挥发物含量，以质量分数表示，数值为 8.5% 或 9%。

③以每克干基油菜籽中所含硫代葡萄糖苷的物质的量（μmol）表示，按下式计算，计算结果精确到小数点后两位。

$$D_3 = \frac{A_g}{A_s} \times \frac{n}{m} \times K_g \times \frac{1}{1 - w_t} \tag{4-5}$$

式中 A_g、A_s、n、m、K_g 同上式；

D_3——干基油菜籽中硫代葡萄糖苷含量，μmol/g；

W_t——试样中水分及挥发物含量的数值，%。

④以每克油菜籽含标准水分及挥发物时所含硫代葡萄糖苷的物质的量（μmol）表示，按下式计算，计算结果精确到小数点后两位。

$$D_4 = \frac{A_g}{A_s} \times \frac{n}{m} \times K_g \times \frac{1}{1 - w_t} \times (1 - w_s) \tag{4-6}$$

式中 A_g、A_s、n、m、K_g、W_t、W_s 同上式；

D_4——油菜籽含标准水分及挥发物时硫代葡萄糖苷的含量的数值，μmol/g。

（2）硫代葡萄糖苷含量的计算 硫代葡萄糖苷含量等于单组分硫代葡萄糖苷（单组分峰面积应大于峰面积总和的1%）含量的总和，以每克样品中所含硫代葡萄糖苷的微摩尔数表示。如果 A、B 两管硫代葡萄糖苷含量的测定值满足下列精密度的要求，硫代葡萄糖苷的含量为两测定值的算术平均值。计算结果精确到小数点后两位。

精密度要求：

①同一试样、同一方法、同一操作者、同一仪器、同一实验室短期内两次测定值：如果硫代葡萄糖苷含量低于 20.00μmol/g，绝对差值不大于 2.00μmol/g；如果硫代葡萄糖苷含量在 20.00~35.00μmol/g 范围内，绝对差值不大于 4.00μmol/g；如果硫代葡萄糖苷含量大于 35.00μmol/g，绝对差值不大于 6.00μmol/g。

②同一试样、同一方法、不同操作者、不同仪器、不同实验室两次测定值：如果硫代葡萄糖苷含量低于 20.00μmol/g，绝对差值不大于 4.00μmol/g；如果硫代葡萄糖苷含量在

20.00~35.00μmol/g 范围内，绝对差值不大于 8.00μmol/g；如果硫代葡萄糖苷含量大于35.00μmol/g，绝对差值不大于 12.00μmol/g。

七、 苦杏仁中苦杏仁苷含量

氰苷是由腈醇（α - 羟基腈）上的羟基和 D - 葡萄糖缩合而成的 β - 糖苷衍生物。氰苷广泛存在于豆科、蔷薇科、禾本科等的 100 多种植物中。含有氰苷的食源性植物有木薯、豆类和一些果树的种子如杏仁、桃仁、亚麻仁等。另外，一些鱼类如青鱼、草鱼、鲢鱼等的胆汁中也含有氰苷。常见的氰苷有苦杏仁苷（amygdalin）、亚麻苦苷（linamarin）、高粱苦苷（dhurrin）等。氰苷能通过生氰作用而产生毒性很强的氢氰酸（HCN），从而造成对人体的危害。

（一） 检测原理

氰化物在酸性条件下被蒸出吸收于碱性溶液中。在 pH 7.0 的溶液中，用氯胺 T 将氰化物转变为氯化氢，再与异烟酸 – 吡唑酮作用生成蓝色，与标准系列进行比较定量。

（二） 主要试剂及仪器

试银灵（对二甲氨基亚苄罗丹宁）、丙酮、异烟酸、氢氧化钠、吡唑酮、N - 二甲基甲酰胺、氰化钾、乙酸锌、酒石酸、乙酸、氯胺 T，均为分析纯。

蒸馏装置、721 分光光度计。

（三） 检测步骤

1. 标准曲线的制作

（1）异烟酸 – 吡唑酮溶液的配制　取 1.5g 异烟酸溶于 24mL 2% 氢氧化钠溶液中，加水至 100mL。另取 0.25g 吡唑酮溶于 200mL N - 二甲基甲酰胺中，合并上述两种溶液，混匀。

（2）氰化钾标准溶液的配制　取 0.25g 氰化钾溶于水并定容至 3000mL，使用前用0.1% 氢氧化钠溶液稀释成 1μg/mL 氢氰酸，作为氰化钾标准溶液。

（3）标准曲线的绘制　取 0、0.3、0.6、0.9、1.2、1.5mL 氰化钾标准溶液于 25mL 比色管中，用水补足至 10mL。于上述各比色管中各加 1mL 1% 氢氧化钠溶液和 1 滴酚酞指示剂，用 1.5% 乙酸调至红色消失。加 5mL 磷酸盐缓冲液（0.5mol/L，pH 7.0），置于 37℃水浴中，再加入 0.25mL 氯胺 T 溶液，混匀后保温 5min。加入 5mL 异烟酸 – 吡唑酮溶液，加水至 25mL，于 20~40℃ 下放置 40min。以 2cm 比色杯，零管调节零点后，于 638nm 处测吸光度，并绘制标准曲线。

2. 样品中氰化物提取

取 10.0g 样品，置于 250mL 蒸馏瓶中，加适量水使样品全部浸没。加 20mL 乙酸锌（0.1g/mL），1~2g 酒石酸。迅速连接好蒸馏装置，冷凝管下端插入 5mL 氢氧化钠溶液（0.1g/mL）中，开始蒸馏。收集馏出液近 100mL，并定容至 100mL。

3. 样品中氰化物的测定

取 10mL 提取液于 25mL 比色管中，按标准曲线制作方法进行比色。

4. 样品中氰化物的含量计算

$$氰化物（以氢氰酸计）含量 = A \times V_2/(V_1 \times m)(mg/kg) \qquad (4-7)$$

式中　A——从标准曲线上查得的氢氰酸的浓度；

　　　m——样品质量，g；

　　　V_1——测定用蒸馏液体积；

　　　V_2——样品蒸馏液总体积。

（四）　注意事项

（1）在氰化物的显色反应中，pH 对显色结果影响较大，加入的磷酸盐缓冲液的 pH 要准确。

（2）氯胺 T 的有效含氯量对测定结果影响较大，氯胺 T 溶液应现用现配。

八、　马铃薯中龙葵碱

龙葵碱又叫茄碱、龙葵毒素、马铃薯毒素，是由葡萄糖残基和茄啶形成的一种弱碱性糖苷。龙葵碱广泛存在于马铃薯、番茄及茄子等茄科植物中。龙葵碱在马铃薯中的含量一般在 0.005% ~ 0.01% 之间，马铃薯发芽后，其幼芽和芽眼部分含量可达 0.3% ~ 0.5%。龙葵碱对胃肠道黏膜有较强的刺激作用，对中枢神经也有一定的麻醉作用，是马铃薯能引起食物中毒的主要因素。本次介绍比色法测定龙葵碱的方法。

（一）　检测原理

龙葵碱不溶于水、乙醚及氯仿，但能溶于乙醇。利用乙醇提取马铃薯中的龙葵碱，提取的龙葵碱在稀硫酸中与甲醛作用生成橙红色化合物，在一定浓度范围内，颜色的深浅与龙葵碱的浓度成正比。

（二）　主要试剂及仪器

95% 乙醇、冰乙酸、硫酸、甲醛、龙葵碱标准品、浓氨水。

匀浆器、离心机、旋转蒸发器、721 分光光度计。

（三）　检测方法

1. 龙葵碱标准曲线的制作

（1）龙葵碱标准溶液的配制　精确称取 0.1000g 龙葵碱，以 1% 硫酸溶液溶解并定容至 1000mL，配成 100μg/mL 的龙葵碱标准溶液。

（2）标准曲线的制作　分别取 0、0.1、0.2、0.3、0.4、0.5mL 龙葵碱标准溶液于 10mL 比色管中，用 1% 硫酸补足至 2mL，在冰浴中滴加浓硫酸至 5mL（滴加速度要慢，时间应不少于 3min），摇匀。静置 1min，然后在冰浴中滴加 1% 甲醛溶液 2.5mL。静置 90min，于 520nm 下测吸光度，并绘制标准曲线。

2. 样品中龙葵碱的提取

取捣碎的马铃薯样品 20g 于匀浆器中加 100mL95% 乙醇，匀浆 3min。将匀浆液离心 10min（4000r/min），取上清液，残渣用 20mL 乙醇洗涤二次，合并上清液。将上清液于旋转蒸发器上浓缩至干。用5%硫酸溶解残渣，过滤后将滤液用浓氨水调至中性，再加1～2滴浓氨水使pH至10～10.4，在80℃水浴中加热5min，冷却后置冰箱中过夜，使龙葵碱沉淀完全。离心，倾去上清液，以1%氨水洗至无色透明，将残渣用1%硫酸溶解并定容至10mL。得龙葵碱提取液。

3. 样品龙葵碱的测定

取龙葵碱提取液2mL于10mL比色管中。按标准曲线制作方法，测定其吸光度。

4. 样品龙葵碱含量计算

$$龙葵碱含量 = 5m_0/m(mg/kg) \tag{4-8}$$

式中　m_0——从标准曲线上查得的龙葵碱的量，μg；

　　　　m——样品质量，g。

九、　生物胺含量

生物胺是一类具有生物活性的含氮有机化合物的总称，主要是氨基酸脱羧酶对游离氨基酸脱羧反应的产物。生物胺在食品中广泛分布，常见的有组胺、酪胺、腐胺、尸胺、精胺、亚精胺、色胺和苯乙胺等，其中，水产品中的生物胺含量尤其高。当人体摄入过量生物胺，会导致脸红、呕吐、呼吸加快、支气管痉挛、头痛以及高血压等中毒症状，尸胺、腐胺、精胺和亚精胺等生物胺还会与亚硝酸盐反应生成致癌物亚硝胺。由于生物胺本身无紫外吸收，本实验采用丹磺酰氯对食品中常见的八种生物胺先进行衍生，用高效液相色谱法测定。

（一）检测原理

食品中的生物胺用酸性介质提取后，通过缓冲液调整为碱性体系，使用丹磺酰氯进行柱前衍生，再通过高效液相色谱进行分离和测定，与标准系列比较定量。

（二）主要试剂与仪器

丹磺酰氯、高氯酸、正庚烷、碳酸钠、碳酸氢钠、碳酸钾、色谱级甲醇、超纯水、生物胺标准品。

高效液相色谱仪、氮吹仪、色谱柱。

（三）检测方法

1. 试剂的配制

（1）生物胺标准液　使用0.1mol/L盐酸配制终浓度分别为0.25、1、2.5、5、10、15、25和50mg/L的生物胺，4℃冰箱避光保存。

（2）丹磺酰氯衍生剂溶液　以丙酮为溶剂将丹磺酰氯配制成10mg/mL衍生剂溶液，4℃冰箱避光保存。

（3）pH 11缓冲液　500mL的0.5mol/L碳酸氢钠和120mL的0.5mol/L碳酸钠混合均匀，使用碳酸钠溶液调节pH为9.2，置于冰箱中可以保存数月。使用前，每50mL上述缓冲液中加入16.65g碳酸钾，缓冲液的pH即为11.0～11.1，必须现配现用。

（4）脯氨酸溶液　以超纯水为溶剂将脯氨酸配制成 100mg/mL 的溶液。

2. 生物胺标准曲线的制作

（1）生物胺衍生　取 1.00mL 生物胺标准液，加入 1.50mL pH 11 的缓冲液，混合均匀，然后再加入 1mL 丹磺酰氯衍生剂溶液，40℃水浴暗反应 1h；加入 0.20mL 脯氨酸溶液，混合均匀，室温保持 1h；加入 3.00mL 正庚烷萃取，涡旋混合，分层后取 1.00mL 上层有机相，40℃下氮气吹干；加入 1.00mL 甲醇溶解残留物，过 0.22μm 有机膜，待上机测定。

（2）生物胺测定　Capcell Pak C_{18} MG Ⅱ （4.6mm×150mm，5μm）色谱柱；流速：0.80mL/min；进样量：10μL；柱温：40℃；荧光检测器参数：Ex = 350nm，Em = 520nm；采用超纯水（A）和甲醇（B）作为流动相，梯度洗脱程序如下：0min 45% A + 55% B，7min 35% A + 65% B，14min 30% A + 70% B，20min 30% A + 70% B，27min 10% A + 90% B，30min 0% A + 100% B，31min 0% A + 100% B，32min 45% A + 55% B，37min 45% A + 55% B。

（3）标准曲线制作　以各生物胺的峰面积为横坐标、浓度为纵坐标绘制标准曲线。

3. 样品中生物胺的提取和测定

准确称取 1.00g 样品，加入 4.00mL 的 0.4mol/L 高氯酸，均质，4℃、3500g 离心 10min，取上清液，再次向沉淀中加入 4.00mL 的 0.4mol/L 高氯酸，均质，4℃、3500g 离心 10min，两次上清液合并后定容至 10mL，作为生物胺提取液。取 1.00mL 提取液按照 2 中的方法进行衍生和测定。

4. 样品中生物胺含量的计算

$$样品中生物胺的含量 = \rho \times V/m (mg/kg) \qquad (4-9)$$

式中　ρ——从标准曲线查得的生物胺含量，mg/L；

　　　V——样品提取过程中两次上清液合并后定容的体积，mL；

　　　m——样品质量，g。

（四）注意事项

（1）生物胺衍生必须在强碱性的环境下避光进行。

（2）流动相使用的甲醇必须是色谱纯的，水必须是超纯水。

（3）样品上机测试前必须过 0.22μm 有机膜，防止污染高效液相色谱系统或色谱柱。

十、 过敏原

食品过敏是由于摄入一种或多种含有过敏原的食物而引起的以免疫损伤为主要表现形式的免疫应答。其主要表现形式为皮肤反应（荨麻疹、血管性水肿、湿疹），呼吸症状（哮喘、鼻炎），肠胃症状（呕吐、腹泻、肠胃痉挛），系统反应（心血管症状包括过敏性休克）等。在过去的几十年中，食品过敏的发病率和流行情况日益增加，食品过敏现已成为一个新兴的公众性健康问题。随着世界食品贸易的发展，人们生活习惯的改变，饮食面的快速拓宽，特别是转基因食品的大量涌现，过敏症状趋于多样化、复杂化和严重化。

据联合国粮农组织报告，在引起人们过敏的食物中，超过 90% 的食物过敏是由八大类主要的食物引起的，这八大类食物主要包括牛乳及乳制品、鸡蛋及蛋制品、鱼及鱼制品、甲壳类及制品、花生、大豆、坚果、谷物及其制品。目前还没有治疗食物过敏的有效的方法，唯一有效的方式是避免食用和接触能够引起过敏的食物。因此，对食品过敏原的检测与分析就是一个极其重要的问题。

食物过敏原的检测方法主要有酶联免疫法（ELISA）、火箭免疫电泳（rocket immuneelectrophoresis，RIEP）、PCR 法、组胺释放试验及过敏原指纹图谱快速检测方法等。本实验主要介绍的是酶联免疫的分析方法。

（一）检测原理

食品试样中的过敏原采用磷酸盐缓冲液提取，提取液经离心后取上层清液，将一定量的上清液加入固定有过敏原多克隆抗体的酶标板中，孵育一段时间后，加入 HRP 标记的过敏原单克隆抗体，然后加入显色底物，用酶标仪进行定量测定。

（二）试剂及仪器

酶标单克隆抗体：HRP - 抗过敏原 - IgG；过敏原多克隆抗体（兔）；待检食品、样品抽提液：0.01mol/L 磷酸盐缓冲液。

包被液：pH 9.5 0.05mol/L 碳酸盐缓冲液；洗涤液：pH 7.4 0.02mol/L Tris - HCl 缓冲液 + 0.05% 吐温；封闭液：pH 7.4 0.02mol/L Tris - HCl 缓冲液 + 0.2% BSA；底物缓冲液：0.1mol/L Na_2HPO_4（$Na_2HPO_4 \cdot 12H_2O$ 35.8g/L）5.14mL，0.05mol/L 枸橼酸（10.5g/L）4.86mL 混匀，加入邻苯二胺（OPD）4mg，置棕色小瓶中，临用时加 30% H_2O_2 4.0μL，混匀；终止液：2mol/L H_2SO_4。

恒温振荡培养箱、恒温箱、酶标反应板、酶标分光光度计、组织捣碎机。

（三）检测步骤

1. 样品的抽提

将食品在组织捣碎机中捣碎后，称取一定量的糜状样品，加入 5:1（体积/重量）的 0.01mol/L 磷酸盐缓冲液充分匀浆，在 25℃恒温振荡培养箱中抽提 2h（120r/min）。抽提液于 4℃以 9000r/min 离心 20min，上清液过 0.45μm 的滤膜，考马斯亮蓝法测定蛋白含量，分装 - 20℃冻存。

2. 酶联免疫步骤的操作

（1）恒温箱取包被液适当稀释的抗过敏原多克隆抗体 100μL，加到酶标板的各孔中，加盖，4℃过夜。次日用洗涤液充分洗涤 3 次，甩干。

（2）各孔内加不同稀释倍数的待检过敏原抽提物 100μL，同时加阳性和阴性对照样品，置 37℃恒温箱中孵育 60min，移去液体。同前法洗涤 3 次，甩干。

（3）各孔内加稀释 HRP - 抗过敏原单克隆抗体 100μL，置 37℃恒温箱中孵育 60min。移去液体，同前法洗 3 次，甩干。

（4）各孔加底物缓冲液 100μL，置黑暗处 20min。

（5）各孔内加 2mol/L H_2SO_4 50μL，终止反应。

3. 结果判定

肉眼判定：可于白色背景上，直接用肉眼观察结果：反应孔内颜色越深，阳性程度越强，阴性反应为无色或极浅，依据所呈颜色的深浅，以 " + " " − " 号表示。

酶标仪检测：在 ELISA 检测仪上于 492nm 处，以空白对照孔调零后测各孔 OD 值，若大于规定的阴性对照 OD 值的 2.1 倍，即为阳性，否则为阴性。

（四） 注意事项

（1） 该方法定量测定食物过敏原的检测限为 $10\mu g/kg$。

（2） 显色液的配制及 H_2O_2 的加入时间要格外注意。

第二节 食品中有毒微生物污染物的测定

一、 黄曲霉毒素

黄曲霉毒素（Aflatoxin，简称 AF）是黄曲霉和寄生曲霉的代谢产物。黄曲霉毒素是一组化学结构类似的化合物，目前已分离鉴定出 20 多种，主要是黄曲霉毒素 B_1、黄曲霉毒素 B_2、黄曲霉毒素 G_1、黄曲霉毒素 G_2 以及由黄曲霉毒素 B_1 和黄曲霉毒素 B_2 在体内经过羟化而衍生成的代谢产物黄曲霉毒素 M_1、黄曲霉毒素 M_2 等。黄曲霉毒素的基本结构为二呋喃香豆素衍生物，在紫外光下，黄曲霉毒素 B_1、黄曲霉毒素 B_2 发蓝紫色荧光，黄曲霉毒素 G_1、黄曲霉毒素 G_2 发黄绿色荧光。黄曲霉毒素耐热，可溶于氯仿、甲醇、丙酮等有机溶剂，不溶于水、石油醚、己烷和乙醚。一般在中性及酸性溶液中较稳定，在 pH 9 ~ 10 的强碱性溶液中迅速分解。黄曲霉毒素 B_1 的分解温度为 268℃，紫外线对低浓度黄曲霉毒素有一定的破坏性。

由于黄曲霉毒素是一类毒性极强的剧毒物质，1993 年被世界卫生组织的癌症研究机构划定为 I 类致癌物。黄曲霉毒素的危害性在于对人及动物肝脏组织有破坏作用，表现为肝细胞变性、坏死，最终导致器官严重损伤。

黄曲霉的最适产毒温度为 25 ~ 32℃。我国产生黄曲霉毒素的产毒菌株主要分布在华中、华南和华东地区，产毒量也较高，常常存在于动植物性食品，各种坚果，粮油及其制品，如花生、胡桃、杏仁、大豆、稻谷、玉米、调味品、乳制品、食用油等制品中也经常发现黄曲霉毒素。我国规定了食品中黄曲霉毒素的允许限量花生、玉米为 $20\mu g/kg$，乳及乳制品为 $0.5\mu g/kg$，豆类、发酵食品为 $5\mu g/kg$。

黄曲霉毒素的检测方法包括：薄层色谱法（TLC）、高效液相色谱法（HPLC）、微柱筛选法、酶联免疫吸附法（ELISA）、免疫亲和柱 − 荧光分光光度法、免疫亲和柱 − HPLC 法等。本实验主要介绍免疫亲和柱 − 荧光分光光度法和免疫亲和柱净化 − 高效液相色谱法。

（一） 免疫亲和柱 − 荧光分光光度法

1. 检测原理

样品中的黄曲霉毒素用一定比例的甲醇－水提取，提取液经过过滤、稀释后，用免疫亲和柱分离净化，以甲醇将亲和柱上的黄曲霉毒素淋洗下来，在淋洗液中加入溴溶液衍生，以提高测定灵敏度，然后用荧光分光光度计进行定量测定。

2. 主要试剂及仪器

真菌毒素专用荧光分析仪；黄曲霉毒素免疫亲和柱；0.03% 的溴溶液；荧光分析仪校准溶液：3.4g 二水硫酸奎宁，用 0.05mol/L 稀硫酸稀释至 100mL。

氯化钠、甲醇（色谱级）、重蒸馏水、1.5μm 的玻璃纤维滤纸。

3. 检测步骤

（1）标定荧光计　配制 0.003% 溴衍生溶液（每天配制）：取 5mL 0.03% 的溴溶液，加入 45mL 的蒸馏水；甲醇：水（60：40，体积比）溶液；试剂对照试验（1mL 甲醇 + 1mL 0.003% 溴衍生液置于测试管中），荧光计读数应为 0；纯水对照实验（2mL 纯水置于测试管中），荧光计读数应为 0。

（2）毒素提取　称取 25g 样品，5g 氯化钠，置于搅拌杯中，加入 125mL 甲醇：水（60：40）溶液，盖上杯盖高速搅拌 1min 后将提取物倒入折叠式滤纸上，滤液收集于干净的容器中。吸取 20mL 滤液，置于干净的容器中，用 20mL 蒸馏水稀释，混匀。经过玻璃纤维滤纸过滤，滤液收集于玻璃注射管中。

（3）亲和柱操作　取 10mL 滤液以 1～2 滴/s 的流速全部通过 Af－LaTest－P 亲和柱，直至空气进入亲和柱，取 10mL 蒸馏水以 2 滴/s 的流速通过亲和柱；取 10mL 蒸馏水以 2 滴/s 的流速再次通过亲和柱，直至空气进入到亲和柱中。用 1.0mL 色谱级的甲醇以 1～2 滴/s 的流速淋洗亲和柱，将所有样品淋洗液（1mL）收集于玻璃测试管中。取 1.0mL 0.003% 溴衍生溶液加到测试管的淋洗液中，混匀。

（4）荧光光度计测定　将制备好样液的测试管置于已标定好的荧光计中。60s 后读数，测定结果为黄曲霉毒素 B_1 + 黄曲霉毒素 B_2 + 黄曲霉毒素 G_1 + 黄曲霉毒素 G_2 的总量。

4. 注意事项

（1）溴衍生溶液需当天配制，当天使用，不可重复使用。

（2）严格操作样品处理过程。

（3）操作人员需戴口罩和手套进行样品处理，避免有毒有机溶剂毒害。

（4）一般来说，每个检测项目均应做平行试验和空白试验。平行试验是采用相同的分析步骤，空白试验是除不加试样外，其他步骤同测定平行试验。

（二）　免疫亲和柱净化－高效液相色谱法

1. 检测原理

样品经过甲醇－水提取后，提取液经过滤、稀释后，滤液经过含有黄曲霉毒素特异抗体的免疫亲和层析柱层析净化，经高效液相色谱仪分离，荧光检测器柱后光化学衍生增强后，综合测定黄曲霉毒素 B_1、黄曲霉毒素 B_2、黄曲霉毒素 G_1、黄曲霉毒素 G_2 等含量。

2. 主要试剂及仪器

（1）试剂

①甲醇、苯及乙腈为色谱纯，其试剂为分析纯。甲醇＋水（8＋2）：取80mL甲醇加20mL水，混合均匀。甲醇＋水（45＋55）：取45mL甲醇加55mL水，混合均匀。苯＋乙腈（98＋2）：取2mL乙腈加98mL苯，混合均匀。

②黄曲霉毒素标准储备溶液：用苯＋乙腈（98＋2）溶液分别配制0.100mg/mL黄曲霉毒素B_1、黄曲霉毒素B_2、黄曲霉毒素G_1、黄曲霉毒素G_2标准储备液，保存于4℃备用，可使用1年。

③黄曲霉毒素混合标准溶液：准确移取适量的黄曲霉毒素B_1、黄曲霉毒素B_2、黄曲霉毒素G_1、黄曲霉毒素G_2标准储备溶，50℃下，氮气吹干仪吹干，用适量的甲醇＋水（45＋55）溶液定容为混合标准工作液，黄曲霉毒素B_1、黄曲霉毒素B_2、黄曲霉毒素G_1、黄曲霉毒素G_2各分别为0、1、5、10、50ng/mL。

④PBS缓冲溶液：称取8.0g氯化钠，1.2g磷酸氢二钠，0.2g磷酸二氢钾，0.2g氯化钾，用990mL纯水溶解，然后用浓盐酸调节pH至7.0，最后用纯水稀释至1000mL。

（2）仪器与设备　高速均质器（18000～22000r/min）或振荡器，黄曲霉毒素免疫亲和柱（柱容量≥300ng），玻璃纤维滤纸（直径11cm，孔径1.5μm），氮吹仪，光化学衍生系统，高效液相色谱仪（带荧光检测器）。

3. 检测步骤

（1）提取　取样品（粒度小于1mm）50.0g于250mL具塞锥形瓶中，加入5.0g氯化钠及准确加入100.0mL甲醇＋水（8＋2）溶液，以均质器高速搅拌提取2min，或振荡器振荡30min。定量滤纸过滤，移取10.0mL滤液并加入40.0mL PBS缓冲溶液稀释，用玻璃纤维滤纸过滤1～2次，至滤液澄清，备用。

（2）净化　将免疫亲和柱连接于10.0mL玻璃定量管下。准确移取10.0mL样品提取液注入玻璃定量管中，将空气压力泵与玻璃定量管连接，调节压力使溶液以不超过2mL/min流速缓慢通过免疫亲和柱，待溶液全部流出后，以10.0mL纯水清洗柱子2次，弃去全部流出液，准确加入1.0mL甲醇洗脱，流速不超过1.0mL/min，收集全部洗脱液于玻璃试管中，加纯水定容为2.0mL，供色谱检测用。

（3）测定

①色谱条件：色谱柱：C_{18}柱（150mm×4.6mm id），流动相：甲醇＋水（45＋55）溶液，流速：0.8mL/min，检测波长：激发波长360nm、发射波长440nm。

②光化学衍系统：柱温：30℃，进样量：20μL。

③色谱测定：分别取相同体积样液和标准工作溶液注入高效液相色谱仪，在上述色谱条件下测定试样的响应值（峰高或峰而积）。经过与黄曲霉毒素B_1、黄曲霉毒素B_2、黄曲霉毒素G_1、黄曲霉毒素G_2标准溶液谱图比较响应值，得到试样中黄曲霉毒素B_1、黄曲霉毒素B_2、黄曲霉毒素G_1、黄曲霉毒素G_2的浓度ρ（μg/L）。

（4）结果计算　样品中黄曲霉毒素B_1、黄曲霉毒素B_2、黄曲霉毒素G_1、黄曲霉毒素

G_2 含量，按下式计算：

$$X = \frac{A_i \times V_i \times \rho_i \times V_{st}}{A_{st} \times m \times V_t} \times 10^3 (\mu g/kg) \qquad (4-10)$$

式中　A_i——样品溶液中黄曲霉毒素 B_1、黄曲霉毒素 B_2、黄曲霉毒素 G_1、黄曲霉毒素 G_2 各组分的峰面积值；

　　　V_i——样品的总稀释体积，mL；

　　　ρ_i——黄曲霉毒素 B_1、黄曲霉毒素 B_2、黄曲霉毒素 G_1、黄曲霉毒素 G_2 各标准溶液浓度，ng/mL；

　　　V_{st}——标准溶液的进样体积，μL；

　　　A_{st}——黄曲霉毒素 B_1、黄曲霉毒素 B_2、黄曲霉毒素 G_1、黄曲霉毒素 G_2 各标准溶液峰面积平均值；

　　　m——试样质量，g。

4. 注意事项

黄曲霉毒素是高致癌性物质，应十分小心操作，使用过的玻璃容器及黄曲霉毒素溶液用5%浓度次氯酸钠溶液浸泡过夜。沾有黄曲霉毒素的废弃物按有毒物处理。

二、赭曲霉毒素

赭曲霉毒素（Ochratoxins）是赭色曲霉属和青霉属产生的代谢产物，包括 A，B，C，D 等多种分子结构类似的化合物，其中以赭曲霉毒素 A（OchratoxinA，简称 OA）毒性最强，是自然界中主要天然污染物。玉米、谷物和大豆中均可分离到赭曲霉毒素。但饲料中的 OA 污染水平高于食品。由于 OA 能通过饲料进入动物组织，人类通过食用动物源食品而摄入 OA。该毒素主要表现为肾脏毒性，可严重损害肾脏及肝脏，对实验动物具有致畸和致癌作用。

OA 是无色结晶化合物，溶于极性溶剂和稀碳酸氢钠溶液，微溶于水。其乙醇溶液可置冰箱中保存一年以上，但在谷物中或接触紫外线，几天就会降解。

产生 OA 的霉菌，主要是青霉属和曲霉属，如赭曲霉（*A. ochraceus*）、淡褐色曲霉属（*A. alutaceus*）、硫色曲霉（*A. Sulphureus*）、菌核曲霉（*A. sclerotium*）、蜂蜜曲霉（*A. melleus*）、洋葱曲霉（*A. alliaceus*）、孔曲霉（*A. ostianus*）及圆弧青霉（*P. cyclopium*）、变幻青霉（*P. variable*）等。曲霉属和青霉属产毒条件是：曲霉属的最适宜水分活度为 0.99，产毒温度为 12～37℃，青霉属的最适宜水分活度为 0.95，产毒温度为 4～31℃。容易感染赭曲霉毒素的商品包括大豆、绿豆、咖啡豆、玉米、小麦、大麦、燕麦、啤酒、葡萄汁、干果、调味品、草本植物等。

OA 的检测方法包括：薄层色谱法、HPLC、酶联免疫吸附法、免疫亲和柱－荧光法、免疫亲和柱－HPLC 法等。本实验主要介绍免疫亲和柱－HPLC 法。该方法可适用于粮食和粮食制品、酒类、酱油、醋、酱及酱制品中 OA 含量的测定。

（一）检测原理

用提取液粗提样品中的 OA，然后经免疫亲和柱收集浓缩、甲醇洗脱液洗脱并定容后，用荧光检测器的高效液相色谱测定，外标法定量。

（二） 试剂及仪器

1. 试剂

①甲醇、乙腈及冰乙酸等为色谱纯，其他所用试剂均为分析纯。

②提取液 1：甲醇 + 水（80 + 20）。提取液 2：称取 150g 氯化钠、20g 碳酸氢钠溶于约 950mL 水中，加水定容至 1L。冲洗液：称取 25g 氯化钠、5g 碳酸氢钠溶于约 950mL 水中，加水定容至 1L。真菌毒素清洗缓冲液：称取 25.0g 氯化钠、5.0g 碳酸氢钠溶于水中，加入 0.1mL 吐温 –20，用水稀释至 1L。OA 标准品：纯度 >98%。

③OA 标准储备液：准确称取一定量的 OA 标准品，用甲醇 + 乙腈（1 + 1）溶解，配成 0.1mg/mL 的标准储备液，在 –20℃保存，可使用 3 个月。

④OA 标准工作液：根据使用需要，准确吸取一定量的 OA 储备液，用流动相稀释，分别配成相当于 1、5、10、20、50ng/mL 的标准工作液，4℃保存，可使用 7d。

2. 仪器与设备

OA 免疫亲和柱，玻璃纤维滤纸（直径 11cm、孔径 1.5μm、无荧光特性），高效液相色谱仪（配有荧光检测器），均质器（转速大于 10000r/min），高速万能粉碎机（转速 10000r/min）、空气压力泵、超声波发生器等。

（三） 检测步骤

1. 样品的制备与提取

（1）粮食和粮食制品 将样品研磨，硬质的粮食等用高速万能粉碎机磨细并通过试验筛（56mm），不要磨成粉末。取 20.00g 左右磨碎的试样于 100mL 容量瓶中，加入 5.0g 氯化钠，用提取液 1 定容至刻度，混匀，转移至均质杯中，高速搅拌提取 2min。定量滤纸过滤，移取 10.0mL 滤液于 50mL 容量瓶中，加水定容至刻度，混匀，用玻璃纤维滤纸过滤至滤液澄清，收集滤液 A 于干净的容器中。

（2）酒类 取脱气酒类试样（含二氧化碳的酒类样品使用前先置于 4℃冰箱冷藏 30min，过滤或超声脱气）或其他不含二氧化碳的酒类试样 20.00g 左右，置于 25mL 容量瓶中，加提取液 2 定容至刻度，混匀，用玻璃纤维滤纸过滤至滤液澄清，收集滤液 B 于干净的容器中。

（3）酱油、醋、酱及酱制品 称取 25.00g 左右混匀的试样，用提取液 1 定容至 50.0mL，超声提取 5min。定量滤纸过滤，移取 10.0mL 滤液于 50mL 容量瓶中，加水定容至刻度，混匀，用玻璃纤维滤纸过滤至滤液澄清，收集滤液 C 于干净的容器中。

2. 样品的净化

（1）粮食和粮食制品 将免疫亲和柱连接于玻璃注射器下，准确移取滤液 A 10.0mL，注入玻璃注射器中。将空气压力泵与玻璃注射器相连接，调节压力，使溶液以约 1 滴/s 的流速通过免疫亲和柱，直至空气进入亲和柱中，依次用 10mL 真菌毒素清洗缓冲液、10mL 水淋洗免疫亲和柱，流速约为 1~2 滴/s，弃去全部流出液，抽干小柱。

（2）酒类 将免疫亲和柱连接于玻璃注射器下，准确移取滤液 B 10.0mL，注入玻璃注射器中。将空气压力泵与玻璃注射器相连接，调节压力，使溶液以约 1 滴/s 的流速通过免疫亲和柱，直至空气进入亲和柱中，依次用 10mL 冲洗液、10mL 水淋洗免疫亲和柱，流速约为 1~2 滴/s，弃去全部流出液，抽干小柱。

（3）酱油、醋、酱及酱制品　将免疫亲和柱连接于玻璃注射器下，准确移取滤液 C 10.0mL，注入玻璃注射器中。将空气压力泵与玻璃注射器相连接，调节压力，使溶液以约 1 滴/s 的流速通过免疫亲和柱，直至空气进入亲和柱中，依次用 10mL 真菌毒素清洗缓冲液、10mL 水淋洗免疫亲和柱，流速约为 1~2 滴/s，弃去全部流出液，抽干小柱。

3. 洗脱

准确加入 1.0mL 甲醇洗脱，流速约为 1 滴/s，收集全部洗脱液于干净的玻璃试管中，用甲醇定容至 1.0mL，供 HPLC 测定。

4. 高效液相色谱参考条件

①色谱柱：C_{18} 柱，$5\mu m$，$150mm \times 4.6mm$ 或相当者；柱温：35℃。

②流动相：乙腈 + 水 + 冰乙酸（99 + 99 + 2）；流速：0.9mL/min。

③进样量：$10~100\mu L$；检测波长：激发波长 333nm，发射波长 477nm。

5. 定量测定

以 OA 标准工作溶液浓度为横坐标，以峰面积积分值为纵坐标，绘制标准工作曲线，用标准工作曲线对试样进行定量，标准工作溶液和试样溶液中 OA 的响应值均应在仪器检测线性范围内。

6. 结果计算

试样中 OA 的含量按下式计算：

$$X = \frac{(\rho_1 - \rho_0) \times V \times 1000}{m \times 1000} \times f \qquad (4-11)$$

式中　X——试样中赭曲霉毒素 A 的含量，$\mu g/kg$；

ρ_1——试样溶液中赭曲霉毒素 A 的浓度，ng/mL；

ρ_0——空白试样溶液中赭曲霉毒素 A 的浓度，ng/mL；

V——甲醇洗脱液体积，mL；

m——试样的质量，g；

f——稀释倍数。

三、伏马毒素 B

伏马毒素 B（Fumonisin，FB）是 1989 年发现的一种新型毒素，是串珠镰刀菌在一定温度和湿度条件下繁殖所产生的一类霉菌毒素。目前已知有 7 种衍生物，有伏马毒素 B_1、伏马毒素 B_2、伏马毒素 B_3 等，其中 60% 以上是伏马毒素 B_1，其毒性也最强。伏马毒素 B_1 为白色针状结晶，易溶于水。研究证实，伏马毒素可导致马产生白脑软化症（ELEM），神经性中毒而呈现意识障碍、失明和运动失调，甚至造成死亡；并被怀疑可诱发人类的食道癌等疾病，从而对畜牧业及人类的健康构成威胁。

玉米最易感染串珠镰刀菌，尤其在贮藏过程中水分在 18% ～23% 时，最适宜串珠镰刀菌的生长和繁殖，导致玉米伏马毒素含量的增加，并由此产生人畜安全隐患。另据资料表明，在大米、面条、调味品、高粱、啤酒中也有较低浓度的伏马毒素存在。美国规定伏马毒素的限量为 2mg/kg。

伏马毒素残留主要有免疫亲和柱 - 荧光法、免疫亲和柱 - HPLC 法、毛细管电泳法、液相色谱/质谱法及伏马毒素试剂盒法等方法检测。2017 年 3 月起实施的 GB 5009.240—2016 《食品安全国家标准食品中伏马毒素的测定检测标准》规定伏马毒素检测主要是为伏马毒素 B_1、伏马毒素 B_2 和伏马毒素 B_3 三种；同时介绍了免疫亲和柱净化 - 柱后衍生高效液相色谱法作为第一法，高效液相色谱 - 串联质谱联用法作为第二法，免疫亲和柱净化 - 柱前衍生高效液相色谱法为第三法。其中第三法特别适用于玉米及其制品中伏马毒素的测定。本试验主要介绍第一法，同时测定相关食品中伏马毒素 B_1、伏马毒素 B_2 和伏马毒素 B_3 残留量。

（一） 检测原理

样品中的伏马毒素可用一定比例的乙腈 - 水溶液提取，经稀释后过免疫亲和柱净化，去除脂肪、蛋白质、色素及碳水化合物等干扰物质，然后经高效液相色谱分离后，邻苯二甲醛柱后衍生，荧光检测，外标法定量。

（二） 试剂及仪器

1. 试剂

甲醇、乙腈为色谱纯，其他试剂均为分析纯。

2. 溶液配制

（1）磷酸盐缓冲液（PBS） 称取 8.0g 氯化钠、1.2g 磷酸氢二钠、0.2g 磷酸二氢钾、0.2g 氯化钾，用 980mL 水溶解，用盐酸调整 pH 至 7.4，用水稀释至 1000mL，混合均匀。

（2）吐温 - 20/PBS 溶液（0.1%） 吸取 1mL 吐温 - 20，加入 PBS 稀释至 1000mL，混合均匀。

（3）硼砂溶液（0.05mol/L，pH 10.5） 称取硼砂 19.1g，溶于 980mL 水中，用氢氧化钠溶液调 pH 至 10.5，用水稀释至 1000mL，混合均匀。

（4）衍生溶液 称取 2.0g 邻苯二甲醛，溶于 20mL 甲醇中，用硼砂溶液（0.05mol/L，pH10.5）稀释至 500mL，加入 2 - 巯基乙醇 500μL，混匀，装入棕色瓶中，现用现配。

3. 标准品

（1）伏马毒素 B_1（FB$_1$）、伏马毒素 B_2（FB$_2$）和伏马毒素 B_3（FB$_3$），纯度≥95%，或有证标准溶液。

（2）标准溶液配制

①标准储备溶液（0.1mg/mL）：分别准确称取 FB$_1$、FB$_2$、FB$_3$ 各 0.01g（精确至 0.0001g）至小烧杯中，用乙腈 - 水溶液（50 + 50）溶解，并转移至 100mL 容量瓶中，定容至刻度。此溶液密封后避光 -20℃保存。有效期 6 个月。

②混合标准溶液：准确吸取 FB$_1$ 标准储备液 1mL、FB$_2$ 和 FB$_3$ 标准储备液各 0.5mL 至

同一 10mL 容量瓶中，加乙腈 – 水溶液（50 + 50）稀释至刻度，得到 FB_1 浓度为 $10\mu g/mL$、FB_2 和 FB_3 浓度为 $5\mu g/mL$ 的混合标准溶液。再稀释 10 倍，得到 FB_1 浓度为 $1\mu g/mL$、FB_2 和 FB_3 浓度为 $0.5\mu g/mL$ 的混合标准溶液。此溶液密封后避光 4℃ 保存，有效期 6 个月。

③混合标准工作溶液：准确吸取混合标准溶液，用乙腈 – 水溶液（50 + 50）稀释，配制成 FB_1 浓度依次为 20、80、160、240、320、400ng/mL，FB_2 和 FB_3 浓度依次为 10、40、80、120、160、200ng/mL 的系列混合标准工作溶液。

4. 仪器与设备

高效液相色谱仪，带荧光检测器；柱后衍生系统；离心机（转速≥4000r/min）；免疫亲和柱（柱容量≥5000ng，FB_1 柱回收率≥80%）。

（三）检测步骤

1. 样品制备

将固体样品按四分法缩分至 1kg，全部用谷物粉碎机磨碎并磨细至粒度小于 1mm，混匀分成 2 份作为试样，分别装入洁净的容器内，密封，标识后置于 4℃ 下避光保存。玉米油样品直接取 2 份作为试样，分别装入洁净的容器内，密封，标识后置于 4℃ 下避光保存。

2. 试样提取

准确称取固体样品 5g（精确至 0.01g）于 50mL 离心管中，加入 20mL 乙腈 – 水溶液（50 + 50），涡旋或振荡提取 20min，取出后，在 4000r/min 下离心 5min，将上清液转移至另一离心管中。玉米油样品操作同固体样品，提取液在下层。

3. 试样净化

取 2mL 提取液，加入 47mL 吐温 – 20/PBS 溶液，混合均匀后过免疫亲和柱，流速控制在 1～3mL/min，用 10mLPBS 缓冲液淋洗免疫亲和柱，分别用 1mL 甲醇 – 乙酸溶液（98 + 2）洗脱免疫亲和柱三次，收集洗脱液，55℃ 下氮吹至干，加入 1mL 乙腈 – 水溶液（20 + 80）溶解残渣。涡旋 30s，过 $0.45\mu m$ 微孔滤膜后，收集于进样瓶中，待测。

4. 仪器参考条件

色谱柱：C_{18} 色谱柱：250mm × 4.6mm，$5\mu m$，或相当者；检测波长：激发波长 335nm；发射波长 440nm；流动相：A：甲酸水溶液（0.1%），B：甲醇；梯度洗脱（洗脱程序见表 4 – 7），流动相流速：0.8mL/min；衍生液流速：0.4mL/min；柱温：40℃，反应器温度：40℃；进样量：$50\mu L$。

表 4 – 7 流动相洗脱程序

时间/min	流动相 A 梯度/%	流动相 B 梯度/%
0.00	45.0	55.0
2.00	45.0	55.0
9.00	30.0	70.0
14.00	10.0	90.0
14.50	10.0	90.0
15.00	45.0	55.0
22.00	45.0	55.0

5. 试样测定

分别取 50.0μL 系列伏马毒素混合标准工作溶液按浓度从低到高依次注入高效液相色谱仪；待仪器条件稳定后，以目标物质的浓度为横坐标（x 轴），目标物质的峰面积为纵坐标（y 轴），对各个数据点进行最小二乘线性拟合，标准工作曲线按式（4-12）计算：

$$y = ax + b \qquad (4-12)$$

式中　y——目标物质的峰面积比；

　　　a——回归曲线的斜率；

　　　x——目标物质的浓度；

　　　b——回归曲线的截距。

6. 空白试验

不称取样品，同样进行提取和净化做空白试验，以确认不含有干扰待测组分的物质。

7. 结果计算

待测样品中 FB_1、FB_2、FB_3 的含量按式（4-13）计算：

$$X = \rho \times V \times fm \qquad (4-13)$$

式中　X——待测样品中 FB_1、FB_2、FB_3 的含量，μg/kg；

　　　ρ——待测物进样液中 FB_1、FB_2、FB_3 的浓度，ng/mL；

　　　V——定容体积，mL；

　　　f——试液稀释倍数；

　　　m——样品的称样量，g。

（四）注意事项

1. 对于每个批次的亲和柱在使用前需进行质量检验。柱容量及柱回收率验证方法如下：

（1）柱容量验证方法　在 30mL 的吐温-20/PBS 溶液（0.1%）中加入 15μg FB_1 标准储备溶液，充分混匀。分别取同一批次 3 根免疫亲和柱，每根柱的上样量为 10mL（5μg FB_1）。经上样、淋洗、洗脱，收集洗脱液，用氮气吹至约 1mL，用乙腈-水溶液（20+80）定容至 10mL，用液相色谱仪分离测定 FB_1 的含量。

结果判定：结果 $FB_1 \geqslant 4.5μg$，为柱容量满意。

（2）柱回收率验证方法　取 2mL 空白样品提取液，加入 47mL 吐温-20/PBS 溶液（0.1%），加入 15μg FB_1 标准储备溶液，用吐温-20/PBS 溶液（0.1%）定容至 50mL，充分混匀。分别取同一批次 3 根免疫亲和柱，每根柱的上样量为 10mL（3μg FB_1）。经上样、淋洗、洗脱，收集洗脱液，用氮气吹干至 1mL，用乙腈-水溶液（20+80）定容至 10mL，用液相色谱仪分离测定 FB_1 的含量。

结果判定：结果 $FB_1 \geqslant 2.4μg$，则回收率≥80%，为柱回收率满意。

2. 该方法定量测定伏马毒素时，当称样量为 5g 时，FB_1、FB_2、FB_3 的检出限分别为 17、8、8μg/kg，定量限分别为 50、25、25μg/kg。

四、 脱氧雪腐镰刀菌烯醇

脱氧雪腐镰刀菌烯醇（deoxynivalenol，DON），又称为呕吐毒素（vomintoxin），属单端孢霉烯族化合物。该毒素是镰刀菌霉（F. graminearum 和 F. culmorum）的二级代谢产物。它广泛存在于玉米、小麦、水稻、豆饼等粮食及饲料中。造成 DON 污染的主要因素受贮存时温度、湿度的影响，高湿气、低温条件下，霉菌在谷物中缓慢生长，产生镰刀菌毒素。DON 一般在大麦、小麦、玉米、燕麦中含有较高的浓度，在黑麦、高粱、大米中的浓度较低。DON 常常与其他真菌毒素同时存在，从谷物和饲料中分离出来的 DON 的最高浓度可达 92mg/kg。DON 含量超过 1mg/kg，会对人及动物健康产生安全隐患。DON 的中毒症状表现为：厌食、呕吐、消化道炎症、白血球下降、运动失调、内脏出血、中枢神经系统病变。美国食品及药物管理局（FDA）规定，食品中 DON 的安全标准为 1mg/kg，这也是我国规定的 DON 限量标准。

在单端孢霉烯族化合物中，DON 由于在分子结构上存在着三个羟基，为复合抗原（毒素与载体蛋白的复合物）的制备带来一定的困难。1988 年，Casale 等人用丁基硼酸将 DON 分子结构中 7 和 15 位上的两个羟基先期封闭起来，通过 3 位上的羟基转变成琥珀酸酐衍生物，继而实现与载体蛋白的结合。运用该方法，已制备出抗 DON 的单克隆抗体，并建立了小麦中测定 DON 的间接酶联免疫吸附测定法。根据该方法生产的试剂盒，可检测样品中百万分之一的 DON 残留。有关酶联免疫检测详见第五章。本实验介绍免疫亲和层析净化高效液相色谱法的测定技术。

（一） 检测原理

用提取液提取样品中的 DON，经免疫亲和柱净化后，用高效液相色谱分离、紫外检测器测定，外标法定量。本方法的粮食及粮食制品检出限为 0.5mg/kg，酱、酒、醋等检出限为 0.1mg/kg。

（二） 试剂和仪器

1. 试剂

①甲醇和乙腈为色谱纯，其它所用试剂均为分析纯。聚乙二醇（相对分子质量 8000）。

②PBS 清洗缓冲液：称取 8.0g 氯化钠、1.2g 磷酸氢二钠、0.2g 磷酸二氢钾、0.02g 氯化钾，用 990mL 水将上述试剂溶解，然后用浓盐酸调节 pH 至 7.0，再用水稀释至 1.0L。

③DON 标准储备液：准确称取一定量的 DON 标准品（纯度≥98%），用甲醇溶解，配成 0.1mg/mL 的标准储备液，在 −20℃ 保存，可使用 3 个月。

④DON 标准工作液：根据使用需要，准确吸取一定量的 DON 标准储备液，用流动相稀释，分别配成相当于 0.1、0.2、0.5、1.0、2.0、5.0μg/mL 的标准工作液。4℃ 保存，可使用 7d。

2. 仪器与设备

脱氧雪腐镰刀菌烯醇免疫亲和柱，玻璃纤维滤纸（直径 11cm，孔径 15μm），均质器

（转速大于10000r/min），高速万能粉碎机（转速10000r/min），空气压力泵，高效液相色谱仪（配紫外检测器或二极管阵列检测器）。

（三）检测步骤

1. 样品制备与提取

（1）粮食和粮食制品　将样品研磨（硬质的粮食等用高速万能粉碎机磨细并通过1.0mm孔径的试验筛），取25.00g左右磨碎的样品于100mL容量瓶中，加入5.0g聚乙二醇，用水定容至刻度，混匀，转移至均质杯中，高速搅拌2min。定量滤纸过滤后，以玻璃纤维滤纸过滤至滤液澄清，收集滤液A于干净的容器中。

（2）酒类　取脱气酒类试样（含二氧化碳的酒类样品使用前先置于4℃冰箱冷藏30min，过滤或超声脱气）或其他不含二氧化碳的酒类试样20.00g左右，加入1.0g聚乙二醇，用水定容至25.0mL，混匀，用玻璃纤维滤纸过滤至滤液澄清，收集滤液B于干净的容器中。

（3）酱油、醋、酱及酱制品　取样品25.00g左右，加入5.0g聚乙二醇，用水定容至100.0mL，高速搅拌提取2min，定量滤纸过滤后，用玻璃纤维滤纸过滤至滤液澄清，收集滤液C于干净的容器中。

2. 样品净化

将免疫亲和柱连接于玻璃注射器下，准确移取滤液A或B或C 2.0mL，注入玻璃注射器中。将空气压力泵与玻璃注射器相连接，调节压力，使滤液以约1滴/s的流速通过免疫亲和柱，直至空气进入亲和柱中。用5mL PBS清洗缓冲液和5mL水先后淋洗免疫亲和柱，流速约为1~2滴/s，直至空气进入亲和柱中，弃去全部流出液，抽干小柱。

3. 洗脱

准确加入1.0mL甲醇洗脱，流速约为1滴/s，收集全部洗脱液于干净的玻璃试管中，HPLC测定。

4. 测定

（1）色谱参考条件　色谱柱：C_{18}柱，$5\mu m$，$150mm \times 4.6mm$，流动相：甲醇+水（20+80），流速：0.8mL/min，柱温：35℃，进样量：$50\mu L$，检测波长：218nm。

（2）定量测定　以DON标准工作液浓度为横坐标，以峰面积积分值为纵坐标，绘制标准工作曲线，用标准工作曲线对试样进行定量，标准工作溶液和试样溶液中DON的响应值均应在仪器检测线性范围内。

5. 结果计算

样品中DON的含量按下式计算：

$$X = \frac{(\rho_1 - \rho_0) \times V \times 1000}{m \times 1000} \times f \qquad (4-14)$$

式中　X——样品中DON的含量，mg/kg；

ρ_1——样品溶液中DON的浓度，$\mu g/mL$；

ρ_0——空白样品溶液中 DON 的浓度，$\mu g/mL$；

V——甲醇洗脱液体积，mL；

m——试样的质量，g；

f——稀释倍数。

五、杂色曲霉毒素

杂色曲霉毒素（*sterigmatocystin*，简称 ST）主要是由曲霉属的某些菌种，如杂色曲霉、构巢曲霉、皱曲霉、赤曲霉、焦曲霉、爪曲霉、四脊曲霉、毛曲霉以及黄曲霉、寄生曲霉等产生的有毒代谢产物，1954 年首先从杂色曲霉的培养物中分离出一种淡黄色针状结晶，并命名为杂色曲霉素，结构上与黄曲霉毒素 B_1 非常相似，是黄曲霉毒素生物合成过程的中间体。ST 在化学结构上，具有双氢呋喃苯并呋喃系统。ST 的分子式 $C_{18}H_{12}O_6$，相对分子质量 324.06，熔点 246℃。可溶于大多数非极性溶剂，不溶于水，难溶于极性溶剂、氢氧化钠及碳酸钠水溶液。氯仿对 ST 的溶解度最大，可作为萃取 ST 的首选溶剂。在紫外光下具有暗砖红色荧光。

杂色曲霉在自然界分布很广，存在于乳制品、谷类和饲料中。ST 主要由杂色曲霉群和构巢曲霉群的某些菌种产生。ST 是一种毒性很强的肝及肾脏毒素，对实验动物均显示了强致癌性，可诱发肝癌和胃癌。杂色曲霉毒素中毒，国内又称"黄肝病"或"黄染病"。在肝癌高发区所食用的食物中，杂色曲霉素污染较为严重，可导致人类食物中毒和产生毒性损伤效应。

据报道，ST 的检测方法有气相色谱法（GC）、气质联用法（GC – MS）和高效液相色谱法（HPLC）等，但现行的植物性食品中杂色曲霉素的测定还是薄层层析法（TLC）（GB/T 5009.25—2003）。本实验主要介绍薄层色谱法测定 ST。

（一）检测原理

样品中的 ST 经提取、净化、浓缩、薄层展开后，用三氯化铝显色，再经加热产生一种在紫外光下显示黄色荧光的物质。根据其在薄层上显示的荧光最低检出量，确定样品中 ST 的含量。

（二）试剂及仪器

硅胶薄板、展开槽、紫外灯。

乙腈：5%氯化钠水溶液（9∶1）、正己烷、氯仿、无水硫酸钠。

ST 标准溶液的配制：准确称取 ST 结晶 10mg，用苯定容至 100mL 棕色容量瓶中。分别吸取 1mL 和 0.5mL 于 2 个 10mL 棕色容量瓶中，加苯稀释至刻度，分别配成 100、10、0.5$\mu g/mL$ 标准液。避光，4℃冰箱中保存。

（三）检测步骤

1. 粗毒素的提取

取 50g 粉碎过 20 目筛的样品，加 250mL 乙腈：5%氯化钠水（9∶1）溶液，振荡 30min，过滤；残渣加入150mL乙腈：5%氯化钠水溶液，振荡过滤；将2次滤液加200mL正己烷，振摇2min，静止分层，弃去正己烷层，将乙腈－水层加5%氯化钠水溶液100mL和氯仿200mL，振摇2min，静止分层，乙腈－水层加100mL氯仿，振摇分层后，弃去乙腈－水层，收集2次氯仿层加无水硫酸钠振摇、过滤、浓缩至干，得到粗毒素。

2. 薄层层析

（1）点样　上述挥干物用苯或氯仿溶解后，配成苯或氯仿含量为5mg/mL粗毒素的溶液，供薄层层析用。硅胶薄层板（10cm×10cm）2块，临用前105℃活化2h；在距下端0.3~1cm基线上加样，每板加2个样点，第一点距左边缘0.8~1cm处滴加标准液（0.4μg/mL）10μL，在距左边缘4cm处滴加样液8μL，然后在第二块板的样点上加滴标准液10μL。在滴加样液时可用吹风机冷风边吹边加。

（2）展开　用双向薄层展开。

①横向展开：在展开槽内加入乙醚：正己烷：苯：氯仿：甲酸（20:60:10:10:4）溶液15mL，将上述点好的薄层板靠近左边标准点的一边从槽的斜对角位置放入展开，刚展至板端时，取出挥干。

②纵向展开：将近干的薄层板靠近标准点与样点的一边以苯：甲醇：乙酸溶液（90:8:2）15mL展开至刚到板端时，取出挥干。

（3）显荧光　于薄层板上喷20%三氯化铝（$AlCl_3 \cdot 6H_2O$）乙醇溶液，迅速将板放置于80℃加热10min，取出后立即在365nm波长的紫外光下观察，待薄层板冷却后再喷第2次（不需要加热），可直接观察结果。

（4）确证实验　第一次展开后，在样品的类似杂色曲霉素的样点上，以及杂色曲霉素的标准样点上，各滴加5μL无水三氟乙酸，用苯：甲醇（9:1）横向展开。用20% $AlCl_3$乙醇溶液喷雾，紫外线下观察，有无黄色荧光点，三氟乙酸与杂色曲霉素的反应物R_f值为0.3左右。

（5）样品的定量方法　按上法测得ST的R_f值约为0.6。如果在第一块薄层板上，ST标准品与样品中的ST荧光强弱相当，则样品中的ST含量为12.5ng/g。若样品中的ST的荧光比标准荧光强，则可减少样液的点加量或稀释后点样，直到样品的ST荧光点强度与ST标准一致为止，按下式计算样品中ST的含量。

$$ST 含量 = 最低检出量 \times V \times D/C \times 1000/m (\mu g/kg) \tag{4-15}$$

式中　V——与最低检出量荧光强度相当的样液点加体积，mL；

D——样液总稀释倍数；

C——ST标准品浓度，μg/mL；

m——样品质量，kg。

本方法ST的最低检出量为0.005μg。当降低到0.002μg尚可看到，但亮黄色发暗。

（四）注意事项

（1）点样后一定等薄层板干燥后再开始层析。

（2）取样时各样品要有各自固定的微量吸管，以免样品之间互相污染。

（3）点样直径不要超过5mm，并用吹风机边吹边点。

六、玉米赤霉烯酮毒素

玉米赤霉烯酮（zearalenone，ZEN，ZEA 或 ZON），又称 F - 2 毒素，是由镰刀菌属的菌种产生的代谢产物，是一种雌激素真菌毒素。最早是由染有赤霉病的玉米中分离得到的。ZEN 属于雷锁酸内酯，是一种白色结晶化合物，分子式 $C_{18}H_{22}O_5$，相对分子质量318。不溶于水、二硫化碳和微溶于石油醚（30～60℃），溶于碱性溶液、苯、二氯甲烷、醋酸乙酯、乙腈和乙醇等。在 360nm 的长波紫外光下，ZEN 毒素呈现蓝绿色荧光，在 260nm 短波紫外光下绿色荧光更强，利用此性质可用来定性鉴别 F - 2 毒素。ZEN 的耐热性较强，110℃下处理1h 才能被完全破坏。

ZEN 毒素的产生菌主要是镰刀菌，如禾谷镰刀菌、三线镰刀菌、尖孢镰刀菌、黄色镰刀菌、串珠镰刀菌、木贼镰刀菌、雪腐镰刀菌等。这些菌株主要存在于玉米和玉米制品中，小麦、大麦、高粱、大米中也有一定程度的分布。虫害、冷湿气候、机械损伤和贮存不当都可以诱发产生玉米赤霉烯酮。

ZEN 毒素具有较强的生殖毒性和致畸作用，可引起动物发生雌激素亢进症，导致动物不孕或流产，对家禽特别是猪、牛和羊的影响较大，给畜牧业带来经济损失。食用含赤霉病麦面制作的食品也可引起中枢神经系统的中毒症状，如恶心、发冷、头疼、精神抑郁等。ZEN 毒素可由口进入血液，7d 内可在尿液中检出，致病机制同雌激素中毒症。我国规定 ZEN 毒素限量为 60μg/kg。

目前 ZEN 毒素的测定方法有免疫亲和柱 - 荧光计法、薄层色谱法、气相色谱法、高效液相色谱法及 ZEN 检测试剂盒法等。本试验主要介绍的是免疫亲和柱 - 荧光计测定法和高效液相色谱法。

（一）免疫亲和柱 - 荧光计测定法

1. 检测原理

试样中的 ZEN 毒素用一定比例的甲醇 - 水提取，提取液经过滤，稀释后，用亲和柱净化，以甲醇将亲和柱上的 ZEN 毒素淋洗下来，在淋洗液中加入显色剂，然后用荧光计进行定量测定，ZEN 毒素在紫外线照射下显蓝绿色。

2. 试剂及仪器

4 - 系列真菌毒素专用荧光计；均质器（250mL）；微量移液器（1.0mL）；涡流混合器；玻璃纤维滤纸（1.0μm）；VICAM 玉米赤霉烯酮亲和柱；聚乙二醇（PEG），相对分子质量8000；甲醇及乙腈（色谱纯）；VICAMZEN 衍生液；VICAM 真菌毒素通用标定标准物；0.1% 吐温 - 20/PBS 缓冲液。

3. 检测步骤

（1）标定值的设置　使用真菌毒素通用标定标准物，如表4 - 8所示。

表 4-8　　　　　　　　　　　　　　　标色值的设置

仪器	绿色	红色	黄色
4-系列真菌毒素专用分析仪	-0.50	0.45	0.200 ± 0.03

（2）检测准备

①标定荧光计：确认延时时间为 5min；1 倍 0.1% 吐温 -20/PBS 缓冲液（每月配制一次）；

②提取液：乙腈：水（90:10，体积比），或者甲醇：水（80:20，体积）。

③试剂空白试验：1mL 甲醇 +1mL 显色剂置于测试管中，荧光计读数应为 0。

④空白试验：2mL 纯水置于测试管中，荧光计读数应为 0。

（3）样品提取与稀释　称取 20g 磨细的样品，2g 氯化钠，置于搅拌杯中；加入 50mL 甲醇：水（80:20）溶液，或者乙腈:水（90:10）；盖上搅拌杯的盖子，高速搅拌 2min；取下盖子，将提取物倒入折叠式滤纸上，滤液收集于干净的容器中。

吸取 10mL 滤液，置于干净的容器中，用 40mL 1 倍 0.1% 吐温 -20/PBS 缓冲液稀释，混匀；稀释液通过玻璃微纤维滤纸（1.0μm）过滤，滤液收集于玻璃注射器中。

（4）色谱柱操作与测定

①取 10mL 滤液以 1~2 滴/s 的流速全部通过亲和柱，直至空气进入到亲和柱中。

②取 10mL 0.1% 吐温 -20/PBS 缓冲液以 1~2 滴/s 的流速通过亲和柱。

③取 10mL 纯水以 1~2 滴/s 的流速通过亲和柱，直至空气进入到亲和柱中。

④用 1.0mL 甲醇以 1 滴/s 的流速淋洗亲和柱，将所有样品淋洗液（1mL）收集于玻璃测试管中。

⑤将 1.0mL ZearalaTest 显色剂加到测试管的淋洗液中。混匀后，将测试管置于已标定好的荧光计中。5min 后，读数。

4. 注意事项

（1）此方法的检测限为 0.1mg/kg，测定范围 0~5.0mg/kg。

（2）当测定浓度在 5.0mg/kg 以上时，应加以稀释。

（二）免疫亲和层析净化 - 高效液相色谱法

1. 检测原理

用提取液提取样品中的 ZEN，经免疫亲和柱净化后，用高效液相色谱荧光检测器测定，外标法定量。本方法（GB/T 23504—2009）适用于粮食和粮食制品、酒类、酱油、醋、酱及酱制品中玉米赤霉烯酮含量的测定，检出限：粮食等为 20μg/kg，酱油醋等为 50μg/kg。

2. 试剂和仪器

（1）试剂　甲醇、乙腈为色谱纯，其他为分析纯。

提取液：乙腈 + 水（9 + 1）。PBS 清洗缓冲液：称取 8.0g 氯化钠、1.2g 磷酸氢二钠、0.2g 磷酸二氢钾、0.2g 氯化钾，用 990mL 水将上述试剂溶解，然后用浓盐酸调节 pH 至

7.0，再用水定容至1L。

　　ZEN标准储备液：准确称取一定量的ZEN标准品（纯度≥98%），用甲醇+乙腈（1+1）溶解，配成0.1mg/mL的标准储备液，在-20℃保存，可使用3个月。ZEN标准工作液：根据使用需要，准确吸取一定量的ZEN储备液，用流动相稀释，分别配成相当于10、50、100、200、500ng/mL的标准工作液，4℃保存，可使用7d。

　　（2）仪器与设备　ZEN免疫亲和柱，玻璃纤维滤纸（直径11cm，孔径1.5μm，无荧光特性），均质器（转速大于10000r/min），高速万能粉碎机（转速10000r/min），试验筛（1mm孔径），高效液相色谱仪（配有荧光检测器）。

　　3. 检测步骤

　　（1）样品制备与提取

　　①粮食和粮食制品：将样品研磨（硬质的粮食等用高速万能粉碎机磨细并通过试验筛）。称取50.00g磨碎的试样于100mL容量瓶中，加入5g氯化钠，用提取液定容，混匀，转移至均质杯中，高速搅拌提取2min。定量滤纸过滤，移取10.0mL滤液于50mL容量瓶中，加水定容，混匀，用玻璃纤维滤纸过滤至滤液澄清，收集滤液A于干净的容器中。

　　②酒类：取脱气酒类样品（含CO_2的酒类使用前先置于4℃冰箱冷藏30min，过滤或超声脱气）或其他不含CO_2的酒类试样20.00g左右于50mL容量瓶中，用乙腈定容至刻度，摇匀。移取10.0mL滤液于50mL容量瓶中，加水定容，混匀，用玻璃纤维滤纸过滤至滤液澄清，收集滤液B于干净的容器中。

　　③酱油、醋、酱及酱制品：取25.00g左右混匀的试样，用乙腈定容至100.0mL，超声提取2min，定量滤纸过滤，移取10.0mL滤液于50mL容量瓶中，加水定容至刻度，混匀，用玻璃纤维滤纸过滤至滤液澄清，收集滤液C于干净的容器中。

　　（2）提取　将免疫亲和柱连接于玻璃注射器下，准确移取滤液A或B或C 10.0mL，注入玻璃注射器中。将空气压力泵与玻璃注射器相连接，调节压力，使溶液以约1滴/s的流速通过免疫亲和柱，直至空气进入亲和柱中。依次用10mL PBS清洗缓冲液（pH 4.4）和10mL水淋洗免疫亲和柱，流速约为1~2滴/s，直至空气进入亲和柱中，弃去全部流出液，抽干小柱。

　　准确加入1.0mL甲醇洗脱，流速约为1滴/s，收集全部洗脱液于干净的玻璃试管中，用甲醇定容至1.0mL，HPLC测定。

　　（3）测定

　　①高效液相色谱参考条件：色谱柱：C_{18}柱，5μm，150mm×4.6mm；流动相：乙腈+水+甲醇（46+46+8）；流速：1.0mL/min；柱温：35℃；进样量：20~100μL；检测波长：激发波长274nm，发射波长440nm。

　　②定量测定：以ZEN标准工作溶液浓度为横坐标，以峰面积积分值为纵坐标，绘制标准工作曲线，用标准工作曲线对试样进行定量。

　　4. 结果计算

试样中 ZEN 的含量按下式计算：

$$X = \frac{(\rho_1 - \rho_0) \times V \times 1000}{m \times 1000} \times f \qquad (4-16)$$

式中 X——试样中 ZEN 的含量，$\mu g/kg$；

ρ_1——试样溶液中 ZEN 的浓度，ng/mL；

ρ_0——空白试样溶液中 ZEN 的浓度，ng/mL；

V——甲醇洗脱液体积，mL；

m——试样的质量，g；

f——稀释倍数。

七、 T-2 毒素

T-2 毒素主要是三线镰刀菌产生的单端孢霉烯族化合物（trichothecenes，TS）之一，化学名称为 4，15-二乙酰氧基-8-（异戊酰氧基）-12，13-环氧单端孢霉-9-烯-3-醇。到目前为止，从真菌培养物及植物中已分离出化学结构基本相同的单端孢霉烯族化合物 148 种。T-2 毒素为无色针状结晶，熔点为 150~151℃，相对分子质量 466.51，该化合物非常稳定，在正常条件下，可长期贮存而不变质。T-2 毒素难溶于水，易溶于极性溶剂，如三氯甲烷、丙酮和乙酸乙酯等。在烹调过程中不易被破坏。T-2 毒素基本结构为四环的倍半萜，C_9 和 C_{10} 位上有一不饱和双键，在紫外线下不显荧光。

大多数单端孢霉烯族化合物是由镰刀菌属的菌种产生的，镰刀菌属的菌种广泛分布于自然界，这些真菌及其毒素主要侵害玉米、小麦、大米、燕麦、大麦等谷物，是食品或饲料中最严重污染物，也是毒性最强的真菌毒素之一。人畜误食该毒素污染的谷物后，可引起恶心、呕吐、头痛、腹泻、腹痛等急性中毒症状，导致骨髓组织的坏死和内脏器官出血，引起心肌受损，皮肤组织坏死，破坏造血组织和免疫抑制。能扰乱中枢神经系统，阻碍 DNA 和 RNA 的合成，导致遗传毒性及致死。T-2 毒素的主要毒性作用为细胞毒性、免疫抑制和致畸作用，甚至还有很高的致癌性。我国于 1996 年就制订了小麦、玉米及其制品中 T-2 毒素的限量标准为 ≤1000$\mu g/kg$。

T-2 毒素的检测方法主要有薄层色谱法、气相色谱法、酶联免疫吸附法、免疫亲和柱-荧光计法。本实验主要介绍免疫亲和柱-荧光计测定法。

（一） 检测原理

试样中的 T-2 毒素用甲醇提取后，提取液经过滤，稀释后，加入 T-2 毒素衍生液，以甲醇将亲和柱上的 T-2 毒素淋洗后收集于小试管中，用荧光计进行测定，T-2 毒素在紫外灯下不显荧光。

（二） 试剂和仪器

1. 试剂

甲醇（色谱级）；PBS 缓冲液；氯化钠；VICAMT-2 毒素衍生液；VICAMT-2 毒素标

定用溶液；0.02% 吐温/PBS 缓冲液：0.1mL 吐温 -20 + 9.9mL PBS 缓冲液 +490mL 水。

2. 仪器

4 - 系列真菌毒素专用荧光计；均质器（250mL）；微量移液器（0.5mL）；涡流混合器；塑料注射器（60mL）；VICAMT - 2 毒素亲和柱；聚乙二醇（PEG），相对分子质量 8000。

（三）检测步骤

1. 样品提取

称取 50g 样品、5g 氯化钠、10g PEG 置于均质杯中，加入 150mL 25% 的甲醇，高速均质 1min。用折叠式滤纸过滤，收集 25mL 滤液于干净的烧杯中，用 25mL 水将滤液稀释一倍。将 T - 2 毒素亲和柱与塑料注射器相连，取 40mL T - 2 毒素标定用溶液加入到塑料注射器中。

2. 样品制备

在塑料注射器中加入 0.5mL 的 T - 2 毒素衍生液，用硅胶塞塞好，重复振摇 4 ~ 5 次，然后再置于操作架上。

3. 色谱柱分离与测定

将空气泵与亲和柱相连，使注射器中的溶液以 1 ~ 2 滴/s 的速度通过亲和柱。用 0.02% 吐温/PBS 缓冲液以 1 ~ 2 滴/s 的速度通过亲和柱；用 2mL 色谱级的甲醇以 1 滴/s 的速度通过亲和柱，滤液收集于测试管中，将测试管置于荧光计中进行测定。

（四）注意事项

（1）色谱柱分离时，提取液通过亲和柱的流速要严格控制，否则结果影响荧光计测定。

（2）此方法的检测限为 0.15mg/kg，测定范围为 0 ~ 5.0mg/kg。

八、展青霉素

展青霉素纯品为无色结晶，分子式 $C_7H_6O_4$，相对分子质量 154，熔点 110℃，在 70 ~ 100℃ 可真空升华，能溶于水和乙醇，在碱性条件下不稳定，在酸性条件下稳定，耐热。展青霉素能改变细胞膜的通透性，利于 K^+ 外流；展青霉素可与巯基基团结合，抑制含巯基基团的酶活性；展青霉素对免疫系统也有影响。

青霉、扩张青霉、棒状青霉、荨麻青霉等是展青霉素的产生真菌，当水果受上述真菌污染时，水果及水果制品中均会检出该毒素。我国在 20 世纪 90 年代曾调查过水果半制品，检出率达到 76.9%。鉴于展青霉素毒性及其污染状态，有不少国家制定了水果制品最高限量标准，一般为 50μg/kg。我国规定水果半成品为 100μg/kg，果汁、果酒、水果罐头为 50μg/kg。

展青霉素的检测方法有薄层色谱法、气相色谱法、高效液相色谱法及展青霉素试剂盒等。本书介绍展青霉素的高效液相色谱法。

（一）检测原理

试样中的展青霉素用乙腈提取后，提取液经净化柱净化后，在高效液相色谱柱上分离后，以紫外检测器于276nm处检测，外标法定量。

（二） 试剂及仪器

甲醇、乙腈（均为色谱纯）；Millipore超纯水；果胶酶（Pectinase，EC 232 – 885 – 6），活性不低于1500U/g。

展青霉素标准液：准确移取1.00mL展青霉素标准物质乙腈溶液（100μg/mL），用乙腈稀释定容至10mL，混匀。该标准液质量浓度10.00μg/mL。

羟甲基糠醛标准液：准确称取羟甲基糠醛标准物质（质量分数≥99.0%）0.02g，溶解于10mL甲醇，用水稀释定容至100mL，再用水稀释10倍，混匀。该标准液质量浓度20.0μg/mL。

展青霉素 – 羟甲基糠醛混合标准工作液：分别取展青霉素标准液和羟甲基糠醛标准液各1.00mL于容量瓶中，氮气吹至近干，用流动相稀释定容至10mL。混合标准液展青霉素质量浓度1.00μg/mL，羟甲基糠醛质量浓度2.00μg/mL。

高效液相色谱仪，配有四元泵、在线脱气机、柱温箱、紫外检测器和色谱工作站；涡流混合器；净化柱：Mycrosep® 228AflaPat柱或相当者。

（三） 检测步骤

1. 液体试样制备

移取4mL待测样于具塞量筒中，加入21mL乙腈，涡旋振荡器振荡2min后，静置分层，收集上层清液。

2. 半固体、固体试样制备

半固体样品匀浆、固体试样粉碎后，称取4g于具塞量筒中，加入4mL水、75μL果胶酶，室温下放置过夜（或40℃下放置2h）。加入21mL乙腈，涡旋振荡器振荡1min后，静置分层，收集上层清液。

3. 净化

移取约8mL提取液，过Mycrosep® 228AflaPat净化柱，收集净化液，准确移取4mL于试管中，40℃下用氮气吹至近干（留约2μL样液）。加入0.4mL流动相，混匀，0.45μm滤膜过滤后，上机测定。

4. 测定

测定条件：色谱柱Kromasil C_{18}（长250mm，内径4.6mm，粒径5μm），流动相四氢呋喃溶液（体积比0.8∶100），色谱柱柱温30℃，流速1.0mL/min，检测波长276nm。先测定展青霉素 – 羟甲基糠醛混合标准工作液，以浓度与测量峰面积或峰高，绘制标准曲线。然后在上述同样条件下，取10μL样品处理液进样分析，测量保留时间、峰面积或峰高，与标准比较进行定性定量分析。

（四） 注意事项

（1）Mycrosep® 228AflaPat是一种净化柱商品名，柱内填硅藻土、硅胶、无水硫酸钠等。可用相当者代替。

（2）羟甲基糠醛是果汁中己酮糖在酸性或高温环境下脱水形成的产物，是苹果汁中的常见物质。由于甲基糠醛与展青霉素均带有羟基，结构相似，在苹果汁中展青霉素的提取、净化过程中两者很难分离，羟甲基糠醛成为检测展青霉素时最常见、最易混淆的干扰物。因此，检测过程中有效地分离羟甲基糠醛是检测果汁中展青霉素的必要条件。试验中直接选用展青霉素－羟甲基糠醛混合标准工作液进样来衡量色谱分离效果。在上述条件下，羟甲基糠醛与展青霉素的保留时间分别约为 7.8min 和 10.1min。

第三节　食品加工及贮藏过程中产生的有毒、有害物质的测定

在食品加工与贮藏过程中，由于受贮藏不当、加工温度、燃料等因素的影响，导致食品中出现某些有毒和有害物质。如食品焙烧中产生的丙烯酰胺，食品发霉变质产生各种霉菌毒素，食物在烧烤、油炸和烟熏的过程中污染了 3，4－苯并芘；包装材料中的印刷油墨造成食品的多氯联苯污染；肉制品加工中添加硝酸盐与亚硝酸盐导致 N－亚硝胺化合物超标等。这些有毒、有害物质的出现，降低了食品的食用价值，造成了资源的浪费，也影响了食用者的身体健康，甚至可能危及食用者的生命安全，因此有必要开展食品中有毒有害物质的检验，以便找出危害的根源，采取有力的措施，尽量减少食品在加工与贮藏过程中的污染。

由于食品加工过程中产生的有毒有害物质含量甚微，为百万分之一至亿万分之一，因而大多采用荧光分光光度法、液相色谱法、气相色谱法和气－质谱联用或液－质谱联用等仪器分析法测定。

一、丙烯酰胺

淀粉类食品在高温（>120℃）烹调下容易产生丙烯酰胺，尤其在过度油炸和烧烤时产生量最多。已有的研究表明，过量或长期食用高含量丙烯酰胺的食品，有一定的安全隐患。目前虽尚未对食品中丙烯酰胺制定限量标准，但国家颁布了测定方法标准（GB 5009.204—2014），该标准规定有"稳定性同位素稀释的液相色谱－质谱/质谱法"和"稳定性同位素稀释的气相色谱－质谱法"。这两种方法定性、定量准确，但对仪器要求较高，并需要 $^{13}C_3$－丙烯酰胺内标，不适合普通实验室推广应用，也不方便本科生实验教学。本试验介绍 HPLC 法检测丙烯酰胺。

（一）测定原理

食品中丙烯酰胺经水萃取、膜过滤和柱分离，在 HPLC 用外标法进行测定。该方法操作简单、快捷。

（二）试剂和仪器

1. 试剂

丙烯酰胺标准品、甲醇（色谱级）、超纯水。

标准储备液：精确称取丙烯酰胺标准品（精确至0.1mg），用甲醇定容配制成1000mg/L的标准储备溶液，存放于−20℃水箱中。丙烯酰胺的标准应用液浓度为10mg/L水溶液（临用新配）。

2. 仪器与设备

高效液相色谱仪、C_{18}固相萃取柱（20cm×4.6mm，5μm）、固相萃取装置、高速离心机、漩涡混合器、0.45μm PVDF滤膜、均质器。

（三） 实验步骤

1. 样品前处理

准确称取0.5~2g均质后的样品于30mL离心管中，加入10mL蒸馏水，均质30s。离心10min（12000r/min），收集一次上清液，在沉淀中再加入10mL蒸馏水，均质后再离心10min（12000r/min），收集2次上清液。沉淀中再加入10mL蒸馏水，均质后再离心10min（12000r/min），收集3次上清液。用带针头的注射器避开油层吸取收集上清液体中间清液5mL，过0.45μm PVDF滤膜过滤，取2mL滤液过固相萃取柱，弃去最初的0.5mL流出液，收集生成的流出液，用2mL水洗脱，收集洗脱液，供进样测定。

2. HPLC测定及计算

（1）HPLC测定条件　流动相：甲醇：水 = 5：95（体积比）；流速：1.0mL/min；进样量：20μL；柱温：40℃；UV检测器（检测波长：210nm）。

（2）制作标准曲线　将标准应用液分别配制为0.005、0.01、0.02、0.2、1.0μg/mL不同浓度的丙烯酰胺标准溶液进行分析，以质量浓度ng/mL为横坐标，峰面积或峰高为纵坐标绘制标准曲线。

（3）计算　根据样品及标准品的保留时间定性分析和峰面积或峰高定量，将样品色谱图中丙烯酰胺对应的峰面积或峰高带入标准曲线中，计算出结果。

（四） 注意事项

（1）用带针头的注射器吸取离心上清液时应尽量避开油层。但如果是油炸食品，油层可能较厚，此时可事先用正己烷提取1次可以除掉大部分油脂，以防止油脂的干扰。

（2）滤膜过滤液过C_{18}固相萃取柱时，C_{18}柱最好用5mL水和5mL甲醇预先活化。另外，洗脱液要自然流出，不用加压。

二、 3，4−苯并芘

中国及东南亚各国利用烟熏、烧烤和油炸的方法加工食品的历史悠久，如：熏鱼、火腿、烤鱼片、炸油条等，特别是近些年来，烧烤肉制品备受人们的青睐。然而在熏烤食物的过程中，由于燃料的不完全燃烧产生了多环芳烃，使食物受到污染，同样在油炸食品时，如果油温超过200℃，并且油脂经多次反复加热使用，可使油炸食品中3，4−苯并芘的含量大大超过5μg/kg的食品卫生标准。3，4−苯并芘属多环芳烃类有机物，是目前世界上公认的强致癌、致畸物质之一。因此有必要检测这类物质在食品中的含量。

3，4 - 苯并芘的测定方法有薄层层析法，荧光分光光度法和高效液相色谱法。现介绍荧光分光光度法。

（一）检测原理

样品溶液经提取和分离柱净化后，用薄层层析法将 3，4 - 苯并芘从多环芳烃类化合物中分离出来，然后从薄板上刮下含有 3，4 - 苯并芘的部分，经乙醇溶出后，制备成待测溶液。利用 3，4 - 苯并芘在紫外光照射下发射的荧光具有特征性吸收峰的特点，用荧光分光光度计测定其含量。

（二）试剂与仪器

1. 试剂

①二甲基亚砜（简称 DMSO），使用时与水以 9∶1 制成 DMSO 水溶液。二甲基甲酰胺（简称 DMF），使用时与水以 9∶1 制成 DMF 水溶液。石油醚（沸程 30~60℃）。无水硫酸钠（经 550℃高温处理 4h）。硅胶 G（10~40μm 颗粒）。

②有机试剂：乙醇、甲醇、己烷、环己烷、异辛烷、二氯甲烷、氯仿和苯（需经重蒸馏）。

③氢氧化钾、氢氧化钠、氯化钠、磷酸和乙酸酐，均为分析纯试剂。

④2% 咖啡因水溶液：称取 1g 咖啡因，溶于 50mL 50~60℃的蒸馏水中。

⑤硅镁型吸附剂（60~100 目）：用四倍水洗涤四次后，在玻璃砂板漏斗中滤干，再用甲醇洗净，甲醇的使用量与吸附剂相同。抽干后，在 130℃下于烘箱中干燥 5h，随即装瓶贮存于干燥器中。临用前，加入 5% 的水以降低其活性，混匀后密闭平衡 4h，备用。

⑥甘油淀粉润滑剂：将甘油与可溶性淀粉以 33∶9 的质量比混合，微火加热搅拌至透明状，用作涂抹玻璃仪器活塞。

⑦苯并芘标准溶液：准确称取 3，4 - 苯并芘纯品固体 10.0mg，用异辛烷溶解后，转移到 100mL 的棕色容量瓶中，稀释至刻度。此溶液为每毫升相当于 100μg 苯并芘的标准溶液。吸取此液 1mL，用异辛烷准确稀释到 10mL，即为每毫升相当于 10μg 的苯并芘标准溶液。使用时吸取此标准溶液 1.0mL，用异辛烷再准确稀释 100 倍，即为每毫升相当于 0.1μg 苯并芘的标准工作液。

2. 仪器与设备

①荧光分光光度计，具有双扫描功能。紫外灯（波长 365nm，125W）。K - D 浓缩器或旋转蒸发器。低速离心机。

②层析柱：长约 350mm，φ20mm，具有玻璃砂滤板和玻璃活塞。

③薄层层析用仪器：涂布器、玻璃板、层析缸、圆形标本缸、微量注射器、脂肪提取器、锥形瓶、10mL 具塞离心试管和分液漏斗（500mL 和 1000mL 容量）。

（三）检测步骤

1. 样品的制备

（1）粮食及其制品（包括大米、玉米、小麦、高粱等）　经粉碎机粉碎后过 40 目筛，筛后混匀备用。

（2）鱼、肉及其烟熏制品　取其可食部分，用绞肉机绞碎后备用。

（3）酒类　酒类样品混合均匀后取样。啤酒先倒入大烧杯中，加温除去二氧化碳后取样。

2. 样品的提取

含脂肪的固体样品如鱼、肉、粮食等需先行皂化后提取。不含脂肪的样品，如酒类可不经皂化而直接进行液 – 液萃取，

（1）粮食及其制品　称取均匀样品 80.0g，装入滤纸筒内适当填紧。然后装入脂肪提取器内，加入 70mL 石油醚润湿样品，连接冷凝器和脂肪瓶。脂肪瓶内预先装有氢氧化钾6g（高粱、玉米加入 12g）、100mL 乙醇和 60mL 石油醚，在 70℃ 水浴上提取及皂化 4 ~ 6h。然后将全部皂化提取液趁热滤入 500mL 分液漏斗中，加入 100mL 石油醚再次提取，弃去水层。合并两次石油醚提取液，用水洗涤，提取 3 次，每次 150mL。水洗时切勿用力过猛，以防止乳化。经水洗过的石油醚提取液通过无水硫酸钠柱脱水后，收集于 250mL 磨口锥形瓶中，用于下一步的净化操作。

（2）鱼、肉类及其熏制品　称取搅碎均匀的可食部分样品 50.0g，置于 250mL 脂肪瓶中，加入 100mL 乙醇、12 ~ 15g 氢氧化钾（如为干熟制品，则先用 30mL 水调匀后，再加入乙醇和氢氧化钾）。然后在沸水浴中回流加热约 3h，待肉样全部消化后，趁热通过铺有少量脱脂棉的漏斗滤入 1000mL 分液漏斗中。再依次用 50mL 乙醇和 150mL 石油醚分 2 次洗涤脂肪瓶，洗涤液并入分液漏斗中。然后按粮食及其制品的样品提取方法进行提取，得到提取液，用于净化操作。

（3）酒类　吸取 100mL 酒样（白酒可取 50mL，另加 50mL 水），注入 500mL 分液漏斗中，加入 2g 氯化钠，溶解后用环己烷提取 2 次，每次用 50mL。将环己烷提取液用 K – D 浓缩器减压浓缩至溶液为 20mL。将此浓缩液用二甲基亚砜水溶液在 500mL 分液漏斗中提取 3 次，每次用 50mL。将提取液合并于另一个分液漏斗中，加入 150mL 冰水合剂，再以环己烷提取两次，每次用 200mL。合并环己烷提取液，进行减压浓缩至 50mL 以下时，再移入原分液漏斗中。以等量水洗涤三次，静置分层，弃去水层。环己烷提取液用于净化。

3. 样品的净化

样品净化的目的是将苯并芘等多环芳烃类化合物和其他混杂物分离开来。一般根据样品性质选用液 – 液分配法或柱层析净化法，或者将两种方法结合起来进行净化。

柱层析净化，一般采用硅镁吸附剂或中性氧化铝硅胶吸附剂制备层析分离柱。硅镁吸附剂的层析分离柱的装填方法是将无水硫酸钠装填于层析柱的底部，高度大约为 1cm，接着加入 12g 硅镁吸附剂，然后再加入 10g 无水硫酸钠。再将装有 30g 无水硫酸钠和脱脂棉的漏斗置于层析柱上端。装填试剂时，一定要边装边用橡皮锤轻敲管壁，操作完毕，先用 30mL 己烷润湿漏斗和层析柱。待多余的己烷流出后，将上述待净化的任一种样品提取液分别以 2 ~ 3mL/min 速度流经层析柱。待流完后，用少量己烷淋洗漏斗。当淋洗液从层析柱中

全部流出后，3，4-苯并芘已经被吸附在柱层上，然后用250mL烧瓶做接收器，用30mL苯以2~3mL/min的速度流经漏斗和上端管壁，然后再用80mL苯以相同速度进行洗脱，直到没有溶液流出时，再用少量苯洗涤接收瓶，洗脱液和洗涤液全部并入K-D浓缩器中。然后在约70℃水浴中减压浓缩至0.2mL左右时，用环己烷定容至0.5mL，摇匀后即可用作薄层层析的样品液。

4. 样品的分离

经过柱层析净化的提取液可直接用薄层层析进行半定量分析，也用于荧光光度法测定。具体分离方法如下：

（1）制板与活化　称取14g硅胶G与约38~40mL2%咖啡因水溶液（50~60℃），在研钵中研成糊状，用涂布器涂成10cm×20cm、厚度为0.25mm的薄层硅胶板4块。在室温下晾15min，再在80~85℃烘箱内活化1h，取出后置于干燥器内保存备用。如果制好的薄板放置超过一周，则需重新活化。

（2）点样与展开　将10cm×20cm的薄板以横向按3cm和7cm的宽度分成左右两个区域。以距底边3cm的高度为基线，在左边区域内用10μL3，4-苯并芘标准溶液点成圆点，供展开后定位用。在右边区域内，将经柱净化过的样品浓缩液0.5mL，用毛细管点成宽不超过5mm，长不超过40mm的细条。并用环己烷洗涤K-D浓缩瓶数次，洗涤液也全部点在细条上。点样时，应边点样品边吹风。然后将点好的薄板置于层析缸中，用异辛烷-氯仿溶液（1:2）作为展开剂。单向避光展开2~3次，展开约18cm时取出。

（3）收集3，4-苯并芘　在暗室内紫外光灯下观察，用大头针划出与标准3，4-苯并芘R_f值具有相同部位的蓝紫色荧光带，此荧光带即为分离出的3，4-苯并芘。然后将此蓝紫色的荧光带连同硅胶在操作箱内用手术刀小心刮下，并仔细收集到10mL具塞刻度离心管中，随即用5mL60℃的乙醇溶解。将乙醇溶液以3000r/min离心后，上清液即可作为荧光分光光度法的测定样液。

5. 样品的测定

（1）定性分析　将上述样品制备中薄层分离制得的样品待测溶液与3，4-苯并芘标准溶液进行激发光谱与发射光谱特征谱图的比较，从而确定样品中是否含有苯并芘。即将盛有样液的石英皿置于荧光分光光度计中，选择适当的负高压和狭缝，将激发波长固定在383nm处，对样液和标准液在发射波长380~500nm之间分别进行扫描。当测得的样品液与标准溶液的发射光谱相互吻合或相接近时，再将发射波长固定在405nm处，对样液和标准溶液在激发波长200~400nm之间分别进行扫描。如果测得两者的激发光谱也相吻合时，便可认为样品中含有3，4-苯并芘。

（2）3，4-苯并芘标准曲线的绘制　准确吸取每毫升含有0.1μg的3，4-苯并芘标准溶液20、40、60、80和100μL，分别注入10mL刻度试管中，然后添加乙醇至5mL。将此3，4-苯并芘标准系列溶液在激发波长383nm、激发光狭缝为5mm和发射波长405nm、发射光狭缝为3mm的条件下，从低浓度开始，依次在发射波长400、405、410nm处进行发射扫描，并按基线法用下式求出相对荧光强度 I 值。

$$I = I_{405nm} - (I_{400nm} + I_{410nm}) \times 1/2 \qquad (4-17)$$

根据上述测定结果，以相对荧光强度 I 为纵坐标，以其相应的标准 3，4 - 苯并芘的浓度为横坐标绘制标准曲线。

（3）样品测定 将装样液的石英比色皿置于比色槽中，按上述标准曲线法测定样液的相对荧光强度，由标准曲线上查出对应的标准苯并芘的量（ng/mL），从而计算出样品中 3，4 - 苯并芘的含量。

（4）计算

$$3,4 - 苯并芘含量 = \frac{m' \times V}{m \times V_1} \quad (ng/g) \qquad (4-18)$$

式中　m'——从标准曲线上查出 3，4 - 苯并芘的含量，ng；

　　　V——样品浓缩后的体积，mL；

　　　m——样品质量，g；

　　　V_1——样品点样时吸取溶液的体积，mL。

（四）注意事项

（1）每批样品测定时，应做试剂空白，并对所测样品的相对荧光强度值加以校正。

（2）本法最低检出量为 0.005μg。

三、 多氯联苯类化合物

多氯联苯（polychlorinated biphenyls，PCBs）类化合物作为工业化学品曾是广泛使用的介电物质和印刷油墨的组成成分。多氯联苯虽用途广泛，但难于生物降解，且容易富集，包装材料中的印刷油墨会造成食品的多氯联苯污染，含有多氯联苯的材料燃烧时会产生剧毒物质二噁英，多氯联苯对水生生物和人类有很大危害，有致畸、致癌和致突变作用。因此有必要检测食品中多氯联苯的含量。

食品中 PCBs 残留量的检测技术因其含量少、种类多，最常用稳定性同位素稀释的气相色谱 - 质谱法，这也是 GB 5009.190—2014 规定的优选方法，该方法可对 PCB28、PCB52、PCB101、PCB118、PCB138、PCB153、PCB180、PCB18、PCB33、PCB44、PCB70、PCB105、PCB128、PCB170、PCB187、PCB194、PCB195、PCB199 和 PCB206 进行测定。其次是气相色谱法，这是 GB 5009.190—2014 规定的第二种方法，该方法是对 PCB28、PCB52、PCB101、PCB118、PCB138、PCB153 和 PCB180 测定的规定方法，本试验介绍该方法。

（一）检测原理

在试样中加入 PCB198（定量内标），水浴加热振荡过程中用有机试剂萃取，后用酸及氧化铝柱分别净化，采用气相色谱 - 电子捕获检测器法测定，以保留时间定性，内标法定量。

（二）试剂和仪器

1. 试剂

正己烷、丙酮为农残级，二氯甲烷、浓硫酸等为分析纯。

无水硫酸钠柱：将市售无水硫酸钠装入玻璃色谱柱，依次用正己烷和二氯甲烷淋洗两次，每次使用的溶剂体积约为无水硫酸钠体积的两倍。淋洗后，将无水硫酸钠转移至烧瓶中，在50℃下烘烤至干，并在225℃烘烤过夜，冷却后干燥器中保存。

色谱层析用碱性氧化铝：将市售色谱填料在660℃中烘烤6h，冷却后于干燥器中保存。

标准溶液：指示性多氯联苯的系列标准溶液，见表4-9。

表4-9　　　　　　　　　　指示性多氯联苯的系列标准溶液

化合物	浓度/（μg/L）				
	CS1	CS2	CS3	CS4	CS5
PCB28	5	20	50	200	800
PCB52	5	20	50	200	800
PCB101	5	20	50	200	800
PCB118	5	20	50	200	800
PCB138	5	20	50	200	800
PCB153	5	20	50	200	800
PCB180	5	20	50	200	800
PCB198（定量内标）	50	50	50	50	50

2. 仪器与设备

气相色谱仪：配电子捕获检测器（ECD）；色谱柱：DB-5ms柱，30m×0.25mm×0.25μm，或等效色柱；组织匀浆器、绞肉机、旋转蒸发仪、氮气浓缩器、超声波清洗器、涡旋振荡器、水浴振荡器、离心机、层析柱。

（三）测定步骤

1. 试样提取

（1）固体试样　称取试样5~10g（精确到0.1g），置具塞锥形瓶中，加入定量内标PCB198后，以适量正己烷+二氯甲烷（50+50）为提取溶液，于水浴振荡器上提取2h，水浴温度为40℃，振荡速度为200r/min。

（2）液体试样（不包括油脂类样品）　称取试样10g（精确到0.1g），置具塞离心管中，加入定量内标PCB198和草酸钠0.5g，加甲醇10mL摇匀，加20mL乙醚+正己烷（25+75）振荡提取20min，以3000r/min离心5min，取上清液过装有5g无水硫酸钠的玻璃柱；残渣加20mL乙醚+正己烷（25+75）重复以上过程，合并提取液。

（3）浓缩　将提取液转移到茄形瓶中，旋转蒸发浓缩至近干。如分析结果以脂肪计，则需要测定试样脂肪含量。

（4）试样脂肪的测定　浓缩前准确称取空茄形瓶重量，将溶剂浓缩至干后，再次准确称取茄形瓶及残渣重量，两次称重结果的差值即为试样的脂肪含量。

2. 试样净化

（1）硫酸净化　将浓缩的提取液转移至 10mL 试管中，用约 5mL 正己烷洗涤茄形瓶 3 ~ 4 次，洗液并入浓缩液中，用正己烷定容至刻度，并加入 0.5mL 浓硫酸，振摇 1min，以 3000r/min 的转速离心 5min，使硫酸层和有机层分离。如果上层溶液仍然有颜色，表明脂肪未完全除去，再加入一定量的浓硫酸，重复操作，直至上层溶液呈无色。

（2）碱性氧化铝柱净化柱装填　玻璃柱底端加入少量玻璃棉后，从底部开始，依此装入 2.5g 经过烘烤的碱性氧化铝、2g 无水硫酸钠，用 15mL 正己烷预淋洗。

（3）净化　将试样提取（3）中的浓缩液转移至层析柱上，用约 5mL 正己烷洗涤茄形瓶 3 ~ 4 次，洗液一并转至层析柱中。当液面降至无水硫酸钠层时，加入 30mL 正己烷（2 × 15mL）洗脱；当液面降至无水硫酸钠层时，用 25mL 二氯甲烷 + 正己烷（5 + 95）洗脱。洗脱液旋转蒸发浓缩至近干。

3. 试样溶液浓缩

将柱净化的试样溶液转移至进样瓶中，用少量正己烷洗茄形瓶 3 ~ 4 次，洗液并入进样瓶中，在氮气流下浓缩至 1mL，待 GC 分析。

4. 测定

（1）色谱条件色谱柱　DB - 5ms 柱，30m × 0.25mm × 0.25μm，或等效色谱柱；进样口温度：290℃；升温程序：开始温度 90℃，保持 0.5min，以 15℃/min 升温至 200℃，保持 5min，以 2.5℃/min 升温至 250℃，保持 2min，以 20℃/min 升温至 265℃，保持 5min；载气：高纯氮气（纯 > 99.999%）；柱前压 67kPa（相当于 10psi）；进样量：不分流进样 1μL。

以保留时间定性，以试样和标准的峰高或峰面积比较定量。

（2）PCBs 的定性分析以保留时间或相对保留时间进行定性分析，所检测的 PCBs 色谱峰信噪比（S/N）大于 3。

（3）PCBs 的定量测定

①相对响应因子（RRF）：采用内标法，以相对响应因子（RRF）进行定量计算。以校正标准溶液进样，按下式计算 RRF 值：

$$RRF = \frac{A_n \times \rho_s}{A_s \times \rho_n} \tag{4-19}$$

式中　RRF——目标化合物对定量内标的相对响应因子；

A_n——目标化合物的峰面积；

ρ_s——定量内标的浓度，μg/L；

A_s——定量内标的峰面积；

ρ_n——目标化合物的浓度，μg/L。

在系列标准溶液中，各目标化合物的 RRF 值相对标准偏差（RSD）应小于 20%。

②含量计算

$$X_n = \frac{A_n \times m_s}{A_s \times RRF \times m} \quad\quad (4-20)$$

式中　X_n——目标化合物 PCBs 的含量，$\mu g/kg$；

　　　　A_n——目标化合物的峰面积；

　　　　m_s——试样中加入定量内标的量，ng；

　　　　A_s——定量内标的峰面积；

　　　RRF——目标化合物对定量内标的相对响应因子；

　　　　m——取样质量，g。

③检测限：本方法的检测限规定为具有 3 倍信噪比、相对保留时间符合要求的响应所对应的试样浓度。计算公式见下式：

$$DL = \frac{3 \times N \times m_s}{H \times RRF \times m} \quad\quad (4-21)$$

式中　DL——检测限，$\mu g/kg$；

　　　　N——噪声峰高；

　　　　m_s——加入定量内标的量，ng；

　　　　H——定量内标的峰高；

　　　RRF——目标化合物对定量内标的相对响应因子；

　　　　m——试样质量，g。

试样基质、取样量、进样量、色谱分离状况、电噪声水平以及仪器灵敏度均可能对试样检测限造成影响，因此噪声水平应从实际试样谱图中获取。当某目标化合物的结果报告未检出时应同时报告试样检测限。

四、 亚硝胺类化合物

亚硝胺类化合物包括亚硝胺与亚硝酰胺两类，是亚硝酸盐与胺类合成的一类化学物质，分子中均含有 N - 亚硝基基团。自然界存在的亚硝胺类化合物不多，但其前体物质亚硝酸盐和胺类化合物却普遍存在。当亚硝酸盐与胺类相遇时，在一定条件下，可在腌腊制品、发酵食品和人体内合成一定量的亚硝基化合物，直接或间接地导致人体多种组织器官功能障碍或器质性病变。亚硝胺类化合物还具有强烈的致癌性，是目前世界公认的几大致癌物之一。

亚硝胺类的检测方法有比色法、气相色谱 - 热能分析仪法（适合啤酒中挥发性 N - 亚硝胺类的测定）、薄层层析法和气 - 质谱联用法（适合酒类、肉及肉制品、蔬菜、豆制品、茶叶等食品中 N - 亚硝基二甲胺、N - 亚硝基二乙胺、N - 亚硝基二丙胺及 N - 亚硝基吡咯烷含量的测定方法），这也是目前现行的国家推荐检测标准。本试验介绍不需要大型仪器的经典的薄层层析法。了解用薄层层析法测定 N - 亚硝胺类化合物的方法，并掌握薄层板的制备技术以及常用的吸附剂与展开剂的选用和配合规则。

（一） 实验原理

经提取纯化所得的 N – 亚硝胺类化合物，在薄层板上展开后，利用其光解生成亚硝酸和仲胺的特性，分别用二氯化钯二苯胺试剂、Griess 试剂（对亚硝酸）和茚三酮试剂（对仲胺）进行显色。为避免假阳性，应对以上三种试剂的显色进行综合判定。

（二） 试剂及仪器

1. 试剂

（1）无水碳酸钾、无水硫酸钠、氯化钠、正己烷、二氯甲烷、无水乙醚、乙醇、吡啶、冰醋酸。

（2）无水、无过氧化物的乙醚　乙醚中往往含有过氧化物而影响亚硝胺的测定，因此，必须除去乙醚中的过氧化物。将 500mL 乙醚置于分液漏斗中，加入 10mL 硫酸亚铁溶液（每 110mL 水中加 6mL 浓硫酸和 6g 硫酸亚铁），不断摇动，20min 后弃去硫酸亚铁溶液再加入 10mL 硫酸亚铁溶液重复处理一次，然后再用水洗两次。取出处理过的乙醚 5mL 置于试管中，加入经稀盐酸酸化的碘化钾溶液 2mL，振摇，于 30min 后碘化钾溶液不变黄，则乙醚处理为合格。

（3）阳离子交换树脂　强酸性，交联聚苯乙烯；硅胶 G（层析用）。

（4）磷酸缓冲液　混合 5mL 磷酸二氢钾（1mol/L）和 20mL 磷酸氢二钠（0.5mol/L），用水稀释至 250mL，pH 为 7~7.5。

（5）显色剂配制

①二氯化钯二苯胺试剂：1.5% 二苯胺乙醇溶液和 0.1% 二氯化钯的 0.2% 氯化钠溶液，分别保存于 4℃下，使用前以 4∶1 混合。

②格林（Griess）试剂：1% 对氨基苯磺酸的 30% 乙酸溶液和 0.1% α – 萘胺的 30% 乙酸溶液分别保存于 4℃下，使用前以 1∶1 混合。

③茚三酮试剂：0.3% 茚三酮和 2% 吡啶的乙醇溶液。

④30% 乙酸溶液：用冰醋酸加一定体积的水稀释而成。

（6）亚硝胺标准溶液配制　如常法制备的二甲基亚硝胺、二乙基亚硝胺、甲基苯基亚硝胺、甲基苄基亚硝胺，再重蒸馏或减压蒸馏 1~2 次以制得纯品。精确称取各类亚硝胺纯品，用无水、无过氧化物的乙醚作溶剂，配制成 10μg/μL 的乙醚溶液，再稀释成 1μg/μL 和 0.1μg/μL 的乙醚溶液，用黑纸或黑布包裹后置于冰箱中保存。

2. 仪器与设备

具塞三角瓶；分液漏斗；微量注射器；紫外灯：40W，波长 253nm；索氏抽提器：250、500mL；高速组织捣碎机；电热恒温水浴锅或大型恒温水浴槽；薄层层析用仪器；滤纸：经索氏抽提器用无水无过氧化物乙醚提取 4h，以除去干扰物质，吹干备用。

（三） 测定步骤

1. 样品提取

（1）粉末类粮食（面粉、玉米粉、糠等，土壤也可参照此法提取）　取样 100g，用处理过的滤纸包好后放入 500mL 索氏抽提器内，加入已除去过氧化物的乙醚 500mL，在 40～45℃恒温水浴上回流提取 10h，将乙醚提取液移入圆底烧瓶中，并加入水 100mL（先在热水浴上蒸馏出大部分乙醚，然后与发生水蒸气的玻璃烧瓶连接），进行水蒸气蒸馏，收集蒸馏液大约 200mL。加入 20g 碳酸钾，搅拌，溶解，并转入分液漏斗内。分出乙醚层，置于 1L 带塞三角瓶内。水层用除去过氧化物的乙醚提取三次，每次用 60mL，每次强烈振摇 8～10min，收集乙醚于上述 1L 带塞三角瓶内，并加入 20g 无水硫酸钠。不断振摇 30～45min 后，用处理过的滤纸过滤。用无水乙醚 20mL 洗涤滤纸上的硫酸钠，合并乙醚液，于 40～45℃恒温水浴上浓缩至体积为 0.5mL。上述操作要尽量避光，浓缩液放入小试管中置于冰箱内备用。

（2）蔬菜类食品（腌菜、泡菜、菠菜等）　取样 100g，切碎，于组织捣碎机中加入二氯甲烷 200～300mL 和碳酸钾 5g，捣碎 5min，过滤于长颈圆底烧瓶中，再以二氯甲烷 50mL 洗涤残渣，洗液合并于滤液中，再加入 25mL 磷酸缓冲液和 100～150mL 水，在 60℃水浴中除去二氯甲烷后再加热 10～15min（二氯甲烷可回收）。然后用水蒸气蒸馏，收集溜出液 200mL，蒸馏瓶需用黑布包好。在馏出液中加入 20g 碳酸钾，在 500mL 分液漏斗中，以每次 100mL 二氯甲烷，分三次提取，然后用无水硫酸钠吸去二氯甲烷中的水，过滤，并用二氯甲烷洗涤硫酸钠，洗液合并于滤液中，浓缩至 20mL，取一定量置于具塞试管再浓缩至 0.5mL 备用。上述操作要尽量避光，浓缩后的试管用黑布或黑纸遮盖，置于冰箱内。

（3）腌制肉类、鱼类、干酪等　取样 100g，切成小块，移入组织捣碎机中，加二氯甲烷 400mL 和碳酸钾 5g，捣碎 5min，过滤于长颈圆底烧瓶中，再以二氯甲烷 50mL 洗涤残渣，洗液合并于滤液中。加入磷酸缓冲液 25mL 和水约 200mL 于滤液中，在 60℃水浴中除去二氯甲烷后再加热 10～15min（二氯甲烷可回收）。然后用水蒸气蒸馏，收集馏出液 200mL，蒸馏瓶需用黑布包好。馏出液中加入 5% 醋酸钠溶液（缓冲液）1mL，使 pH 为 4.5，然后通过阳离子交换树脂（2.5cm×2.5cm），用水约 10mL 洗柱，合并流出物，加碳酸钾 20g 碱化，以下用二氯甲烷提取，操作与上述（2）相同。

2. 薄层层析

（1）制板活化　取硅胶 G 加倍量或稍多的一些水，调制至黏度适宜后涂板，于 105℃活化 1.5h。

（2）点样　用微量注射器将亚硝胺标准溶液 0.5μg 和 1.0μg 点于薄板两侧，再用微量注射器或毛细玻璃管将样品溶液 0.1mL 点于薄板中间一点上，共点三块板。

（3）展开　第一次用正己烷展开至 10cm，取出吹干。第二次用正己烷 - 乙醚 - 二氯甲烷溶液（4:3:2）展开至 10mL，取出吹干。层析缸用黑布或黑纸遮盖。

（4）显色和判断

①薄层板喷二氯化钯二苯胺试剂，在湿润状态下放在没有滤光片的紫外灯下照射 3～5min，亚硝胺化合物呈蓝或蓝紫色斑点。

②薄层板在没有滤光片的紫外灯下照射 5～10min 后，喷 Griess 试剂，亚硝胺化合物呈

玫瑰红斑点。

③薄层板先小心地均匀喷以 30% 乙酸，然后在没有滤光片的紫外灯下照射 5 ~ 10min，用热吹风机吹 5 ~ 10min，使乙酸挥发掉，再喷茚三酮试剂，并将板放在 80℃ 烤箱内烤 10 ~ 15min，亚硝胺化合物呈橘红色斑点。如果三种试剂均为阳性，则可以认为食物中存在亚硝胺；若样品中出现与标准品 R_f 值相同的斑点，可以初步认为样品中存在的亚硝胺与已知亚硝胺相同。样品中亚硝胺的量需要做样品的限量实验，并与标准亚硝胺的灵敏度实验相比较，以计算出样品中亚硝胺的大概含量。

（四）注意事项

1. 几种亚硝胺在不同溶剂中的 R_f 值如表 4 – 10 所示。

表 4 –10 　　　　　　　几种亚硝胺在不同溶剂中的 R_f 值

亚硝胺的名称	展开剂：正己烷 – 乙醚 – 二氯甲烷溶液 （体积比）		
	4 : 3 : 2	5 : 7 : 10	10 : 3 : 2
二甲基亚硝胺	0. 32	0. 35	0. 10
二乙基亚硝胺	0. 57	0. 55	0. 24
二丙基亚硝胺	0. 77	0. 63	0. 38
二丁基亚硝胺	0. 87	0. 72	0. 46
二苄基亚硝胺	0. 83	0. 92	0. 63
甲基苯基亚硝胺	0. 66		
甲基苄基亚硝胺	0. 58	0. 85	0. 32

2. 不同溶剂系统分离亚硝胺的种类如表 4 – 11 所示。

表 4 –11 　　　　　　　不同溶剂系统分离亚硝胺的种类

正己烷 – 乙醚 – 二氯甲烷溶剂系统体积比	展开化合物
4 : 3 : 2	分离对称的二烷基亚硝胺以及甲基烷基亚硝胺
5 : 7 : 10	分离环状亚硝胺
10 : 3 : 2	分离芳烷基亚硝胺和二芳基亚硝胺

五、 多环芳烃

多环芳烃 （polycyclic aromatic hydrocarbons，PAH） 是一类广泛存在于环境中的有机化合物，有致癌作用的多环芳烃约有 20 种，其中最具有代表性的致癌物为 3，4 – 苯并芘 （五环化合物），其次为1，2-苯并芘（四环化合物）和3，4，9，10-苯并芘（六环化合物）。多环芳烃产生的原因很多，当煤炭、石油和天然气等燃烧不完全时，便形成多环芳烃化合物。细菌、原生动物、淡水藻类和高等植物本身也能合成多环芳烃。

多环芳烃的测定方法有薄层层析法、高效液相色谱法、气相色谱-质谱法（GB/T 23213—2008）。本试验介绍用甲醇-水作流动相，采用梯度洗脱和程序切换荧光检测波长的高效液相色谱法。

（一）测定原理

多环芳烃类化合物分子中具有刚性的平面结构和多个共轭双键，受紫外光照射会发出荧光，荧光的强度与样液中多环芳烃的浓度成正比。利用甲醇-水作流动相进行反向高效液相色谱梯度洗脱，采用程序切换波长的荧光检测器检测分离开的多环芳烃，达到快速、准确测定食品中多环芳烃的目的。

（二）试剂和仪器

1. 试剂

（1）PAH 标准储备液　准确称取一定量 PAH，用环己烷或苯溶解定容。其各自的浓度为：萘（Na）1400μg/mL，菲（Phe）1560μg/mL，蒽（Ant）1080μg/mL，荧蒽（Flt）318μg/mL，芘（Py）1140μg/mL，屈（Chy）1080μg/mL，苯并（a）蒽（BaA）1260μg/mL，苯并［b］荧蒽（BbF）176μg/mL，苯并（k）荧蒽（BkF）1160μg/mL，苯并［a］芘（BaP）1400μg/mL，二苯并［a，h］蒽（dBahA）1200μg/mL，苯并［g，h，I］菲（BghiP）190μg/mL，茚并［1，2，3-cd］芘（IndenoP）280μg/mL。

（2）PAH 标准应用液　根据待测样品中多环芳烃的含量，将 PAH 标准储备液用甲醇稀释 100～1000 倍，配成浓度为 0.1～10μg/mL PAH 的混合标液。

（3）甲醇　为分析纯，重蒸后经 0.3μm 滤膜抽滤。

2. 仪器与设备

（1）高效液相色谱仪　配有荧光检测器色谱柱，Phenomenex（USA）；C$_{18}$柱（ODS），5μm，250mm×4.6mm，i.d；液相色谱微量进样器（25μL，100μL）。

（2）玻璃色谱柱（Sephadex LH-20 目），20mm×250mm；K-D 浓缩仪；玻璃砂芯漏斗：40～60 目。

（三）测定步骤

1. 样品制备与处理

（1）样品处理　取熏烤肉样用热水洗去表面黏附的杂质，晾干后去骨头，将可食部分粉碎后备用。

（2）样品的提取、净化与富集

①提取：准确称取样品 100g 于 500mL 圆底烧瓶中，加入 2mol/L 氢氧化钾的甲醇-水（9+1）溶液 200mL，在沸水浴中回流加热 3h。

②净化：将皂化液移入 500mL 分液漏斗中，用 100mL 环己烷分两次洗涤回流瓶，洗液

并入分液漏斗中，振摇 1min，静置分层，下层水溶液放至另一 500mL 分液漏斗中。用 100mL 环己烷重复提取 2 次，合并环己烷。先用 200mL 甲醇 + 水 （1 + 1） 提取 1min，弃去甲醇 - 水层，再用 200mL 水提 2 次，弃去水层。在旋转蒸发仪上浓缩环己烷液至 40mL，移入 125mL 分液漏斗中，以少量环己烷洗蒸发瓶 2 次，合并环己烷。用硫酸 （6 + 4） 50mL 净化提取 2 次，每次摇 1min，弃去硫酸液，用水洗环己烷层至中性。将环己烷层通过装有 6g 硅胶和少量无水硫酸钠的 40 ~ 60 目玻璃砂芯漏斗过滤，另用 50mL 环己烷洗涤漏斗，合并环己烷，在旋转蒸发仪上浓缩环己烷至 2mL。

③富集：将环己烷浓缩液转移至 10g Sephadex LH - 20 柱内，用异丙醇洗脱，弃去前 50mL，收集 50 ~ 150mL 馏分段洗脱液，在 K - D 浓缩仪 （70℃） 上蒸发至 0.2mL 左右时，用甲醇定容至 1.0mL。置冰箱中备用。

2. PAH 标准曲线的绘制

分别吸取 0.10，0.50，1.00，3.00 和 5.00μL PAH 混合标准液进行色谱分析，以各 PAH 含量 （ng） 为横坐标，相应的峰面积为纵坐标绘制标准曲线，共 13 条。

色谱分析条件：柱温 25℃，流速 1mL/min；梯度洗脱程序：由 73% 甲醇开始，42min 线性升至 92% 甲醇；按表 4 - 12 进行程序波长切换。

表 4 - 12　　　　　　　　　　　　检测波长切换时间程序

项目名称	多环芳烃								
	Na	Phe	Ant	Flt	Py	Chy/BaA	BbF/BkF/BaP	dBahA	IndenoP/BghiP
时间/min	0	16.0	17.8	20.0	22.3	26.0	32.0	38.0	42.0
λ_{ex}/nm	276	250	250	240	240	265	280	290	295
λ_{em}/nm	336	360	430	450	385	385	430	430	460

3. 样品测定

取待测样品液 5 ~ 20μL 按照测定 PAH 混合标准液的同样条件进行色谱分析，以保留时间定性，峰面积定量。根据样品峰面积，从各 PAH 标准曲线查得其含量 m_x。再计算各种 PAH 的含量。

计算公式如下：

$$PAH\ 含量 = \frac{m_x \times V}{m \times V_1} \times 1000 (\mu g/kg)\qquad(4-22)$$

式中　m_x——由峰面积查得的相应 PAH 含量，μg；

　　　V——样品浓缩体积 mL；

　　　m——样品质量，g；

　　　V_1——进样体积，mL。

（四） 注意事项

（1） 根据标准样品的出峰顺序调节波长切换的时间。

（2）用热水洗涤熏肉样品时，注意不要造成多环芳烃的损失。

第四节　食品中重金属含量的综合测定

一、铅、镉、铜、锌的原子吸收光谱法综合测定

生物元素可分为四类：必需元素、有益元素、沾染元素或污染元素。必需元素是指这些元素存在于健康组织中，并和一定的生物化学功能有关，它们在各种属中都有一恒定的浓度范围，当缺少某种元素时，就会引起再生性生理病态，补充这种元素后，其生理病态就会消失。这些元素除碳、氢、氧、硫外，主要是氟、钠、镁、钾、钙、锰、铁、钴、铜、锌、钼、碘等。有益元素的概念是缺乏这些元素时生命尚可维持，但不能认为是最健康的，这些元素是硼、硅、钒、铬、镍、硒、溴、锡等。沾染元素是指普遍存在于生物体中，但其浓度是可变的，并与生长或生活环境有密切关系，它们的生理作用尚未清楚。某种元素对人体是否有益还是有害，在很大程度上与这些元素在生物体内的浓度和存在状态有关。同一种元素浓度小时有益或可能有益，浓度高时则对人体有害，如 $0.1mg/kg$ 的硒对人体是有益的，而 $10mg/kg$ 时则有致癌作用；相同量的元素价态不同对人体的作用也不同，如 Cr^{3+} 对防治心血管病有很重要作用，而 Cr^{6+} 却有致癌作用。

根据目前的无机生物化学知识，一般认为，Hg、Pb、Cd 和 As 对人体健康是有害的，食品中最好不应含有；Cu、Zn 和 Ge 等元素只能是在一定量范围内对人体有益，超过就会危害健康，因此，它们的含量不应超标。

上述元素的分析方法较多。有根据待测元素与某些试剂能形成显颜色反应进行分光光度法测定；有根据待测元素与某些试剂能形成沉淀反应进行容量或重量法测定；有根据待测元素在质子照射下发射特征 X 射线进行质子 X 荧光法测定；有根据待测元素的自由原子吸收特征谱线所产生的吸收信号进行原子吸收分光光度法；另外，还有中子活化法、荧光法等。由于原子吸收分光光度法具有灵敏度高、操作方便、抗干扰能力较强、选择性好等优点，该方法现已在食品、环保等广泛应用。本实验主要介绍应用该方法一次性样品处理，综合测定食品中铅、锌、镉、铜等元素。

（一）测定原理

样品经灰化或酸消解后，注入原子吸收分光光度计燃烧器中，在高温作用下待测元素释放自由金属原子，吸收各待测原子阴极灯发射的特征光，并产生吸收信号。所测得的吸光度大小与试样中该元素的含量成正比。

$$A = Kc \qquad\qquad (4-23)$$

式中　A——试样中待测元素的吸光度；

K——常数；

c——被测元素在试样中的浓度。

自由原子产生的方法目前主要有两种方法，其一是通过火焰原子化器，用这种方法产生的原子化就是火焰原子吸收光谱法；其二是通过石墨炉原子化器，用这种方法产生的原子化就是石墨炉原子吸收光谱法。通常石墨炉原子化器转换效率比火焰原子化器高，所需样品量也非常少。

（二） 主要试剂及仪器

1. 主要试剂及标准液的制备

分析过程中全部用水均使用去离子水，所使用的化学试剂均为优级纯以上。

铜标准液：取 1.000g 金属铜（99.99%），分次加少量硝酸（4 + 6，40mL 硝酸 + 60mL水），溶解，总量不超过 37mL，移入 1000mL 容量瓶，用水定容混匀。此溶液为 1.0mg/mL铜标准储备液。取 1.0mL 铜标准储备液于 100mL 容量瓶中，用 0.5% 硝酸（1mol/L）定容。如此多次稀释成每毫升含 0.1μg 铜的标准使用液。

铅标准液：取 1.000g 金属铅（99.99%），分次加少量硝酸（1 + 1：50mL 硝酸 + 50mL水），加热溶解，总量不超过 37mL，移入 1000mL 容量瓶，定容混匀。此溶液为 1.0mg/mL铅标准储备液。取 1.0mL 铅标准储备液于 100mL 容量瓶中，用硝酸（0.5mol/L）或硝酸（1mol/L）定容。如此多次稀释成每毫升含 10.0、20.0、40.0、60.0、80.0ng 铅的标准使用液。

锌标准液：取 0.500g 金属锌（99.99%），溶于 10mL 盐酸中，然后在水浴上蒸发至近干，用少量水溶解后移入 1000mL 容量瓶中，用水定容混匀，贮于聚乙烯瓶中，此溶液为0.5mg/mL 锌标准储备液。取 10.0mL 锌标准储备液于 50mL 容量瓶中，用盐酸（0.1mol/L）定容。如此多次稀释成每毫升含 100.0μg 锌的标准使用液。

镉标准液：取 1.000g 金属镉（99.99%），分次用 20mL 盐酸（1 + 1，50mL 盐酸 +50mL 水）溶解，加 2 滴硝酸，移入 1000mL 容量瓶中，用水定容混匀，此溶液为 1.0mg/mL镉标准储备液。取 10.0mL 镉标准储备液于 100mL 容量瓶中，用硝酸（0.5mol/L）定容。如此多次稀释成每毫升含 100.0ng 镉的标准使用液。

2. 仪器与设备

所用玻璃仪器均需以硝酸浸泡过夜，用水反复冲洗，最后用去离子水冲洗干净。

原子吸收分光光度计（附待测元素空心阴极灯）；马弗炉；干燥恒温箱；瓷坩埚；压力消解器；可调式电炉。

（三） 测定步骤

样品前处理正确与否关系到测定的准确性。在测定样品中无机元素时所涉及的前处理主要有三方面：预处理、消化或灰化和浓缩。

1. 样品预处理

在采样和制备过程中，应注意不使样品污染。

粮食、豆类去杂物后，磨碎，过20目筛，贮于塑料瓶中，保存备用。

蔬菜、水果、鱼类、肉类及蛋类等水分含量高的鲜样，用食品加工机或匀浆机打成匀浆，贮于塑料瓶中，保存备用。

2. 样品消解（可根据实验室条件选用以下任何一种方法消解）

（1）压力消解罐消解法　称取 1.00 ~ 2.00g 样品（干样、含脂肪高的样品 < 1.00g，鲜样 < 2.00g）于聚四氟乙烯内罐，加硝酸 2 ~ 4mL 浸泡过夜。再加过氧化氢（30%）2 ~ 3mL（总量不能超过罐容积的 1/3）。盖好内盖，旋紧不锈钢外套，放入恒温干燥箱，120 ~ 140℃保持 3 ~ 4h，在箱内自然冷却至室温，用滴管将消化液洗入或过滤入（视消化后样品的盐分而定）10 ~ 25mL 容量瓶中，用水少量多次洗涤罐，洗液合并于容量瓶中并定容至刻度，混匀备用；同时作试剂空白。

（2）干法灰化　取 1.00 ~ 5.00g（根据铅含量而定）样品于瓷坩埚中，先用小火在可调式电热板上炭化至无烟，移入马弗炉 500℃灰化 6 ~ 8h 后，冷却。若个别样品灰化不彻底，则加 1mL 混合酸（硝酸/高氯酸 = 4∶1）在可调式电炉上小火加热，并反复多次直到消化完全，冷却。灰化完全后用硝酸（0.5mol/L）将灰分溶解，过滤到 10 ~ 25mL 容量瓶中（视样品中铅浓度选用容量瓶），并用少量水反复多次洗涤瓷坩埚及滤纸，最后定容至刻度，备用待测。按同样方法同时制作空白。

（3）过硫酸铵灰化法　取 1.00 ~ 5.00g 样品于瓷坩埚中，加 2 ~ 4mL 硝酸浸泡 1h 以上，先用小火炭化，冷却后加 2.00 ~ 3.00g 过硫酸铵盖于上面，继续炭化至不冒烟转入马弗炉，500℃恒温灰化 2h，再升至 800℃灰化 20min，冷却后加 2 ~ 3mL 硝酸（1.0mol/L）将灰分溶解，过滤到 10 ~ 25mL 容量瓶中，并用少量水反复多次洗涤瓷坩埚及滤纸，最后定容至刻度，备用待测。按同样方法同时制作空白。

（4）湿式消解法　取 1.00 ~ 5.00g 样品于三角瓶或高脚烧杯中，放数粒玻璃珠，加 10mL 混合酸，加盖浸泡过夜。取盖加小漏斗于电炉上消解，若变棕色，再加混合酸消解直到冒白烟、消化液呈无色透明或略带黄色。冷却后，过滤到 10 ~ 25mL 容量瓶中，并用少量水反复多次洗涤三角瓶或高脚烧杯及滤纸，最后定容至刻度，备用待测。按同样方法同时制作空白。

3. 浓缩

当样品中某种元素的含量或仪器的灵敏度较低时，样品经消化后，还需要进一步进行浓缩。浓缩的原理是先将待测元素与有机基团或配位体结合形成可溶于有机溶液的配合物，然后用有机试剂萃取分离，从而达到浓缩的目的。能与金属元素形成可萃取的配位体方式有各种各样，因此萃取的方式也很多，详见相关文献和具体元素的测定。

4. 测定步骤

（1）仪器条件　根据各自仪器性能调至最佳状态。岛津 AA - 646 型原子吸收火焰分光光度计，参考条件如表 4 - 13 所示。

表 4 – 13 仪器操作条件

待测元素	铜	铅	锌	镉
灯电流/mA	6	8	6	6
波长/nm	324.7	283.3	213.8	228.8
狭缝/nm	0.38	0.4	0.38	0.2
空气流量/（L/min）	10	8	10	8
乙炔流量/（L/min）	2.3	2.2	2.3	2.2
灯头高度/mm	5	6	3	1

（2）测定 分别取待测元素的标准使用液置于 10mL 容量瓶中，制备不同浓度的标准液。

将处理后的样液、试剂空白液和各容量瓶中待测元素标准液分别导入调至最佳条件的火焰原子化器进行测定。以待测元素标准液含量对应吸光值绘制标准曲线或计算直线回归方程。样品吸光值与曲线比较或代入方程求得样液中某元素的含量。

（3）计算

$$X = \frac{(\rho_1 - \rho_2) \times (V_2/V_1) \times V_3 \times 1000}{m \times 1000} \tag{4-24}$$

式中　X——样品中某元素含量，$\mu g/kg$（$\mu g/L$）；

ρ_1——测定样液中某元素含量，ng/mL；

ρ_2——空白液中某元素含量，ng/mL；

V_1——实际进样品消化液体积，mL；

V_2——进样总体积，mL；

V_3——样品消化液总体积，mL；

m——样品质量或体积，g 或 mL。

计算结果保留两位有效数字。

（四）注意事项

（1）各种仪器的使用性能及最佳参数要求是有区别的，因此在使用时以各仪器的最佳条件来测定。

（2）上述介绍的方法主要供学生操作使用，用于法定数据需要时请参照有关国家标准。

（3）当试样中某一金属元素含量较低或仪器的灵敏度不足时可通过下列方法浓缩：①加大消化时的样品量；②将消化液萃取分离。

铅的萃取分离按以下步骤进行：视样品铅含量吸取 25～50mL 上述制备的样液及试剂空白液，分别置于 125mL 分液漏斗中，补加水至 60mL。加 2mL 柠檬酸铵溶液（250g/L），溴百里酚蓝指示剂（1.0g/L）3～5 滴，用氨水（1＋1，50mL 氨水加 50mL 水）调 pH 至溶液由黄变蓝，加硫酸铵溶液（300.0g/L）10.0mL，DDTC（二乙基二硫代氨基甲酸钠）溶液

（50.0g/L）10.0mL，摇匀。放置 5min 左右，加入 10.0mL MIBK（4 - 甲基戊酮 - 2），剧烈振摇提取 1min 左右，静置分层后，弃去水层，将 MIBK 层放入 10mL 带塞试管中，待测。不同浓度的标准液的制备与上述相同。

镉的萃取分离按以下步骤进行：视样品镉含量吸取 25 ~ 50mL 上述制备的样液及试剂空白液，分别置于 125mL 分液漏斗中。加 10mL 硫酸（1 + 1），再加 10mL 水，混匀。加 10mL 碘化钾溶液（250g/L），摇匀。放置 5min 左右，加入 10.0mLMIBK（4 - 甲基戊酮 - 2），振摇提取 2min 左右，静置分层后（约需 30min），弃去水层，将 MIBK 层经脱脂棉放入 10mL 具塞试管中，待测。不同浓度的标准液的制备与上述相同。

二、　总汞及有机汞的测定

汞是生命非必需元素，极易由环境中的污染物通过各种途径对食品造成污染，直接影响人们的饮食安全，危害人体的健康。在自然界中有单质汞（水银）、无机汞和有机汞等几种形态。形态不同毒性不同，有机汞对人体危害较大，特别是甲基汞（CH_3—$HgCl$），比无机汞的毒性强得多。为此，GB 2762—2012《食品中污染物限量》中就对其有不同的规定，如鱼肉及制品中甲基汞 ≤ 1.0mg/kg，其他水产品中甲基汞 ≤ 0.5mg/kg，对汞总量不做要求，而非水产品对甲基汞无要求，但对汞总量要求很严。下面介绍食品中总汞及有机汞的测定方法（GB 5009.17—2014）。

（一）食品中总汞的原子荧光光谱分析法测定

1. 测定原理

样品经酸加热消解后，在酸性介质中，汞被硼氢化钾或硼氢化钠还原成原子态，并由载气（氩气）带入原子化器中，在汞空心阴极灯照射下，基态汞原子被激发至高能态，在由高能态回到基态时，发射出特征波长的荧光，其荧光强度与汞含量成正比，与标准系列溶液比较后进行定量。

2. 主要试剂和仪器

（1）主要试剂　硝酸溶液（1 + 9）：量取 50mL 硝酸，缓缓加入 450mL 水中；硼氢化钾溶液（5g/L）：称取 5.0g 硼氢化钾，用 5g/L 的氢氧化钾溶液溶解并定容至 1000mL，混匀，现用现配；重铬酸钾的硝酸溶液（0.5g/L）：称取 0.05g 重铬酸钾溶于 100mL 硝酸溶液（5 + 95）中。汞标准储备液（1.00mg/mL）：准确称取 0.1354g 经干燥过的氯化汞，用重铬酸钾的硝酸溶液（0.5g/L）溶解并转移至 100mL 容量瓶中，稀释至刻度，混匀，于 4℃ 冰箱中避光保存，可保存 2 年；汞标准中间液（10μg/mL）：吸取 1.00mL 汞标准储备液（1.00mg/mL）于 100mL 容量瓶中，用重铬酸钾的硝酸溶液（0.5g/L）稀释至刻度，混匀，于 4℃ 冰箱中避光保存，可保存 2 年；汞标准使用液（50ng/mL）：吸取 0.50mL 汞标准中间液（10μg/mL）于 100mL 容量瓶中，用 0.5g/L 重铬酸钾的硝酸溶液稀释至刻度，混匀，现用现配。

（2）主要仪器　原子荧光光谱仪，微波消解系统，压力消解器，超声水浴箱。

3. 测定步骤

（1）样品预处理　粮食、豆类等样品需粉碎均匀，装入洁净聚乙烯瓶中，密封保存备用。蔬菜、水果、鱼类、肉类及蛋类等新鲜样品，洗净晾干匀浆，装入洁净聚乙烯瓶中，密封于4℃冰箱冷藏备用。

（2）样品消解　称取固体试样0.2～0.5g（精确到0.001g）、新鲜样品0.2～0.8g或液体试样1～3mL于消解罐中，加入5～8mL硝酸，加盖放置过夜，旋紧罐盖，按照微波消解仪的标准操作步骤进行消解。冷却后取出，缓慢打开罐盖排气，用少量水冲洗内盖，将消解罐放在控温电热板上或超声水浴箱中，于80℃加热或超声脱气2～5min，赶出棕色气体，取出消解内罐，将消化液转移至25mL塑料容量瓶中，用少量水分3次洗涤内罐，洗涤液合并于容量瓶中并定容至刻度，混匀备用；同时作空白试验。

（3）测定

①标准曲线制作：分别吸取50ng/mL汞标准使用液0.00、0.20、0.50、1.00、1.50、2.00、2.50mL于50mL容量瓶中，用硝酸溶液（1+9）稀释至刻度，混匀。各自相当于汞浓度为0.00、0.20、0.50、1.00、1.50、2.00、2.50ng/mL。

②试样溶液的测定：设定好仪器最佳条件，连续用硝酸溶液（1+9）进样，待读数稳定之后，转入标准系列测量，绘制标准曲线。转入试样测量，先用硝酸溶液（1+9）进样，使读数基本回零，再分别测定试样空白和试样消化液，每次测不同的试样前都应清洗进样器。

③仪器参考条件：光电倍增管负高压：240V；汞空心阴极灯电流：30mA；原子化器温度：300℃；载气流速：500mL/min；屏蔽气流速：1000mL/min。

（4）结果计算　样品中汞含量按下式计算：

$$X = \frac{(\rho - \rho_0) \times V \times 1000}{m \times 1000 \times 1000} \tag{4-25}$$

式中　X——样品中汞的含量，mg/kg 或 mg/L；

　　　ρ——测定样液中汞含量，ng/mL；

　　　ρ_0——空白液中汞含量，ng/mL；

　　　V——试样消化液定容总体积，mL；

　　1000——换算系数；

　　　m——样品质量，g 或 mL。

（二）水产品中甲基汞的液相色谱－原子荧光光谱联用方法测定

1. 测定原理

食品中甲基汞经超声波辅助盐酸溶液提取后，使用C_{18}反相色谱柱分离，色谱流出液进入在线紫外消解系统，在紫外光照射下与强氧化剂过硫酸钾反应，甲基汞转变为无机汞。酸性环境下，无机汞与硼氢化钾在线反应生成汞蒸气，由原子荧光光谱仪测定。由保留时间定性，外标法峰面积定量。

2. 主要试剂和仪器

（1）主要试剂 硼氢化钾（KBH$_4$）、过硫酸钾（K$_2$S$_2$O$_8$）、L－半胱氨酸［L－HSCH$_2$ CH（NH$_2$）COOH］：分析纯；氯化汞（HgCl$_2$）及氯化甲基汞（HgCH$_3$Cl）标准品：纯度 ≥99%。

流动相（5% 甲醇＋0.06mol/L 乙酸铵＋0.1% L－半胱氨酸）、0.5g L－半胱氨酸和2.2g 乙酸铵，置于500mL 容量瓶中，用水溶解，再加入25mL 甲醇，最后用水定容至500mL。经 0.45μm 有机系滤膜过滤后，于超声水浴中超声脱气30min。现用现配。硼氢化钾溶液（2g/ L）：2.0g 硼氢化钾，用氢氧化钾溶液（5g/L）溶解并稀释至1000mL，现用现配。过硫酸 钾溶液（2g/L）：1.0g 过硫酸钾，用氢氧化钾溶液（5g/L）溶解并稀释至500mL，现用现 配。甲醇溶液（1＋1）：甲醇100mL，加入100mL 水中，混匀。

氯化汞标准储备液（200μg/mL，以 Hg 计）：0.0270g 氯化汞，用0.5g/L 重铬酸钾的硝 酸溶液溶解，并稀释、定容至100mL。于4℃冰箱中避光保存，可保存两年。

甲基汞标准储备液（200μg/mL，以 Hg 计）：0.0250g 氯化甲基汞，加少量甲醇溶解， 用甲醇溶液（1＋1）稀释和定容至100mL。于4℃冰箱中避光保存，可保存两年。

混合标准使用液（1.00μg/mL，以 Hg 计）：0.50mL 甲基汞标准储备液和0.50mL 氯化 汞标准储备液，置于100mL 容量瓶中，以流动相稀释至刻度，摇匀。现用现配。

（2）主要仪器与设备 液相色谱－原子荧光光谱联用仪（LC－AFS）：由液相色谱仪 （包括液相色谱泵和手动进样阀）、在线紫外消解系统及原子荧光光谱仪组成，组织匀浆器， 离心机（最大转速10000r/mim），超声清洗器等。

3. 检测步骤

（1）样品处理 样品预处理同上。取样品0.50～2.0g（精确至0.001g），置于15mL 塑 料离心管中，加入10mL 的盐酸溶液（5mol/L），放置过夜。室温下超声水浴提取60min， 期间振摇数次。4℃下以8000r/mim 转速离心15min。准确吸取2.0mL 上清液至5mL 容量瓶 或刻度试管中，逐滴加入氢氧化钠溶液（6mol/L），使样液 pH 为2～7。加入0.1mL 的 L－ 半胱氨酸溶液（10g/L），最后用水定容至刻度。0.45μm 有机系滤膜过滤，待测。同时做空 白试验。

（2）仪器参考条件

①液相色谱检测条件：色谱柱 C$_{18}$分析柱（柱长150mm，内径4.6mm，粒径5μm），C$_{18}$ 预柱（柱长10mm，内径4.6mm，粒径5μm）。流速1.0mL/min。进样体积100μL。

②原子荧光检测条件：负高压300V，汞灯电流30mA，原子化方式冷原子，载液10% 盐酸溶液，载液流速4.0mL/min，还原剂2g/L 硼氢化钾溶液，还原剂流速4.0mL/min，氧 化剂2g/L 过硫酸钾溶液，氧化剂流速1.6mL/min，载气流速500mL/min，辅助气流速 600mL/min。

（3）标准曲线制作 取5支10mL 容量瓶，分别准确加入混合标准使用液（1.00μg/ mL）0.00、0.010、0.020、0.040、0.060、0.10mL，用流动相稀释至刻度。此标准系列溶液的浓度分别为 0.0、1.0、2.0、4.0、6.0、10.0ng/mL。吸取标准系列溶液 100μL 进样，以标准系列溶液中目标化合物的浓度为横坐标，以色谱峰面积为纵坐标，绘制标准曲线。

（4）样液测定　将样液 100μL 注入液相色谱 – 原子荧光光谱联用仪中，得到色谱图，以保留时间定性。以外标法峰面积定量。

（5）结果计算　试样中甲基汞含量按下式计算：

$$X = \frac{f \times (\rho - \rho_0) \times V \times 1000}{m \times 1000 \times 1000} \tag{4-26}$$

式中　X——样品中甲基汞的含量，mg/kg；

　　　f——稀释因子；

　　　ρ——经标准曲线得到的测定液中甲基汞的浓度，ng/mL；

　　　ρ_0——经标准曲线得到的空白溶液中甲基汞的浓度，ng/mL；

　　　V——加入提取试剂的体积，mL；

　1000——换算系数；

　　　m——试样称样量，g。

4. 注意事项

（1）玻璃器皿均需以硝酸溶液（1+4）浸泡 24h，用水反复冲洗，最后用去离子水冲洗干净。

（2）标准溶液物质可从经国家认证并授予标准物质证书的相关单位购置。

（3）在检测甲基汞样品处理时要注意缓慢逐滴加入氢氧化钠溶液，避免酸碱中和产生的热量来不及扩散，使温度很快升高，导致汞化合物挥发，造成测定值偏低。

第五节　植物源食品中农药残留量的测定

植物源食品原料的生产旺季也是病、虫害多发季节。为确保农作物的产量和品质，目前仍要喷施大量的农药。农药的喷施虽然防治了病虫害，提高了种植业的经济效益，但也造成了农药在植物源性食品中残留。农药的大量残留将影响人体健康。加入 WTO 后各国的贸易壁垒已被降低，但绿色技术壁垒却越垒越高，其中对植物源食品中农药残留要求很严。我国 GB 2763—2014 规定了食品中 2，4 – 滴等 387 种农药 3650 项最大残留限量。因此，加强对食品中农药残留的监测，确保食品中农药残留不超标，目前仍然是食品工业中的重要一环。

在我国，市场销售的农药杀虫剂中 50% 以上属于有机磷和氨基甲酸酯类杀虫剂，其产量约占 70% 以上。对于食品中有机磷和氨基甲酸酯类杀虫剂残留量的检测目前主要有免疫检测法、生物化学测定法和仪器分析法。还有为适应快速检测的需要开发的试剂盒快速检测的方法等。2017 年 3 月实施的 SN/T 4591—2016 介绍了液相色谱 – 质谱/质谱法，该推荐方法可测定多种农药残留，但设备费用较贵。限于篇幅和现有设备，本试验仅介绍用气相色谱法检测有机磷和氨基甲酸酯类杀虫剂残留量的方法。

一、　有机磷农药多残留量

（一）测定原理

含有机磷的食品在富氢焰上燃烧，以 HPO 碎片的形式，放射出波长 526nm 的特征光，这种光通过滤光片选择后，由光电倍增管接收，转换成电信号，经微电流放大器放大后被记录下来。试样的峰面积或峰高与标准品的峰面积或峰高进行比较，就可定量。本方法可适用的有机磷农药主要有敌敌畏、速灭磷、久效磷、甲拌磷、巴胺磷、二嗪磷、乙嘧硫磷、甲基嘧啶磷、甲基对硫磷、稻瘟净、水胺硫磷、氧化喹硫磷、稻丰散、甲喹硫磷、克线磷、乙硫磷、乐果、喹硫磷、对硫磷、杀螟硫磷等。

（二）主要试剂与设备

1. 试剂

各种待测有农药标准品，除速灭磷纯度≥60%（顺式）或纯度≥40%（反式）外，其他均要求在98%以上。其他试剂均要求是分析纯。

农药标准溶液的配制：分别准确称取农药标准品，用二氯甲烷为溶剂，分别配制成 1.0mg/mL 的标准储备液，贮于冰箱（4℃）中，使用时根据各农药品种的仪器响应情况，吸取不同量的标准储备液，用二氯甲烷稀释成混合标准使用液。

2. 仪器与设备

组织捣碎机、旋转蒸发仪、气相色谱仪（配有火焰光度检测器）。

（三）测定步骤

1. 样品制备

取粮食样品经粉碎机粉碎，过20目筛制成粮食待测样；水果、蔬菜样品去掉非可食部分后制成待测样。

2. 提取

（1）水果、蔬菜等生鲜样品　取 50.00g 试样，置于 300mL 烧杯中，加入 50mL 水和 100mL 丙酮（提取液总体积为150mL），用组织捣碎机提取 1~2min。匀浆液经铺有两层滤纸和约 10g Celite 545 的布氏漏斗减压抽滤。取滤液 100mL 移至 500mL 分液漏斗中。

（2）谷物等粮食样品　取 25.00g 试样，置于 300mL 烧杯中，加入 50mL 水和 100mL 丙酮，以下步骤同上。

3. 净化

在提取的滤液中加入 10~15g 氯化钠使溶液处于饱和状态。猛烈振摇 2~3min，静置 10min，使丙酮与水相分层，水相用 50mL 二氯甲烷振摇 2min，再静置分层。将丙酮与二氯甲烷提取液合并经装有 20~30g 无水硫酸钠的玻璃漏斗脱水滤入 250mL 圆底烧瓶中，再以约 40mL 二氯甲烷分数次洗涤容器和无水硫酸钠。洗涤液也并入烧瓶中，用旋转蒸发器浓缩至约 2.0mL，浓缩液定量转移至 5 ~ 25mL 容量瓶中，加二氯甲烷定容至刻度。

4. 气相色谱测定

（1）色谱参考条件色谱柱　玻璃柱 2.6m × 3.0mm （i. d），填装涂有 4.5% DC - 200 + 2.5% OV - 17 的 Chromosorb W A W DMCS （80 ~ 100 目） 的担体，或填装涂有质量分数为 1.5% 的 QF - 1 的 Chromosorb W A W DMCS （60 ~ 80 目）；气体速度：氮气 50mL/min、氢气 100mL/min、空气 50mL/min；温度：柱箱 240℃、汽化室 260℃、检测器 270℃。

（2）测定　吸取 2 ~ 5μL 混合标准液及样品净化液注入色谱仪中，以保留时间定性。以试样的峰高或峰面积与标准比较定量。

5. 结果计算

i 组分有机磷农药的含量按下式进行计算。

$$X_i = \frac{A_i \times V_1 \times V_3 \times m_{ii} \times 1000}{A_{ii} \times V_2 \times V_4 \times m \times 1000} \qquad (4 - 27)$$

式中　X_i——i 组分有机磷农药的含量，mg/kg；

　　　A_i——试样中 i 组分的峰面积，积分单位；

　　　A_{ii}——混合标准液中 i 组分的峰面积，积分单位；

　　　V_1——试样提取液的总体积，mL；

　　　V_2——净化用提取液的总体积，mL；

　　　V_3——浓缩后的定容体积，mL；

　　　V_4——进样体积，μL；

　　　m_{ii}——注入色谱仪中的 i 标准组分的质量，ng；

　　　m——试样的质量，g。

二、 氨基甲酸酯类农药残留量

（一） 测定原理

含氮有机化合物被色谱柱分离后在加热的碱金属片的表面产生热分解，形成氰自由基 （CN·），并且从被加热的碱金属表面放出的原子状态的碱金属 （Rb）接受电子变成 CN^-，再与氢原子结合。放出电子的碱金属变成正离子，由收集极收集，并作为信号电流而被测定。电流信号的大小与含氮化合物的含量成正比。以峰面积或峰高与标准品比较定量。本方法适用于粮食、蔬菜中速灭威、异丙威、残杀威、克百威、抗蚜威和甲萘威等残留量的测定。

（二） 主要试剂与设备

1. 试剂

无水硫酸钠：于 450℃ 焙烧 4h 后备用。丙酮、无水甲醇、二氯甲烷及石油醚（沸程 30 ~ 60℃）需要重蒸现用。各农药标准品纯度≥99%。甲醇 - 氯化钠溶液：取无水甲醇及 50g/L 氯化钠溶液等体积混合。氨基甲酸酯杀虫剂标准溶液的配制：分别准确称取速灭威、异丙威、残杀威、克百威、抗蚜威及甲萘威各种标准品,用丙酮分别配制成 1.0mg/mL 的标准储备液,使用时用丙酮稀释配制成单一品种的标准使用液 (5μg/mL) 和混合标准工作液 (每个品种浓度为 2～10μg/mL)。

2. 仪器与设备

电动振荡器、组织捣碎机、粮食粉碎机、减压浓缩装置、气相色谱仪 (配有火焰热离子检测器)。

（三） 测定步骤

1. 样品制备

粮食类经粮食粉碎机粉碎,过 20 目筛制成粮食试样。蔬菜水果类去掉非食用部分后经组织捣碎机捣碎制成蔬菜试样。

2. 测定步骤

（1） 提取

①粮食类:精确称取 40.000g 左右粮食试样,置于 250mL 具塞锥形瓶中,加入 20～40g 无水硫酸钠 (视试样的水分而定)、100mL 无水甲醇。塞紧,摇匀,于电动振荡器上振荡 30min。然后经快速滤纸过滤于量筒中,收集 50mL 滤液,转入 250mL 分液漏斗中,用 50mL 50g/L 氯化钠溶液洗涤量筒,并入分液漏斗中。

②蔬菜水果类:精确称取 20.000g 左右蔬菜水果试样,置于 250mL 具塞锥形瓶中,加入 80mL 无水甲醇,塞紧,于电动振荡器上振荡 30min。然后经铺有快速滤纸的布氏漏斗抽滤于 250mL 抽滤瓶中,用 50mL 无水甲醇分次洗涤提取瓶及滤器。将滤液转入 500mL 分液漏斗中,用 100mL 50g/L 氯化钠水溶液分次洗涤滤器,并入分液漏斗中。

（2） 净化

①粮食类:向分液漏斗中加入 50mL 石油醚,振荡 1min,静置分层后将下层 (甲醇氯化钠溶液) 放入第二个 250mL 分液漏斗中,加 25mL 甲醇 - 氯化钠溶液于石油醚层中,振摇 30s,静置分层后,将下层并入甲醇 - 氯化钠溶液中。

②蔬菜水果类:向分液漏斗中加入 50mL 石油醚,振荡 1min,静置分层后将下层放入第二个 500mL 分液漏斗中,并加入 50mL 石油醚,振摇 1min,静置分层后将下层放入第三个 500mL 分液漏斗中。然后用 25mL 甲醇 - 氯化钠溶液并入第三个分液漏斗中。

（3） 浓缩 用二氯甲烷 (50、25、25mL) 依次提取三次,每次振摇 1min,静置分层后将二氯甲烷层经铺有无水硫酸钠 (玻璃棉支撑) 的漏斗 (用二氯甲烷预洗过) 过滤于 250mL 蒸馏瓶中,用少量二氯甲烷洗涤漏斗,并入蒸馏瓶中。将蒸馏瓶接上减压浓缩装置,于 50℃ 水浴上减压浓缩至 1mL 左右,取下蒸馏瓶,将残余物转入 10mL 刻度离心管中,用二氯甲烷反复洗涤蒸馏瓶并入离心管中。然后吹氮气除尽二氯甲烷溶剂,用丙酮溶解残渣并定容至 2.0mL,供气相色谱分析用。

（4） 气相色谱条件

①色谱柱:玻璃柱 1 为 3.2mm (i. d) ×2.1m,内装涂有 2% OV - 101 +6% OV - 210 混合

固定液的 Chromosorb W （HP） 80 ~ 100 目担体。玻璃柱 2 为 3.2mm （i.d） ×1.5m，内装涂有 1.5% OV – 17 + 1.95% OV – 210 混合固定液的 Chromosorb W （AW – DMCS） 80 ~ 100 目担体。

②气体条件：氮气 65mL/min，空气 150mL/min，氢气 3.2mL/min。

③温度条件：柱温 190℃，进样口或检测室温度 240℃。

（5）测定 取浓缩的待测样液及标准样液各 1μL 注入气相色谱仪中。根据组分在两根色谱柱上的出峰时间与标准组分比较定性；用外标法与标准组分比较定量。

（6）结果计算

$$X_i = \frac{m_i \times \frac{A_i}{A_e} \times 2000}{m \times 1000} \tag{4 – 28}$$

式中　X_i——试样中组分 i 的含量，mg/kg；

$\quad\quad m_i$——标准试样中组分 i 的含量，ng；

$\quad\quad A_i$——试样中组分 i 的峰面积或峰高，积分单位；

$\quad\quad A_e$——标准试样中组分 e 的峰面积或峰高，积分单位；

$\quad\quad m$——试样质量，g；

$\quad$2000——进样液的定容体积（2.0mL）；

$\quad$1000——换算单位。

第六节　动物源食品中抗生素残留量的测定

动物源食品中兽药残留是指动物产品的任何可食部分所含兽药的母体、化合物及其降解物。另外，药物或其降解产物与内源大分子共价结合产物称为结合残留，动物组织中存在结合残留则表明药物对靶动物具有潜在毒性作用。抗生素类药物残留是兽药残留的主要代表。动物性食品中的抗生素残留对人体健康的影响，主要表现为过敏毒性作用、细菌耐药性、致畸、致突变和致癌作用等多个方面。由于篇幅有限，本节主要介绍动物源食品中抗生素残留的测定。目前食品中抗生素残留常用的检测方法主要有高效液相色谱法和酶联免疫吸附法。

一、 鸡蛋中磺胺喹噁啉残留量

磺胺喹噁啉属磺胺类抗生素兼有抗球虫作用，磺胺喹噁啉纯品为黄色粉末，几乎无味，不溶于水，溶于甲醇、乙醇，易溶于碱性溶液。广泛用于养禽业，其口服后吸收迅速，但排泄缓慢，残留在组织器官及鸡蛋中时间长。近年来我国鸡蛋产量大幅增加，如果蛋鸡场在使用磺胺类抗生素时没有遵守休药期规定，就会造成鸡蛋中药物残留超标，而长期食用有磺胺类抗生素残留的食品对人类健康有害。现介绍农业部 1025 号公告 – 15—2008 高效液相色谱法检测鸡蛋中磺胺喹噁啉残留。

（一）实验原理

供试鸡蛋中残留的磺胺喹噁啉经乙酸乙酯提取，过无水硫酸钠柱净化，可用高效液相色谱—紫外法测定，外标法定量。

（二）试剂与仪器

1. 试剂

①所用试剂，除乙腈为色谱纯外，其余均为分析纯试剂。磺胺喹噁啉含磺胺喹噁啉（$C_{14}H_{12}N_4O_2S$）不得少于 98.0%。

②磺胺喹噁啉标准储备液：取磺胺喹噁啉对照品约 25mg，精密称定，置 250mL 量瓶中，用乙腈溶解并稀释成浓度为 100μg/mL 的储备液。−20℃以下保存，有效期为 3 个月。

③磺胺喹噁啉标准工作液：精密吸取磺胺喹噁啉标准储备液 1.0mL 于 10mL 量瓶中，用流动相稀释成浓度为 10μg/mL 的标准工作液。

2. 仪器与设备

①高效液相色谱仪（配紫外检测器），玻璃层析柱：300mm×10mm，下装 G_1 砂芯板，微孔滤膜：孔径为 0.45μm 有机系滤膜。

②无水硫酸钠柱的制备：称取无水硫酸钠 5g，置入玻璃层析柱中，用约 10mL 乙酸乙酯淋洗后备用。

（三）操作步骤

1. 试料的制备

取适量新鲜的供试鸡蛋内容物，匀浆使均匀，作为供试试料。

取一份适量新鲜的空白鸡蛋内容物作为空白试料。另一份添加适宜浓度的标准工作液，作为空白添加试料。

2. 抗生素残留提取

称取试料（5±0.05）g 置 50mL 离心管中，加入 20mL 乙酸乙酯，匀浆 20s，振摇 5min，4000r/min 离心 10min，取上清液过无水硫酸钠柱，收集流出液于鸡心瓶中，残渣再加乙酸乙酯 20mL，重复提取一遍，并用少量乙酸乙酯洗残渣，过无水硫酸钠柱，合并流出液于同一鸡心瓶中，于 45℃旋转蒸发至近干。残余物用 0.015mol/L 磷酸溶液−乙腈溶液（1+1）1.0mL 溶解，加入 1mL 水饱和正己烷，涡旋 30s，将溶液转移至 2.5mL 离心管中，5000r/min 离心 10min，取下层清液，用 0.45μm 微孔滤膜过滤，供高效液相色谱分析。

3. 标准曲线的制备

精密吸取 2.0、1.0、0.5、0.2、0.1、0.05、0.025mL 磺胺喹噁啉标准工作液分别于 10mL 量瓶中，用流动相稀释成 2、1、0.5、0.2、0.1、0.05、0.025μg/mL 的浓度，供高效液相色谱分析。

4. 测定

（1）色谱条件　C_{18} 柱，150mm×4.6mm（i.d.），粒径 5μm，或相当者。流动相：

0.015mol/L 磷酸溶液 – 乙腈 （70 + 30）。柱温：室温。流速：1.0mL/min。检测波长：270nm。进样量：20μL。

（2）测定方法　取适量试样溶液和相应的标准工作液，做单点或多点校正，以色谱峰面积积分值定量。标准工作液及试样液中磺胺喹噁啉的响应值均应在仪器检测的线性范围之内。在上述色谱条件下，磺胺喹噁啉的保留时间在 5min 左右。空白试验：除不加试料外，采用完全相同的测定步骤进行平行操作。

（3）结果计算　按下式计算试料中磺胺喹噁啉的残留量：

$$X = \frac{A\rho_s V}{A_s m} \tag{4-29}$$

式中　X——试样中磺胺喹噁啉的残留量，μg/kg；

　　　A——试样溶液中磺胺喹噁啉的峰面积；

　　　ρ_s——对照溶液中磺胺喹噁啉的浓度，ng/mL；

　　　A_s——对照溶液中磺胺喹噁啉的峰面积；

　　　V——溶解残余物的体积，mL；

　　　m——试样的质量，g。

计算结果需扣除空白值，测定结果用三次平行测定的算术平均值表示，保留至小数点后两位。

二、 牛乳和乳粉中土霉素、 四环素等残留量的测定

四环素类药物是以四并苯为母核的一族抗生素，在畜牧业生产中四环素、土霉素、金霉素等主要用于疾病的治疗和预防及促进生长。但该类药物过量使用会导致畜产品中高浓度药物残留，不仅直接影响消费者身体健康，而且会导致细菌耐药性增加。

目前报道的土霉素、四环素等药物残留量的分析方法有微生物法、薄层色谱法、高效液相色谱法、高效液相色谱 – 串联质谱法和 ELISA 法等。每种方法各有优缺点，其中 ELISA 法灵敏度较高、特异性强、测定方法简单快速，可同时筛选检测大量样品。因此，目前常将 ELISA 法作为筛选方法，高效液相色谱作为准确定量的方法。该检测方法可以同时测定 4 种兽用四环素类药物残留量。现以乳制品为对象，用高效液相法同时测定其土霉素、四环素、金霉素和强力霉素残留情况，这也是 GB/T 22990—2008 介绍的方法。

（一） 测定原理

用 0.1mol/L Na$_2$ EDTA – Mcllvaine 缓冲溶液提取试样中四环素族抗生素残留，Oasis HLB 或相当的固相萃取柱和羧酸型阳离子交换柱，用配有紫外检测器的液相色谱仪测定，外标法定量。

（二） 主要试剂和设备

1. 试剂

甲醇 （色谱纯）、乙腈 （色谱纯）、磷酸氢二钠、柠檬酸、乙二胺四乙酸二钠、草酸，

所有试剂均为分析纯。

0.2mol/L 磷酸氢二钠溶液：称取 71.63g 磷酸氢二钠，用水溶解，定容至 1000mL。

0.1mol/L 柠檬酸溶液：称取 21.04g 柠檬酸，用水溶解，定容至 1000mL。

Mcllvaine 缓冲溶液：将 625mL 0.2mol/L 磷酸氢二钠溶液与 1000mL 0.1mol/L 柠檬酸溶液混合，必要时用 NaOH 或 HCl 调 pH 4.0 ± 0.05。

0.1mol/L Na$_2$EDTA – Mcllvaine 缓冲溶液：称取 60.50g 乙二胺四乙酸二钠放入 1625mL Mcllvaine 缓冲溶液中，使其溶解，摇匀。

0.01mol/L 草酸溶液：称取 1.26g 草酸，用水溶解，定容至 1000mL。

甲醇 – 水（1 + 19）：量取 5mL 甲醇与 95mL 水混匀。

0.01mol/L 草酸 – 乙腈溶液（1 + 1）：量取 50mL 草酸溶液与 50mL 乙腈混匀。

0.1mg/mL 土霉素、四环素、金霉素、强力霉素（这四个标样纯度均要大于等于 96%）标准储备液：准确称取适量四个标准品，分别用甲醇配成 0.1mg/mL 的标准储备液。储备液于 –20℃ 保存。

土霉素、四环素、金霉素、强力霉素混合标准工作液：根据需要用流动相将土霉素、四环素、金霉素、强力霉素标准储备液稀释成所需浓度的混合标准工作溶液，贮存于冰箱中，每周配制。

Oasis HLB 固相萃取柱（或同类柱）：500mg，6mL。使用前分别用 5mL 甲醇和 10mL 水预处理，保持柱体湿润。

羧酸型阳离子交换柱：500mg，6mL。使用前用 5mL 甲醇处理，保持柱体湿润。

2. 主要设备

液相色谱仪（配有紫外检测器），冷冻离心机（转速大于 5000r/min），涡旋振荡器，固相萃取装置，氮气吹干仪等。

（三）测定步骤

1. 试样的制备

将牛乳从冰箱中取出，放置至室温，摇匀，备用。牛乳置于 0 ~ 4℃ 冰箱中避光保存，乳粉常温避光保存。

2. 提取

牛乳试样称取 10g（精确到 0.01g），置于 50mL 具塞塑料离心管中。乳粉试样称取 2g（精确到 0.01g），置于 50mL 具塞塑料离心管中。向试样中加入 20mL 0.1mol/L Na$_2$EDTA – Mcllvaine 缓冲溶液，于涡旋振荡器上混合 2min，于 10℃，5000r/min 离心 10min，上清液过滤至另一离心管中。残渣中再加入 20mL 缓冲溶液，重复提取一次，合并上清液。

3. 净化

将上清液通过处理好的 Oasis HLB 柱，待上清液完全流出后，用 5mL 甲醇 – 水淋洗，弃去全部流出液。减压抽干 5min，最后用 5mL 甲醇洗脱，收集洗脱液于 10mL 样品管中。

将收集的洗脱液通过羧酸型阳离子交换柱，待洗脱液全部流出后，用 5mL 甲醇洗柱，减压抽干，用 4mL 0.01mol/L 草酸 - 乙腈溶液洗脱，收集洗脱液于 10mL 样品管中，45℃氮气吹至 1.5mL 左右，流动相定容至 2mL，供液相色谱 - 紫外检测器测定。

4. 测定条件

液相色谱参考条件：色谱柱：Kromasil 100 - 5C$_{18}$，5μm，150mm×4.6mm（内径）或相当者；流动相：0.01mol/L 草酸溶液 - 乙腈 - 甲醇（77 + 18 + 5）；流速：1.0mL/min；柱温：40℃；检测波长：350nm；进样量：60μL。

5. 液相色谱测定

将混合标准工作液分别进样，以浓度为横坐标，峰面积为纵坐标，绘制标准工作曲线，用标准工作曲线对样品进行定量，样品溶液中土霉素、四环素、金霉素、强力霉素的响应值均应在仪器测定的线性范围内。在上述色谱条件下，土霉素、四环素、金霉素、强力霉素的参考保留时间分别为 3.09、3.73、8.27 和 12.53min。

6. 结果计算

被测物残留量的测定按下式计算：

$$X_i = \rho \times \frac{V}{m} \times \frac{1000}{1000} \tag{4 - 30}$$

式中　X_i——试样中被测组分残留量，μg/kg；

ρ——从标准工作曲线得到的被测组分溶液浓度，ng/mL；

V——样品溶液定容体积，mL；

m——样品溶液所代表试样的质量，g。

三、 动物性食品中磺胺类药物多残留的测定

磺胺类药物（sulfonamides，SAs）是一类用于预防和治疗细菌感染性疾病的化学治疗药物，它与抗菌增效剂联合使用后，抗菌谱扩大、抗菌活性大大增强，可以从抑菌作用变为杀菌作用。因此，磺胺类药物被广泛应用于兽药临床、动物饲料添加剂、水产养殖等领域。但长期使用不仅会使病菌产生抗药性，而且食品中残留超标易对人类健康造成危害。目前，磺胺类药物残留的检测方法主要有微生物学法、免疫分析法和理化分析法等。GB 29694—2013 规定的是高效液相色谱法，它适用于动物源食品中的磺胺醋酰、磺胺吡啶、磺胺甲基吡啶等多残留的检测。

（一） 测定原理

样品中残留的磺胺类药物，经乙酸乙酯提取、正己烷脱脂、MCX 柱净化后，用高效液相色谱 - 紫外检测法测定，外标法定量。

（二） 主要试剂和设备

1. 试剂

乙酸乙酯、乙腈、甲醇、甲酸为色谱纯，其他试剂均为分析纯试剂。磺胺醋酰、磺胺吡啶、磺胺甲基吡啶等标准品含量应≥99%。

MCX 柱：60mg/3mL，或相当者。

0.1% 甲酸溶液：取甲酸 1.0mL，用水溶解并稀释至 1000mL。

0.1% 甲酸乙腈溶液：取 0.1% 甲酸 830mL，用乙腈溶解并稀释至 1000mL。

洗脱液：取氨水 5.0mL，用甲醇溶解并稀释至 100.0mL。

50% 甲醇乙腈溶液：取甲醇 50.0mL，用乙腈溶液稀释至 100.0mL。

100.0μg/mL 磺胺类药物混合标准储备液：取磺胺类药物标准品各 10.0mg，于 100mL 容量瓶中，用乙腈溶解并稀释至刻度。−20℃ 以下保存，有效期 6 个月。

10.0μg/mL 磺胺类药物混合标准工作液：取 100μg/mL 磺胺类药物混合标准储备液 5.0mL，于 50mL 容量瓶中，用乙腈稀释至刻度。−20℃ 以下保存，有效期 6 个月。

2. 仪器和设备

高效液相色谱仪，配紫外检测器或二极管阵列检测器。

旋转蒸发仪、氮吹仪、固相萃取装置。

（三） 测定步骤

1. 试料的制备

取适量新鲜或解冻待测样品，绞碎后均质。−20℃ 以下保存待测。取一空白样品，均质后添加适宜浓度的标准工作液，作为空白对照。

2. 测定步骤

（1） 提取 称取待测试料 5.000g，于 50mL 聚四氟乙烯离心管中，加乙酸乙酯 20.0mL，涡动 2.0min，4000r/min 离心 5.0min 后将上清液移至 100mL 鸡心瓶中，残渣中加乙酸乙酯 20.0mL，重复提取一次，合并提取液。

（2） 净化 在鸡心瓶中加 0.1mol/L 盐酸溶液 4.0mL，于 40℃ 下旋转蒸发浓缩至体积少于 3mL，转至 10mL 的离心管中。用 0.1mol/L 盐酸溶液 2.0mL 洗鸡心瓶，转至同一离心管中。再用正己烷 3.0mL 洗鸡心瓶，将正己烷转至同一离心管中，涡旋混合 30s 后，3000r/min 离心 5min，弃正己烷。再次用正己烷 3.0mL 洗鸡心瓶，转到同一离心管中，涡旋混合 30s 后，3000r/min 离心 5min，弃正己烷，取下层液备用。

MCX 柱依次用甲醇 2.0mL 和 0.1mol/L 盐酸溶液 2.0mL 活化，取备用液过柱，控制流速 1mL/min。依次用 0.1mol/L 盐酸溶液 1.0mL 和 50% 甲醇乙腈溶液 2.0mL 淋洗，用洗脱液 4.0mL 洗脱，收集洗脱液，于 40℃ 氮气吹干，加 0.1% 甲酸乙腈溶液 1.0mL 溶解残余物，滤膜过滤，供高效液相色谱测定。

3. 标准曲线制备

精密量取 10μg/mL 磺胺类药物混合标准工作液用 0.1% 甲酸乙腈溶液稀释，分别配制成浓度为 10、50、100、250、500、2500、5000μg/L 的系列混合标准溶液。以测得的峰面积为纵坐标，对应的标准溶液浓度为横坐标，绘制标准曲线。求回归方程和相关系数。

4. 测定

色谱柱：ODS−3C$_{18}$ （250mm×4.5mm，粒径 5μm），或相当者；流动相：0.1% 甲酸 +

乙腈，梯度洗脱如表4-14所示；流速：1mL/min；柱温：30℃；检测波长：270nm；进样体积：100μL。

取待测样品溶液和相应的空白对照，作单点或多点校准，按外标法，以峰面积计算。

表4-14 梯度洗脱

时间/min	0.1%甲酸梯度/%	乙腈梯度/%
0.0	83	17
5.0	83	17
10.0	80	20
22.3	60	40
22.4	10	90
30.0	10	90
31.0	83	17
48.0	83	17

5. 结果计算

被测物残留量的测定按下式计算：

$$X = \frac{\rho \times V}{m} \tag{4-31}$$

式中　X——样品中相应的磺胺类药物的残留量，μg/kg；

　　　　ρ——样品中相应的磺胺类药物浓度，μg/mL；

　　　　V——溶解残余物所用0.1%甲酸乙腈溶液体积，mL；

　　　　m——样品质量，g。

计算结果需扣除空白值，测定结果用平行测定后的算术平均值表示，保留三位有效数字。本方法对动物源食品中磺胺类药物残留量的检测限和定量限，肌肉分别为5μg/kg和10μg/kg，内脏分别为12μg/kg和25μg/kg。

第七节　其他检测项目推荐标准

动物源食品中畜药及渔药残留常见检测项目推荐标准，如表4-15所示，可供参考。

检测项目	推荐标准或参考资料
二氯二甲吡啶酚	SN/T 0212—2014 介绍了两种测定出口动物源食品中二氯二甲吡啶酚方法：甲基化 – 气相色谱法和丙酰化 – 气相色谱法
恩诺沙星	农业部 1025 号公告 – 14—2008 规定了动物性食品中氟喹诺酮类药物残留检测高效液相色谱法
环丙沙星	
达诺沙星	
沙拉沙星	
氯霉素	GB/T 22338—2008 规定了动物源性食品中氯霉素类残留量的气相色谱 – 质谱和液相色谱 – 质谱/质谱测定方法，适用于水产品、畜禽产品和畜禽副产品中氯霉素、氟甲飘霉素和甲枫霉素残留的定性确证和定量测定
呋喃唑酮代谢物	GB/T 21311—2007 规定了动物源性食品中硝基呋喃类药物代谢物残留高效液相色谱串联质谱检测方法
呋喃它酮代谢物	
呋喃西林代谢物	
呋喃妥因代谢物	
四环素	GB/T 20764—2006 介绍了动物食品肌肉中土霉素、四环素、金霉素、强力霉素残留量测定方法
土霉素	
金霉素	
强力霉素	
硫氰酸红霉素	在中国兽药典委员会编制的《中华人民共和国兽药典》（化学工业出版社，2005）中可查阅相关检测技术
硫氰酸红霉素可溶性粉	
硫酸新霉素	
硫酸新霉素可溶性粉	
硫酸安普霉素	
硫酸安普霉素可溶性粉	
盐酸大观霉素	
盐酸大观霉素可溶性粉	
酒石酸泰乐菌素	
酒石酸泰乐菌素可溶性粉	
酒石酸吉他霉素	
酒石酸吉他霉素可溶性粉	

表 4 – 15　部分检测项目的推荐标准

续表

检测项目	推荐标准或参考资料
甲砜霉素粉等渔药	农业部制定了相关检测标准：甲砜霉素粉、氟甲喹粉、盐酸环丙沙星、盐酸小檗碱预混剂和氟苯尼考粉，235 号公告；磺胺间甲氧嘧啶钠粉，1435 号公告；复方磺胺嘧啶粉、复方磺胺甲噁唑粉和复方磺胺二甲嘧啶粉，NY 5070—2002；硫酸铜 NY 5073—2006

思考题

1. 为什么海洋食品中内源性有害成分较多，而外源性有害成分较少？

2. HPLC 测定样品中某种物质的含量时，常用外标法或内标法进行定量，两者有何区别？

3. 为什么有内源性毒素的产生？内源性毒素能开发利用吗？

4. 食品热加工过程中既能产生愉悦的风味成分，也能产生有害成分。如何减少或管控有害成分的含量？

5. 如何减少食物中黄曲霉毒素的含量？

6. 比较免疫亲和柱 – 荧光计测定法和免疫亲和层析净化 – 高效液相色谱法测定玉米赤霉烯酮的优缺点？

7. GB 2762—2016《食品中污染物限量》中对不同形态的汞残留有不同的规定，如鱼肉及制品中甲基汞≤1.0mg/kg，其他水产品甲基汞≤0.5mg/kg，对汞总量不做要求；而非水产品对甲基汞无要求，但对汞总量要求很严。请给予解释。

8. 蔬菜等生鲜样品中色素对有机磷农药检测结果是否有影响？如何减免之？

自测题（不定项选择，至少一项正确，至多不限）

1. 棉酚结构中有 2 个萘环和（ ），具有紫外吸收特性。

A. 6 个羟基　　　　　B. 4 个羟基　　　　　C. 2 个羟基　　　　　D. 5 个羟基

2. 硫代葡萄糖苷是广泛存在于（ ）等植物源食物中。

A. 油菜　　　　　　B. 甘蓝　　　　　　C. 芥菜　　　　　　D. 萝卜

3. 我国农业部规定的油菜籽中硫代葡萄糖苷含量的方法是（ ）。

A. NT/T 1582—2007　　B. GB 2760—2014　　C. NT1582—2007　　D. GB 1582—2007

4. 在测定氰苷时，要用氯胺 T 将氰化物转变为（ ）。

A. 胺化物　　　　　B. 氯化氢　　　　　C. 氯化氰　　　　　D. 氰化胺

5. 龙葵碱在（ ）作用生成橙红色化合物，可用比色法定量测定。

A. 稀硫酸中与甲醛　　　　　　　　B. 中性介质中与甲醛

C. 稀硫酸中与甲酸　　　　　　　　D. 中性介质中与甲酸

6. 测定黄曲霉毒素使用过的玻璃容器及黄曲霉毒素溶液，要用（ ）。

A. 25%浓度次氯酸钠溶液浸泡2d　　　　　B. 流水清洗

C. 清水浸泡12h后，再用流水清洗　　　　D. 5%浓度次氯酸钠溶液先浸泡过夜后清洗

7. 用免疫亲和柱 – HPLC 法检测赭曲霉毒素 A 时，需要配有（ ）的高效液相色谱仪。

A. 紫外检测器　　　B. 荧光检测器　　　C. 示差检测器　　　D. 离子检测器

8. 用免疫亲和层析净化高效液相色谱法检测 DON 时，需要配有（ ）的高效液相色谱仪。

A. 紫外检测器　　　　　　　　　　　B. 荧光检测器

C. 二极管阵列检测器　　　　　　　　D. 示差检测器

9. （ ）及其产品中易受青霉、扩张青霉、棒状青霉等污染，残留展青霉素。

A. 水果　　　　B. 苹果、梨、桃　　　C. 玉米、花生等　　　D. 黄花鱼等

10. 农残级的试剂需求与目前常说的（ ）相当。

A. 化学纯　　　　B. 分析纯　　　　C. 质谱纯　　　　D. 质谱纯更高级

11. 对于食品来说，下列元素，如（ ）含量越少越好。

A. 铅　　　　B. 锌　　　　C. 镉　　　　D. 铜

12. 在测定样品中无机元素时，目前所涉及的前处理主要方面有（ ）。

A. 磨碎或匀浆等预处理　　　　　　B. 消化或灰化

C. 浓缩　　　　　　　　　　　　　D. 萃取

13. 用液相色谱仪测定四环素族抗生素残留时，应配有（ ）。

A. 荧光检测器　　　B. 紫外检测器　　　C. 示差检测器　　　D. 离子检测器

14. 按 GB/T 22990—2008 介绍的 HPLC 法，测定四环素、土霉素、金霉素、强力霉素时，出峰最早的是（ ）。

A. 四环素　　　　B. 土霉素　　　　C. 金霉素　　　　D. 强力霉素

15. GB/T 23217—2008 介绍的方法可适用于测定（ ）中 TTX 的测定。

A. 河豚鱼、鱿鱼　　　B. 乳制品　　　C. 牡蛎、花蛤　　　D. 豆制品

参考文献

［1］Pang G F. et al. Validation study on 660 pesticide residues in animal tissues by gel permeation chromatography cleanup/gas chromatography – mass spectrometry and liquid chromatography – tandem mass spectrometry［J］. Journal of Chromatography A，2006，1125（1）：1 – 30.

［2］Louzao M C. et al. A Fluorimetric Method Based on Changes in Membrane Potential for Screening Paralytic Shellfish Toxins in Mussels［J］. Analytical Biochemistry，2001，289（2）：246 – 250.

［3］Gago – Martínez A. et al. Further improvements in the application of high – performanceliquid chromatography，capillary electrophoresis and capillary electrochromatography to the analysis of algal toxins in the aquatic environment［J］. Journal of Chromatography A，2003，992（1 – 2）：159 – 168.

［4］ James K J. et al. New fluorimetric method of liquid chromatography for the determination of the neurotoxin domoic acid in seafood and marine phytoplankton ［J］. Journal of Chromatography A, 2000, 871 (1)：1 - 6.

［5］ Vale P. et al. Evaluation of extraction methods for analysis of domoic acid in naturally contaminated shellfish from Portugal ［J］. Harmful Algae, 2002, 1 (2)：127 - 135.

［6］ 马丽娜, 陈大伟, 陆俊贤, 等. 鸡蛋中磺胺类药物残留检测方法研究 ［J］. 中国家禽, 2016, 38 (10)：37 - 40.

［7］ 张帅, 王晓洁, 李楠, 等. 渔药残留检测技术比较分析及其研究进展 ［J］. 食品安全质量检测学报, 2015 (3)：872 - 879.

［8］ 吴永宁. 现代食品安全科学 ［M］. 北京：化学工业出版社, 2003.

［9］ 廖小军, 胡小松, 辛力. 食品和饲料中硫代葡萄糖苷及其降解产物 ［J］. 食品科学, 1999 (12)：19 - 21.

［10］ 何洪巨, 陈杭, Schnitzler WH. 芸薹属蔬菜中硫代葡萄糖苷鉴定与含量分析 ［J］. 中国农业科学, 2002, 35 (2)：192 - 197.

［11］ 张金兰, 周同惠. 高效毛细管区带电泳测定河豚毒素 ［J］. 药物分析杂志, 1998 (4)：231 - 233.

［12］ 许牡丹, 毛跟年. 食品安全性与分析检测 ［M］. 北京：化学工业出版社, 2006.

［13］ 赵旭壮, 李明元. 动物性食品中磺胺类药物残留检测研究进展 ［J］. 中国食品卫生杂志, 2012, 24 (3)：292 - 296.

第五章

CHAPTER

食品安全现代生物检测技术

内容摘要： 生物检测技术发展迅速，在食品质量与安全检测方面应用越来越多。本章主要介绍了免疫测定方法原理及分类，酶联免疫吸附法、PCR 技术、恒温核酸扩增（LAMP）技术和生物芯片技术等检测原理、材料和方法、注意事项及实验实例。

生物检测技术发展迅速，种类多样，大部分适用于食品安全检测。本章主要介绍了酶联免疫吸附法、PCR 技术、恒温核酸扩增（LAMP）技术和生物芯片技术的原理和方法，以及这些技术在食品安全检测中的应用。

第一节　免疫学检测技术

一、　概述

抗原与抗体的结合反应是一切免疫测定技术的最基本原理。在此基础上结合一些生化或理化方法作为信号显示或放大系统即可建立免疫测定法，如放射免疫测定法、酶免疫测定法、荧光免疫测定法等。人们一直在不断寻找新的显示方法应用于免疫检测技术，其方法学研究和实际应用十分活跃。

一个成功的免疫测定法必备三个要素：性能优良的抗体、灵敏和专一性的标记物和高效的分离手段。

抗原与抗体的结合反应是依靠局部（抗原决定簇和抗体结合位点）的分子间作用力结合的。其作用力主要有：氢键、范德华力、盐键、疏水相互作用。形成稳定的作用力要求抗体结合位点和抗原决定簇的空间结构高度互补，而且其接触表面基团分布要两相配合。

现有的主要免疫测定法如表 5 - 1 所示。按照是否使用标记物分为标记免疫测定法和非标记免疫测定法，后者又称为经典免疫测定法；按反应介质分为均相或非均相（免疫复合物需分离后检测）免疫测定法；按反应状态分为平衡态或非平衡态免疫测定法。按照标记物种类，标记免疫测定法又分为放射性标记测定法和非放射性标记测定法。

表 5 – 1　　　　　　　　　　　　　免疫测定方法分类

分类	方法名称
经典免疫测定法	凝集反应法（agglutination assay）
	沉淀反应法（precipitation assay）
	免疫浊度法（immuno—nephelometry）
	免疫电泳法（immuno electrophoresis）
放射性标记免疫测定法	放射免疫测定法（radioimmunoassay，RIA）
	免疫放射测定法（immunoradiometric assay，IRA）
非放射性标记免疫测定法	酶免疫测定法（enzyme immunoassay，EIA）
	酶联免疫吸附测定法（enzyme-linked immunosorbent assay，ELISA）
	酶放大（均相）免疫测定法（enzyme multiplied immunoassay technique，EMIT）
	荧光免疫测定法（fluorescence immunoassay，FIA）
	底物标记荧光免疫测定法（substrate lableled fluorescence immunoassay，SLFIA）
	荧光偏振免疫测定法（fluorescence polarization immunoassay，FPIA）
	时间分辨荧光免疫测定法（time-resolved fluoroimmunoassay，TrFIA）
	化学发光免疫测定法（chemiluminescence immunoassay，CLIA）
	脂质体免疫测定法（liposome immunoassay，LIA）
	克隆酶给予体免疫测定法（cloned enzyme donor immunoassay，DEDIA）
	控温相分离免疫测定法（temperature controlled pHase-separation immunoassay，TCPSIA）
	胶体金免疫测定法（colloidal gold immunoassay，CGIA）
	流动注射免疫测定法（flow injection immunoassay，FIIA）
	多组分免疫测定法（multi-analyte immunoassay，MIA）
其他	免疫感受器（immunosensor）

　　经典免疫测定法灵敏度较低，在残留分析中极少应用。放射性标记测定法因辐射污染和试剂寿命等问题已逐渐淘汰。非放射性免疫测定法种类繁多，发展较快，包括各种酶免疫测定法、荧光免疫测定法、化学发光免疫测定法、脂质体免疫测定法等。非均相方法需要免疫复合物分离步骤，适用范围广泛；均相方法不需要分离，易实现自动化，但灵敏度不如非均相方法，标记物易受样品基质的影响，适用范围小。

二、 酶联免疫吸附试验 （ELISA）

（一） ELISA 的基本原理

ELISA（Enzyme-Linked immunosorbent assay）的基础是抗原或抗体的固相化及抗原或抗体的酶标记。这一方法的基本原理是：①使抗原或抗体结合到某种固相载体表面，并保持其免疫活性。②使抗原或抗体与某种酶连接成酶标抗原或抗体，这种酶标抗原或抗体既保留其免疫活性，又保留酶的活力。在测定时，把受检标本（测定其中的抗体或抗原）和酶标抗原或抗体按不同的步骤与固相载体表面的抗原或抗体起反应。用洗涤的方法使固相载体上形成的抗原抗体复合物与其他物质分开，最后结合在固相载体上的酶量与标本中受检物质的量成一定的比例。加入酶反应的底物后，底物被酶催化变为有色产物，产物的量与标本中受检物质的量直接相关，所以可根据颜色反应的深浅定性或定量分析。由于酶的催化速率很高，所以可极大地放大反应效果，从而使测定方法达到很高的敏感度。

（二） ELISA 的类型

ELISA 可用于测定抗原，也可用于测定抗体。在这种测定方法中有三个必要的试剂：①固相的抗原或抗体，即"免疫吸附剂"（immunosorbent）；②酶标记的抗原或抗体，称为"结合物"（conjugate）；③酶反应的底物。

根据试剂的来源和标本的情况以及检测的具体条件，可设计出各种不同类型的检测方法。用于检验的 ELISA 主要有以下几种类型：

1. 双抗体夹心法测抗原

双抗体夹心法是检测抗原最常用的方法，操作步骤如图 5 - 1 所示：

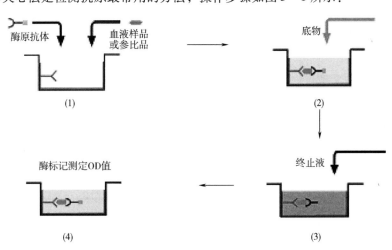

图 5 -1 双抗夹心 ELISA 法原理图

（1）将特异性抗体与固相载体联结，形成固相抗体 洗涤除去未结合的抗体及杂质。

（2）加受检标本，保温反应 标本中的抗原与固相抗体结合，形成固相抗原抗体复合物。洗涤除去其他未结合物质。

（3）加酶标抗体，保温反应 固相免疫复合物上的抗原与酶标抗体结合。彻底洗涤未结合的酶标抗体。此时固相载体上带有的酶量与标本中受检抗原的量相关。

（4）加底物显色 固相上的酶催化底物成为有色产物。通过比色，测得标本中抗原的量。在检验中，此法适用于检验各种蛋白质等大分子抗原。只要获得针对受检抗原的特异性抗体，就可用于包被固相载体和制备酶结合物而建立此法。如抗体的来源为抗血清，包被和酶标用的抗体最好分别取自不同种属的动物。如应用单克隆抗体，一般选择两个针对抗原上不同决定簇的单抗，分别用于包被固相载体和制备酶结合物。这种双位点夹心法具有很高的特异性，而且可以将受检标本和酶标抗体一起保温反应，作一步检测。

2. 双抗原夹心法测抗体

反应模式与双抗体夹心法类似。用特异性抗原进行包被和制备酶结合物，以检测相应的抗体。与间接法测抗体的不同之处为以酶标抗原代替酶标抗抗体。此法中受检标本不需稀释，可直接用于测定，因此其敏感度相对高于间接法。本法关键在于酶标抗原的制备，应根据抗原结构的不同，寻找合适的标记方法。

3. 间接法测抗体

间接法是检测抗体常用的方法。其原理为利用酶标记的抗抗体（抗人免疫球蛋白抗体）以检测与固相抗原结合的受检抗体，所以称为间接法，如图5-2所示。操作步骤如下：

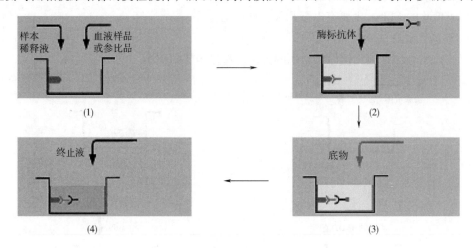

图5-2 间接 ELISA 法测抗体原理图

（1）将特异性抗原与固相载体联结，形成固相抗原 洗涤除去未结合的抗原及杂质。

（2）加稀释的受检血清，保温反应 血清中的特异抗体与固相抗原结合，形成固相抗原抗体复合物。经洗涤后，固相载体上只留下特异性抗体，血清中的其他成分在洗涤过程中被洗去。

（3）加酶标抗体 可用酶标抗人 Ig 以检测总抗体，但一般多用酶标抗人 IgG 检测 IgG

抗体。固相免疫复合物中的抗体与酶标抗抗体结合，从而间接地标记上酶。洗涤后，固相载体上的酶量与标本中受检抗体的量正相关。

（4）加底物显色　间接法的优点是只要变换包被抗原就可利用同一酶标抗抗体建立检测相应抗体的方法。间接法成功的关键在于抗原的纯度。虽然有时用粗提抗原包被也能取得实际有效的结果，但应尽可能予以纯化，以提高试验的特异性。间接法中一种干扰因素为正常血清中所含的高浓度的非特异性。血清中受检的特异性 IgG 只占总 IgG 中的一小部分。IgG 的吸附性很强，非特异 IgG 可直接吸附到固相载体上，有时也可吸附到包被抗原的表面。因此在间接法中，抗原包被后一般用无关蛋白质（例如，牛血清蛋白）再包被一次，以封闭（blocking）固相上的空余间隙。另外，在检测过程中标本须先行稀释（1∶40 ~ 1∶200），以避免过高的阴性本底影响结果的判断。

4. 竞争法测抗体

当抗原材料中的干扰物质不易除去，或不易得到足够的纯化抗原时，可用此法检测特异性抗体。其原理为标本中的抗体和一定量的酶标抗体竞争与固相抗原结合。标本中抗体量越多，结合在固相上的酶标抗体越少，因此阳性反应呈色浅于阴性反应。如抗原为高纯度的，可直接包被固相。如抗原中会有干扰物质，直接包被不易成功，可采用捕获包被法，即先包被与固相抗原相应的抗体，然后加入抗原，形成固相抗原。洗涤除去抗原中的杂质，然后与固相抗原竞争结合。另一种模式为将标本与抗原一起加入到固相抗体中进行竞争结合，洗涤后再加入酶标抗体，与结合在固相上的抗原反应，如图 5 - 3 所示。

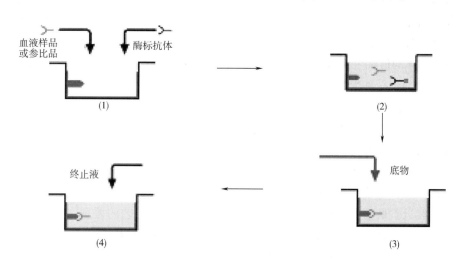

图 5 -3　竞争 ELISA 法测抗体原理图

5. 竞争法测抗原

小分子抗原或半抗原因缺乏可作夹心法的两个以上的位点，因此不能用双抗体夹心法进行测定，可以采用竞争法模式。其原理是标本中的抗原和一定量的酶标抗原竞争与固相抗体结合。标本中抗原量含量越多，结合在固相上的酶标抗原越少，最后的显色也越浅。小分子激素、药物等 ELISA 测定多用此法。

（三） ELISA 的材料与试剂

完整的 ELISA 试剂盒包含以下各组分：

（1）已包被抗原或抗体的固相载体（免疫吸附剂）。

（2）酶标记的抗原或抗体（结合物）。

（3）酶的底物。

（4）阴性对照品和阳性对照品（定性测定中），参考标准品和控制血清（定量测定中）。

（5）结合物及标本的稀释液。

（6）洗涤液。

（7）酶反应终止液。

1. 免疫吸附剂

已包被抗原或抗体的固相载体在低温（2～8℃）干燥的条件下一般可保存 6 个月。有些不完整的试剂盒，仅供应包被用抗原或抗体，检测人员需自行包被。下文简述固相载体和包被过程。

（1）固相载体　固相载体在 ELISA 测定过程中作为吸附剂和容器，不参与化学反应。可作 ELISA 中载体的材料很多，最常用的是聚苯乙烯。聚苯乙烯具有较强的吸附蛋白质的性能，抗体或蛋白质抗原吸附其上后仍保留原来的免疫学活性，加之它的价格低廉，所以被普遍采用。聚苯乙烯为塑料，可制成各种形式。

ELISA 载体的形状主要有三种：微量滴定板、小珠和小试管。以微量滴定板最为常用，专用于 EILSA 的产品称为 ELISA 板，国际上标准的微量滴定板为 8×12 的 96 孔式。为便于作少量标本的检测，有制成 8 联孔条或 12 联孔条的，放入座架后，大小与标准 ELISA 板相同。ELISA 板的特点是可以同时进行大量标本的检测，并可在特制的比色计上迅速读出结果。现在已有多种自动化仪器用于微量滴定板型的 ELISA 检测，包括加样、洗涤、保温、比色等步骤，对操作的标准化极为有利。

良好的 ELISA 板应该是吸附性能好，空白值低，孔底透明度高，各板之间、同一板各孔之间性能相近。聚苯乙烯 ELISA 板由于原料的不同和制作工艺的差别，各种产品的质量差异很大，因此，每一批号的 ELISA 板在使用前须事先检查其性能。

（2）包被的方式　将抗原或抗体固定在固相载体表面的过程称为包被（coating）。换言之，包被即是抗原或抗体结合到固相载体表面的过程。蛋白质与聚苯乙烯固相载体是通过物理吸附结合的，靠的是蛋白质分子结构上的疏水基团与固相载体表面的疏水基团间的作用。这种物理吸附是非特异性的，受蛋白质的分子质量、等电点、浓度等的影响。载体对不同蛋白质的吸附能力是不相同的，大分子蛋白质较小分子蛋白质通常含有更多的疏水基团，所以更易吸附到固相载体表面。IgG 对聚苯乙烯等固相具有较强的吸附力，其联结多发生在 Fc 段上，抗体结合点暴露于外，因此抗体的包被一般均采用直接吸附法。蛋白质抗原大多也可采用与抗体相似的方法包被。

（3）包被用抗原　用于包被固相载体的抗原按其来源不同可分为天然抗原、重组抗原和合成多肽抗原三大类。天然抗原可取自动物组织、微生物培养物等，须经提取纯化才能作包被用。重组抗原是抗原基因在质粒体中表达的蛋白质抗原，多以大肠杆菌或酵母菌为质粒体。重组抗原的优点是除工程菌成分外，其他杂质少，而且无传染性，但纯化技术难度较大。重组抗原的另一特点是能用基因工程制备某些无法从天然材料中分离的抗原物质。合成多肽抗原是根据蛋白质抗原分子的某一抗原决定簇的氨基酸序列人工合成的多肽片段。多肽抗原一般只含有一个抗原决定簇，纯度高，特异性也高，但由于分子质量太小，往往难于直接吸附于固相上。多肽抗原的包被一般需先使其与无关蛋白质，如牛血清白蛋白质（BSA）等偶联，借助于偶联物与固相载体的吸附，间接地结合到固相载体表面。

（4）包被用抗体　包被固相载体的抗体应具有高亲和力和高特异性，可取材于抗血清或含单克隆抗体的腹水或培养液。如免疫用抗原中含有杂质（即便是极微量的），在抗血清中将出现杂抗体，必须除去（可用吸收法）后才能用于 ELISA，以保证试验的特异性。抗血清不能直接用于包被，应先提取 IgG，通常采用硫酸铵盐析和 SepHadex 凝胶过滤法。一般经硫酸铵盐析粗提的 IgG 已可用于包被，高度纯化的 IgG 性质不稳定。如需用高亲和力的抗体包被以提高试验的敏感性，则可采用亲和层析法以除去抗血清中含量较多的非特异性 IgG。腹水中单抗的浓度较高，特异性也较强，因此不需要作吸收和亲和层析处理，一般可将腹水作适当稀释后直接包被，必要时也可用纯化的 IgG。应用单抗包被时应注意，一种单抗仅针对一种抗原决定簇，在某些情况下，用多种单抗混合包被，可取得更好的效果。

（5）包被的条件　包被用抗原或抗体的浓度，包被的温度和时间，包被液的 pH 等应根据试验的特点和材料的性质而选定。抗体和蛋白质抗原一般采用 pH 9.6 的碳酸盐缓冲液作为稀释液，也有用 pH 7.2 的磷酸盐缓冲液及 pH 7~8 的 Tris-HCl 缓冲液作为稀释液。通常在 ELISA 板孔中加入包被液后，在 4~8℃冰箱中放置过夜，37℃中保温 2h 被认为具有同等的包被效果。包被的最适当浓度随载体和包被物的性质可有很大的变化，每批材料需通过实验与酶结合物的浓度协调选定。一般蛋白质的包被浓度为 100ng/mL~20μg/mL。

（6）封闭　封闭（blocking）是继包被之后用高浓度的无关蛋白质溶液再包被的过程。抗原或抗体包被时所用的浓度较低，吸收后固相载体表面尚有未被占据的空隙，封闭就是让大量不相关的蛋白质充填这些空隙，从而排斥在 ELISA 其后的步骤中干扰物质的再吸附。封闭的手续与包被相类似。最常用的封闭剂是 0.05%~0.5% 的牛血清白蛋白，也有用 10% 的小牛血清或 1% 明胶作为封闭剂的。脱脂奶粉也是一种良好的封闭剂，其最大的特点是价廉，可以高浓度（5%）使用。高质量的速溶食用低脂乳粉即可直接当作封闭剂使用，但由于乳粉的成分复杂，而且封闭后的载体不易长期保存，因此在试剂盒的制备中较少应用。

2. 结合物

结合物即酶标记的抗体（或抗原），是 ELISA 中最关键的试剂。良好的结合物应该是既保有酶的催化活力，也保持了抗体（或抗原）的免疫活性。结合物中酶与抗体（或抗原）之间有恰当的分子比例，在结合试剂中应尽量不含有或少含有游离的（未结合的）酶或游离的抗体（或抗原）。此外，结合物尚要有良好的稳定性。

（1）酶　用于 ELISA 的酶应符合以下要求：纯度高，催化反应的转化率高，专一性强，性质稳定，来源丰富，价格不贵，制备成酶结合物后仍继续保留它的活力部分和催化能力。最好在受检标本中不存在相同的酶。另外，它的相应底物易于制备和保存，价格低廉，有色产物易于测定等。在 ELISA 中，常用的酶为辣根过氧化物酶（horseradish peroxidase，HRP）和碱性磷酸酶（alkaline phosohatase，AP）。

（2）抗原和抗体　制备结合物时所用的抗体一般为纯度较高的 IgG，以免在与酶联结时受到其他杂蛋白的干扰。最好用亲和层析纯的抗体，这样全部酶结合物均具有特异的免疫活性，可以在高稀释度进行反应，实验结果本底浅淡。在 ELISA 中用酶标抗原的模式不多，总的要求是抗原必须是高纯度的。

（3）结合物的制备　酶标记抗体的制备方法主要有两种，即戊二醛交联法和过碘酸盐氧化法。

①戊二醛交联法：戊二醛是一种双功能团试剂，它可以使酶与蛋白质的氨基通过它而联结。碱性磷酸一般用此法进行标记。交联方法有一步法、两步法两种。在一步法中戊二醛直接加入酶与抗体的混合物中，反应后即得酶标记抗体。ELISA 中常用的酶一般都用此法交联。它具有操作简便、有效（结合率达 60%～70%）和重复性好等优点。缺点是交联反应是随机的，酶与抗体交联时分子间的比例不严格，结合物的大小也不均一，酶与酶，抗体与抗体之间也有可能交联，影响效果。在两步法中，先将酶与戊二醛作用，透析除去多余的戊二醛后，再与抗体作用而形成酶标抗体。也可先将抗体与戊二醛作用，再与酶联结。两步法的产物中绝大部分的酶与蛋白质是以 1:1 的比例结合的，较一步法的酶结合物更有助于本底的改善以提高敏感度，但其偶联的有效率较一步法低。

②过碘酸盐氧化法：本法只适用于含糖量较高的酶。辣根过氧化物酶的标记常用此法。反应时，过碘酸钠将 HRP 分子表面的多糖氧化为醛基很活泼，可与蛋白质上的氨基形成 Schiff 氏碱而结合。酶标记物按摩尔比例联结，其最佳比例为：酶/抗体 =（1～2）/1。此法简便有效，一般认为是 HRP 最可取的标记方法，但也有人认为所用试剂较为强烈，各批实验结果不易重演。

按以上方法制备的酶结合物一般都混有未结合物的酶和抗体。理论上，结合物中混有的游离酶一般不影响 ELISA 中最后的酶活力测定，因经过彻底洗涤，游离酶可被除去，并不影响最终的显色。但游离的抗体则不同，它会与酶标抗体竞争相应的固相抗原，从而减少了结合到固相上的酶标抗体的量。因此制备的酶结合物应予纯化，去除游离的酶和抗体后用于检测，效果更好。纯化的方法很多，分离大分子化合物的方法均可应用。硫酸铵盐析法最为简便，但效果并不理想，因为此法只能去除留在上清中的游离酶，但相当数量的游离抗体仍与酶结合物一起沉淀而不能分开。用离子交换层析或分子筛分离更为可取，高效液相层析法可将制备的结合物清晰地分成三个部分：游离酶、游离抗体和纯结合物而取得最佳的分离效果，但费用较高。

结合物制得后，在用作 ELISA 试剂前尚需确定其适当的工作浓度。使用过浓的结合物，既不经济，又使本底增高；结合物的浓度过低，则又影响检测的敏感性。所以必须对结合物的浓度予以选择。最适的工作浓度就是指结合物稀释至这一浓度时，能维护一个低的本底，并获得测定的最佳灵敏度，得到最合适的测定条件和节省测定费用。就酶标抗体本身而言，它的有效工作浓度是指与其相应抗原包被的载体作试验时，能得到阳性反应的最高稀释度。

（4）结合物的保存　酶标抗体中的酶和抗体均为生物活性物质，保存不当，极易失活。高浓度的结合物较为稳定，冷冻干燥后可在普通冰箱中保存一年左右，但冻干过程中引起活力的降低，而且使用时需经复溶，颇为不便。结合物溶液中加入等体积的甘油可在低温冰箱或普通冰箱的冰格中较长时间保存。早期的 ELISA 试剂盒中的结合物一般均按以上两种形式供应，配以稀释液，临用时按标明的稀释度稀释成工作液。现在较先进的 ELISA 试剂盒均已用合适的缓冲液配成工作液，使用时不需再行稀释，在 4～8℃保存期可达 6个月。由于蛋白质浓度较低，结合物易失活，需加入蛋白保护剂。另外再加入抗生素（例如庆大霉素）和防腐剂（HRP 结合物加硫柳泵，AP 结合物可加叠氮钠），以防止细菌生长。

（5）结合物的稀释液　用于稀释高浓度的结合物以配成工作液。为避免结合物在反应中直接吸附在固相载体上，在稀释缓冲液中常加入高浓度的无关蛋白质（例如1% 牛血清白蛋白），通过竞争以抑制结合物的吸附。一般还加入具有抑制蛋白质吸附于塑料表面的非离子型表面活性剂，如吐温 20，0.05% 的浓度较为适宜。在间接测定抗体时，血清标本需稀释后进行测定，也可应用这种稀释液。

3. 酶的底物

（1）HRP 的底物　HRP 催化过氧化物的氧化反应，最具代表性的过氧化物为 H_2O_2，其反应式如下：

$$DH_2 + H_2O_2 \rightarrow D + 2H_2O$$

上式中，DH_2 为供氧体，H_2O_2 为受氢体。在 ELISA 中，DH_2 一般为无色化合物，经酶作用后成为有色的产物，以便作比色测定。常用的供氢体有邻苯二胺（O-phenylenedia-mine，OPD）和四甲基联苯胺（3，3′，5，5′-tetramethylbenzidine，TMB）。

OPD 氧化后的产物呈橙红色，用酸终止酶反应后，在 492nm 波长处有最高吸收峰，灵敏度高，比色方便，是 HRP 结合物最常用的底物。OPD 本身难溶于水，OPD·2HCl 为水溶性。曾有报道 OPD 有致突变性，操作时应予注意。OPD 见光易变质，与过氧化氢混合成底物应用液后更不稳定，须现配现用。在试剂盒中，OPD 和 H_2O_2 一般分成两个组分，OPD 可制成一定量的粉剂或片剂形式，片剂中含有发泡助溶剂，使用更为方便。过氧化氢则配入底物缓冲液中，制成易保存的浓缩液，使用时用蒸馏水稀释。先进的 ELISA 试剂盒中则直接配成含保护剂的工作浓度为 0.02% H_2O_2 的应用液，只需加入 OPD 后即可作为底物应用液。

TMB 经 HRP 作用后其产物显蓝色，目视对比鲜明。TMB 性质较稳定，可配成溶液试剂，只需与 H_2O_2 溶液混合即成应用液，可直接作底物使用。另外，TMB 又有无致癌性等优点，因此在 ELISA 中应用日趋广泛。酶反应用 HCl 或 H_2SO_4 终止后，TMB 产物由蓝色变为黄色，可在比色计中定量，最适吸收波长为 405nm。

（2）AP 的底物　AP 为磷酸酯酶，一般采用对硝基苯磷酸酯（p-nitrophenyl phosphate，p-NPP）作为底物，可制成片剂，使用方便。产物为黄色的对硝基酚，在 405nm 波长处有吸收峰。用 NaOH 终止酶反应后，黄色可稳定一段时间。

AP 也有发荧光底物（磷酸 4 – 甲基伞酮），可用于 ELISA 作荧光测定，敏感度较高于用显色底物的比色法。

4. 稀释液

洗板式 ELISA 中，常用的稀释液为含 0.05% 吐温 20 的磷酸缓冲盐水。

5. 酶反应终止液

常用的 HRP 反应终止液为硫酸，其浓度按加量及比色液的最终体积而异，在板式 ELISA 中一般采用 2mol/L。

6. 阳性对照品和阴性对照品

阳性对照品（positive control）和阴性对照品（negative control）是检验试验有效性的控制品，同时也作为判断结果的对照，因此对照品，特别是阳性对照品的基本组成应尽量与检测标本的组成相一致。

7. 参考标准品

定量测定的 ELISA 试剂盒应含有制作标准曲线用的参考标准品，应包括覆盖可检测范围的 4~5 个浓度，一般均配入含蛋白保护剂及防腐剂的缓冲液中。

（四）ELISA 的操作和注意事项

1. 加样

在 ELISA 中一般有 3 次加样步骤，即加标本，加酶结合物，加底物。加样时应将所加物加在 LEISA 板孔的底部，避免加在孔壁上部，并注意不可溅出，不可产生气泡。加标本一般用微量加样器，按规定的量加入板孔中。每次加标本应更换吸嘴，以免发生交叉污染。如此测定（如间接法 ELISA）需用稀释的血清，可在试管中按规定的稀释度稀释后再加样。也可在板孔中加入稀释液，再在其中加入血清标本，然后在微型振荡器上振荡 1min 以保证混合。加酶结合物应用液和底物应用液时可用定量多道加液器，使加液过程迅速完成。

2. 保温

在 ELISA 中一般有两次抗原抗体反应，即加标本和加酶结合物后。抗原抗体反应的完成需要有一定的温度和时间，这一保温过程称为温育（incubation）。温育常采用的温度有

43℃、37℃、室温和4℃（冰箱温度）等。37℃是实验室中常用的保温温度，也是大多数抗原抗体结合的合适温度。在建立 ELISA 方法作反应动力学研究时，实验表明，两次抗原抗体反应一般在37℃经 1～2h，产物的生成可达顶峰。保温的方式除有的 ELISA 仪器附有特制的电热块外，一般均采用水浴。

3. 洗涤

洗涤在 ELISA 过程中虽不是一个反应步骤，但却也决定着实验的成败。ELISA 就是靠洗涤来达到分离游离的和结合的酶标记物的目的。通过洗涤以清除残留在板孔中没能与固相抗原或抗体结合的物质，以及在反应过程中非特异性地吸附于固相载体的干扰物质。现在多采用洗板机程序洗涤。

4. 显色和比色

显色是 ELISA 中的最后一步温育反应，此时酶催化无色的底物生成有色的产物。反应的温度和时间仍是影响显色的因素。在定量测定中，加入底物后的反应温度和时间应按规定力求准确。

OPD 底物显色一般在室温或37℃反应 20～30min 后即不再加深，再延长反应时间，可使本底值增高。TMB 受光照的影响不大，经 HRP 作用后，约40min 显色达顶峰，随即逐渐减弱，至2h 后即可完全消退至无色。TMB 的终止液有多种，叠氮钠和十二烷基硫酸钠（SDS）等酶抑制剂均可使反应终止。

酶标比色仪简称酶标仪，通常指专用于测读 ELISA 结果吸光度的光度计。酶标仪的主要性能指标有：测读速度、读数的准确性、重复性、精确度和可测范围、线性等。优良的酶标仪的读数一般可精确到0.001，准确性为±1%，重复性达0.5%。普通的酶标仪 A 值在0.000～2.900，甚至更高。超出可测上限的 A 值常以"＊"或"over"或其他符号表示。应注意可测范围与线性范围的不同，线性范围常小于可测范围，比如某一酶标仪的可测范围为 0.000～2.900，而其线性范围仅 0.000～2.000，这在定量 ELISA 中制作标准曲线时应予注意。测读 A 值时，要选用产物的敏感吸收峰，如 OPD 用492nm 波长。也可用双波长式测读，即每孔先后测读两次，第一次在最适波长（W_1），第二次在不敏感波长（W_2），两次测定间不移动 ELISA 板的位置。例如，OPD 用 492nm 波长为 W_1，630nm 波长为 W_2，最终测得的 A 值为两者之差（$W_1 - W_2$）。双波长式测读可减少由容器上的划痕或指印等造成的光干扰。

5. 结果判断

（1）定性测定　定性测定的结果判断是对受检标本中是否含有待测抗原或抗体作出"阳性""阴性"表示。"阳性"表示该标本在该测定系统中有反应，"阴性"则为无反应。在间接法和夹心法 ELISA 中，阳性孔呈色深于阴性孔。在竞争法 ELISA 中则相反，阴性孔呈色深于阳性孔。两类反应的结果判断方法不同，分述于下。

①间接法和夹心法：这类反应的定性结果可以用肉眼判断。目视标本无色或近于无色者判为阴性，显色清晰者为阳性。但在 ELISA 中，正常人血清反应后常可出现呈色的本底，

此本底的深浅因试剂的组成和实验的条件不同而异，因此实验中必须加测阴性对照。阴性对照的组成应为不含受检物的正常血清或类似物。在用肉眼判断结果时，更宜用显色深于阴性对照作为标本阳性的指标。

目视法简捷明了，但颇具主观性。在条件许可下，应该用比色计测定吸光值，这样可以得到客观的数据。先读出标本（S）、阳性对照（P）和阴性对照（N）的吸光值，然后进行计算。计算方法有多种，大致可分为阳性判定值法和标本与阴性对照比值法两类。

a. 阳性判定值：阳性判定值一般为阴性对照 A 值加上一个特定的常数，以此作为判断结果阳性或阴性的标准。用此法判断结果要求实验条件十分恒定，试剂的制备必须标准化，阳性和阴性的对照品应符合一定的规格，须配用精密的仪器，并严格按规定操作。阳性判定值公式中的常数是在这特定的系统中通过对大量标本的实验检测而得到的。现举某种检测 HBsAg 的试剂盒为例。试剂盒中的阴性对照品为不含 HBsAg 的复钙人血浆，阳性对照品HBsAg 的含量标明为 $P =$ （9 ± 2）ng/mL。每次试验设 2 个阳性对照和 3 个阴性对照。测得 A 值后，先计算阴性对照 A 值的平均数（NC_X）和阳性对照 A 值的平均数（PC_X），两个平均数的差（$PC_X - NC_X$）必须大于一个特定的数值（例 0.400），试验才有效。3 个阴性对照 A 值均应 $\geq 0.5 \times NC_X$，并 $\leq 1.5 \times NC_X$，如其中之一超出此范围，则弃去，而另两个阴性对照重新计算 NC_X；如有两个阴性对照 A 值超出以上范围，则该次实验无效。阳性判定值按下式计算：

$$阳性判定值 = NC_X + 0.05 \qquad\qquad (5 - 1)$$

标本 A 值 > 阳性判定值的为阳性，小于阳性判定值的为阴性。应注意的是，式中 0.05为该试剂盒的常数，只适合于该特定条件下，而不是对各种试剂均可通用。根据以上叙述可以看出，在这种方法中阴性对照和阳性对照也起到试验的质控作用，试剂变质和操作不当均会产生"试验无效"的后果。

b. 标本/阴性对照比值：在实验条件（包括试剂）较难保证恒定的情况下，这种判断法较为合适。在得出标本（S）和阴性对照（N）的 A 值后，计算 S/N 值。在早期的间接法ELISA 中，有些作者定出 S/N 为阳性标准，现多为各种测定所沿用。实际上每一测定系统应该用实验求出各自的 S/N 的阈值。有的试剂盒中所设阴性对照为不含蛋白质或蛋白质含量较低的缓冲液，以致反应后产生的本底可能较正常人血清的本底低得多。因此，这类试剂盒，如 $N < 0.05$（或其他数值），则按 0.05 计算，否则将出现假阳性结果。

②竞争法：在竞争法 ELISA 中，阴性孔呈色深于阳性孔。阴性呈色的强度取决于反应中酶结合物的浓度和加入竞争抑制物的量，一般调节阴性对照的吸光度在 1.0 ~ 1.5 之间，此时反应最为敏感。

竞争法 ELISA 不易用自视判断结果，因肉眼很难辨别弱阳性反应与阴性对照的显色差异，一般均用比色计测定，读出 S、P 和 N 的吸光值。计算方法主要也有两种，即阳性判定值法和抑制率法。

a. 阳性判定值法：与间接法和夹心法中的阳性判定值法基本相同，但在计算公式中引

入阳性对照 A 值，现举某种检测抗 HBc 的试剂盒为例。试剂盒中的阴性对照为不含抗 HBc 的复钙人血浆，阳性对照中抗 HBc 含量为（125 ± 100）μ/mL。每次试验设 2 个阳性对照和 3 个阴性对照。测得 A 值后，先计算阴性对照 A 值的平均值（NC_x）和阳性对照 A 值的平均数（PC_x），两个平均数的差（$NC_x - PC_x$）必须大于一个特定的数值（例如 0.300），试验才有效。3 个阴性对照 A 值均应小于 2.000，而且应 $\geqslant 0.5 \times NC_x$，并 $\leqslant 1.5 \times NC_x$，如其中之一超出此范围，则弃去，而以另 2 个阴性对照重新计算 $\times NC_x$；如有 2 个阴性对照 A 值超出以上范围，则该次实验无效。阳性判定值按下式计算：

$$阴性判定值 = 0.4 \times NC_x + 0.6 \times PCX \tag{5-2}$$

标本 A 值 $\leqslant$ 阳性判定值的反应为阳性，A 值 $>$ 阳性判定值的反应为阴性。

b. 抑制率法：抑制率表示标本在竞争结合中标本对阴性反应显色的抑制程度，按下式计算：

$$抑制率（\%） = （阴性对照 A 值 - 标本 A 值）\times 100\% / 阴性对照 A 值 \tag{5-3}$$

一般规定抑制率 $\geqslant 50\%$ 为阳性，$< 50\%$ 为阴性。

（2）定量测定　ELISA 操作步骤复杂，影响反应因素较多，特别是固相载体的包被难达到各个体之间的一致，因此在定量测定中，每批测试均须用一系列不同浓度的参考标准品在相同的条件下制作标准曲线。测定大分子质量物质的夹心法 ELISA，标准曲线的范围一般较宽，曲线最高点的吸光度可接近 2.0，绘制时常用半对数纸，以检测物的浓度为横坐标，以吸光度为纵坐标，将各浓度的值逐点连接，所得曲线一般呈 S 形，其头、尾部曲线趋于平坦，中央较呈直线的部分是最理想的检测区域。测定小分子质量物质常用竞争法，其标准曲线中吸光度与受检物质的浓度呈负相关。标准曲线的形状因试剂盒所用模式的差别而略有不同。ELISA 测定的标准曲线中横坐标为对数关系，这更有利于测定系统的表达。

三、磺胺二甲嘧啶的间接竞争 ELISA 检测

（一）人工完全抗原的合成

1. 试剂与材料

①SM$_2$：磺胺二甲基嘧啶（Sulfamethazine，SMT）。

②BSA：牛血清白蛋白（Bovine Serum Albumen）。

③OVA：卵清白蛋白（Ovalbumin）。

④SA：丁二酸酐（Succinic anhydride）。

⑤EDC·HCl：1 - 乙基 - 3（3 - 二甲基氨基丙基） - 碳二亚胺·盐酸盐。

⑥无水吡啶（Pyridine）。

⑦无水处理的二氯甲烷（CH$_2$Cl$_2$）。

2. 实验方法

（1）半抗原 SM$_2$ - SA 的制备　SM$_2$ - SA 合成的方程式如图 5 - 4 所示。

①取 1.405g SM$_2$ 溶于 10mL 无水处理过的吡啶。

②2.67g SA 溶于 5mL 无水吡啶，与 SM₂ 液混匀溶解。

③搅拌反应 24h。

④反应液移入置有 20mL 水的 100mL 分液漏斗中摇匀静置。

⑤用 15mL CH₂Cl₂ 进行萃取，轻摇，注意放气。萃取 3 次，收集下层 CH₂Cl₂ 相。

⑥合并 3 次萃取 CH₂Cl₂ 相。用 0.1mol/L HCl 溶液 15mL 洗提，3 次后用 15mL H₂O 再洗一次。收集下层 CH₂Cl₂ 相。

⑦在萃取液中加入一定量的无水 Na₂SO₄ 脱水。

⑧在蒸发皿中加入 2mL 甲苯，低温（35℃）蒸干。

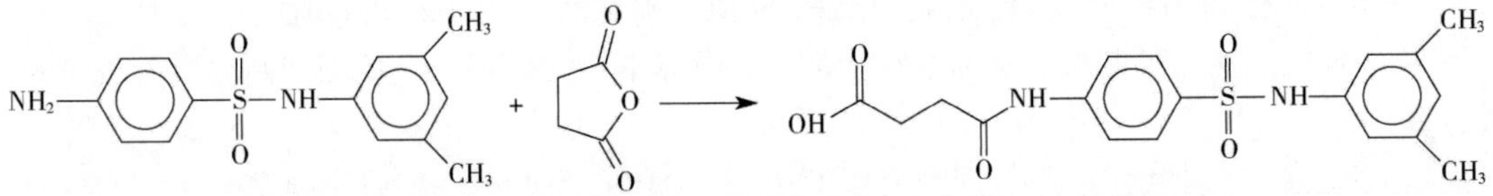

图 5-4 SM₂-SA 合成方案方程式图

（2）琥珀酰化-水溶性碳化二亚胺法合成 SM₂-BSA、SM₂-OVA（水溶性 EDC 法）

①称取 BSA 和 OVA 各 200mg、100mg SM₂-SA 和 100mg EDC 中分别溶于 5、2、3mL 的 PBS 中。

②然后向 BSA 和 OVA 溶液中边搅拌边慢慢滴加 2mL SM₂-SA 溶液和 2mL EDC 溶液。在 4℃ 冰浴下遮光反应 4h。

再向混合液中滴加剩下的 1mL EDC 溶液。继续于 4℃ 冰浴下遮光搅拌反应 24h。

③反应结束后 4000r/min 离心 5min，取上清液装入透析袋，用 0.01mol/L pH 7.4 PBS 在 4℃ 透析 2d（PBS：1.5mmol/L KH₂PO₄，8mmol/L Na₂HPO₄，2.7mmol/L KCl，137mmol/L NaCl），每天更换 3 次透析液。

④透析完毕后上 sepHadex G-50 层析柱，用 100mmol/L pH 7.4 PBS 洗提，留小部分鉴定，其余用冷冻干燥机干燥后分装。

合成路线如图 5-5 所示。

（二）合成抗原的鉴定

抗原合成结果进行 SDS-PAGE 分析和紫外光谱分析，并计算结合比测定。

（三）抗体的制备与纯化

1. 兔免疫

第一次免疫取 100μg 合成抗原与 1mL 弗氏完全佐剂（FCA）乳化的抗原（FCA-IgG）液，背部皮下散点注射各 0.2mL 左右。第二次免疫在 3 周后用弗氏不完全佐剂乳化注射。第三次、第四次免疫同第二次免疫方法，间隔为 2 周。抗血清效价达到要求以后采血。

2. 抗体纯化

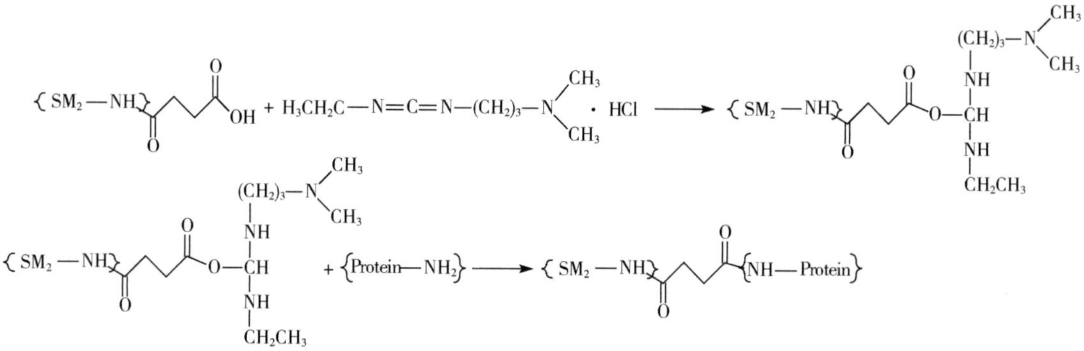

$$\{SM_2-NH\}-COOH + H_3CH_2C-N=C=N-(CH_2)_3-N\begin{matrix}CH_3\\CH_3\end{matrix}\cdot HCl \longrightarrow \{SM_2-NH\}-C-O-CH$$

$$\{SM_2-NH\}-C-O-CH + \{Protein-NH_2\} \longrightarrow \{SM_2-NH\}-C-NH-Protein\}$$

图 5-5　琥珀酰化-水溶性碳化二亚胺法合成 SM₂‑BSA 方程式图

按饱和硫酸铵法和 DEAE 纤维素法进行。

3. 结果鉴定

以双相琼脂扩散试验定性观察检测所获免疫血清的抗体质量，以直接竞争法确定抗血清效价。

（四）标准竞争抑制曲线的制作

1. 包被微孔板

用乙醇-PBS（0.15mol/L，pH 7.2）400 倍稀释的 SM₂-OVA 人工抗原包被酶标板，150μL/孔，4℃过夜。

2. 稀释

将纯化抗体稀释 80 倍后分别与等量不同浓度的 SM₂ 标准溶液用 2mL 试管混合振荡，使 SM₂ 的最终浓度为 $10\mu g/mL$、$1\mu g/mL$、$500ng/mL$、$100ng/mL$、$50ng/mL$、$10ng/mL$、$5ng/mL$、$1ng/mL$、$0.5ng/mL$、$0.1ng/mL$，分别加 100μL/孔，4℃静置。

3. 洗涤

取出酶标板恢复至室温，弃去包被液，每孔加 300μL 洗涤液，静置 3min，弃去洗涤液，共洗 3 次，在吸水纸上将酶标板敲干。

4. 封闭

加封闭液封闭，250μL/孔，置 37℃下温育 1h。

5. 抗原抗体反应

酶标板洗 3×3min 后，加抗体抗原反应液（在酶标板的适当孔位加抗体稀释液作为阴性对照，3 孔；加抗原稀释液作为阳性对照，3 孔）130μL/孔，37℃，温育 2h。

6. 酶标记反应

倒掉反应液并拍干，酶标板洗 3×3min，拍干，加酶标二抗-羊抗兔 HRP 结合物（1：200，V/V）100μL/孔，37℃下 1h。

7. 测定

酶标板用洗液洗 5×3min。加底物溶液 A、B，各 100μL/孔，37℃，温育 15min，然后加终止液，40μL/孔，以终止显色反应，酶标仪 450nm/630nm 测出 OD 值。

8. 作图

求出各孔的 B 校正值：B 校正值 = OD 实测值 − 空白对照孔 OD 值（均值）。

求出标准样的 B/B_0 值：$B = [B$ 校正值/阴性对照孔 B_0 校正值（均值）$] \times 100$。

以标准样浓度对数值为横坐标，B/B_0 的均值为纵坐标作图。

（五） 畜产品中 SM$_2$ 残留的 ELISA 检测

屠宰现场取肝、肾、肌肉、血各 100g。放入清洁保鲜袋内，加封，标明标记，保温冷藏及时送实验室。将试样分别放入高速组织捣碎机中捣碎，充分混匀，装入清洁的容器内，加封后，标明标记。应于 −18℃ 冷冻保存。

1. 样品预处理

样品处理：称取肉（肝、肾）均质后的样品 20g 置入 250mL 长颈瓶中，加入甲醇∶水为 80∶20 的溶液 200mL。摇匀后在 70℃ 水浴中加热 45min。在摇床上振荡 60min。1500r/min 离心 10min。用巴斯德吸管吸去脂肪层，取上清液低温蒸干后用含有 0.0032% BSA 的 10mL 乙酸溶液（pH 7.0，10mmol/L）溶解。

2. IC−ELISA 程序

（1）包被微孔板 用 400 倍稀释的 SM$_2$−OVA 人工抗原包被酶标板，150μL/孔，4℃过夜。

（2）将纯化抗体 SM$_2$−BSA 稀释 80 倍后分别与等量样品提取液（10 倍稀释）用 2mL 试管混合振荡后，4℃静置（15min 左右）。

（3）洗涤 取出酶标板恢复至室温，弃去包被液，每孔加 300μL 洗涤液，静置 3min，弃去洗涤液，共洗 3 次，在吸水纸上将酶标板敲干。

（4）封闭 加封闭液（1% 的 BSA）封闭，250μL/孔（200），置 37℃ 下温育 1h。

（5）抗原抗体反应 酶标板洗 3×3min 后，加抗体抗原反应液（如表 2−4 所示，在酶标板的适当孔位加抗体稀释液作为阴性对照，3 孔；加抗原稀释液作为阳性对照，3 孔）130μL/孔，37℃，温育 2h。

（6）酶标记反应 倒掉反应液并拍干，酶标板洗 3×3min，拍干，加酶标二抗−羊抗兔 HRP 结合物（1∶200，V/V）100μL/孔，37℃下 1h。

（7）测定 酶标板用洗液洗 5×3min。加底物溶液 A、B，各 100μL/孔，37℃，温育 15min，然后加终止液，40μL/孔，以终止显色反应，酶标仪 450nm/630nm 测出 OD 值。

（8）计算 求出各孔的 B 校正值：B 校正值 = OD 实测值 − 空白对照孔 OD 值（均值）。

求出标准样的 B/B_0 值：$B = [B$ 校正值/阴性对照孔 B_0 校正值（均值）$] \times 100$。

对照标准曲线拟合方程，求出待测样 SM$_2$ 含量（ng/mL）。

（六） 方法评价

1. 特异性

特异性是指本测定方法对被测物质的专一程度，一般用抗体交叉反应表示。该方法假定 100% 的被测抗原可与 50% 的抗体结合，那么可与 50% 的抗体结合的被测抗原类似物百分含量则为抗体与该类似物的交叉反应率（$CR\ 50\%$）。计算公式如下：

$$CR\ 50\% = \frac{S}{Z} \times 100(\%) \tag{5-4}$$

式中　S——标准抗原的 IC_{50}；

　　　Z——抗原类似物与 50% 的抗体结合时的浓度。

2. 灵敏度

本实验灵敏度即指应用该方法能检出待测物中 SM_2 残留的最低含量，即最小检出量（LOD）。测定 10 个 "0" 标准管，求出光密度值的平均数 $\bar{B}_0$，减去三倍的标准差 $\overline{SD}$ 再与 $\bar{B}_0$ 的比值。对照标准曲线方程得出浓度值即为检测限值。

抗原浓度对数与吸光度值有较好线性关系的一段浓度值可以作为工作检测范围。测量限（LOQ）是指实际操作中半定量检测 SM_2 的最小测定量，通常被定为 "0" 管光密度值平均数的 80%。

3. 准确度

取有代表性的高中低三个浓度为目标浓度添加至空白猪血清中，混匀后进行 IC - ELISA 试验计算回收率。

4. 精确度

批内误差：以标准缺陷的批内变异系数表示：

$$CV = SD\ 的平均值/平均批内平均结合率 \times 100\ （\%）$$

批间误差：以 3 次测定的结合率进行平均，求出各浓度的批间变异系数，再平均求其总的批间变异系数。

四、　ELISA 方法检测动物源食品中阿维菌素类药物残留（试剂盒方法）

（一）　实验原理

采用间接竞争 ELISA 方法，在微孔条上包被偶联抗原，试样中残留的阿维菌素类药物与酶标板上的偶联抗原竞争阿维菌素抗体，加入酶标记的抗体后，显色剂显色，终止液终止反应。用酶标仪在 450nm 处测定吸光度，吸光值与阿维菌素类药物残留量呈负相关，与标准曲线比较即可得出阿维菌素类药物残留含量。

（二）　试剂和材料

1. 阿维菌素类药物试剂盒

（1）96 孔板（12 条 ×8 孔）包被有阿维菌素偶联抗原。

（2）阿维菌素标准溶液（至少有 5 个倍比稀释浓度水平，外加 1 个空白）。

（3）阿维菌素抗体溶液。

（4）过氧化物酶标记物。

（5）底物显色溶液 A 液　过氧化尿素。

（6）底物显色溶液 B 液　四甲基联苯胺。

（7）反应终止液　1mol/L 硫酸。

（8）缓冲液（2 倍浓缩液）。

（9）洗涤液（20 倍浓缩液）。

2. 乙腈、正己烷、无水硫酸钠（分析纯）。

3. 碱性氧化铝柱 Sep - Pak Vac 12 cc（2g）。

4. 水

GB/T 6682 规定的一级水。

5. 缓冲液工作液

用水将 2 倍的浓缩缓冲液按 1:1 体积比进行稀释（1 份 2 倍浓缩缓冲液 + 1 份水），用于溶解干燥的残留物，缓冲液工作液在 4℃ 可保存一个月。

6. 洗涤液工作液

用水将 20 倍的浓缩洗涤液按 1:19 体积比进行稀释（1 份 20 倍浓缩洗涤液 + 19 份水），用于酶标板的洗涤，洗涤工作液在 4℃ 可保存一个月。

（三）仪器

1. 酶标仪（配备 450nm 滤光片）。

2. 超声波清洗器。

3. 离心机。

4. 氮气吹干仪。

5. 匀浆机。

6. 振荡器。

7. 涡旋式混合器。

8. 微量移液器（单道 20、50、100μL，多道 50~300μL 可调）。

（四）试样制备与保存

取新鲜或解冻的动物组织，剪碎，10000r/min 匀浆 1min。 -20℃ 下保存。

（五）试样测定

1. 提取

称取牛肉、牛肝试样（3.0 ± 0.05）g 于 50mL 聚苯乙烯离心管中，加 9mL 乙腈、3mL 正己烷，置于振荡器上振荡 10min，加 3g 无水硫酸钠，再振荡 10min，3000r/min 以上、15℃ 离心 10min，去除上层正己烷，取下层 4.0mL 提取液备用。

称取 3g 无水硫酸钠平铺在碱性氧化铝柱 Sep - PakVac 上，加 10mL 乙腈洗柱，再加 4.0mL 提取液，开始收集滤液，待提取液流干后，再加入 4mL 乙腈清洗柱子，合并洗液和滤液至 10mL 干净的玻璃试管中，于 50~60℃ 水浴氮气流下吹干。

取 1.0mL 缓冲液工作液溶解干燥的残留物，涡动 1min，超声 10min，涡动 1min，取溶解后的样品液 100μL，加入 100μL 缓冲液工作液，充分混合，取 20μL 用于分析。

2. 测定

使用前将试剂盒在室温（19～25℃）下放置 1～2h。

（1）将标准和试样（至少按双平行实验计算）所有数量的孔条插入微孔架，记录标准和试样的位置。

（2）加 20μL 系列标准溶液或处理好的试样溶液到各自的微孔中。标准和试样至少做两个平行试验。

（3）加抗体工作液 80μL 到每一个微孔中，充分混合，于 37℃ 恒温箱中孵育 30min。

（4）倒出孔中液体，将微孔架倒置在吸水纸上拍打以保证完全除去孔中的液体。用 250μL 洗涤液工作液充入孔中，再次倒掉微孔中液体，再重复操作两遍以上（或用洗板机洗涤）。

（5）加 100μL 过氧化物酶标记物，37℃ 恒温箱中孵育 30min。

（6）倒出孔中液体，将微孔架倒置在吸水纸上拍打以保证完全除去孔中的液体。用 250μL 洗涤液工作液充入孔中，再次倒掉微孔中液体，再重复操作两遍以上（或用洗板机洗涤）。

（7）加 50μL 底物显色液 A 液和 50μL 底物显色液 B 液，混合并在 37℃ 恒温箱避光显色 15～30min。

（8）加 50μL 反应终止液，轻轻振荡混匀，用酶标仪在 450nm 处测量吸光度值。

（六）结果计算

用所获得的标准溶液和试样溶液吸光度值与空白溶液吸光度值的比值进行计算，见式（5-5）：

$$A_r = \frac{B}{B_0} \times 100(\%) \qquad (5-5)$$

式中　A_r——相对吸光度值,%；

　　　B——标准（试样）溶液的吸光度值；

　　　B_0——空白（浓度为 0 的标准溶液）的吸光度值。

将计算的相对吸光度值（%）对应阿维菌素（μg/L）的自然对数作半对数坐标系统曲线图，对应的试样浓度可从校正曲线算出，见式（5-6）：

$$X = \frac{\rho \times f}{m \times 1000} \qquad (5-6)$$

式中　X——试样中阿维菌素类的含量，μg/kg；

　　　ρ——试样的相对吸光度值（%）对应的阿维菌素含量，g/L；

　　　f——试样稀释倍数；

　　　m——试样的取样量，g。

计算结果保留到小数点后两位。阳性结果应用确证法确证。

（七）交叉反应

阿维菌素：100%；埃普利诺菌素：130%；伊维菌素：33%；多拉菌素：5%；泰乐菌

素：<0.1%；替米考星：<0.1%。

（八）精密度

本方法的批内变异系数<30%，批间变异系数<45%。

五、 ELISA 方法检测转基因产品（蛋白质检测方法）

（一）适用范围

本方法适用于转基因大豆及其初级加工产品中 CP4 EPSPS 蛋白的检测，也适用于含有 CP4 EPSPS 蛋白的其他转基因植物检测。

（二）实验原理

酶标板表面包被有特异的单克隆捕获抗体。当加上测试样品时，捕获抗体与抗原特异性结合，未结合的样品成分通过洗涤除去。洗涤之后，加入与辣根过氧化物酶偶联的多克隆抗体，该抗体可与 CP4 EPSPS 蛋白的另一个抗原表位特异结合，洗涤之后，加入辣根过氧化物酶的显色底物四甲基联苯胺。HRP 可催化底物产生颜色反应，颜色信号与抗原浓度在一定范围内呈线性关系。显色一定时间后，加入终止液终止反应。在 450nm 波长测每一孔的光密度。

（三）试剂

1. 检测试剂盒通常提供的试剂

（1）大豆抽提缓冲液　硼酸钠缓冲液，pH 7.5。

（2）大豆分析缓冲液　磷酸盐缓冲液，Tween－20，BSA，pH 7.4。

（3）包被有单克隆捕获抗体的酶标孔。

（4）与辣根过氧化物酶偶联的兔抗。

（5）偶联抗体稀释剂　10% 热灭活的小鼠血清。

（6）显色底物。

（7）终止液　0.5% 硫酸。

（8）10 倍浓缩的洗涤缓冲液　PBS，Tween－20，pH 7.1。

（9）与基质匹配的阴性和阳性标准品，如 0.1%，0.5%，1%，2%，5%。

2. 其他需要准备的试剂

（1）70% 的甲醇溶液（体积比）　取 700mL 甲醇加水定容至 1000mL。

（2）95% 的乙醇。

（四）仪器设备

1. 通常实验室仪器设备。

2. 酶标仪；多通道移液器。

3. 孔径 450μm 的滤膜；孔径 150μm 的滤膜。

（五）操作步骤

1. 样品的预处理

取500g以上大豆，粉碎、微孔滤膜过滤。在操作过程中小心避免污染，避免局部过热。定性检测的微孔滤膜孔径应为450μm，保证孔径小于450μm的粉末质量占大豆样品质量的90%以上。定量检测的样品先用孔径为450μm的微孔滤膜过滤后，再经孔径为150μm的微孔滤膜过滤，过滤得到的样品量只要能满足检测要求即可。对于其他类型的材料采用类似的方法处理。

在检测不同批次样品之间应将处理大豆样品的所有设备进行彻底清洁。首先，尽可能除去残留材料，然后用酒精洗涤两遍，用水彻底清洗，风干。同时，工作区应保持清洁，避免样品交叉污染。

2. 样品抽提

测试样品、阴性及阳性标准品在相同条件下抽提两次。每一种标准品在称量时按照含量由低到高的顺序进行。

将每一种样品称出（0.5±0.01）g，放入15mL聚丙烯离心管中。为避免污染，在称量不同样品时，用酒精棉擦干净药匙并晾干，或使用一次性药匙。向每个离心管中加4.5mL抽提缓冲液。将缓冲液与管内物质剧烈混匀并涡旋振荡，使之成为均一的混合物（低脂粉末和分离蛋白质需延长混合时间，有时超过15min；全脂粉末容易混匀，不超过5min）。4℃下5000×g离心15min。小心吸取上清液于另一干净的聚丙烯离心管中，每管吸取1mL上清液。上清液可于2~8℃贮存，时间不超过24h。

在检测前，用大豆检测缓冲液按比例稀释样品溶液，如表5-2所示。

表5-2　　　　　　　　　　　　不同基质的稀释度

基质	稀释度
豆粉	1:300
脱脂豆粉	1:300
分离蛋白	1:300

3. ELISA操作步骤

ELISA实验流程如表5-3所示。

表5-3　　　　　　　　　　　　ELISA实验流程

程序	体积	详细说明
加样	100μL	微量移液器吸取已稀释的样品溶液、空白、阴性和阳性标准品至相应酶标孔
孵育	—	37℃孵育1h
洗涤	—	用洗涤缓冲液洗涤3次
加样	100μL	向每个酶标孔中加入偶联抗体

续表

程序	体积	详细说明
孵育	—	37℃孵育 1h
洗涤	—	用洗涤缓冲液洗涤 3 次
加样	100μL	向每个酶标孔中加入显色底物
孵育	—	室温孵育 10min
加样	100μL	向每个酶孔中加入终止液
混匀	—	轻轻混匀 10s
测量吸光度	—	用酶标仪测量每孔在 450nm 波长的吸光度

（1）孵育　在室温下，取出酶标板，加 10μL 稀释的样品溶液及对照到酶标孔中，轻轻混匀。37℃孵育 1h（每次加样应该更换一次性吸头，以免交叉污染。并使用胶带或铝箔封住酶标板，以免交叉污染和蒸发）。

（2）洗涤　把 10 倍浓缩的洗涤缓冲液用水稀释 10 倍，用洗涤工作液洗涤酶标板 3 次。在此过程中，不要让酶标孔干，否则会影响分析结果；不管是人工洗涤还是自动洗涤，应确保每一孔用相同体积的洗液洗涤，以免出现错误的结果。

人工洗涤：将酶标板翻转，倒出微孔内液体。用装有洗涤工作液的 500mL 洗瓶，将每孔注满洗涤液，保持 60s，然后翻转，倒掉洗涤液。如此重复操作总共 3 次。在多层纸巾上将酶标板倒拍数次，以去除残液（用胶带将酶标板条固定以免滑落）。

自动洗涤：孵育完毕，用洗板机将所有孔中的液体吸出，然后在每孔内加满洗涤液。如此重复 3 次。最后，用洗板机吸出所有孔中洗涤液，在多层纸巾上将酶标板反放拍干，以去除残液。

（3）加入偶联抗体　根据使用说明，用偶联抗体结合稀释剂溶解抗体粉末得到抗体贮存液，于 2~8℃贮存。

取 240μL 偶联抗体贮存液，加入到 21mL 偶联抗体稀释剂中得到偶联抗体工作液，于 2~8℃贮存。

在每孔中加 100μL 偶联抗体工作液，封闭酶标板，轻轻摇晃混匀，37℃孵育 1h。

（4）洗涤　洗涤方法同（2）。

（5）显色　每孔中加入 100μL 显色底物，轻轻摇动酶标板，室温孵育 10min（加显色底物时应连续一次完成，不得中断，并保持相同次序和时间间隔）。

（6）终止反应　按照加入显色底物同样的顺序向酶标孔中加入 100μL 终止液，轻轻摇动酶标板 10s，以终止颜色变化，并使终止液在孔中均匀分布（在加入终止液时应连续一次完成，不得中断，酶标板应注意避光，防止颜色深浅因受到光的影响而发生变化）。

（7）吸光值的测定　在加入终止液 30min 之内用酶标仪在 450nm 波长测量每孔的吸光值（OD）。

记录所得结果，用计算机软件处理。

（六） 测试样品中目标蛋白浓度的计算

测试样品及参照标准的数值需减去空白样的数值，所测量的阳性标准品的平均值用于生成标准曲线，测试样品的平均值根据标准曲线计算相应浓度。

（七） 结果可信度判断的原则

对于阳性标准品（大豆种子）而言，该方法检测的灵敏度必须保证在 0.1% 以上，定量检测的线性范围是 0.5% ~ 3% 。

每一轮检测都必须符合表 5 - 4 所列的结果可信度判断的原则。每一轮反应应当包括空白、阴性标准品、阳性标准品和测试样品。所有样品检测液、空白对照都必须设置一个重复。如果不符合表 5 - 4 中所列的条件，所有检测实验需重新操作。

表 5 - 4　　　　　　　　　　　　结果可信度判断的条件

空白对照	$OD_{450nm} < 0.30$
阴性标准品	$OD_{450nm} < 0.30$
2.5% 阳性标准品	$OD_{450nm} \geqslant 0.8$
所有阳性标准品，OD 值	重复的 OD 值差异 ≤15% 重复的 CV ≤15%
未知样品、溶液	重复的 CV ≤20% 重复的浓度值差异 ≤20%

（八） ELISA 方法检测转基因产品的优点和局限性

1. 优点

特异性高，获得结果快，仪器简单，易于操作，对人员要求不高。免去了对样品进行核酸提取的麻烦，同时可降低检测的成本，由于酶具有很高的催化效率，可极大地放大反应效果，从而使测定达到很高的灵敏度和稳定性。

2. 局限性

主要表现为：

①检测范围窄：ELISA 分析需要转基因食品中含有待检测范围，如转 EPSPS 基因的耐除草剂大豆，转 Bt 基因的抗虫玉米等，因此只能在商业化 GMF 品种较少的情况下使用。目前商品化 ELISA 试剂盒只能检测少数几种 GMF，且一种试剂盒只针对某一特定转基因产物，无法高通量、快速地检测具有多种混合成分的食品样品。

②易出现假阴性结果：一方面转基因食品中"新蛋白"含量通常很低，多数在 10^{-12} ~ 10^{-6} 数量级水平，难以检出，另一方面蛋白质在食品加工过程中易变性，已加工食品中的蛋白质很可能失去抗体所针对的抗原表位，从而造成 ELISA 检测结果假阴性。此外蛋白质在受体生物基因组内表达前后如进行新的修饰，也可导致检测敏感性降低及假阴性结果。

而有些转基因产品中的外源基因不表达蛋白质，则无法检测。

第二节　PCR 检测技术

一、概述

聚合酶链式反应（polymerase chain reaction，简称 PCR）又称无细胞分子克隆系统或特异性 DNA 序列体外引物定向酶促扩增法，是发展和普及最迅速的分子生物学新技术之一。PCR 技术在发展和实际应用中衍生出许多改良技术，如 RT – PCR（Reverse Transcription – PCR），PCR – RFLP（PCR – Restriction Fragment length Polymorphism），多重 PCR（Multiple primer – PCR），不对称 PCR（Asymmetric PCR），P 皇家 CR – SSCP（Single Strand Conformational Polymorphism），PCR – ASO（Allela Specific Oligonucleitides），RAPD – PCR（Random Amplified Polymorphic DNA），错配 PCR（Mismatched PCR），原位 PCR（in Situ PCR），实时荧光定量 PCR（Real – time Quantitative PCR），DDRT – PCR（Differential Display RT – PCR），免疫 PCR 等。

（一）PCR 原理

PCR 是依据 DNA 模板的特性，模仿体内的复制过程，在体外合适的条件下以单链 DNA 为模板，以人工设计和合成的寡核苷酸为引物，利用热稳定的 DNA 聚合酶延 5′— 3′方向掺入单核苷酸来特异性的扩增 DNA 片段的技术。整个反应过程通常由 20～40 个 PCR 循环组成，每个循环由高温变性—低温复性（退火）—适温延伸三个步骤组成：高温时 DNA 变性，氢键打开，双键变成单键，作为 DNA 扩增的模板；低温时寡核苷酸引物与单链 DNA 模板特异性的互补结合即复性；然后在适宜的温度下 DNA 聚合酶以单链 DNA 为模板沿 5′– 3′方向掺入单核苷酸，使引物延伸合成模板的互补链，经过多个变性—退火—延伸的 PCR 循环，就使得 DNA 片段得到有效的扩增，通常情况下单—拷贝的基因经过 25～30 个循环可扩增 100 万～200 万个拷贝。

最初的 PCR 是用大肠杆菌 DNA 聚合酶 I 的 Klenow 片段进行，但 Klenow 片段在高温下迅速失活，因此每一份反应都需要加一份新酶，这不仅麻烦，而且还往往导致产量低，出现产物长短不一等现象。以后人们采用从嗜热细菌分离的耐热 TaqDNA 聚合酶才解决了这一问题，现在天然的 TaqDNA 聚合酶或经基因工程重组生产的 TaqDNA 聚合酶在高温下都很稳定，故在整个过程中不需要添加新的 TaqDNA 聚合酶，从而使 PCR 技术迅速发展起来。

（二）PCR 反应体系

PCR 反应体系主要由引物、dNTP、DNA 聚合酶（TaqDNA 聚合酶）、缓冲液、Mg^{2+} 和核酸模板组成。

1. 引物

引物是与待扩增 DNA 片段两侧互补的寡核苷酸，是决定 PCR 扩增特异性的因素，引物设计和合成的好坏直接决定 PCR 扩增的成败。

通常情况下设计 PCR 引物应遵循以下原则：

（1）通常要求引物位于待分析基因组中的高度保守区域，长度至少为 16 个核苷酸，以 20~24 个核苷酸为宜，这种长度的引物在聚合温度下（通常为 72℃）不能形成十分稳定的杂交体。由于在低温下（37~55℃）TaqDNA 聚合酶也能作用，所以当寡核苷酸引物退火结合到模板上后，TaqDNA 聚合酶就马上开始工作（但 TaqDNA 聚合酶在低温下工作非常缓慢）；当反应的温度升至 72℃时，延伸后的产物已经足够长，所以能稳定地结合在模板上。引物的 T_m 值可按式（5-7）进行计算：

$$T_m = (G+C) \times 4 + (A+T) \times 2 \ (℃) \tag{5-7}$$

式中　G+C 和 A+T——碱基数。

（2）引物中的碱基应当随机分布，避免在引物中出现一些单一的碱基重复序列，引物内不能形成发夹结构或产生具有二级结构的区域，引物间不能互补，引物中 G+C 含量约为 45%~55%。

（3）在引物 5′末端可加入限制酶切位点序列以便进行克隆。在酶切位点 5′末端还应加上适当数量的保护碱基，以保证扩增反应产物克隆后能够被酶切。如果要使 PCR 产物能够直接被限制酶切割，则在设计引物的两端应稍多加几个保护碱基，否则不易切断，如表 5-5 所示，比较了各种限制内切酶在其酶切位点旁边分别加 0、1、2、3 个保护碱基后的切断情况。寡核苷酸 5′末端应含有少量不配对碱基，通常并不影响其作为引物的能力。

表 5-5　　　　　　　　　　PCR 产物末端限制性酶切位点的切断情况

酶	末端碱基对			
	0	1	2	3
ApaI	−	−	±	+
BamHI	−	±	+	+
BstXI	−	±	+	+
ClaI	−	±	+	+
EcoRI	−	±	+	+
EcoRV	−	+	+	+

续表

酶	末端碱基对			
	0	1	2	3
HindIII	−	−	−	+
NotI	−	−	+	+
PstI	−	−	±	+
SacI	−	±	+	+
SalI	+	+	+	+
SmaI	−	±	+	+
SpeI	+		+	+
XbaI	−	±	+	+
XhoI	−	−	±	+

注：−为不能切断；±为不能完全切断；+为能完全切断。

（4）引物 3′末端对 TaqDNA 聚合酶的延伸效率影响很大。实验表明在扩增 HIV（人免疫缺陷病毒）时不同的引物 3′末端最末一个碱基的错配对扩增效率影响不同，一般引物 3′末端最好选 T，不要选 A、G 和 C。设计简并引物时 3′末端的简并性应尽量小。

表5-6 引物 3′末端最末一个碱基错配时的扩增效率

模板	引物 3′末端			
	T	C	G	A
T	100	100	100	100
C	100	≤1	100	100
G	100	100	100	≤1
A	100	100	≤1	5

在设计中还应注意上下游两种引物的 3′端之间应避免出现互补序列，否则扩增产物中会出现大量的引物二聚体。如无法避免这种互补序列，应通过预备实验适当调节 Mg^{2+} 浓度以获得较多的目的产物。

（5）引物间的 T_m 值应尽可能接近，GC 含量不能太高。

按上述这些原则设计的引物通常能够获得较好的结果。

在使用引物进行扩增反应时要注意所使用的引物浓度，一般引物浓度为 $1.0\mu mol/L$，这种浓度通常足以进行 30 轮以上的扩增反应，更高的引物浓度会在异位引导合成，从而扩增那些不需要的序列；相反若引物浓度不足，则 PCR 反应的效率极低。根据不同反应的需要，上下游两种引物的浓度可以相等，也可以不等。

2. dNTP

dNTP 是 PCR 反应所必需的底物，为四种核苷酸的混合物。当四种核苷酸的浓度相同时可将核苷酸的错误掺入率降至最低。最适宜的 dNTP 终浓度应根据被扩增片段的长度和碱基组成来确定。一般使用的浓度为 0.2mol/L。

3. DNA 聚合酶

目前 PCR 扩增中最常用的 DNA 聚合酶是 TaqDNA 聚合酶，它是由水生栖热菌（*Thermus aquaticus*）产生，热稳定性好，可耐 94℃ 高温，在此温度下短时间内对活力无多大影响。最适反应温度为 72℃，70℃ 催化核酸链延长的速度是 2800 核苷酸/min，在 100μL 反应体系中一般用 2 单位，它的用量多少对 PCR 扩增效率及特异性有一定影响。除了 TaqDNA 聚合酶外，近年来耐热的 pfuDNA 聚合酶也被广泛地用于 PCR 反应，此酶是由极端嗜热的激烈热球菌（*Pyrococcus furiosus*）产生的 DNA 聚合酶，是迄今发现的掺入错误率最低的耐热 DNA 聚合酶，但其延伸速度比 TaqDNA 聚合酶低 550 核苷酸/min；另外得到应用的还有一种 rTthDNA 聚合酶，由于 PCR 反应以 DNA 模板进行扩增反应，而 rTthDNA 聚合酶可将反转录和聚合作用融合在一起，直接由其将 RNA 反转录后扩增出大量的 DNA 片段，因而可大大简化操作程序，提高效率。

现在市售的 TaqDNA 聚合酶的活力因生产厂家不同而有所不同，应根据厂家推荐的用量添加。一般 100μL 反应液中加 1 单位的 TaqDNA 聚合酶即足以进行 30 轮扩增反应。所用的酶量可根据所扩增的 DNA、引物和其他因素的变化进行适当的增减。酶量过多会使非特异性产物增加；而酶量过少会使目的产物的产量减少。

TaqDNA 聚合酶的一个致命弱点是它的出错率，一般 PCR 中出错率约为 2.5×10^4 核苷酸/每轮循环，因此以 PCR 获得的克隆进行测序时应注意分析由几次不同 PCR 克隆所得到的序列，以免出错。

TaqDNA 聚合酶往往会在 DNA 链 3′ 末端加上非模板互补核苷酸，从而产生不易克隆的 PCR 产物。通过用其他 DNA 聚合酶（如 T4DNA 聚合酶）处理扩增产物，补平或除去突出末端可解决这一问题。

4. 反应缓冲液

PCR 反应中常用的反应缓冲液含 10 ~ 50mmol/L（pH 8.3 ~ 8.8）的 Tris - HCl，50mmol/L KCl 和 1.5mmol/L $MgCl_2$。反应缓冲液的 pH 至关重要，如果 KCl 浓度过高，则会抑制酶的活性。在反应中存在适当浓度的 Mg^{2+} 至关重要，它是 TaqDNA 聚合酶活力所必需的，并可影响 PCR 产物的特异性和产量、引物退火的程度、模板与 PCR 产物链的解离温度、引物的特异性、引物二聚体的形成以及酶的活性和精确性等。由于 EDTA 或磷酸根能影响 Mg^{2+} 的浓度，所以应注意模板 DNA 溶液中的 EDTA 浓度和 PCR 反应中所加模板和引物的量以及 dNTP 浓度（dNTP 可提供磷酸基团，从而影响 Mg^{2+} 浓度）。要获得最佳反应结果，必须选择合适的 Mg^{2+} 浓度，一般为 2 ~ 5mmol/L。

5. 核酸模板

以细菌为例作为模板的 DNA 可以是染色体 DNA，也可以是质粒 DNA；既可以是单链 DNA 分子，也可以是双链 DNA 分子；既可以为线性 DNA 分子，也可以为环形 DNA 分子。当以染色体 DNA 作为模板进行 PCR 扩增时所需的 TaqDNA 聚合酶量较高。通常 PCR 反应体系中所需的模板的量是 $10^2 \sim 10^3$ 拷贝的靶序列。DNA 模板量过多会降低扩增的效率，增加非特异性产物。在所加的模板 DNA 中目的序列所占的比例越高，非特异性产物的量就越少。

DNA 制品中的杂质也会影响 PCR 反应的扩增效率。这些杂质包括尿素、SDS、甲酰胺、乙酸钠、从琼脂糖凝胶中带来的杂质等。用酚：氯仿抽提，然后在 2.5mol/L 乙酸铵存在下用乙醇沉淀或用聚丙烯酰胺凝胶代替琼脂糖凝胶可减少上述杂质所造成的影响。

6. 其他成分

原先在使用 Klenow 片段进行的 PCR 反应中，需要加 DMSO 防止聚合酶提前从合成链上脱落。现在在某些使用 TaqDNA 聚合酶进行的反应中也可加 3% ~ 10% 的 DMSO，因为它可减少核酸的二级结构，对扩增 GC 含量较高的 DNA 有帮助，但高浓度 DMSO 会抑制 TaqDNA 聚合酶的活力，当其浓度超过 10% 时会使 TaqDNA 聚合酶的活性减少 50%，因此现在进行 PCR 扩增时一般不加 DMSO。反应中还可加明胶（0.1mg/mL）、BSA（0.1mg/mL）或非离子去污剂（0.5%，如吐温 20 或 NP – 40），它们可稳定 TaqDNA 聚合酶，但许多反应不加这类物质也可获得良好的结果。

一般反应中还应加矿物油以防止反应在扩增过程中加热蒸发而产生的问题。有一种 PCR 扩增仪可使反应管盖上方的温度维持在 105℃，因此可防止管中的液体向上蒸发，所以反应过程中不必添加矿物油。

（三） PCR 反应参数

在 PCR 反应中每轮循环的各步反应时间不应过长，以免降低 TaqDNA 聚合酶的活力。下面介绍 PCR 反应中的一些具体参数。

1. 变性

在第一轮扩增前使 DNA 完全变性十分重要，因此一般反应中都先在 94℃ 变性 5min，然后再加入 TaqDNA 聚合酶进行扩增。变性不完全往往使 PCR 反应失败，因为未完全变性的 DNA 会很快复性，减少 DNA 的产量。DNA 变性一般仅需要几秒钟即可完成，反应中变性所需的时间主要是为使整个反应体系达到合适的变性温度。变性时温度过高或时间过长，都会导致酶活力的降低。TaqDNA 聚合酶活力的半衰期为：92.5℃，130min；95℃，40min；97℃，5min。典型的变性温度和时间为 94℃，1min 或 97℃，15s。

2. 退火

引物退火温度和所需时间长短取决于引物的碱基组成、引物的长度、引物与模板的匹配程度以及引物的浓度。实际使用的退火温度比扩增引物的 T_m 值约低 5℃。一般当引物中 GC 含量较高，长度较长并且与模板完全匹配，则应提高退火温度。退火温度越高，所得产物的特异性也越高。有些反应甚至将退火和延伸反应合并，只用两种温度完成整个扩增循环（例如用60℃和94℃），这既节省了时间，又提高了特异性。

在典型的引物浓度（0.2mol/L）下，由于引物过量，退火仅需数秒钟即可完成。反应中所需的退火时间主要是为了使整个反应体系达到合适的温度。典型的退火温度和时间为50℃和2min。

3. 延伸

延伸反应通常在72℃下进行，接近TaqDNA聚合酶的最适反应温度75℃，实际上引物延伸在退火时已经开始，因为TaqDNA聚合酶的作用温度范围为20～85℃，延伸反应时间的长短取决于目的序列的浓度和长度。在一般反应体系中TaqDNA聚合酶每分钟可合成1kb长的DNA。对于极长的片段延伸时间可达15min，但使用更长的时间则对扩增产物已没有影响。在能完成DNA合成的前提下应尽量缩短延伸反应的时间以减少TaqDNA聚合酶活力的降低。典型延伸反应的温度和时间为72℃和1～3min。一般在扩增反应完成后都需要有一步长时间（通常为10～30min）的延伸反应，以获得尽可能完整的扩增产物，这对以后进行克隆和扩增产物测序极为重要。

4. 循环次数

当其他参数确定之后循环次数主要取决于模板DNA的浓度，一般而言25～30轮循环已经足够。循环次数过多，会使PCR产物严重出错，非特异性产物大量增加。一般经25～30轮循环后，DNA聚合酶已经严重不足，不能进行扩增，如果此时产物产量还不够，需要进一步扩增，则可将扩增的DNA样品稀释10^3～10^5倍作为模板，重新加入各种反应底物进行扩增反应。这样经60轮循环，扩增水平可达10^9～10^{10}，但要注意此时非特异性产物的量也会大量增加。不同起始目的DNA分子数与所用的PCR循环次数的关系如表5-7所示。

表5-7　　　　　　　起始目的DNA分子数与所用的PCR循环次数的关系

起始目的DNA分子数	PCR循环次数
3×10^5	25～30
1.5×10^4	30～35
1×10^3	35～40
50	40～45

在扩增反应后期合成产物的量达0.3～1pmol时，由于产物积累使原来以指数扩增的反应变成平坦的曲线，产物不再随循环次数而明显上升，这称为平台效应。平台效应取决于下列因素：①尚可利用的底物浓度（dNTP或引物浓度）；②反应中存在的酶活力；③最终产物的反馈抑制（焦磷酸或双链DNA）；④非特异性产物或引物二聚体与反应模板的竞争；⑤在高浓度产物下产物的变性和链分离不能完全，或者大量特异性产物重新退火（从而降低有效的模板数或者使延伸反应出错）；另外平台期会出现原先由于错配而产生的低浓度非特异性产物继续大量扩增达到较高水平。因此适当调节循环次数，在平台期前结束反应，

减少非特异性产物出现。现在有一种 PCR 只需 10 多分钟即可完成 20 轮循环，它利用热传递很快的毛细管，减少了反应中为使整个反应体系达到合适温度所需要的时间，从而提高反应效率。

（四）常见 PCR 种类

1. 热启动 PCR

原理和特点：在传统 PCR 反应中除一种主要反应试剂（dNTP 或 TaqDNA 聚合酶或引物外），其他反应成分一次性加入，当程序性升温达到 70℃ 以上时再将反应管放在 PCR 扩增仪上进行扩增，这样既可以减少非特异性扩增产物的出现，又可以减少引物二聚体的形成。

2. 一步单管 PCR

该方法主要用于 RNA 病毒等的检测，一种方法是首先用化学方法提取核酸，接下来将 cDNA 及 PCR 反应放在一个反应管中，在 PCR 扩增仪上一步进行。近年来又有人将热裂解释放核酸方法用于提取病毒 RNA 提取，使 RNA 的提取、反转录和 PCR 在一个反应管中一步进行，这样既减少了操作步骤，又最大限度地减少了环境核酸和核酸酶造成的污染，使特异性及敏感性都有所增加。

3. 多重 PCR

多重 PCR 原理与常规 PCR 相同，只是在反应体系中加入一对以上的特异性引物，如果存在与特异性引物对互补的模板，则可同时在同一个反应管中扩增出一条以上的 DNA 片段，这种方法既保留了常规 PCR 的特异性、敏感性，又减少了操作步骤及试剂，实现了一次扩增就能同时检测多种微生物的目的。

4. 依赖 PCR 的 DNA 指纹图谱技术

通过各种改进的 PCR 技术使目标微生物的核酸经扩增后产生多条 DNA 扩增片段（包括特异性的和非特异性的），通过统计分析找出某种微生物的特有条带进行区别鉴定。其特点是即使在事先不知道目的微生物核酸序列的前提下，也可以对其进行检测和鉴定。

5. PCR - 单链构象多态性分析

1989 年才真正建立起 PCR - 单链构象多态性分析技术，一般用于基因突变的检测，主要用于癌基因或抗癌基因的检测分析。在微生物检测方面只有 Wdjoioatmodjo 等 1994 年将其用于细菌的快速鉴定，他们采用两对保守引物分别用于 16SrRNA 基因两侧，产物为 216bp 和 255bp 的基因片段，扩增检测了 15 个属 40 个种的 100 多个代表菌株，能较好地将这些菌分离开来，产物检测时需要注意电泳温度和电泳缓冲液离子强度的变化；该方法灵敏度更高，可检测到只有一个碱基的突变和差异；不需要酶切，直接对产物进行随机多态性分析，操作简便，无需专门仪器。

6. mRNA 差异显示技术

mRNA 差异显示技术主要用于真核细胞 mRNA 差异的表达，为寻找未知基因提供了新途径，但将其应用于未知微生物的检测和鉴定目前尚未报道。

7. 随机引物扩增 DNA 多态性（RAPD）

这种技术主要用于在不考虑微生物核酸精确序列的前提下比较微生物间的 DNA 指纹图谱差异，具有种特异性和同种不同株间的特异性，且重复性较好。RAPD 技术近年来已被广泛用于细菌种间的鉴定；此外该技术也被用于真菌和酵母等的检测与鉴定，RAPD 技术的关键是引物的筛选和实验条件的优化。

8. 以微卫星 DNA 介导的 PCR 技术

微卫星 DNA 又称简单重复序列，它广泛存在于原核和真核生物基因组中，其中最常见的是双核苷酸重复，即（AC）n 和（TG）n，该技术可作为 RAPD 技术的一个特例，区别在于其引物不是完全随机的，因此扩增引物的条带组成比 RAPD 的要稳定。目前这一技术已被用于真菌等的检测，但用于其他微生物的分型和检测尚未见报道。

9. 基因间重复性回文片段（REP）和基因内重复性一致序列（ERIC）的扩增

Versalovic 以与 REP 和 ERIC 重复序列配对互补的寡核苷酸片段作为 PCR 扩增的引物及斑点杂交的探针来检测真细菌属中的不同菌，包括大肠杆菌、布鲁杆菌和假单孢菌等，扩增产物在琼脂糖凝胶上形成清晰的 DNA 条带，而且在不同的真细菌属、种之间都存在特异的 DNA 指纹图谱。除引物序列固定外，其他与 RAPD 一致，且结果的重复性更好。

10. 扩增片段长度多态性分析（AFLP）

1995 年 Vos 等建立了这一技术并将其用于 λDNA、植物病毒 DNA、细菌 DNA 及植物 DNA 等的检测，结果较好。要想得到有价值的图谱，选择合适的核酸内切酶是关键。该法与 RAPD 等技术相比，具有稳定性高，重复性好等优点。目前尚未见进一步报道。

11. 限制性长度多态性分析（RFLP）

此方法基于在 PCR 扩增产物的片段内含有限制性酶切位点，扩增产物经酶切后在电泳凝胶上可分出特定的条带。若酶切位点发生变异，则不能被酶切，电泳图谱将发生改变，以此可对微生物进行检测和分型。只要待扩增片段选择得当，则扩增产物图谱重复性较好，否则若变异点不在酶切位点，其区分能力就受到限制或完全丧失。Selenska - Pobell 等对 RELP 技术、RAPD 技术及肠道细菌重复性回文片段扩增技术进行了比较。在检测根瘤菌方面，后两种技术具有较明显的优势：简单、快速且分辨率较高。

12. 用于 RNA 病毒检测的核酸扩增技术

TthDNA 聚合酶介导的核酸扩增技术：TthDNA 聚合酶来源于嗜热真菌，为一耐热的 DNA 聚合酶，此酶为一高度加工的 5′—3′ 聚合酶，不仅有与 TaqDNA 聚合酶同样的 DNA 聚合作用，而且具有反转录活性。利用其这种特性可以对其 RNA 病毒进行检测。

目前微生物的分子生物学检验主要采用改进的 PCR 技术，尤其是 DNA 指纹图谱技术近年来得到了快速发展。对于一种未知微生物一般应先采用通用引物多重 PCR 技术鉴定出种、属，再用 DNA 指纹图谱技术进一步分型，同时应用这一技术还有可能发现新的未知微生物。

（五）　PCR 技术用于检测的主要步骤

（1）运用化学手段对目标 DNA 进行提取。

（2）设计并合成引物，引物设计或合成的好坏直接决定 PCR 扩增的成效。

（3）进行 PCR 扩增。

（4）克隆并筛选鉴定 PCR 产物，将扩增产物进行电泳、染色，在紫外光照射下可见扩增特异区段的 DNA 带，根据该带的不同即可鉴定不同的 DNA。

（5）DNA 序列分析不同的对象，如扩增 DNA 片段序列全知、半知或未知，其 PCR 参数、退火温度、时间和引物等都有较大的差别，部分更组合了 RFLP、Sequence 和反转录 PCR 等技术，形成了众多的衍生技术，如多重 PCR、定量 PCR、竞争 PCR 单链构型多态性 PCR、巢式 PCR 等，这些技术使 PCR 在食品中的应用潜力更广。

（六） PCR 反应的注意事项

由于 PCR 反应灵敏度非常高，所以 PCR 反应中通常应注意下列事项：

（1）准备自己的一套试剂，并少量分装贮藏在无菌工作台附近的专用冰箱内，这些试剂不要挪作他用。配制试剂时应使用未与实验室中其他 DNA 接触的新玻璃器皿，塑料器皿和移液器、分装的试剂用后即应丢弃，不要重新贮藏。

（2）如有可能应在装有紫外灯的无菌操作台中准备和进行 PCR。无论何时只要无菌操作台不用，就应打开紫外灯。并将微型离心机、一次性手套、各种用具及用于 PCR 的各种移液器全部都放在无菌操作台内。由于微量可调移液器的套筒部分往往是污染源，因此应该用带一次性吸头和活塞的正置换移液器吸取试剂。所有缓冲液、移液器吸头及离心管在使用前都应高压灭菌。

（3）在打开装有 PCR 试剂的小离心管前，先用无菌操作台中的微量离心机短促离心 10s，使液体沉到离心管底部以减少手套和移液器污染的可能性。

（4）在加模板 DNA 之前最好先将所有其他反应成分加入到微型离心管中，包括加入防止蒸发的矿物油，最后再加入模板 DNA，盖好离心管，用戴手套手指轻轻弹打离心管中壁，混合溶液短促离心 10s，使有机相与水相分开，然后进行 PCR。

（5）只要可能应设立一个正对照（即含少量合适目的序列的 PCR），应预先在实验室其他地方准备一份适当稀释的目的序列溶液，以避免将目的 DNA 的浓溶液带到专门进行 PCR 的工作区内。同时应设立除模板之外含所有 PCR 成分的负对照，以便检查反应中是否存在污染的 DNA。

在工作中经常遇到上一次实验扩增的产物污染下一次扩增反应的情况，利用 Perkin El-mer Cetus 公司的 carryover prevention 试剂盒可防止这种污染。该试剂盒的工作原理如下：用 dUTP 代替 dTTP 进行反应，因为 TaqDNA 聚合酶同样能利用 dUTP 进行合成反应，使所得产物中含有 dUTP，这种含有 dUTP 的产物与含 dTTP 的产物一样可进行杂交、克隆或其他反应，使来自上一轮反应的污染 DNA 被降解除去。由于 UNG 作用于单链或双链 DNA 中的 dU，对其他反应底物（包括 RNA 链中的 U 和底物中的 dUTP）都没有影响，故扩增反应仍可进行。

（七） PCR 技术在转基因食品检测中的应用

PCR 技术具有特异、灵敏、自动化、快捷等优点，使其在食品检验中发挥着重要作用，并且有着巨大的发展潜力。目前 PCR 技术在食品检验中可用于食源性致病菌检测（如沙门菌、金黄色葡萄球菌、李斯特氏菌等的检验）、益生菌检测（如对乳酸菌菌种的鉴定和鉴别等）、动物源性成分检测（如对各类肉制品检测的靶基因主要为真核生物 18S rRNA 基因和线粒体细胞色素 b 基因等）、食品真伪鉴定（如通过鉴定大米内参基因而判断蜂蜜中是否掺入大米糖浆等）、食品过敏原成分检测（选取物种特异性基因作为靶基因，如编码大豆植物凝集素 Lectin 基因、编码玉米植物醇溶蛋白 ZEIN 基因等）、转基因食品检测等方面，以下就 PCR 技术在转基因食品检测中的应用进行举例介绍。

转基因食品又称遗传修饰食品（genetically modified food），简称 GMF 或 GM 食品。转基因产品的安全性一直是世界各国及联合国等国际组织关心的焦点，据统计，全世界 36 个国家和地区出台了各种转基因产品有关的法律法规，转基因产品的研究、生产、销售都要求在政府有关部门的许可和监督下，在特定的环境和地点进行。对转基因产品的检测管理越来越严格。

PCR 技术是目前转基因食品检测的主要方法。利用与外源基因序列互补的特定引物对转基因食品中的外源 DNA 序列进行 PCR 扩增后分析，不仅可以对转基因食品进行定性鉴别，改良后也可以对转基因成分进行定量分析。

1. PCR 技术对转基因食品的定性检测

目前基于 GMO 特异外源 DNA 片段的定性 PCR 筛选方法已广泛应用于转基因生物及食品的检测，一些国家将此作为本国有关食品法规的标准检验方法。

PCR 检测转基因食品的基本步骤：①待检材料 DNA 提取：通常利用 CTAB 法从食品材料中提取核酸；②PCR 反应：设计合适引物，PCR 扩增待检样品中的靶标 DNA；③观测 PCR 产物：通过凝胶电泳分析将 PCR 产物展现；④确定结果：有时为了避免假阳性，还需要对 PCR 产物进行限制性酶切分析进行质量控制。如采用一对引物 5′ – CCG ACA GTG GTC CCA AAG ATG GAC – 3′和 5′ – ATA TAG AGG AAG GGT CTT GCG AAG G – 3′扩增 CaMV35S 启动子获得 162bp 产物，用 EcoRV 酶切可得到 98 和 64bp 两个片段；采用一对引物 5′ – GAA TCC TGT TGC CGG TCT TGC GAT G – 3′和 5′ – TCG CGT ATT AAA TGT ATA ATT GCG GGA CTC – 3′扩增 nos 终止子获得 146bp 产物，利用 AflIII 酶切可得到 72bp 和 74bp 两个片段。如酶切产物与预计片段大小一致可确定食品中含有转基因成分。

PCR 检测转基因食品的优点：灵敏度高，检测迅速；无论外源基因在受体生物中是否表达，只要其 DNA 存在，就能被检测，同时适用于加工过的转基因食品；基于启动子和终止子调控序列的检测方法无须了解产品的转基因背景即可对其进行是否含有转基因成分进行筛选鉴定。

PCR 检测转基因食品的局限性和缺点：①操作程序烦琐，需要对样品 DNA 进行提取，对某些材料可能出现假阳性。有些植物和土壤微生物含有 CaMV35S 启动子或 nos 终止子容易造成假阳性结果。十字花科植物如油菜易自然感染 CaMV 病毒，如对进口转基因油菜针对 35S 设计引物进行检测，则可能将感染病毒的非转基因油菜判定为转基因产品从而引起贸易纠纷。此外，由于 PCR 检测极为灵敏，整个操作过程极为严格，检测时容易遭到污染而出现假阳性结果，如离心管、移液器等器皿污染，或转基因样品对非转基因样品的交叉污染等。②易出现假阴性。随着转基因食品商品化进程加快，越来越多的目的基因将被导入更多的食品作物中，使用的启动子和终止子的种类将不再局限于目前几种，因此常规的 PCR 检测可能越来越多地出现假阴性。转基因食品中作为待检模板的核酸可能在食品加工处理过程中遭到降解或破坏，从而不能被检测而出现假阴性结果，此外转基因样品 DNA 提取质量不高时常因含有 PCR 反应抑制物而出现假阴性。③PCR 检测大部分情况下只能检测 1 种目标分子，在少数情况下能同时检测 2 到 3 种目标分子，不能高通量大规模对进出口产品进行检测。

2. PCR 技术对转基因食品的定量检测

目前基于 GMO 特异 DNA 片段的定性 PCR 筛选方法已广泛应用于 GMO 食品检测，但是随着各国有关 GMO 标签法的建立和不断完善，对食品中的 GMO 含量的下限已有所规定。为此，研究者在定性筛选 PCR 方法的基础上发展了不同的定量 GMO 的 PCR 检测方法。目前，国外较为成熟的方法主要有半定量 PCR 法、定量竞争 PCR 和实时荧光定量 PCR 等。

（1）半定量 PCR 法　　PCR 反应具有高度特异性和敏感性，只需对少量的 DNA 进行测定便可检测 GMO 成分，但对实验技术的要求很高，其结果易受许多因素的干扰而产生误差，如操作人员移液时的误差、器皿用品的交叉污染等，还有 PCR 反应体系存在的抑制因素也可带来干扰，一般 PCR 只用作转基因是食品的定性筛选检测。针对所存在问题，研究人员在实验设计中引入内部参照反应，以消除检测时的干扰，并与已知含量的系列 GMO 标准样的 PCR 结果进行比较，从而可以半定量地检测待测样品的 GMO 含量。

（2）定量竞争 PCR 法　　PCR 反应实质是对特定模板 DNA 的指数扩增放大，而在相同的条件下，获得 DNA 的量与最初模板 DNA 的浓度呈正相关，竞争定量 PCR 就是依据这种扩增 DNA 与模板 DNA 之间的浓度相关性设计的。基本原理是先构建含有修饰过的内部标准 DNA 片段（竞争 DNA），竞争 DNA 由质粒组成，带有一个改造 PCR 扩增子，改造部分可以是 DNA 插入序列、缺失序列或者点突变，竞争 DNA 与待测目标 DNA 在同一反应管中进行 PCR 共扩增，因竞争 DNA 片段和待测 DNA 的大小不同，经琼脂糖凝胶可将两者分开，同过比较两种条带的量可进行定量分析。

（3）实时荧光定量 PCR　　此方法在 PCR 反应体系中加入分别在其 5′和 3′互补的一个内部核酸探针，该探针 5′端标记有荧光剂，3′端淬灭剂。PCR 反应前，新的核酸链没有合成，探针的 5′端和 3′端互补形成双链，荧光剂和淬灭剂的位置相近，荧光剂发出的荧光被淬灭剂淬灭，检测不到荧光信号。PCR 反应开始后，退火时，探针与模板杂交，在新链延伸过程中，通过 TaqDNA 聚合酶 5 核酸外切酶活力切下已杂交探针的 5′端荧光剂标记，使荧光剂释放而发荧光，产生的荧光可被内设的激光器记录，记录到的荧光强度增加值与 PCR 的产物量成正比，而在一定 PCR 扩增循环次数范围内，PCR 产物量与反应体系中的初始模板量成一定比例，因此通过系列定量转基因模板 DNA（0%、0.1%、0.5%、1%、2%、5%

GMO 含量）的 PCR 反应绘制标准曲线，待测样品即可通过比对获得初始模板量，从而实现实时定量分析。

二、　PCR 方法对转基因大豆的筛选定性检测

（一）　实验材料

转基因抗草甘膦大豆粉。

（二）　实验原理

PCR 检测技术的基本原理是根据食品中待检的外源基因核酸序列设计合适引物，经 PCR 反应使待检靶标 DNA 序列得以扩增放大，最后经凝胶电泳分析靶标 PCR 产物的有无，从而对食品中是否含有靶标转基因序列成分进行判定。由于目前商品化的绝大多数转基因食品普遍含有 CaMV 35S 启动子，而 CaMV 35S 启动子的 DNA 序列早已公开。所以在对食品样品的转基因背景一无所知的情况下，根据 CaMV 35S 启动子的 DNA 序列设计合适引物，通过 PCR 反应检测食品中是否含有 CaMV 35S 启动子基因序列，来判定该食品是否为转基因食品。

（三）　实验试剂和设备

1. 试剂

CTAB 提取缓冲液（pH 8.0）：称取 4.00g CTAB，16.38g 氯化钠，2.42g Tris，1.50g EDTA 二钠，4.00g PVP-40，用适量水溶解后，调节 pH，定容至 200mL，高压灭菌。临用前按使用量加入 β-巯基乙醇，使终浓度为 2%；氯仿，异戊醇；70% 乙醇；PCR 反应试剂；核酸电泳相关试剂等。

CaMV 35S 启动子正向引物：5'-GCT CCT ACA AAT GCC ATC A-3'

CaMV 35S 启动子反向引物：5'-GAT AGT GGG ATT GTG CGT CA-3'

2. 仪器设备

电子天平；15000r/min 以上的台式离心机；离心管；移液器；恒温水浴锅；PCR 仪；核酸电泳仪和电泳槽系统；核酸紫外观测仪或核酸凝胶成像系统。

（四）　实验方法和步骤

1. CTAB 法提取 DNA

称取 100mg 样品加入 2mL Eppendorf 离心管中，加入 700μL CTAB 缓冲液，涡旋振荡器混匀后于 65℃温育 30min，期间颠倒混匀离心管 2～3 次。

加入 700μL 的三氯甲烷-异戊醇，涡旋振荡混匀后放置 10min，期间颠倒混匀离心管 2～3 次；12000×g 离心 5min。

转移上清液至 1.5mL Eppendorf 离心管中，加入 0.6 倍体积经 4℃预冷的异丙醇，于 -20℃下静置 5min，12000×g 离心 5min，小心弃去上清液。

加入 70% 乙醇 1000μL，倾斜离心管，轻轻转动数圈后，4℃下 8000×g 离心 1min，小心弃去上清液；加 20μL RNase A 酶（10μg/mL），37℃温育 30min。

加入 600μL 氯化钠溶液，65℃温浴 10min。加入 600μL 三氯甲烷-Tris 饱和酚，颠倒混

匀后，$12000 \times g$ 离心 5min，转移上层水相至 1.5mL Eppendorf 离心管中。

加入 0.6 倍体积经 4℃ 预冷的异丙醇，颠倒混匀后，于 4℃ 下静置 30min；4℃ 下 12000 $\times g$ 离心 10min，小心弃去上清液。

加入 1000μL 经 4℃ 预冷的 70% 乙醇，倾斜离心管，轻轻转动数圈后，4℃ 下 $12000 \times g$ 离心 10min，小心弃去上清液；用经 4℃ 预冷的 70% 乙醇按相同方法重复洗一次。室温下或核酸真空干燥系统中挥干液体。

加 50μL TE 缓冲液溶解 DNA，4℃ 保存备用。

转移上清液时注意不要吸到沉淀、漂浮物和液面分界层。每个样品提取时应做 2 个提取重复。

2. 基因组 DNA 的电泳分析

取上述提取的基因组 DNA 5μL，加 1μL 上样缓冲液，用 0.8% 琼脂糖凝胶进行电泳分析，以检查所提取的 DNA 是否完整。如果电泳后在凝胶图谱上只显示一条分子质量较大的 DNA 电泳条带，则说明提取 DNA 完整性好，可以满足实验要求；如果电泳后无明显的电泳条带，而只是在泳道呈现模糊拖尾状 DNA 区段，则说明 DNA 已遭到降解破坏，不能应用于检测分析。

3. PCR 扩增反应

（1）PCR 反应体系　PCR 反应的总体积为 25μL，可以在不改变试剂浓度的情况下，适当扩大反应体系（如表 5 - 8 所示）。

表 5 - 8　　　　　　　　　　PCR 反应体系

试剂	终浓度	加样体积/μL
样品 DNA	10 ~ 50ng	1
水		15.9
10 × PCR 缓冲液（不含氯化镁）	1 ×	2.5
氯化镁溶液（25mmol/L）	1.5mmol/L	1.5
dNTP 溶液（10mmol/L）	0.8mmol/L	2
正向引物（5μmol/L）	0.2μmol/L	1
反向引物（5μmol/L）	0.2μmol/L	1
Taq 酶（5IU/μL）	0.5IU	0.1

注：如 PCR 缓冲液中已经含有氯化镁，则氯化镁在反应混合液的终浓度应调整为 1.5mmol/L。

（2）PCR 对照　PCR 试剂对照（即不含 DNA 模板的 PCR 扩增反应液试剂）；阴性目标 DNA 对照：不含外源目标核酸序列片段的模板。可使用阴性标准物质，并与测试样品等同处理进行核酸提取及 PCR 扩增。

（3）PCR 反应参数　使用不同的 PCR 仪，可对参数作适当地调整（如表 5 - 9 所示）。

表5-9 PCR 反应参数

预变性	10min，95℃
扩增	20s，95℃
	40s，54℃
	40s，72℃
循环数	40
最终延伸	3min，72℃

4. 确证

通过限制性内切酶酶切反应鉴定 PCR 产物，用限制性内切酶 Xmn Ⅰ酶切 PCR 产物产生 115bp 和 80bp 两个片段。

5. 结果判断

如果具备下列条件，就能确定检测到目标序列：

PCR 扩增产生 195bp 的 DNA 片段；

经过序列分析，未知样品 PCR 扩增条带的 DNA 序列与阳性对照 DNA 序列一致；

用限制性内切酶 Xmn Ⅰ酶切 PCR 产物产生预计大小的片段；

经过实时荧光 PCR 方法确证。

三、 转基因大豆 GTS -40 -3 -2 定量检测——实时荧光定量 PCR 技术

（一） 适用范围

食品、饲料、种子及其环境材料中转基因大豆 GTS -40 -3 -2 成分的实时荧光 PCR 定量检测。

（二） 实验原理

采用实时荧光定量 PCR 技术和可特异性扩增转基因大豆 GTS -40 -3 -2 中结构基因或品系特异性基因以及大豆 Lectin 的引物和两端标记荧光的探针，分别扩增测试样品 DNA，并实时监测 PCR 产物。与此同时，用相同的引物、探针和条件扩增已知浓度的阳性标准物质（或阳性标准分子），以获得稳定的标准曲线，根据外源基因（结构特异性基因或品系性特异基因）和内源基因的标准曲线可分别计算出样品中对应基因的绝对含量（拷贝数或浓度），并由绝对含量计算转基因大豆 GTS -40 -3 -2 在测试样品中的相对含量。如采用阳性标准分子时计算相对含量应使用转换系数。

（三） 检测

1. 结构特异性基因检测

检测转基因大豆 GTS -40 -3 -2 结构特异性基因（CTP 与 CP4 EPSPS 边界序列）和大豆内源 Lectin 基因。

相对定量检测低限：0.1% 。

（1）主要试剂

①引物和探针：以转基因大豆 GTS – 40 – 3 – 2 结构特异性基因及大豆内源 Lectin 基因所用引物序列和探针序列如表 5 – 10 所示。

表 5 – 10 检测转基因大豆 GTS – 40 – 3 – 2 结构特异性基因的引物序列和探针序列

基因	名称	序列	PCR 反应体系终浓度/（nmol/L）
结构特异	正向引物	5′ – CAT TTG GAG AGG ACA CGC TGA – 3′	600
	反向引物	5′ – GAG CCA TGT TGT TAA TTT GTG CC – 3′	600
	探针	5′ – FAM – CAA GCT GAC TCT AGC AGA TCT TTC – TAMRA – 3′	125
Lectin	正向引物	5′ – CCA GCT TCG CCG CTT CCT TC – 3′	300
	反向引物	5′ – GAA GGC AAG CCC ATC TGC AAG CC – 3′	300
	探针	5′ – FAM – CTT CAC CTT CTA TGC CCC TGA CAC – TAMRA – 3′	160

注：FAM：6 – carboxyfluorescein，TAMRA：6 – carboxytetramethylrhodamine；结构特异性基因扩增片段长度为 74bp，Lectin 扩增片段长度为 74bp。

②反应体系：实时荧光定量 PCR 反应体系如表 5 – 11 所示。

表 5 – 11   实时荧光定量 PCR 反应体系

总反应体积	成分	加入量/μL
DNA 模板 （≤200 ng）	大豆基因组 DNA	5
*Taq*Man Universal Master Mix （2 ×）^a	*Taq* – DNA – Polymerase；dUTP uracil N – glycosylase；反应缓冲液 （含 ROX）；Dntp mix	12.5
正向引物和反向引物		见表 5 – 10
探针		见表 5 – 10

注：ROX = carboxy – X – rhodmine；^a *Taq*Man Universal Master Mix 是由 ABI 公司提供的产品商品名，此处亦可使用其他具有相同效果的产品。

（2）反应参数　检测转基因大豆 GTS – 40 – 3 – 2 中结构特异性基因的实时荧光定量 PCR 反应参数如表 5 – 12 所示。

表 5 – 12　　　　　　　　　　　　实时荧光定量 PCR 反应参数

作用	时间/s	温度/℃
去污染	120	50
活化 DNA 合成酶和预变性	600	95
PCR（45 个循环）		
变性	15	95
延伸	60	60

（3）计算结果　根据转基因大豆 GTS – 40 – 3 – 2 结构特异性基因的绝对含量，可按下式计算其在测试样品中的相对含量：

$$转基因产品的含量 = \frac{测试样品中结构基因的拷贝数}{测试样品中内源基因的拷贝数} \times 100\ （\%） \tag{5-8}$$

2. 品系特异性基因检测

检测转基因大豆 GTS – 40 – 3 – 2 品系特异性基因（大豆基因组 DNA 与 GTS – 40 – 3 – 2 品系特异基因之间的边界序列）和大豆内源 Lectin 基因。

绝对定量检测低限：40 ~ 100 个拷贝。

（1）主要试剂

①引物和探针：检测转基因大豆 GTS – 40 – 3 – 2 品系特异性基因及大豆内源 Lectin 基因的引物序列和探针序列如表 5 – 13 所示。

表 5 – 13　　　检测 GTS – 40 – 3 – 2 品系特异性基因的引物序列和探针序列

基因	名称	序列	PCR 反应体系终浓度/（nmol/L）
品系特异	正向引物	5′ – TAG CAT CTA CAT ATA GCT TC – 3′	750
	反向引物	5′ – GAC CAG GCC ATT CGC CTC A – 3′	750
	探针	5′ – FAM – ACA AAA CTA TTT GGG ATC GGA GAA GA – TAMRA – 3′	200
Lectin	正向引物	5′ – CCA GCT TCG CCG CTT CCT TC – 3′	300
	反向引物	5′ – GAA GGC AAG CCC ATC TGC AAG CC – 3′	300
	探针	5′ – FAM – CTT CAC CTT CTA TGC CCC TGA CAC – TAMRA – 3′	160

注：FAM：6 – carboxyfluorescein，TAMRA：6 – carboxytetramethylrhodamine；品系特异性基因扩增片段长度为 85bp，Lectin 扩增片段长度为 74bp。

②反应体系：实时荧光定量 PCR 反应体系如表 5 – 14 所示。

表5－14 实时荧光定量 PCR 反应体系

总反应体积	成分	加入量/μL
DNA 模板	阳性标准物质 DNA 模板≤250ng； 测试样品 DNA 最大量为 200ng。	2.5
*Taq*Man Universal Master Mix（2×）[a]	*Taq* – DNA – Polymerase； dUTP uracil N – glycosylase； 反应缓冲液（含 ROX）； Dntp mix	12.5
正向引物和反向引物	见表5－13	
探针	见表5－13	

注：ROX = carboxy – X – rhodmine；[a] *Taq*Man Universal Master Mix 是由 ABI 公司提供的产品商品名，此处亦可使用其他具有相同效果的产品。

（2）反应参数 实时荧光定量 PCR 反应参数如表5－15 所示。

表5－15 实时荧光定量 PCR 反应参数

作用	时间（s）	温度（℃）
去污染	120	50
活化 DNA 合成酶和预变性	600	94
PCR（45 个循环）		
变性	30	94
延伸	30	60

（3）计算结果 根据转基因大豆 GTS – 40 – 3 – 2 品系特异性基因的绝对含量，可按下式计算其在测试样品中的相对含量：

$$转基因产品的含量 = \frac{测试样品中品系特异性基因的拷贝数}{测试样品中内源基因的拷贝数} \times 100（\%） \tag{5－9}$$

四、 实时荧光定量 PCR 检测沙门菌

沙门菌是一类常见的革兰阴性杆菌，目前至少发现 67 种 O 抗原和 2000 个以上的血清型，其中部分能引起人类疾病。所致疾病分为三种类型：肠热型、肠炎型和败血症。沙门菌通过肠道感染，是食品卫生部门重点检验的菌种，每一个带菌者都是潜在的传染源，应及早发现患者，进行隔离治疗，对饮食加工和服务人员应做定期健康检查。

检验沙门菌最常见的方法就是培养法，耗时比较长，一般需要 4~7d。快速检验法有运动性增菌法、免疫扩散等方法，但特异性均不高，且需要增菌。一般作为辅助性实验诊断

法。PCR法是敏感、特异、快速的新方法，为实验室检测沙门菌提供了新的思路。

（一） 实验材料

乳及乳制品。

（二） 方法提要

乳及乳制品经增菌后，取增菌液1mL加到1.5mL无菌离心管中，$8000 \times g$离心5min，尽量弃去上清液；提取DNA，取DNA模板进行荧光PCR扩增，观察荧光PCR仪的实时曲线，对乳及乳制品中的沙门菌进行快速检验。

（三） 试剂和材料

试剂为分析纯或生化试剂。实验用水应符合GB/T 6682中一级水的规格，所有试剂均用无DNA酶污染的容器分装。

1. 检测用引物（对）序列

5′ – GCGTTCTGAACCTTTGGTAATAA – 3′

5′ – CGTTCGGGCAATTCATTA – 3′

引物（对）10μmol/L。

2. 探针

5′ – FAM – TGGCGGTGGGTTTTGTTGTCTTCT – TAMRA – 3′

10μmol/L。

3. 其他试剂

*Taq*DNA聚合酶；dNTP：100mmol/L。

核酸裂解液：2% CTAB，100mmol/L Tris – 盐酸（pH 8.0），1.4mol/L 氯化钠，20mmol/L EDTA（pH 8.0）。

$10 \times$ PCR缓冲液：100mmol/L Tris – 盐酸（pH 8.3），0.5mol/L 氯化钾，15mmol/L 氯化镁。

（四） 仪器和设备

实时荧光PCR仪；离心机：最大离心力$\geqslant 16000 \times g$；微量移液器：10、100、200、1000μL；恒温培养箱：(36 ± 1)℃；恒温水浴箱：(80 ± 0.5)℃；冰箱：2~8℃，–20℃；高压灭菌器；核酸蛋白分析仪或紫外分光光度计；pH计；天平：感量0.01g。

（五） 检测步骤

1. 取样和增菌

取样前消毒样品包装的开启处和取样工具，无菌称取样品25g加入装有225mL预热到45℃的灭菌水的三角瓶中，使样品充分混匀，(36 ± 1)℃培养18~22h。分别移取培养18~22h的悬液各10mL加入90mL缓冲蛋白胨水中，(36 ± 1)℃培养18~22h。

2. 模板DNA准备

每瓶培养的缓冲蛋白胨水分别取1mL加到1.5mL离心管中。$13000 \sim 16000 \times g$离心2min，弃去上清液。加入600μL核酸裂解液，重新悬浮起来。100℃水浴5min后，冷却至室温。13000～16000×g 离心 3min，将上清液移至干净的 1.5mL 离心管中。加入 0.8 倍体积的异丙醇，放入冰箱静置 1h 或过夜。13000～16000×g 离心 2min，弃去上清液，吸干。70% 乙醇轻柔倒置几次洗涤，13000～16000×g 离心 2min，小心弃去上清液。吸干，风干 10～15min。100μL 双蒸水 4℃保存（如不能及时检验，置于 -20℃保存）。

也可使用经过评估的等效的细菌核酸提取试剂盒。

3. DNA 浓度和纯度的测定

取适量 DNA 溶液原液加双蒸水稀释一定倍数后，使用核酸蛋白分析仪或紫外分光光度计测 260nm 和 280nm 处的吸收值。DNA 的浓度按照下式计算：

$$\rho = A_{260} \times N \times 50 \qquad (5-10)$$

式中　ρ——DNA 浓度，μg/mL；

　　A_{260}——260nm 处的吸光值；

　　　N——核酸稀释倍数

当浓度为 10～100μg/mL，A_{260}/A_{280} 比值在 1.7～1.9 之间时，适宜于实时荧光 PCR 扩增。

4. 实时荧光 PCR 检测

反应体系总体积为 25μL，其中含：10×PCR 缓冲液 2.5μL，引物对（10μmol/L）各 1μL，dNTP（10μmol/L）1μL，Taq DNA 聚合酶（5U/μL）0.5μL，探针 1μL，水 16μL，模板 DNA 2μL（浓度约 10～100μg/mL）。反应步骤：94℃预变性 1min，94℃变性 5s，60℃退火延伸 20s，30 个循环。

检验过程中分别设阳性对照、阴性对照、空白对照。以沙门菌纯培养物提取的 DNA 为阳性对照，以大肠杆菌或其他非沙门菌属肠杆菌纯培养物提取的 DNA 为阴性对照，以灭菌水为空白对照。

样品设 3 个重复，对照设 2 个重复，以 Ct 平均值作为最终结果。

5. 结果判断

（1）PCR 体系有效性判定

①空白对照：无荧光对数增长，相应的 $Ct > 25.0$。

②阴性对照：无荧光对数增长，相应的 $Ct > 25.0$。

③阳性对照：有荧光对数增长，且荧光通道出现典型的扩增曲线，相应的 $Ct < 25.0$。

以上三条有一条不满足，实验视为无效。

（2）检测结果判定　在 PCR 体系有效的情况下，被检样品进行检测时：

如有荧光对数增长，且 $Ct \leqslant 25$，则判定为被检样品筛选阳性。

如无荧光对数增长，且 $Ct = 30$，则判定为被检样品筛选阴性。

如 $25 < Ct < 30$，则重复一次。如再次扩增后 Ct 仍为 <30，则判定沙门菌筛选阳性；如再次扩增后无荧光对数增长，且 $Ct = 30$，则判定沙门菌筛选阴性。

第三节　环介导基因恒温扩增（LAMP）技术

一、概述

环介导基因恒温扩增（LAMP）技术是一种崭新的 DNA 扩增方法，具有简单、快速、特异性强的特点，能代替 PCR 方法的最新技术。随着技术的不断完善和改进，其广泛应用于食品安全食源性致病微生物检测、医学诊断（包括重大传染性疾病诊断、代谢性疾病诊断和先天遗传性疾病诊断）、农产品、畜产品和水产养殖业致病微生物检测、转基因食品检测。广州华峰生物科技有限公司开发的相关检测产品在国内外处于领先水平，仅食源性致病检测试剂盒就包括阪崎肠杆菌、大肠杆菌 O157、金黄色葡萄球菌、溶血链球菌 L、志贺氏菌、布鲁氏菌、肺炎克雷伯氏菌、军团菌、溶藻弧菌、产气夹膜梭菌、副溶血弧菌、空肠弯曲杆菌、沙门菌、创伤弧菌、霍乱弧菌、李斯特菌、小肠结肠炎耶尔森菌等。

环介导等温扩增法（loop – mediated isothermal amplification，LAMP）特点是针对靶基因的 6 个区域设计 4 种特异引物，利用一种链置换 DNA 聚合酶在等温条件（63℃左右）保温 30 ~ 60min，即可完成核酸扩增反应。与常规 PCR 相比，不需要模板的热变性、温度循环、电泳及紫外观察等过程。LAMP 是一种全新的核酸扩增方法，具有简单、快速、特异性强的特点。该技术在灵敏度、特异性和检测范围等指标上能媲美甚至优于 PCR 技术，不依赖任何专门的仪器设备实现现场高通量快速检测，检测成本远低于荧光定量 PCR。

LAMP 与其他基因诊断技术比较如表 5 – 16 所示。

表 5 – 16　　　　　　　　　　　　LAMP 与其他基因诊断技术比较

项目	LAMP	常规 PCR	Real – time PCR
仪器（购置费）	水浴锅或金属浴（2000 ~ 5000 元）	PCR 仪（4 万 ~ 7 万元）	Real – time PCR 仪（35 万 ~ 45 万元）
反应条件	60 ~ 65℃恒温	40 ~ 95℃温度循环	40 ~ 95℃温度循环
反应时间	60min 左右	120min 左右	120min 左右
最少检测量	10 拷贝	100 拷贝	10 ~ 1000 拷贝
特异性	极高	较高	较高
总费用	低	较高	高
检测方式	直接肉眼判读	电泳	仪器检测
操作	简单	复杂	复杂

1. LAMP 法的试剂

IAMP 法既可对 DNA 进行扩增，也可对 RNA 进行扩增：对 DNA 的扩增，需 4 种引物（FIP、F3、BIP、B3）、链置换活性 DNA 聚合酶（Bst DNA polymerase）、底物（dNTP）及反应缓冲液；对 RNA 的扩增，则在 DNA 扩增的试剂的基础上，再加上逆转录酶即可。

2. LAMP 法的引物

引物设计是 LAMP 法实现扩增的关键所在。各区段的设计规则与 PCR 相同，设计上应注意碱基构成、GC 含量、次结构等因素。Tm 值用毗邻法求得。此外还要注意：3′末端不可出现富 AT 结构，扩增区段 F2～B2 之间最好控制在 200bp 以内，包括 F2/B2 在内形成循环状部分的大小在 30～90bp 范围，如果只是为了检测目标基因存在与否，则可省略 F1～B1 之间的距离。FIP 引物：正向内引物 F2 区段（与靶基因 3′末端的 F2c 区段完全互补）和 F1c 区段（同靶基因 3′末端 F1c 序列相同）；F3 引物：正向外引物 F3（与靶基因 F3c 区段完全互补）；BIP 引物：反向内引物 B2 区段（与靶基因 3′末端 B2c 序列完全相同）；B3 引物：反向外引物 B3（与靶基因 B3c 区段完全互补）。

二、 食品中金黄色葡萄球菌快速检测方法——恒温核酸扩增（LAMP）法

黄色葡萄球菌（*Staphyloccocus aureus* Rosenbach）是人类的一种重要病原菌，隶属于葡萄球菌属（*Staphylococcus*）。有"嗜肉菌"的别称。可引起许多严重感染。金黄色葡萄球菌在自然界中无处不在，空气、水、灰尘及人和动物的排泄物中都可找到。因而，食品受其污染的机会很多。近年来，美国疾病控制中心报告，由金黄色葡萄球菌引起的感染占第二位，仅次于大肠杆菌。金黄色葡萄球菌的流行病学一般有如下特点：季节分布，多见于春夏季；中毒食品种类多，如乳、肉、蛋、鱼及其制品。此外，剩饭、油煎蛋、糯米糕及凉粉等引起的中毒事件也有报道。上呼吸道感染患者鼻腔带菌率 83%，所以人畜化脓性感染部位，常成为污染源。一般说，金黄色葡萄球菌可通过以下途径污染食品：食品加工人员、炊事员或销售人员带菌，造成食品污染；食品在加工前本身带菌，或在加工过程中受到了污染，产生了肠毒素，引起食物中毒；熟食制品包装不密封，运输过程中受到污染；奶牛患化脓性乳腺炎或禽畜局部化脓时，对肉体其他部位的污染。

（一） 生物安全措施

为了保护实验室人员的安全，应由具备资格的工作人员检测金黄色葡萄球菌，所有培养物和废弃物应参照 GB 19489《实验室生物安全通用要求》中的有关规定执行。

（二） 防污染措施

防止污染措施应符合 GB/T 27403—2008《实验室质量控制规范食品分子生物学检测》的规定。

（三） 缩略语

Betaine：甜菜碱

Bst 酶：*Bst* DNA polymerase（large fragment），*Bst* DNA 聚合酶（大片段）

dNTP：deoxyribonucleoside tripHospHate，脱氧核苷三磷酸

femA：金黄色葡萄球菌的甲氧苯青霉素（methicillin）耐药有关的基因

LAMP：loop - mediated isothermal amplification，环介导恒温扩增

Triton X - 100：聚乙二醇辛基苯基醚

（四）　实验原理

根据金黄色葡萄球菌特有的靶序列 *femA* 基因设计的两对特殊的内、外引物，特异性识别靶序列上的六个独立区域，利用 *Bst* 酶启动循环链置换反应，在 *femA* 基因序列启动互补链合成，在同一链上互补序列周而复始形成有很多环的花椰菜结构的茎 - 环 DNA 混合物；从 dNTP 析出的焦磷酸根离子与反应溶液中的 Mg^{2+} 结合，产生副产物（焦磷酸镁）形成乳白色沉淀，加入显色液，即可通过颜色变化观察判定结果。

（五）　试剂和材料

除有特殊说明外，所有实验用试剂均为分析纯；实验用水符合 GB/T 6682 中一级水的要求。

1. 引物

根据金黄色葡萄球菌特有的靶序列 *femA* 基因设计一套特异性引物，包括外引物 1（F3），外引物 2（B3），内引物 1（FIP），内引物 2（BIP）。

外引物扩增片段长度：231bp。

F3（5′-3′）：TTTAACAGCTAAAGAGTTTGGT

B3（5′-3′）：TTTTCATAATCRATCACTGGAC

FIP（5′-3′）：CCTTCAGCAAGCTTTAACTCATAGTTTTTCAGATAGCATGCCATACAGTC

BIP（5′-3′）：ACAATAATAACGAGGTYATTGCAGCTTTTCTTGAACACTTTCATAACAGGTAC

2. 10 × ThermoPol 缓冲液

含：0.2mol/L Tris - HCl，0.1mol/L KCl，0.1mol/L $(NH_4)_2SO_4$，20mmol/L $MgSO_4$，1% TritonX - 100。

3. dNTPs

每种核苷酸浓度 10mmol/L。

4. 甜菜碱浓度：5mol/L；硫酸镁（$MgSO_4$）浓度：150mmol/L。

5. Bst DNA 聚合酶

酶浓度 8U/μL。

6. DNA 提取液

20mmol/L Tris HCl，2mmol/L EDTA，1.2% Triton X - 100（pH 8.0）。

7. 显色液

SYBR Green Ⅰ荧光染料，1000×。

8. 阳性对照

金黄色葡萄球菌标准菌株，或含目的片段的 DNA。

9. 1.5mL 塑料离心管。

10. 金黄色葡萄球菌 LAMP 检测试剂盒 1，可选，参照试剂盒说明书操作。

（1）试剂盒组成

每个试剂盒（20T/kit，每个反应体系体积为 25μL）组成如表 5 – 17 所示。

表 5 – 17　　　　　　　金黄色葡萄球菌 LAMP 检测试剂盒组成

1	DNA 提取液
2	反应液
3	*Bst* 酶
4	显色液
5	稳定液
6	阳性对照
7	阴性对照

（2）试剂盒注意事项说明

①试剂盒内各试剂使用前，充分融化后稍离心。

②试剂盒内的阳性对照应视为具有污染性物质，应注意避免污染其他样品和反应试剂，导致错误检验结果。

（3）金黄色葡萄球菌 *femA* 基因序列

①金黄色葡萄球菌 *femA* 基因序列 （accession no. AF144661）

1 atgaagttta caaatttaac agctaaagag tttggtgcct ttacagatag catgccatac

61 agtcatttca cgcaaactgt tggccactat gagttaaagc ttgctgaagg ttatgaaaca

121 catttagtgg gaataaagaa caataataac gaggtcattg cagcttgctt acttactgct

181 gtacctgtta tgaaagtgtt caagtatttt tattcaaatc gcggtccagt gatcgattat

241 gaaaatcaag aactcgtaca ctttttcttt aatgaattat caaaatatgt taaaaaacat

301 cgttgtctat acctacatat cgatccatat ttaccatatc aatacttgaa tcatgatggc

361 gagattacag gtaatgctgg taatggttgg ttctttgata aaatgagtaa cttaggattt

421 gaacatactg gattccataa aggatttgat cctgtgctac aaattcgtta tcactcagtg

481 ttagatttaa aagataaaac agcagatgac atcattaaaa atatggatgg acttagaaaa

541 agaaacacga aaaaagttaa aaagaatggt gttaaagtaa gatatttatc tgaagaagaa

601 ctaccaattt ttagatcatt catggaagat acgtcagaat caaaagcttt tgctgatcgt

661 gatgacaagt tttattacaa tcgcttaaaa tattacaaag accgtgtgtt agtgccttta

721 gcgtatatca attttgatga atatattaaa gaactaaatg aagagcgtga tattttaaac

781 aaagatttaa ataaagcatt aaaggatatt gaaaaacgtc ctgaaaacaa aaaagcgcat

841 aacaagcgag ataacttaca acaacaactt gatgcaaatg agcaaaagat tgaagaaggt

901 aaacgtctac aagaagaaca tggtaatgaa ttacctatct ctgctggttt cttctttatc

961 aatccatttg aagttgttta ttatgctggt ggtacatcaa atgctttccg tcattttgcc

1021 ggaagttatg cagtgcaatg ggaaatgatt aattatgcat taaatcatgg cattgaccgt

1081 tataatttct atggtgttag tggtaaattt actgaagatg ctgaagatgc tggtgtagtt

1141 aaattcaaaa aaggttacaa tgctgaaatt attgaatatg ttggtgactt tattaaacca

1201 agtaataaac ctgtttacac agcatatacc gcacttaaaa aagttaaaga cagaattttt

1261 tag

注：下划线所示部分为引物扩增匹配区段。

②组成引物中碱基构成：

femA – F3：TTTAACAGCTAAAGAGTTTGGT

femA – B3：TTTTCATAATCRATCACTGGAC

femA – FIP：CCTTCAGCAAGCTTTAACTCATAGTTTTTCAGATAGCATGCCATACAGTC

femA – BIP：ACAATAATAACGAGGTYATTGCAGCTTTTCTTGAACACTTTCATAACAGGTAC

注：其中阴影部分 TTTT 为连接序列；引物中"Y"代表碱基"T"和"C"。

（六）　仪器和设备

①移液器：量程 0.5 ~ 10μL；量程 10 ~ 100μL；量程 100 ~ 1000μL。

②高速台式离心机：≥7000 × g。

③水浴锅或加热模块，（65 ± 1）℃和（100 ± 1）℃。

④恒温培养箱：（36 ± 1）℃；均质器；计时器。

（七）　检测程序

食品中金黄色葡萄球菌 LAMP 检测程序如图 5 – 6 所示。

（八）　操作步骤

采用以下方法，也可使用金黄色葡萄球菌 LAMP 检测试剂盒按照说明书操作。

1. 样品制备、增菌培养

按照 GB/T 4789.10 方法进行样品制备和增菌。具体操作如下：

（1）样品稀释　固体和半固体样品：称取 25g 样品至盛有 225mL 磷酸盐缓冲液或生理盐水的无菌均质杯内，8000 ~ 10000r/min 均质 1 ~ 2min，或放入盛有 225mL 稀释液的无菌均质袋中，用拍击式均质器拍打 1 ~ 2min，制成 1:10 的样品匀液。

液体样品：以无菌移液管吸取 25mL 样品至盛有 225mL 磷酸盐缓冲液或生理盐水的无菌锥形瓶（瓶内预置适当数量的无菌玻璃珠）中，充分混匀，制成 1:10 的样品匀液。

（2）增菌和分离培养　吸取 5mL 上述样品匀液，接种于 50mL7.5% 氯化钠肉汤或 10% 氯化钠胰酪胨大豆肉汤培养基内，（36 ± 1）℃培养 18 ~ 24h。金黄色葡萄球菌在 7.5% 氯化钠肉汤中呈混浊生长，污染严重时在 10% 氯化钠胰酪胨大豆肉汤呈混浊生长。

待测样品

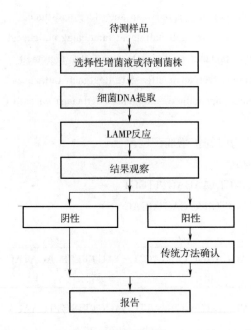

图5-6　食品中金黄色葡萄球菌 LAMP 检测程序

将上述培养物，分别划线接种到 Baird-Parker 平板或血平板，血平板（36±1）℃培养 18~24h。Baird-Parker 平板（36±1）℃培养 18~24h 或 45~48h。

金黄色葡萄球菌在 Baird-Parker 平板上，菌落直径为 2~3mm，颜色呈灰色到黑色，边缘为淡色，周围为混浊带，在其外层有一个透明圈。用接种针接触菌落有似奶油至树胶样的硬度，偶然会遇到非脂肪溶解的类似菌落，但无混浊带及透明圈。长期保存的冷冻或干燥食品中所分离的菌落比典型菌落所产生的黑色较淡些，外观可能粗糙并干燥。在血平板上，形成菌落较大、圆形、光滑凸起、湿润、金黄色（有时为白色），菌落周围可见完全透明溶血圈。

2. 细菌模板 DNA 的制备

采用下述方法，也可使用等效的商品化的 DNA 提取试剂盒并按其说明提取制备模板 DNA。

（1）增菌液模板 DNA 的制备

①取上述增菌液 1mL 加到 1.5mL 无菌离心管中，7000×g 离心 2min，尽量吸弃上清液。

②加入 80μL DNA 提取液，混匀后沸水浴 15min，置冰上 10min。

③7000×g 离心 2min，上清液即为模板 DNA；取上清液置 -20℃可保存 6 个月，备用。

（2）可疑菌落模板 DNA 的制备

对于上述分离到的可疑菌落，可直接挑取可疑菌落，再加入 80μL DNA 提取液，同上制备模板 DNA 以待检测。

3. 环介导恒温核酸扩增

（1）反应体系　金黄色葡萄球菌LAMP反应体系如表5-18所示。

表5-18　　　　　　　　　　　　金黄色葡萄球菌LAMP反应体系

组分	工作液浓度	加样量/μL	反应体系终浓度
ThermoPol 缓冲液	10×	2.5	1×
外引物1（F3）	10μmol/L	0.5	0.2μmol/L
外引物2（B3）	10μmol/L	0.5	0.2μmol/L
内引物1（FIP）	40μmol/L	1.0	1.6μmol/L
内引物2（BIP）	40μmol/L	1.0	1.6μmol/L
dNTPs	10mmol/L	4	1.6mmol/L
甜菜碱	5mol/L	4	0.8mol/L
MgSO₄	150mmol/L	1	8mmol/L
Bst DNA 聚合酶	8U/μL	0.5	0.16U/μL
DNA 模板	—	2.5	—
去离子水	—	7.5	—

（2）反应过程

①按表5-18所述配制反应体系。

②65℃温育60min。

（3）空白对照、阴性对照、阳性对照设置　每次反应必须设置阴性对照、空白对照和阳性对照。

空白对照设为以水替代DNA模板。

阴性对照以DNA提取液代替模板DNA。也可使用金黄色葡萄球菌LAMP检测试剂盒中的阴性对照。

阳性对照制备：将金黄色葡萄球菌标准菌株接种于营养肉汤中（36±1）℃培养18～24h，用无菌生理盐水稀释至$10^6 \sim 10^8$CFU/mL（约麦氏浊度0.4），按前述模板DNA的制备方法提取模板DNA作为LAMP反应的模板。也可使用金黄色葡萄球菌LAMP检测试剂盒中的阳性对照。

4. 结果观察

在上述反应管中加入2μL显色液，轻轻混匀并在黑色背景下观察。

建议使用LAMP试剂盒专用反应管，将反应液和显色液一次性加入，DNA扩增反应后可不必开盖即可观察结果。

5. 结果判定

在空白对照和阴性对照反应管液体为橙色，阳性对照反应管液体呈绿色的条件下：

（1）待检样品反应管液体呈绿色，该样品结果为金黄色葡萄球菌初筛阳性，对样品的增菌液或可疑纯菌落进一步按 GB/T 4789.10 中操作步骤进行确认后报告结果。

（2）待检样品反应管液体呈橙色则可报告金黄色葡萄球菌检验结果为阴性。

若与上述条件不符，则本次检测结果无效，应更换试剂按本方法重新检测。

相关试剂盒可由广州华峰生物科技有限公司提供，给出这一信息是为了方便本标准的使用者，并不表示对该产品的认可。如果其他等效产品具有相同的效果，则可使用这些等效产品。

第四节　生物芯片检测技术

一、概述

生物芯片是 20 世纪 90 年代初发展起来的一种全新的微量分析技术。生物芯片是指通过光导原位合成方式将大量生物分子有序固化在支持物表面，然后组成密集二维分子并排列，与已标记的待测生物样品杂交，最后通过特定仪器的高效扫描和计算机数据分析计算等构建的生物学模型。生物芯片技术的最大特点是高通量并行分析，它综合了分子生物技术、微加工技术、免疫学、化学、物理、计算机等多项学科技术，使生命科学研究中不连续的、离散的分析过程集成在芯片上完成。芯片上集成了成千上万密集排列的分子微阵列或分析元件，能够在短时间内分析大量的生物分子，快速准确地获取样品中的生物信息，检测效率是传统检测手段的成百上千倍。这门新兴技术的出现为生命科学研究、食品卫生检验、疾病诊断与治疗等领域带来一场革命。

（一）生物芯片的原理

生物芯片采用光导原位合成或微量点样等方法，将大量生物大分子如核酸片段、多肽分子甚至组织切片、细胞等生物样品有序地固化于支持物（如玻片、硅片、聚丙烯酰胺凝胶、尼龙膜等载体）的表面，组成密集二维分子排列，然后与已标记的待测生物样品中靶分子杂交，通过特定的仪器如激光共聚焦扫描或电荷偶联摄像机，对杂交信号的强度进行快速、并行、高效的检测分析，从而判断样品中靶分子（细胞、蛋白质、基因及其他生物组分）的数量。

（二）生物芯片的工作流程

1. 构建芯片

构建芯片是通过表面化学方法和组合法来处理芯片，然后将基因片段或蛋白质等生物分子按照顺序排列在芯片上，由于芯片种类较多，所以制备方法各不相同，主要有微矩阵点样法和原位合成法两种。

2. 样品制备阶段

生物样品往往是非常复杂的生物分子混合体，除少数特殊样品外，一般不能直接与芯片反应，因此需要对样品进行生物处理（如提取、扩增），以获取其中所需的蛋白质或DNA、RNA 等，并对其进行荧光标记，作为后续反应的检测信号。

3. 生物分子反应

这一步骤是芯片检测比较关键的一步，但这个过程本身非常复杂，其复杂程度和具体控制条件是根据芯片的种类而决定的，若检测 DNA 表达，则反应必须在盐浓度高、温度低的环境下进行；若检测蛋白质，则必须满足是抗体和抗原特异性反应所需的条件。也就是说，通过选择合适的反应条件使生物分子间反应处于最佳状况，减少生物分子之间的错配比率，从而获取最能反映生物本质的信号。

4. 反应图谱的检测和分析

将芯片置于芯片扫描仪中，通过扫描以获得有关生物信息，然后利用计算机软件所得数据进行分析处理。

（三）　生物芯片主要特点

1. 高通量

提高实验进程，利于显示图谱的快速对照和阅读。

2. 微型化

减少试剂用量和反应液体积，提高样品浓度和反应速度。

3. 自动化

降低成本和保证质量。

（四）　生物芯片的分类

目前常见的生物芯片分为三大类：即基因芯片、蛋白质芯片、芯片实验室。近期又出现了细胞芯片、组织芯片、糖芯片以及其他类型生物芯片等。

1. 基因芯片

基因芯片（gene chip）又称 DNA 芯片（DNA chip）、DNA 微阵列（DNA microarray），是生物芯片技术中发展最成熟以及最先进入应用和实现商品化的领域。基因芯片是基于核酸互补杂交原理研制的，该技术系指将大量（通常每平方厘米点阵密度高于 400）已知碱基顺序的 DNA 片段（基因探针）固定于支持物上后与标记的样品分子进行杂交，通过检测每个探针分子的杂交信号强度进而获取样品分子的数量和序列信息。通俗地说，就是通过微加工技术，将数以万计、乃至百万计的 DNA 探针，有规律地排列固定于硅片、玻片等支持物上，构成的一个二维 DNA 探针阵列，与计算机的电子芯片十分相似，所以被称为基因芯片。基因芯片主要用于基因检测工作。通过设计不同的探针阵列、使用特定的分析方法可使该技术具有多种不同的应用价值，如各种特定基因序列的检测、基因突变和单核苷酸多态性检测，也可用于基因序列测定，也开发用于转基因产品的检测。

基因芯片技术由于同时将大量探针固定于支持物上，所以可以一次性对样品大量序列进行检测和分析，从而解决了传统核酸印迹杂交（Southern Blotting 和 Northern Blotting 等）

技术操作繁杂、自动化程度低、操作序列数量少、检测效率低等不足。

（1）基因芯片可分为三种主要类型

①固定在聚合物基片（尼龙膜，硝酸纤维膜等）表面上的核酸探针或 cDNA 片段，通常用同位素标记的靶基因与其杂交，通过放射显影技术进行检测。这种方法的优点是所需检测设备与目前分子生物学所用的放射显影技术相一致，相对比较成熟。但芯片上探针密度不高，样品和试剂的需求量大，定量检测存在较多问题。

②用点样法固定在玻璃板上的 DNA 探针阵列，通过与荧光标记的靶基因杂交进行检测。这种方法点阵密度可有较大的提高，各个探针在表面上的结合量也比较一致，但在标准化和批量化生产方面仍有不易克服的困难。

③在玻璃等硬质表面上直接合成的寡核苷酸探针阵列，与荧光标记的靶基因杂交进行检测。该方法把微电子光刻技术与 DNA 化学合成技术相结合，可以使基因芯片的探针密度大大提高，减少试剂的用量，实现标准化和批量化大规模生产，有着十分重要的发展潜力。

（2）基因芯片技术的操作原理　基因芯片技术的操作原理分为两部分：芯片的制备和样本的检测。

①基因芯片的制备：根据需要检测的外源目标基因设计寡核苷酸探针，用于制备基因芯片。在制备寡核苷酸探针时，一般在其 5′ 或 3′ 端进行氨基修饰，以利于其在玻片表面的固定。另外，对玻片表面进行氨基修饰，然后在氨基修饰后的玻片表面上连接双功能偶联剂，如戊二醛（GA）或对苯异硫氰酸酯（PDC），制备成基片。探针合成好后，通过点样仪点在基片上，寡核苷酸的修饰氨基将与基片上的戊二醛的另一个醛基发生化学反应，或与 PDC 分子的另一个异硫氰基发生类似的反应，从而达到寡核苷酸交联固定的目的。为了有利于寡核苷酸探针分子和目标基因片段之间的杂交，通常在所设计的寡核苷酸探针序列的 5′ 端或 3′ 端通常要加入一段不直接参与杂交的重复序列，称为手臂分子。采用 poly（dT）10 作为手臂分子。点样完成后要对芯片进行后处理，后处理的目的主要是为了使探针能与载体表面牢固结合，同时，还对载体上未与探针结合的游离活性基团进行封闭以避免在杂交过程中非特异性的吸附对实验结果（特别是背景）造成影响。

②样本的检测：包括样品制备和标记、杂交反应、信号检测和结果分析。

样品制备和标记：提取纯化样品核酸，尽量去除样品中的抑制物杂质，为了提高检验灵敏度，在对样品核酸进行荧光标记时。需要对待检靶标 DNA 进行 PCR 扩增。目前普遍采用的荧光标记方法有体外转录（NASBA）、PCR、逆转录（RT）等。目的是在以样品为模板合成相应核酸片段过程中掺入带有荧光标记的核苷酸，作为检测信号源。

杂交反应：杂交反应是荧光标记的样品与芯片上的探针进行杂交产生一系列信息的过程。在合适的反应条件下，靶基因与芯片上的探针根据碱基互补配对形成稳定双链，未杂交的其他核酸分子随后被洗去。必须注意的是标记核酸样品必须变性成单链结构才能参与杂交。因此在杂交之前需要对标记样品进行变性处理，一般采用高温（95～100℃）沸水浴10min 然后冰浴骤冷的方法。影响杂交效果的主要因素有杂交温度、杂交时间、杂交液的离子种类和强度等。杂交条件的选择与研究目的有关，如检测基因的差异性表达需要较低温度、长的杂交时间、高严谨性、高的样品浓度，以利于增加检测特异性和检测低拷贝基因的灵敏度；检测基因突变体和单核苷酸多态性（SNP）分析时，要鉴别出单个碱基错配，杂交时需要更高的杂交严谨性和更短的杂交时间。此外还需要考虑探针的 GC 含量、杂交液的盐浓度、探针与芯片之间连接臂的长度、待检基因的二级结构等因素。一般基因芯片产品对适用范围、杂交体系和杂交条件均有较为详尽的说明。

信号检测：当前主要的检测手段是荧光法和激光共聚焦显微扫描。杂交完成后，将芯片插入扫描仪中对片基进行激光共聚焦扫描，已与芯片探针杂交的样品核酸上的标记荧光分子受激发而产生荧光，用带滤光片镜头采集每一点荧光，经光电倍增管（PMT）或电荷偶合元件（CCD）转换为电信号，计算机软件将电信号转换为数值，并同时将数值大小用不同颜色在屏幕上显示出来。荧光分子对激发光、光电倍增管或电荷偶合元件都具有良好的线性响应，所得的杂交信号值与样品中靶分子的含量有一定的线性关系。

结果分析：由于芯片上每个探针的序列和位置是已知的，对每个探针的杂交信号进行比较分析，最后得到样品核酸中基因结构和数量的信息。

（3）基因芯片技术的特点

①样品制备时，在标记和测定前通常要对样品进行一定程度的扩增，以便提高检测的灵敏度。

②探针的合成和固定比较复杂，特别是对于制作高密度的探针阵列。

③目标分子的标记是一个重要的限速步骤。

④基因芯片检测结果的可靠性与探针种类及其特异性密切相关。

2. 蛋白质芯片

蛋白质芯片是指固定于支持介质上的蛋白质构成的微阵列，又称蛋白质微阵列（Protein Microarray），它利用的不是碱基对，而是抗体与抗原结合的特异性，即免疫反应来检测的芯片。蛋白芯片技术的研究对象是蛋白质，其原理是对固相载体进行特殊的化学处理，再将已知的蛋白分子产物固定其上（如酶、抗原、抗体、受体、配体、细胞因子等），根据这些生物分子的特性，捕获能与之特异性结合的待测蛋白（存在于血清、血浆、淋巴、间质液、尿液、渗出液、细胞溶解液、分泌液等），经洗涤、纯化，再进行确认和生化分析；它为获得重要生命信息（如未知蛋白组分、序列，体内表达水平生物学功能、与其他分子的相互调控关系、药物筛选、药物靶位的选择等）提供有力的技术支持。

（1）蛋白质芯片的制备原理

①固体芯片的构建，常用的材质有玻片、硅、云母及各种膜片等。理想的载体表面是渗透滤膜（如硝酸纤维素膜）或包被了不同试剂（如多聚赖氨酸）的载玻片。外形可制成各种不同的形状。

②探针的制备，低密度蛋白质芯片的探针包括特定的抗原、抗体、酶、吸水或疏水物质、结合某些阳离子或阴离子的化学基团、受体和免疫复合物等具有生物活性的蛋白质。

制备时常常采用直接点样法，以避免蛋白质的空间结构改变。保持它和样品的特异性结合能力。高密度蛋白质芯片一般为基因表达产物，如一个 cDNA 文库所产生的几乎所有蛋白质均排列在一个载体表面，其芯池数目高达 1600 个/cm²，呈微矩阵排列，点样时须用机械手进行，可同时检测数千个样品。

③生物分子反应，使用时将待检的含有蛋白质的标本，按一定程序做好层析、电泳、色谱等前处理，然后在每个芯池里点入需要的种类。一般样品量只要 2 ~ 10μL 即可。根据测定目的不同可选用不同探针结合或与其中含有的生物制剂相互作用一段时间，然后洗去未结合的或多余的物质，将样品固定等待检测即可。

④信号检测分析，直接检测模式是将待测蛋白用荧光素或同位素标记，结合到芯片的蛋白质就会发出特定的信号，检测时用特殊的芯片扫描仪扫描和相应的计算机软件进行数据分析，或将芯片放射显影后再选用相应的软件进行数据分析。间接检测模式类似于 ELISA 方法，标记第二抗体分子。以上两种检测模式均基于阵列为基础的芯片检测技术。该法操作简单、成本低廉，可以在单一测量时间内完成多次重复性测量。

（2）蛋白质芯片技术的特点

①能够快速并且定量分析大量蛋白质。

②蛋白质芯片使用相对简单，结果正确率较高，只需对少量血样标本进行沉降分离和标记后，即可加于芯片上进行分析和检测。

③相对传统的酶标 ELISA 分析，蛋白质芯片采用光酶染料标记，灵敏度高，准确性好。另外，蛋白质芯片所需试剂少，可直接应用血清样本，便于诊断，实用性强。

蛋白质芯片在食品分析方面具有较好的应用前景，食品营养成分的分析（蛋白质），食品中有毒、有害化学物质的分析（包括农药、重金属、有机污染物、激素），食品中污染的致病微生物的检测，食品中污染的生物毒素（细菌毒素、真菌毒素）的检测等大量工作几乎都可以用蛋白质芯片来完成。

3. 芯片实验室

芯片实验室（Lab‐on‐a‐chip）或称微全分析系统（Micro Total Analysis System，或 microTAS）是指把生物和化学等领域中所涉及的样品制备、生物与化学反应、分离检测等基本操作单位集成或基本集成于一块几平方厘米的芯片上，用以完成不同的生物或化学反应过程，并对其产物进行分析的一种技术。它是通过分析化学、微机电加工（MEMS）、计算机、电子学、材料科学与生物学、医学和工程学等交叉来实现化学分析检测即实现从试样处理到检测的整体微型化、自动化、集成化与便携化这一目标。计算机芯片使计算微型化，而芯片实验室使实验室微型化，因此，在生物医学领域它可以使珍贵的生物样品和试剂消耗降低到微升（μL）甚至纳升（nL）级，而且分析速度成倍提高，成本成倍下降；在化学领域它可以使以前需要在一个大实验室花大量样品、试剂和很多时间才能完成的分析和合成，将在一块小的芯片上花很少量样品和试剂以很短的时间同时完成大量实验；在分析化学领域，它可以使以前大的分析仪器变成平方厘米尺寸规模的分析仪，将大大节约资源和能源。芯片实验室由于排污很少，所以也是一种"绿色"技术。

芯片实验室的特点有以下几个方面：集成性，目前一个重要的趋势是：集成的单元部件越来越多，且集成的规模也越来越大。所涉及的部件包括：和进样及样品处理有关的透析、膜、固相萃取、净化；用于流体控制的微阀（包括主动阀和被动阀），微泵（包括机械泵和非机械泵）；微混合器，微反应器，还有微通道和微检测器等。

（五） 生物芯片技术在食品检测中的应用

1. 生物芯片技术在转基因食品检测方面的应用

就目前转基因食品检测中常用的 ELISA 和 PCR 技术而言，最大的缺陷是检测范围窄、效率低，无法高通量大规模地同时检测多种样品，尤其是对转基因背景一无所知的情况下，对各种候选待检基因序列或蛋白的逐一筛查几乎是不可能的。而目前正在研究的转基因产品所涉及的基因数量有上万种，今后都有可能进入商品化生产，显而易见，对进出口产品的检测，需要有更有效、快速、特别是高通量的检测方法，而新兴的生物芯片技术能较好地解决这一问题。刘烜等为提高对转基因大豆的监控能力，研究了转基因大豆基因芯片检测方法，根据转基因大豆中所转入的外源基因，选择 CaMV35S 启动子、NOS 终止子、NOS/EPSPE 基因和内源 Lectin 基因设计特异性引物，采用多重 PCR 法对样品进行扩增，通过缺口平移法合成 DIG – dUTP 标记杂交探针，制备基因芯片。在对 PCR 反应和扩增产物与芯片杂交条件进行优化的同时，比较了芯片检测的特异性和重复性，对检测的灵敏度进行测试。结果表明，基因芯片方法具有较好的特异性和重复性，由于采用了多重 PCR 技术，一次可同时检测多个基因，提高了检测的灵敏度和效率。

2. 生物芯片技术在食源性致病微生物检测方面的应用

目前，致病微生物的检测方法主要以国家标准为依据，主要是传统的分离培养、镜检观察、生化鉴定、嗜盐性试验与血清分型等方法。这些方法操作烦琐、耗时耗力，检测周期长。此外，免疫学检测技术也应用于致病微生物的检测，这类技术利用抗原抗体的特异性反应，并结合一些生物化学或物理学方法来进行检测，主要包括免疫荧光技术、免疫酶技术等。免疫学检测技术虽然所需设备简单，抗原抗体反应特异性强，但其检测灵敏度有时达不到实际检测或诊断的需要，且操作烦琐，时间长。基因芯片技术可以广泛应用于各种食源性致病菌的检测，该技术具有快速、准确、灵敏等优点，可以及时反映食品中微生物的污染情况。将常见致病微生物的特异基因序列制成相应的基因芯片，根据碱基互补配对原理与待测样品进行杂交，经过检测即可判断待测样品中相应致病微生物的含量。陈昱建立了一种检测和鉴定志贺氏菌、金黄色葡萄球菌、沙门菌、大肠杆菌 O157、霍乱弧菌、副溶血弧菌和单增李斯特菌的基因芯片方法，该方法以 16S rDNA 基因为靶基因，利用多重 PCR 扩增，与传统方法比较大大缩短了检测周期，且方法特异性强、灵敏。

二、 基因芯片法对转基因大豆及其产品物种结构特异性基因的定性检测

（一） 适用范围

转基因大豆（GTS-40-3-2）及其加工产品由单一作物种类组成的物种结构特异性基因的定性检测。

（二） 实验原理

通过多重 PCR 扩增和基因芯片技术，可以检测转基因大豆（GTS-40-3-2）及其加工产品中由单一作物种类组成的物种结构特异性基因。

（三） 术语

基片：基因芯片中用于固定探针的基质，通常采用标准的"载玻片或其他固体载体"，经过化学修饰制备而成。

基因芯片探针：基因芯片中固定于基质表面、能与样本 DNA 互补、用于探测样本 DNA 信息的核酸分子，本部分采用寡核苷酸片段作探针。

定位探针：是一段与待测基因无关的寡核苷酸，通过和标记的定位探针互补链杂交显示信号，用于点样矩阵的位置的确定。

阳性质控探针：用于样品抽提、PCR、杂交的反应体系的监控，一般用生物的管家基因来设计阳性质控探针。

阴性质控探针：是一段与待测基因无关的寡核苷酸，用于基因芯片非特异性杂交背景的监控。

基因芯片空白质控点：由不含核酸的点样液点制而成，用于基因芯片杂交背景的监控。

目标基因探针：用于检测目标基因序列的探针。

信噪比：是杂交信号值与杂交背景值的比值，由图像分析软件自动判读。

（四） 主要试剂

使用的试剂应为不含 DNA 和 DNase 的分析纯或生化试剂。

（1）点样液　0.2mol/L 碳酸钠。

（2）基因芯片洗脱液　0.2% SDS。

（3）基因芯片杂交液　1% SDS，10×SSPE。

（4）阴性目标 DNA 对照　不含外源目标核酸序列片段的模板。可使用阴性标准物质，并与测试样品等同处理进行核酸提取及 PCR 扩增。

（5）CTAB 提取缓冲液（pH 8.0）　称取 4.00g CTAB，16.38g 氯化钠，2.42g Tris，1.50g EDTA 二钠，4.00g PVP-40，用适量水溶解后，调节 pH，定容至 200mL，高压灭菌。临用前按使用量加入 β-巯基乙醇，使终浓度为 2%。

（6）引物和探针　转基因大豆的引物序列和探针序列如表 5-19 所示，对照的引物和探针序列如表 5-20 所示。

表 5 – 19　　　　　转基因大豆物种结构特异性基因检测的引物序列和探针序列

基因	名称	序列	扩增片段长度/bp
Lectin	正向引物	5′ – CAA GTC GTC GCT GTT GAG TTT G – 3′	165
	反向引物	5′ – GCT GGT GGA GGC ATC ATA GGT – 3′	
	探针	5′ – NH₂ – poly（dT）₁₀ – TCT ATC AGA TCC ATC AAA ACG ACG – 3′	
CaMV 35S 启动子	正向引物	5′ – AGA CTG GCG AAC AGT TCA TAC AGA – 3′	188
	反向引物	5′ – GCA ATG GAA TCC GAG GAG GT – 3′	
	探针	5′ – NH₂ – poly（dT）₁₀ – TGC TCC ACC ATG TTG ACG AAG – 3′	
NOS 终止子	正向引物	5′ – TGA ATC CTG TTG CCG GTC TT – 3′	138
	反向引物	5′ – AAA TGT ATA ATT GCG GGA CTC TAA TC – 3′	
	探针	5′ – NH₂ – poly（dT）₁₀ – GAT GAT TAT CAT ATA ATT – 3′	
CP4 – EPSPS	正向引物	5′ – AGA GCC GTG GAT AGA TTA GGG AAG – 3′	149
	反向引物	5′ – AGA CCG CCG AAC ATG AAG GA – 3′	
	探针	5′ – NH₂ – poly（dT）₁₀ – GGA AAG GCC AGA GGA TTT GC – 3′	

表 5 – 20　　　　　　　阳性对照（18S rRNA）引物序列和探针序列

基因	名称	序列	扩增片段长度/bp
18S rRNA	正向引物	5′ – GAG AAA CGG CTA CCA CAT CCA – 3′	254
	反向引物	5′ – CGT GCC ATC CCA AAG TCC AA – 3′	
	探针	5′ – NH₂ – poly（dT）₁₀ – CGC GCA AAT TAC CCA ATC CTG ACA C – 3′	

（7）多重 PCR 反应体系　多重 PCR 反应体系的配制如表 5 – 21 所示。

表 5 – 21　　　　　　　　　多重 PCR 反应体系

试剂名称	PCR 反应体系终浓度
10 × PCR 缓冲液（不含 Mg²⁺）	1 × PCR 缓冲液
氯化镁溶液	1.5mmol/L
d（AGU）TP	0.2mmol/L

续表

试剂名称	PCR 反应体系终浓度
dCTP	0.02mmol/L
Cy5 – dCTP	0.002mmol/L
各正向和反向引物	各 0.3μmol/L
Taq 酶	0.1IU/μL
UNG 酶	0.02IU/μL
DNA 模板	100ng
双蒸水	补足反应总体积到 50μL

注：反应体系中各试剂的量可根据反应体系的总体积进行适当调整。

（五） 主要仪器设备

基因芯片点样仪；紫外交联仪；基因芯片扫描仪：要配备具有分析信噪比的软件；杂交仪；清洗槽；暗室。

（六） 检测基因

本方法检测转基因大豆（GTS – 40 – 3 – 2）及其产品中的 Lectin、CaMV 35S 启动子、NOS 终止子和 CP4 – EPSPS 基因。

（七） 检测灵敏度

本方法的检测灵敏度为 0.5%。

（八） 实验方法与步骤

1. CTAB 法提取 DNA

（1） 称取 100mg 样品 2mL Eppendorf 离心管中，加入 700μL CTAB 缓冲液，涡旋振荡器混匀后于 65℃温育 30min，期间颠倒混匀离心管 2~3 次。

（2） 加入 700μL 的三氯甲烷 – 异戊醇，涡旋振荡混匀后放置 10min，期间颠倒混匀离心管 2~3 次；12000×g 离心 5min。

（3） 转移上清液至 1.5mL Eppendorf 离心管中，加入 0.6 倍体积经 4℃预冷的异丙醇，于 –20℃下静置 5min，12000×g 离心 5min，小心弃去上清液。

（4） 加入 70% 乙醇 1000μL，倾斜离心管，轻轻转动数圈后，4℃下 8000×g 离心 1min，小心弃去上清液；加 20μL RNase A 酶（10μg/mL），37℃温育 30min。

（5） 加入 600μL 氯化钠溶液，65℃温浴 10min。加入 600μL 三氯甲烷 – Tris 饱和酚，颠倒混匀后，12000×g 离心 5min，转移上层水相至 1.5mL Eppendorf 离心管中。

（6） 加入 0.6 倍体积经 4℃预冷的异丙醇，颠倒混匀后，于 4℃下静置 30min；4℃下 12000×g 离心 10min，小心弃去上清液。

（7） 加入 1000μL 经 4℃预冷的 70% 乙醇，倾斜离心管，轻轻转动数圈后，4℃下 12000×g 离心 10min，小心弃去上清液；用经 4℃预冷的 70% 乙醇按相同方法重复洗一次。室温下或核酸真空干燥系统中挥干液体。

（8）加 50μL TE 缓冲液溶解 DNA，4℃保存备用。

注：转移上清液时注意不要吸到沉淀、漂浮物和液面分界层。每个样品提取时应做 2 个提取重复。

2. 多重 PCR 扩增

（1）多重 PCR 反应参数　多重 PCR 反应参数为：50℃ 5min；94℃ 5min；94℃ 10s，55℃ 10s，72℃ 30s，35 个循环；72℃ 10min；4℃保存。

注：不同的基因扩增仪可根据仪器的要求将反应参数做适当的调整。

（2）物种结构特异性基因检测多重 PCR　将转基因大豆的 Lectin、CaMV 35S 启动子、NOS 终止子、CP4 - EPSPS 和 18s rRNA 的引物同时加入多重 PCR 反应体系中。

注：应做 PCR 试剂对照（即不含 DNA 模板的 PCR 扩增反应液试剂）。

3. PCR 产物的沉淀

将多重 PCR 反应产物加 2 倍体积的无水乙醇、1/10 体积的 3mol/L NaAC（pH5.2），置于 -20℃避光沉淀 30min 以上，供基因芯片杂交检测用。

4. 杂交

（1）杂交反应　沉淀后 PCR 产物经 13000r/min 15min 离心，弃上清，避光晾干，加经 55℃预热的杂交液 6μL，混匀后 95℃ 3min、0℃ 5min 后全部转移到芯片的点样区域，加盖玻片。在杂交舱里加几滴水，以保持湿度。将芯片放入杂交舱，密封杂交舱，然后放进 50℃水浴内保温 1h。

（2）洗片　打开杂交舱，取出芯片，用 0.2% SDS 冲掉盖玻片，然后把芯片放入盛有 0.2% SDS 的染色缸，放置 5min，用双蒸水冲洗两遍。室温避光干燥。

5. 扫描检测

将杂交后的基因芯片放入扫描仪内扫描，并分析结果，控制扫描仪的软件应具有信噪比的分析功能。

6. 扫描结果的判定

首先阴性质控探针杂交信噪比均值≤3.5，基因芯片空白质控点杂交信噪比均值≤3.5，阳性质控探针杂交信噪比 >5.0 判定为杂交合格，在此基础上，目标基因探针杂交信噪比均值≥5.0 判定为阳性信号，在 3.5 ~ 5.0 判定为可疑阳性，≤3.5 判定为阴性。

7. 可疑数据的确证

对于可疑的数据，确证实验按照转基因大豆 GTS - 40 - 3 - 2 定量检测——实时荧光定量 PCR 技术进行。

三、 基因芯片法检测肉及肉制品中常见致病菌

（一） 适用范围

肉及肉制品中沙门菌、单核细胞增生李斯特氏菌、金黄色葡萄球菌、空肠弯曲杆菌和大肠杆菌 O157：H17 的基因芯片检测。

（二） 方法提要

针对 5 种目标菌保守基因片段设计引物，提取待检样品增菌液的 DNA 为模板进行两个独立的多重 PCR 扩增。扩增产物与固定有 5 种目标致病菌特异性探针的基因芯片进行杂交，用芯片扫描仪对杂交芯片进行扫描并判定结果。阳性结果用传统方法确证。

（三） 材料和设备

高压灭菌锅、恒温培养箱、微需氧培养装置、高速离心机（2000 × g 以上）、水浴锅（37、42、70℃）、PCR 超净工作台、PCR 仪、水平式电泳仪、凝胶成像分析系统、水浴摇床、基因芯片扫描仪、基因芯片清洗仪（可选）、芯片杂交盒、微量可调移液器和灭菌吸头（2、10、100、200、1000μL）、灭菌 PCR 反应管。

（四） 培养基和试剂

1. 缓冲胨水增菌液（BP）、四硫磺酸盐煌绿增菌液（TTB）、改良缓冲蛋白胨水（MBP）、增菌培养液（EB）、10% 氯化钠胰蛋白胨大豆肉汤、弯曲杆菌增菌肉汤、电泳级琼脂糖。

2. 改良 E. C 新生霉素增菌肉汤 ［m（EC）$_n$］

胰蛋白胨 20g、3 号胆盐 1.12g、乳糖 5g、无水磷酸氢二钾 4g、无水磷酸二氢钾 1.5g、氯化钠 5g、蒸馏水 1000mL，将上述成分溶于水后校正 pH 至 6.9 ± 1，分装后 120℃灭菌 15min，取出后冷却至室温，以过滤灭菌的新生霉素溶液 20mg/L 加入，使最终浓度为 20μg/mL。

3. 晶芯食源性致病微生物检测芯片试剂盒

博奥生物有限公司，可选用其他等效产品。

（1）PCR 引物序列　引物序列如表 5 - 22 所示。

表 5 -22　　　　　　　　　　PCR 反应使用的引物序列

物种	目标基因	引物名称	序列	扩增片段大小 bp
弯曲杆菌 李斯特氏菌 沙门菌 金黄色葡萄球菌	16S	16S－F	5′－ TAMRA － GGTTTCGGATGTTACAGCG-TAGAGTTTGATCCTGGCTCAG － 3′	约 1500
		16S－R	5′－ GACGGGCGGTGTGTRCA － 3′	
	Rfbe	Rfbe－F	5′－ TAMRA － GGTAAATATGTGGGAACATTT-GGAG － 3′	387
		Rfbe－R	5′－ CCTCTCTTTCCTCTFCGGTCC － 3′	

续表

物种	目标基因	引物名称	序列	扩增片段大小 bp
大肠杆菌 O157：H17	Flic	Flic－F	5′－TAMRA－ATGAAAATTCAGGTTGGTGC－3′	1170
		Flic－R1	5′－AGTGGTGTTGTTCAGGTTGG－3′	
		Flic－R2	5′－TGTTTACGGTGTTGCCAAGG－3′	
沙门菌 空肠弯曲杆菌	gyrB	gyrB－F	5′－TAMRA－TGCACTGCAGAAGCGHCCNG-SNATGTAYATHGG－3′	1250
		gyrB－R	5′－AGCTGAGCTCCCNGCNGARTCNCCYTC-NAC－3′	
单核细胞增生李斯特氏菌	Lmo	Lmo－F	5′－TAMRA－TGATGAAGCACTTGCTGGTT－3′	1100
		Lmo－R	5′－GCAACATCTGGGTTTTCCAT－3′	

注：对于核酸序列，除了 A、C、G、T 分别代表各种核酸之外，R 代表 G 或 A，Y 代表 T 或 C，S 代表 G 或 C，H 代表 A、C 或 T，N 代表 A、G、C、T 中任意一种。

（2）芯片探针序列　芯片探针序列如表 5－23 所示。

表 5－23　　　　　　　　　　芯片表面包被的目标菌基因探针序列

名称	序列	修饰基因
芯片固定阳性质控	5′－GTCACATGCGATGGATCGAGCTCCTTTAT-CATCGTTCCCACCTTAATGCA－3′	5′－HEX
杂交阳性质控	5′－（T）15－CTCATGCCCATGCCGATGC－3′	5′－AminolinkerC6
弯曲杆菌 1	5′－（T）15－ATCCGAACTGGGACATATTT－3′	5′－AminolinkerC6
弯曲杆菌 2	5′－（T）15－AATTCCATCTGCCTCTCCC－3′	5′－AminolinkerC6
空肠弯曲杆菌 1	5′－（T）15－CCGCCTATGTTTGTATCTCCT－3′	5′－AminolinkerC6
空肠弯曲杆菌 2	5′－（T）15－AAGTCCGCCTATGTTTGTATC－3′	5′－AminolinkerC6
大肠杆菌 O157：H17－1	5′－（T）15－CCATTCCACCTTCACCTG－3′	5′－AminolinkerC6
大肠杆菌 O157：H17－2	5′－（T）15－GTGACTTTATCGCCATTCC－3′	5′－AminolinkerC6
李斯特氏菌	5′－（T）15－GCAGTTACTCTTATCCTTGTTC－3′	5′－AminolinkerC6
单核细胞增生李斯特氏菌	5′－（T）15－CGTTAATCCCAGTAGGAAT－3′	5′－AminolinkerC6
沙门菌	5′－（T）15－ATTAACCACAACACCTTCC－3′	5′－AminolinkerC6
沙门菌	5′－（T）15－ACGGCCAGGGGTGCCTGCG－3′	5′－AminolinkerC6
金黄色葡萄球菌	5′－（T）15－AGAAGCAAGCTTCTCGTCCG－3′	5′－AminolinkerC6

（3）缓冲液 GA （25mmol/L EDTA 和 5% SDS，pH8.0）、缓冲液 GB （5mmol/L 盐酸胍）、去蛋白液 GD （3mmol/L 盐酸胍）、漂洗液 PW （2mmol/L Tris 缓冲液，pH 7.5）、蛋白酶 K、吸附柱 CB3 和收集管、Rnase A 溶液、洗脱缓冲液 TE （10mmol/L Tris 缓冲液，pH8.0）、PCR Mix I、PCR Mix II、Taq 酶 （5U/μL）、PCR 阳性质控基因组 DNA （50ng/μL）、GoldView （GV）、2 × PCR 载样液、DNA 分子量标记 2000、洗涤液 I （2 × SSC，0.2% SDS）、洗涤液 II （0.2 × SSC）、检测芯片。

（五） 检测程序

基因芯片法检测肉及肉制品中常见致病菌的程序如图 5 - 7 所示。

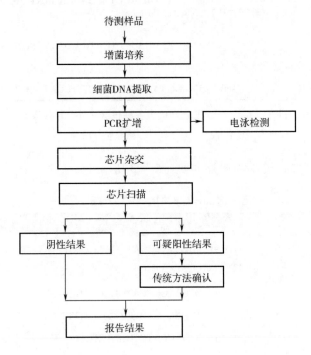

图 5 - 7　基因芯片法检测肉及肉制品中常见致病菌的程序

（六） 操作步骤

1. 增菌培养

（1）沙门菌增菌　以无菌操作，称取剪碎后的瘦肉样品 25g，置于灭菌均质杯内，加入 25mL 缓冲胨水增菌液，以 8000 ~ 10000r/min 均质 1min，移入盛有 200mL 缓冲胨水增菌液的 500mL 广口瓶内，混合均匀，如 pH 低于 6.6，用灭菌 1mol/L 氢氧化钠溶液，调 pH 至 6.8 ± 0.2，于 37℃ 水浴培养 4h （以增菌液达到 37℃ 时算起），进行前增菌；其后，移取 10mL 转种于盛有 100mL 四硫磺酸盐煌绿增菌液的 250mL 玻璃瓶内，摇匀，于 （42 ± 1）℃ 培养 （20 ± 2） h，进行选择性增菌。

（2）单核细胞增生李斯特氏菌增菌　无菌取样品 25g 放入灭菌均质杯加 225mL 改良缓

冲蛋白胨水中，充分均质。改良缓冲蛋白胨水225mL放（30±1）℃培养（25±1）h，吸取1mL，加入10mL增菌培养液（EB）中放（30±1）℃二次增菌（25±1）h。

（3）金黄色葡萄球菌增菌 无菌取样品25g放入灭菌均质杯，以8000r/min均质1min，加200mL 10%氯化钠胰蛋白胨大豆肉汤，（36±1）℃培养48h。

（4）空肠弯曲杆菌增菌 无菌取样品25g放入灭菌均质杯，加100mL弯曲杆菌增菌肉汤，轻柔振荡5min后，静置5min。取出过滤衬套，滤干内容物，滤液放入培养瓶中，放（36±1）℃培养4h前增菌，再放（42±1）℃培养24~48h。

（5）大肠杆菌O157：H17增菌 无菌取样品25g放入灭菌均质杯，加225mL［m (EC)$_n$］增菌汤，（41±1）℃培养18~24h。

2. 细菌DNA提取

按试剂盒操作说明进行：

（1）取上述5种增菌培养液各1mL至一个10mL无菌离心管中混匀，从中取1mL至一个1.5mL无菌离心管中，2500r/min离心30s。取上清液800μL到另一新的离心管中，12000r/min离心1min。弃掉上清液，沉淀中加入180μL缓冲液GA，振荡至菌体彻底悬浮。37℃作用1~3h。加入20μL Rnase溶液，振荡15s，室温放置5min。

注：余下的混合增菌液应放入冰箱，以备后期芯片检测阳性样品的确证实验用。

（2）向管中加入20μL蛋白酶K溶液，混匀后加入220μL缓冲液GB，振荡15s，70℃放置20~30min。简短离心以去除管盖内壁的水珠。

（3）加220μL无水乙醇，充分振荡混匀15s。简短离心以去除管盖内壁的水珠。将全部液体转移到吸附柱中。

（4）向吸附柱中加入500μL去蛋白液GD，12000r/min离心30s，倒掉废液，吸附柱放入收集管中。

（5）向吸附柱中加入700μL漂洗液PW，12000r/min离心30s。倒掉废液，吸附柱放入收集管中。

（6）向吸附柱加入700μL漂洗液PW，12000r/min离心30s，倒掉废液。

（7）吸附柱放回收集管中，12000r/min离心2min，去除吸附柱中残余的漂洗液。将吸附柱置于室温或50℃温箱放置2~3min，以彻底晾干吸附材料中残余的漂洗液。

（8）将吸附柱转入一个干净的离心管中，向吸附膜的中间部位悬空滴加50μL经65~70℃水浴预热的洗脱缓冲液TE，室温放置2~5min，12000r/min离心30s。

（9）再次向吸附膜的中间部位悬空滴加50μL经65~70℃水浴预热的洗脱缓冲液TE，室温放置2min，12000r/min离心2min。回收得到的DNA产物于-20℃冰箱保存备用。

（10）DNA结果检测 用0.8%的琼脂糖凝胶电泳检测DNA提取物。细菌基因组DNA通过琼脂糖凝胶电泳，出现的电泳条带位置在10000bp以上，且清晰可见。

3. PCR扩增

（1）扩增 将提取的细菌基因组DNA同时用两个PCR反应体系进行扩增，电泳检测 PCR 扩增产物。PCR 反应体系如表 5 – 24、表 5 – 25 所示。

表 5 –24　　　　　　　　　　　　　PCR 反应体系Ⅰ

反应液组成	检测反应	阳性质控	阴性质控
Mix Ⅰ	8.6	8.6	8.6
Taq（5U/μL）	0.2	0.2	0.2
细菌基因组 DNA	2	—	—
阳性质控基因组 DNA	—	2	—
无核酸酶灭菌水	9.2	9.2	11.2

表 5 –25　　　　　　　　　　　　　PCR 反应体系Ⅱ

反应液组成	检测反应	阳性质控	阴性质控
Mix Ⅱ	7.4	7.4	7.4
Taq（5U/μL）	0.2	0.2	0.2
细菌基因组 DNA	2	—	—
阳性质控基因组 DNA	—	2	—
无核酸酶灭菌水	10.4	10.4	12.4

（2）PCR 反应的循环参数　94℃预变性 5min；进入循环，94℃/30s、56℃/30s、72℃/1min 40s，共 40 个循环；最后 72℃延伸 7min。

（3）PCR 扩增结果检测　PCR 反应结束后取 3μL 扩增产物加入 3μL 2×PCR 载样液，用 1.5% 的琼脂糖凝胶电泳检测扩增结果。若在 1000 ~ 1500bp 之间出现明显的扩增条带，即可进行芯片杂交实验。

注：如果在此片段范围内无可见扩增条带，同时阳性质控也无可见扩增条带，则可能为扩增失败，建议更换另一批次的 PCR 扩增试剂，重新扩增。

4. 芯片杂交

（1）杂交体系配制　将杂交液置 42℃ 水浴预热 5min，杂交体系的配制如表 5 – 26 所示。

表 5 –26　　　　　　　　　　　　　杂交体系

组分	体积/μL
杂交液	8
2 种 PCR 扩增产物	各 3.5
总体积	15

（2）变性 将杂交体系 95℃变性 5min，冰浴 5min。

（3）杂交 将杂交盒平放在桌面上，在杂交盒的两边凹槽内加入约 80μL 灭菌水，将固定有探针片段的芯片放入杂交盒内，芯片标签正面朝上；揭掉芯片盖片的塑料薄膜，放在芯片的黑色围栏上，凸块的一面对着芯片；然后从盖玻片的小孔缓慢注入 15μL 变性后的杂交液。不要振动盖玻片或芯片以避免破坏液膜。盖紧杂交盒盖，放入 42℃恒温水浴中，静置，杂交 2h 以上。

5. 芯片洗涤

按需要量配制好芯片洗液Ⅰ和洗液Ⅱ，并在 42℃预热 30min。取出杂交后芯片，将芯片放在预热好的洗液Ⅰ中，42℃水浴摇床振荡清洗 4min，再转入预热好的洗液Ⅱ中，42℃水浴摇床振荡清洗 4min。最后用 42℃预热好清水中振荡清洗一次，清洗后的芯片经 1500r/min 离心 1min 以去除芯片表面的液体。此芯片可避光保存，在 4h 内扫描结果。

6. 芯片扫描及结果判读

（1）芯片杂交结果扫描 使用微阵列芯片扫描仪对洗净杂交后的芯片进行扫描分析。

（2）结果的判定标准

①信号值≥背景信号平均值 +4×背景信号值标准差，且信号值≥阴性对照信号平均值 +4×阴性对照信号值标准差，探针杂交结果为阳性；

②背景信号平均值 +2×背景信号值标准差 < 信号值 < 背景信号平均值 +4×背景信号值标准差，且阴性对照信号平均值 +2×阴性对照信号值标准差 < 信号值 < 阴性对照信号平均值 +4×阴性对照信号值标准差，探针杂交结果为疑似；

③信号值≤背景信号平均值 +2×背景信号值标准差，且信号值≤阴性对照信号平均值 +2×阴性对照信号值标准差，探针杂交结果为阴性。

7. 结果报告

若芯片检测结果为阴性，则结果报告为相应的微生物阴性；若检测结果为阳性或者疑似，则按传统方法确认。

思考题

1. 采用间接竞争 ELISA 方法检测磺胺二甲嘧啶的主要影响因素有哪些？

2. 影响荧光定量 PCR 检测准确性主要有哪些因素？

3. 采用恒温核酸扩增（LAMP）法检测致病菌时如何避免假阳性或假阴性？

4. 基因芯片法定性检测转基因食品时实验对照该如何设置？

自测题 （不定项选择，至少一项正确，至多不限）

1. 酶联免疫吸附试验（ELISA）中应用最多的底物是（ ）。

    A. 邻苯二胺（OPD）   B. 四甲基联苯胺（TMB）

    C. ABTS   D. 对硝基苯磷酸酯（p－NPP）

2. 酶联免疫吸附试验属于（ ）。

    A. 免疫标记技术   B. 直接凝集反应   C. 间接凝集反应   D. 沉淀反应

3. PCR 实验中，其特异性决定因素为 （ ）。

    A. 模板　　　　　　　　B. 引物　　　　　　　　C. dNTP　　　　　　　　D. 镁离子

4. 在 PCR 反应中，下列哪项可以引起非靶序列的扩增 （ ）。

    A. TaqDNA 聚合酶加量过多　　　　　　　　B. 引物加量过多

    C. A 和 B 同时过多　　　　　　　　D. 缓冲液中镁离子含量过高

5. TaqDNA 聚合酶酶促反应最快最适温度为 （ ）。

    A. 37℃　　　　　　　　B. 50 ~ 55℃　　　　　　　　C. 70 ~ 75℃　　　　　　　　D. 80 ~ 85℃

6. （ ） 是 LAMP 法实现扩增的关键所在。

    A. 模板加入量　　　　　　　　B. 引物设计

    C. DNA 聚合酶种类　　　　　　　　D. 镁离子浓度

7. LAMP 法对 RNA 扩增时，特殊再加入的物质是 （ ）。

    A. *Bst* DNA 聚合酶　　　　　　　　B. 特异引物

    C. 逆转录酶　　　　　　　　D. 甜菜碱

8. 进行 LAMP 反应的注意事项与 PCR 的相似，在保存反应试剂时需注意，一般反应试剂保存于 （ ），未稀释的引物保存于 （ ）。

    A. 4℃　　　　　　　　B. − 20℃　　　　　　　　C. 0℃　　　　　　　　D. − 80℃

9. 下面哪种生物芯片不属于微阵列芯片 （ ）。

    A. 基因芯片　　　　　　　　B. 蛋白芯片　　　　　　　　C. PCR 反应芯片　　　　　　　　D. 芯片实验室

10. 通过 （ ） 技术与基因芯片技术，可以对转基因大豆及其产品物种类组成的物种结构特异性基因的定性检测。

    A. 热启动 PCR　　　　　　　　B. 普通 PCR　　　　　　　　C. 多重 PCR　　　　　　　　D. 一步单管 PCR

11. 以下什么情况下，选择竞争法测抗体 （ ）。

    A. 当检验各种蛋白质等大分子抗原时

    B. 当抗原材料中的干扰物质不易除去时

    C. 当小分子抗原或半抗原因缺乏可作夹心法的两个以上的位点时

    D. 当不易得到足够的纯化抗原时

12. PCR 技术扩增 DNA，需要的条件是 （ ）。

    A. 目的基因　　　　　　　　B. 引物

    C. dNTP　　　　　　　　D. DNA 聚合酶等

    E. mRNA　　　　　　　　F. 核糖体

13. 以下哪种表述是正确的 （ ）。

    A. PCR 反应体系中镁离子的作用是促进 TaqDNA 聚合酶活性

    B. 在定量 PCR 中，72℃这一步对荧光探针的结合有影响，所以去除，实际上 55℃仍可充分延伸，完成扩增复制

    C. PCR 技术需在体内进行

　　　D. 市面上多数试剂用淬灭基团 Q 基团和报告基团 R 基团来标记荧光定量 PCR

14. LAMP 法引物设计时需要考虑的因素主要有（　　）。

　　　A. 引物的大小及引物结合区之间的距离

　　　B. 引物 GC 含量

　　　C. 引物二级结构

　　　D. 引物末端的稳定性

15. 生物芯片的主要特点（　　）。

　　　A. 高通量　　　　　　B. 微型化　　　　　　C. 集成化　　　　　　D. 并行化

参考文献

　　[1] GB/T 21319—2007 动物源食品中阿维菌素类药物残留的测定酶联免疫吸附法 [S]. 2007.

　　[2]《GB/T 19495·1、2、3、4、5、6、8—2004 转基因产品检测通用要求和定义》等标准检测方法 [S]. 2004.

　　[3] SN/T2415—2010 进出口乳及乳制品中沙门氏菌快速检测方法实时荧光 PCR 法 [S]. 2010.

　　[4] SN/T 2754.1—2011 出口食品中致病菌环介导恒温扩增（LAMP）检测方法第 1 部分：金黄色葡萄球菌 [S]. 2011.

　　[5] SN/T 2651—2010 肉及肉制品中常见致病菌检测方法基因芯片法 [S]. 2010.

　　[6] Guimaraes MJ. et al. Differential display by PCR：novel findings and applications [J]. Nucleic Acid Res, 1995, 23（10）：1832.

　　[7] 荆海强. 转基因食品现状初析 [J]. 食品科技, 2000（3）：3.

　　[8] 付华. 生物芯片技术及其在食品检测中的应用 [J]. 现代食品, 2016, 16：14.

　　[9] 成晓维. 生物芯片检测食品中转基因成分的研究 [J]. 食品工业, 2014, 35（10）：193.

　　[10] 陈双雅, 张永祥. 基因芯片在食品微生物检测中的应用 [J]. 食品工业科技, 2008（4）：314－316.

　　[11] 夏俊芳, 刘箐. 生物芯片应用概述 [J]. 生物技术通报, 2010, 7：73.

　　[12] 刘烜, 郑文杰, 赵卫东. 转基因大豆 DNA 检测芯片的研究 [J]. 中国食品卫生杂志, 2005, 17（2）：132.

第六章

食品中可能违法添加的
非食用物质检测

内容摘要：食品中可能违法添加的非食用物质分为以下五类：着色类、防腐保鲜类、改善外观或质地类、以次充好掺假牟利类及其他类等。本章介绍了上述五大类中主要成分、它们的理化性质、可能添加的食品、检测原理和技术等。

第一节　概述

食品中的成分来源于四个方面：①原料中原有的成分，如水分、碳水化合物、蛋白质、氨基酸、脂类、维生素、矿质元素等；②加工过程中产生的成分，如食物中酚类物质氧化产生的有色成分，美拉德反应产生的色香味成分；③原料生产及加工过程中污染的成分，如农药、畜药的残留、环境中的重金属元素在原料中残留等；④人为添加的成分，如食品添加剂。

上述成分中有些需要控制，以尽量减少其残留，如有机磷等农药；有些成分，如食品添加剂则是为改善食品的色、香、味，以及为防腐和加工工艺的需要而加入食品中的化学合成或者天然物质。加工过程中产生的成分多是在人为的控制下产生的，是食品所需要的，或不可避免的。而那些不属于传统上认为是食品原料的、不属于批准使用的新资源食品的、不属于卫生部公布的食药两用或作为普通食品管理物质的、也未列入我国食品添加剂的（GB2760—2014《食品添加剂使用卫生标准》及卫生部食品添加剂公告）、营养强化剂品种名单（GB 14880—1994《食品营养强化剂使用卫生标准》及卫生部食品添加剂公告）的及其他我国法律法规允许使用物质之外的物质，均为非食用物质，如表6-1所示。

根据食品中可能添加的非食用物质目的或作用，可将表6-1中可能添加的非食用物质分为以下五类，即着色类、防腐保鲜类、改善外观或质地类、以次充好掺假牟利类及其他类。

表6-1　　食品中可能违法添加的非食用物质的种类、成分及可能添加的食品一览表

种类	非食用物质名称	主要成分	可能添加的食品
防腐保鲜类	吊白块	甲醛次硫酸钠	腐竹、粉丝、面粉、竹笋等
	硫氰酸钠	硫氰酸钠	乳及乳制品
	工业硫磺	二氧化硫	白砂糖、辣椒、蜜饯、银耳
	富马酸二甲酯	反丁烯二酸二甲酯	糕点
着色类	苏丹红	苏丹红Ⅰ（1-苯基偶氮-2-萘酚）	辣椒粉等
	王金黄（块黄、碱性橙）	2,4-二氨基偶氮苯盐酸盐	豆腐皮等
	玫瑰红B（罗丹明B）	四乙基罗丹明	调味品
	美术绿（铅铬绿）	复合物富含铅、铬元素	茶叶
	碱性嫩黄	4,4'-碳亚氨基双（N,N-二甲基苯胺）单盐酸盐	豆制品
	酸性橙	金橙Ⅱ（2-萘酚偶氮对苯磺酸钠）	卤制熟食
	硫酸亚铁	铁元素	臭豆腐
	工业染料	色素复合物	小米、玉米粉、熟肉制品等
改善外观或质地类	硼酸	氧化硼的水合物	腐竹、肉丸、凉粉、面条等
	硼砂	四硼酸钠	腐竹、肉丸、凉粉、面条等
	溴酸钾	溴酸钾	小麦粉
	工业用甲醛	甲醛	海参、鱿鱼等干水产品
	工业用火碱	氢氧化钠	海参、鱿鱼等干水产品
	一氧化碳	一氧化碳	水产品
	硫化钠	硫化钠	味精
	滑石粉	二氧化硅	小麦粉
	工业用矿物油	油脂、石油烃类等	大米

续表

种类	非食用物质名称	主要成分	可能添加的食品
以次充好掺假类	工业明胶	蛋白质	冰淇淋、肉皮冻
	三聚氰胺（蛋白精）	2，4，6－三氨基三嗪	乳与乳制品等
	皮革水解物	游离氨基酸等	乳与乳制品及含乳饮料
	废弃食用油脂	油脂等	食用油脂
	工业酒精	乙醇等	酒、含酒精饮料等
	毛发水	游离氨基酸等	酱油等
	工业用乙酸	醋酸	食醋等
	敌敌畏	O－（2，2－二氯乙烯基）O，O－二甲基磷酸酯	火腿、鱼干、咸鱼等
其他	β－内酰胺酶（金玉兰酶制剂）		乳与乳制品
	罂粟壳	罂粟碱等	火锅

　　在食品中违法添加非食用物质，归根结底与不法厂商非法牟利休戚相关，如以次充好、牟取暴利、掩盖劣质变质等。目前对于在食品中违法添加的非食用物质的检测方法，除少数已制定国家标准外，大多数尚无国家标准。对于无国家标准方法的非食用物质检测，可根据它们的主要成分进行相应检测，如工业硫磺主要测其主要成分二氧化硫，吊白块主要测其主要成分甲醛等。对于今后可能出现的上表中又未介绍的非食用物质，食品及监管部门应根据食品的特点及可能出现的非食用物质性质建立健全检测方法，以便及时进行监控和预警，从而提高食品的安全性，保障消费者的食用安全。本章主要介绍目前可能添加的非食用物质测定方法，在前面各章节已介绍的本章节不再介绍。

第二节　非食用着色物质的测定

　　"色"，即色泽，是食品色、香、味、形等感官质量指标中最为重要的特征之一。为了改善食品的色泽，GB 2760—2014 中规定了食品中允许添加的着色剂如辣椒红、胡萝卜素、藻蓝素、可可色素、焦糖色素等，但是在食品生产中，也存在个别非法添加非食用物质如苏丹红、王金黄、美术绿等现象，为防止这些行为的发生，国家加强了对这类非食用着色物质的测定。

一、苏丹红的测定

苏丹红又名"苏丹"（sudan），为亲脂性偶氮化合物，主要包括苏丹红Ⅰ（1 - 苯基偶氮 - 2 - 萘酚）、苏丹红Ⅱ（1 - ［（2，4 - 二甲基苯）偶氮］ - 2 - 萘酚）、苏丹红Ⅲ（1 - ［4 - （苯基偶氮）苯基］偶氮 - 2 - 萘酚）和苏丹红Ⅳ（1 - 2 - 甲基 - 4 - ［（2 - 甲基苯）偶氮］苯基偶氮 - 2 - 萘酚）等四种类型，苏丹红Ⅱ、Ⅲ、Ⅳ均为苏丹红Ⅰ的化学衍生物，与苏丹红Ⅰ主体结构相同，均有致癌性，但具体结构间存在个别差异。

苏丹红的相对分子质量为248.29，黄色粉末状，不溶于水，微溶于乙醇，易溶于油脂、矿物油、丙酮和苯。"苏丹红"并非食品添加剂，而是一种人工合成的红色染料，常作为一种工业染料，被广泛用于如溶剂、油、蜡、汽油的增色以及鞋、地板等增光方面。由于苏丹红价格低廉，一些不法商贩用其充当食品着色剂使用的现象时有发生。由于苏丹红的一些代谢产物可能是致癌物，因此应尽可能避免摄入这些物质。

苏丹红的测定方法主要有色谱法、质谱法、气谱 - 质谱联用法、光谱分析法、电化学分析法、酶联免疫吸附法、分子印迹技术等。其中GB/T 19681 - 2005《食品中苏丹红染料的检测方法高效液相色谱法》是卫生部发布的食品中可能违法添加的非食用物质黑名单中指定的分析方法。

（一）实验原理

样品经溶剂提取、固相萃取净化后，用反相高效液相色谱（紫外可见光检测器）进行色谱分析，采用外标法定量。

（二）试剂和仪器

1. 试剂

（1）甲酸（分析纯）；乙醚（分析纯）；正己烷（分析纯）；无水硫酸钠（分析纯）；乙腈（色谱纯）；丙酮（色谱纯、分析纯）。

（2）层析柱管　1cm（内径）×5cm（高）的注射器管。

（3）层析用氧化铝（中性100～200目）　105℃干燥2h，于干燥器中冷至室温，每100g中加入2mL水降活，混匀后密封，放置12h后使用。

（4）氧化铝层析柱　在层析柱管底部塞入一薄层脱脂棉，干法装入处理过的氧化铝至3cm高，轻敲实后加一薄层脱脂棉，用10mL正己烷预淋洗，洗净柱中杂质后，备用。

（5）5%丙酮的正己烷液　吸取50mL丙酮用正己烷定容至1L。

（6）标准物质　苏丹红Ⅰ、苏丹红Ⅱ、苏丹红Ⅲ、苏丹红Ⅳ，纯度≥95%。

（7）标准储备液　分别称取苏丹红Ⅰ、苏丹红Ⅱ、苏丹红Ⅲ及苏丹红Ⅳ各10.0mg（按实际含量折算），用乙醚溶解后用正己烷定容至250mL。

2. 仪器

高效液相色谱仪（配有紫外可见光检测器）；分析天平（感量0.1mg）；旋转蒸发仪；

均质机；离心机；0.45μL 有机滤膜。

（三） 实验步骤

1. 样品处理

（1） 红辣椒粉等粉状样品 称取 1 ~ 5g（准确至 0.001g）样品于三角瓶中，加入10 ~ 30mL 正己烷，超声 5min，过滤，用 10mL 正己烷洗涤残渣数次，至洗出液无色，合并正己烷液，用旋转蒸发仪浓缩至5mL 以下，慢慢加入氧化铝层析柱中，为保证层析效果，在柱中保持正己烷液面为 2mm 左右时上样，在全程的层析过程中不应使柱干涸，用正己烷少量多次淋洗浓缩瓶，一并注入层析柱。控制氧化铝表层吸附的色素带宽宜小于 0.5cm，待样液完全流出后，视样品中含油类杂质的多少用 10 ~ 30mL 正己烷洗柱，直至流出液无色，弃去全部正己烷淋洗液，用含 5% 丙酮的正己烷液 60mL 洗脱，收集、浓缩后，用丙酮转移并定容至5mL，经 0.45μm 有机滤膜过滤后待测。

（2） 红辣椒油、火锅料、奶油等油状样品 称取 0.5 ~ 2g（准确至 0.001g）样品于小烧杯中，加入适量正己烷溶解（约 1 ~ 10mL），难溶解的样品可于正己烷中加温溶解。按（1） 中 "慢慢加入到氧化铝层析柱……过滤后待测" 操作。

（3） 辣椒酱、番茄沙司等含水量较高的样品 称取 10 ~ 20g（准确至 0.01g）样品于离心管中，加 10 ~ 20mL 水将其分散成糊状，含增稠剂的样品多加水，加入30mL 正己烷:丙酮 =3:1，匀浆 5min，3000r/min 离心 10min，吸出正己烷层，于下层再加入 20mL × 2 次正己烷匀浆，离心，合并 3 次正己烷，加入无水硫酸钠 5g 脱水，过滤后于旋转蒸发仪上蒸干并保持 5min，用 5mL 正己烷溶解残渣后，按（1） 中 "慢慢加入到氧化铝层析柱……过滤后待测" 操作。

（4） 香肠等肉制品 称取粉碎样品 10 ~ 20g（准确至 0.01g）于三角瓶中，加入 60mL 正己烷充分匀浆 5min，滤出清液，再以 20mL × 2 次正己烷匀浆，过滤。合并 3 次滤液，加入 5g 无水硫酸钠脱水，过滤后于旋转蒸发仪上蒸至 5mL 以下，按（1） 中 "慢慢加入到氧化铝层析柱中……过滤后待测" 操作。

2. 液相色谱参考条件

色谱柱：Zorbax SB - C$_{18}$（或相当型号色谱柱）；流动相：溶剂 A——0.1% 甲酸的水溶液:乙腈 =85:15；溶剂 B——0.1% 甲酸的乙腈溶液:丙酮 =80:20；梯度洗脱：流速：1mL/min，柱温：30℃，检测波长：苏丹红Ⅰ 478nm；苏丹红Ⅱ、Ⅲ、Ⅳ 520nm；于苏丹红Ⅰ出峰后切换，进样量：10μL。梯度洗脱条件如表 6 - 2 所示。

表 6 - 2　　　　　　　　　　梯度洗脱条件

时间/min	流动相梯度/%		曲线
	A	B	
0	25	75	线性
10.0	25	75	线性

续表

时间/min	流动相梯度/%		曲线
	A	B	
25.0	0	100	线性
32.0	0	100	线性
35.0	25	75	线性
40.0	25	75	线性

3. 标准曲线绘制

吸取标准储备液 0、0.1、0.2、0.4、0.8、1.6mL，用正己烷定容至 25mL，此标准系列浓度为 0、0.16、0.32、0.64、1.28、2.56μg/mL，绘制标准曲线。

4. 结果计算

按式 (6-1) 计算苏丹红含量

$$X = \rho \times V / m \tag{6-1}$$

式中　X——样品中苏丹红含量，mg/kg；

　　　ρ——由标准曲线得出的样液中苏丹红的浓度，μg/mL；

　　　V——样液定容体积，mL；

　　　m——样品质量，g。

（四）注意事项

不同厂家和不同批号氧化铝的活度有差异，须根据具体购置的氧化铝产品略作调整，活度的调整采用标准溶液过柱，将 1μg/mL 的苏丹红的混合标准溶液 1mL 加到柱中，用 5% 丙酮正己烷溶液 60mL 完全洗脱为准，4 种苏丹红在层析柱上的流出顺序为苏丹红Ⅱ、苏丹红Ⅳ、苏丹红Ⅰ、苏丹红Ⅲ，可根据每种苏丹红的回收率作出判断。苏丹红Ⅱ、苏丹红Ⅳ的回收率较低表明氧化铝活性偏低，苏丹红Ⅲ的回收率偏低时表明活性偏高。

二、 王金黄的测定

王金黄学名碱性橙Ⅱ（Basic OrangeⅡ），是一种偶氮类碱性染料，相对分子质量 248.72，闪光棕红色结晶块或砂状。红褐色结晶性粉末或带绿色光泽的黑色块状晶体。溶于水呈带黄的橙色，溶于乙醇和溶纤素，微溶于丙酮，不溶于苯。为致癌物，主要用于纺织品、皮革制品及木制品的染色。根据美国卫生研究所（NIH）化学品健康与安全数据库资料表明：过量摄取、吸入以及皮肤接触该物质均会造成急性和慢性的中毒伤害。由于碱性橙Ⅱ比其他水溶性染料如柠檬黄、日落黄等更易于在豆腐以及鲜海鱼上染色且不易褪色，因此一些不法商贩用碱性橙Ⅱ对豆腐皮、黄鱼进行染色，以次充好，以假乱真，欺骗消费者。

食品中王金黄的测定方法有：气－质联用法、高效液相色谱法和反相高效液相色谱法等。本文采用液相色谱法检测食品中的王金黄。

（一） 实验原理

试样中的目标化合物用乙腈:水 （7:3） 提取，用高效液相色谱 C_{18} 柱分离，紫外检测器检测，外标法定量。

（二） 试剂及仪器

1. 试剂

（1） 乙酸铵、无水乙酸为分析纯，甲醇、乙腈为色谱纯，试验用水均为超纯水。

（2） 标准储备液的配制　准确称取 0.0100 g 酸性黄、酸性橙Ⅱ、碱性橙、碱性玫瑰精标准品于 10mL 棕色容量瓶中，用甲醇溶解并定容。

（3） 标准使用液　分别吸取 1.0mL 酸性黄、酸性橙Ⅱ、碱性橙、碱性玫瑰精的标准储备液到 10mL 容量瓶中用水定容至刻度为中间使用液，再分别取 0.1、0.5、1.0、2.0、5.0mL 中间使用液到 1mL 容量瓶中用水定容至刻度，四种组分的标准系列为：1、5、10、20、50μg/mL。

（4） 提取液　乙腈:水 = 7:3。

2. 仪器

高效液相色谱仪，配备有 Waters – Allains2695 泵控及自动进样系统；Waters – 2996 二极管阵列检测器；离心机；超声振荡器。

（三） 实验步骤

1. 样品处理

准确称取 2 ~ 5g 样品于 50mL 塑料离心管中，加入 10mL 提取液，超声提取 20min 后，以 1000r/min 离心 10min，取 20μL 液相色谱测定。

2. 液相色谱参考条件

色谱柱：Inertsil ODS – 3　4.6mm×250mm，5μm；流动相：A：乙腈；B：10mmol/L 乙酸铵水溶液 （乙酸 0.12%）；梯度洗脱 （如表 6 – 3 所示）；波长：酸性黄、酸性橙Ⅱ、碱性橙，450nm；碱性玫瑰精，550nm；流速：1.0mL/min；柱温：35℃；进样体积：20μL。

分别取标准和样品各 20μL 进样，HPLC 测定，外标法定量。

表6-3　　　　　　　　　　　　　梯度洗脱条件

时间/min	A 梯度/%	B 梯度/%
0	30	70
14	82	18
15	82	18
16	30	70

3. 结果计算

按式（6-2）计算王金黄含量

$$X = \rho \times 10/m \qquad (6-2)$$

式中　X——样品中待测组分的含量，$\mu g/g$；

　　　ρ——样品中待测组分的测定浓度，$\mu g/mL$；

　　　m——样品重量，g。

三、　玫瑰红 B 的测定

玫瑰红 B 也称罗丹明 B（Rhodamine B），俗称花粉红，相对分子质量 479.0175，结构式如图 6-1 所示，是一种具有鲜桃红色的人工合成的染料，主要用于造纸工业染蜡光纸、打字纸、有光纸等。深红色结晶或红棕色粉末。溶于水及酒精中（呈带强荧光的蓝光红色溶液），易溶于溶纤素，微溶于丙酮。遇浓硫酸呈黄光棕色，有强的绿色荧光，稀释后呈大红色转为蓝光红色和橙色。由于玫瑰红 B 具有脂溶性，曾被用作食品添加剂添加于调味品（主要是辣椒粉和辣椒油）起染色作用。一般成年人食用含有玫瑰红 B 的食物 30min 开始感觉头晕，心烦，小便呈淡玫瑰红色，皮肤黏膜也染成玫瑰红色，不痒。半数致死量（小鼠，腹腔）150mg/kg。

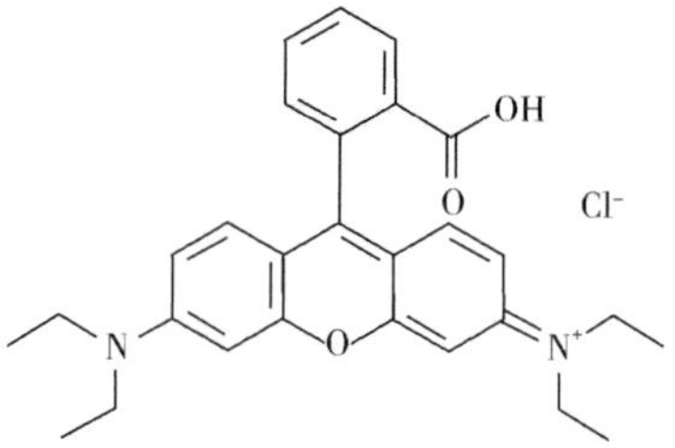

图 6-1　玫瑰红 B

食品中玫瑰红 B 的测定方法有：液质联用法、高效液相色谱荧光检测法、高效液相色谱紫外检测法、试剂盒快速检测法等。本文介绍卫生部推荐方法液相色谱法。

（一）　实验原理

试样中的目标化合物用乙腈∶水（7∶3）提取，用高效液相色谱 C_{18} 柱分离，紫外检测器检测，外标法定量。

（二）　试剂和仪器

1. 试剂

（1）乙酸铵、无水乙酸为分析纯，甲醇、乙腈为色谱纯，试验用水均为超纯水。

（2）标准储备液的配制　准确称取 0.0100g 酸性黄、酸性橙Ⅱ、碱性橙、碱性玫瑰精标准品于 10mL 棕色容量瓶中，用甲醇醇溶解并定容至刻度。

（3）标准使用液　分别吸取 1.0mL 酸性黄、酸性橙Ⅱ、碱性橙、碱性玫瑰精的标准储备液到 10mL 容量瓶中用水定容至刻度为中间使用液，再分别取 0.1、0.5、1.0、2.0、

5.0mL 中间使用液到 1mL 容量瓶中用水定容至刻度，四种组分的标准系列为：1、5、10、20、50μg/mL。

（4）提取液　乙腈:水 = 7:3。

2. 仪器

高效液相色谱仪，配备有 Waters – Allains2695 泵控及自动进样系统；Waters – 2996 二极管阵列检测器；离心机；超声振荡器。

（三）实验步骤

1. 样品处理

准确称取 2～5g 样品于 50mL 塑料离心管中，加入 10mL 提取液，超声提取 20min 后，以 1000r/min 离心 10min，取 20μL 液相色谱测定。

2. 液相色谱参考条件

色谱柱：Inertsil ODS – 3 4.6mm × 250mm，5μm；流动相：A：乙腈；B：10mm 乙酸铵水溶液（乙酸 0.12%）；梯度洗脱：如表 6 – 4 所示；波长：酸性黄、酸性橙Ⅱ、碱性橙 450nm；碱性玫瑰精 550nm；流速：1.0mL/min；柱温：35℃；进样体积：20μL。

表6 –4　　　　　　　　　　　　　　梯度洗脱条件

时间/min	A 梯度/%	B 梯度/%
0	30	70
14	82	18
15	82	18
16	30	70

3. 结果计算

分别取标准和样品各 20μL 进样，HPLC 测定，外标法定量。

按式（6-3）计算玫瑰红 B 含量

$$X = \rho \times 10/m \tag{6-3}$$

式中　X——样品中待测组分的含量，μg/g；

　　　ρ——样品中待测组分的测定浓度，μg/mL；

　　　m——样品重量，g。

（四）注意事项

如果样品中色素干扰较多，可在氧化铝固相萃取小柱上分离。本办法对不同的色素可同时测定。

四、 碱性嫩黄的测定

碱性嫩黄（Auramine O），旧称盐基淡黄 O 或盐基槐黄，又称奥拉明 O。黄色粉末，工业染料，一般只能用于染布。主要用于醋纤、棉织品的染色，还用于纸张、皮革、油漆等的着色。难溶于冷水和乙醚，易溶于热水和乙醇。相对分子质量303.84。由于能起染色作用，一些不法商贩把碱性嫩黄加入到腐竹中。碱性嫩黄对皮肤黏膜有轻度刺激，可引起结膜炎、皮炎和上呼吸道刺激症状，人接触或者吸入碱性嫩黄都会引起中毒。颜色过于黄的腐竹可能加入了碱性嫩黄。

碱性嫩黄的检测方法为高效液相色谱法。

（一）　实验原理

样品用乙腈提取后用正己烷脱脂净化，然后在碱性条件下用乙醚萃取，最后溶于甲醇中进行 HPLC 分离、检测。

（二）　试剂和仪器

1. 试剂

（1）甲醇、醋酸铵、冰醋酸、氨水、CH_2Cl_2、十二烷基磺酸钠为分析纯，实验用水为去离子水，碱性嫩黄 O（pure，Acros）。

（2）称取碱性嫩黄 O 0.01g，用甲醇溶解并定容于100mL 容量瓶，配制成100μg/mL 的标准储备液，使用时逐级稀释成标准工作溶液（0.1~50μg/mL）。将 $V_{冰醋酸}:V_{甲醇} = 1:3$ 的比例配制提取液。

2. 仪器

高效液相色谱系统：WatersSl0 泵配，Waters486 紫外可见检测器，UV3100 紫外分光光度计（Hitachi），KQ-500DB 型数控超声波清洗器。

（三）　实验步骤

1. 样品处理

样品粉碎均匀后称取2.5g 样品于烧杯中，加入提取液20mL，超声提取30min，过滤，再分别用20mL、10mL 甲醇提取两次，过滤，合并滤液，氨水调节滤液至弱碱性。将滤液转移至分液漏斗，向其中加入20mL 去离子水、20mL CH_2Cl_2，振摇、静置、分层，收集下层溶液，再分别用20mL 和10mL CH_2Cl_2 萃取两次。合并3次萃取液，浓缩至近干，定容至2.5mL，用0.45μm 尼龙滤膜过滤，待测。

2. 液相色谱参考条件

色谱柱为 Sytmmtryshield™RPl8（4.6mm×250mm，5μm），柱温35℃，检测波长430nm，流动相A：甲醇，经0.50μm 有机相滤膜抽滤；流动相B：0.1mol/L 醋酸铵、0.002mol/L 十二烷基磺酸钠，用醋酸调节 pH 至4.5，经0.45μm 水相滤膜抽滤。流动相A 和流动相B 按6:4 的比例以1.0mL/min 流速进行。选择430nm 作为检测波长。流动相选择 $V_{甲醇}:V_{水} = 6:4$，pH 为4.5，20% 醋酸的甲醇作为提取液。

3. 标准曲线的绘制

将浓度为0.5、1、10、20、50μg/mL 的碱性嫩黄 O 标准溶液依次进样，以色谱峰面积对浓度作图，得到工作曲线。

4. 样品测定

将处理得到的待测样品过高效液相色谱，以得到的色谱峰面积在工作曲线上查得浓度。

五、 酸性橙的测定

酸性橙，又叫"酸性金黄"，是皂黄（Metanil yellow）的别称，相对分子质量452.380。主要用于纺织品、皮革制品、塑料及木制品的染色。酸性橙Ⅱ为中等毒性致癌化合物，禁止在食品中使用。由于酸性橙具有色泽鲜艳，着色稳定，价廉，经长时间烧煮、高温消毒而不分解褪色等特点，一些不法商贩为使卤制品卖相好看，可能存在非法添加。

酸性橙Ⅱ的测定方法有纸层析法和分光光度法等，这些方法操作时间长，定量精度差。而高效液相色谱（HPLC）法测定食品中酸性橙Ⅱ的方法快速、准确，适用于食品中合成食用色素与非食用色素酸性橙Ⅱ的同时测定。

（一） 实验原理

食品中非食用色素酸性橙Ⅱ经提取制成水溶液，注入高效液相色谱仪，经反相色谱分离，根据保留时间定性，采用外标法进行定量。

（二） 试剂和仪器

1. 试剂

（1）重蒸馏水、乙酸、甲醇（色谱纯）、聚酰胺粉（过200目筛）、乙酸铵溶液（0.02mol/L）、柠檬酸溶液、无水乙醇 – 氨水 – 水溶液、酸性橙Ⅱ、柠檬黄、苋菜红、胭脂红、日落黄。

（2）酸性橙Ⅱ标准溶液　准确称取干燥的酸性橙标样0.1000g，蒸馏水溶解，定容至100mL，此溶液1mL含1.00mg酸性橙Ⅱ。临用时，用蒸馏水稀释至1mL含10mg的酸性橙Ⅱ标准使用液。

（3）混合着色剂标准溶液　准确称取按其纯度折算为100%质量的柠檬黄、日落黄、苋菜红、胭脂红、酸性橙Ⅱ各0.100g，置100mL容量瓶中，加水（pH = 6）到刻度，配成水溶液（1.00mg/mL），临用时，用水稀释经0.45μm滤膜过滤，配成每毫升含各种标准物质10μg的混合着色剂标准使用液。

2. 仪器

高效液相色谱仪：Waters 515泵，Waters紫外可见波长检测器；KQ – 100DB型数控超声波清洗器；离心机。

（三） 实验步骤

1. 样品处理

（1）液体样品　饮料实验前，对于含二氧化碳试样应预先加热驱除二氧化碳；配制酒类加热驱逐乙醇，可不经稀释，过0.45μm滤膜后测定。

（2）固体样品　糕点类、卤制品类、灌制品类、辣椒面等样品，称样5.00~10.00g，粉碎混匀，加无水乙醇 – 氨水 – 水（70 + 1 + 29）溶液20mL，振摇0.5h，过滤，洗滤渣2

次，合并滤液，用水（pH6）定容，过 $0.45\mu m$ 滤膜测定。

（3）乳制品　可称量 5.00g 试样，按 GB5009.23—2003 聚酰胺吸附法提取色素，经 $0.45\mu m$ 滤膜过滤测定。

2. 液相色谱参考条件

色谱柱：Diamonsil™（钻石）C_{18} $5\mu m$，$4.6mm \times 200mm$ 色谱柱；流动相：A：$0.02mol/L$ 甲醇；B：醋酸铵；流速：$1.0mL/min$，梯度洗脱；进样量：$20\mu L$；柱温：室温；紫外可变波长检测器：$\lambda = 484nm$；流动相的选择：采用甲醇 + 醋酸铵体系作流动相，试剂价格便宜、易得，采用梯度洗脱可以同时测定柠檬黄、苋菜红、胭脂红、日落黄。

3. 线性范围

对酸性橙 II 在 $0 \sim 200\mu g/mL$ 的范围内配制标准溶液系列 9 点，每标样进 3 针，以标样的峰面积的平均值为纵坐标，以标样的浓度为横坐标，绘制标准曲线，并利用最小二阶乘法进行线性回归，得到在 $0 \sim 100\mu g/mL$ 范围内的线性方程。

第三节　发色或漂白用可能添加的非食用物质的测定

食品中常常含有着色物质或因天然色素的不稳定而变色，影响食品的外观或质地。通过添加发色或漂白剂，可以使着色物质分解，达到改善食品外观或质地的目的。这些物质有的是食品中允许使用的添加剂，有的是未被允许在食品中使用的非食用物质，如硼砂及硼酸、溴酸钾及甲醛等。

一、　硼砂及硼酸的测定

硼酸的分子式 H_3BO_3，相对分子质量 61.83，是白色粉末状结晶或三斜轴面鳞片状光泽结晶，有滑腻手感，无臭味。溶于水、酒精、甘油、醚类及香精油中，水溶液呈弱酸性。主要用作硼硅酸玻璃、医药、搪瓷、釉、染料以及化妆品等原料。

硼砂又名硼酸钠十水盐，它的化学成分是四硼酸钠，分子式 $Na_2B_4O_7 \cdot 10H_2O$，相对分子质量 381.37，无色半透明晶体或白色结晶粉末。无臭，味咸。易溶于水、甘油中，微溶于酒精。有毒，对大鼠口服（折合硼酸）LD_{50} 为 3.3g/kg。具有保鲜、防腐、增加韧性、脆度、护色以及改善食品保水性和保存性的作用，因此被不法分子添加于腐竹、肉丸、凉粉、面条、虾等食品中。毒理学实验表明，硼酸和硼砂可在体内蓄积，排泄很慢，连续摄取会在体内蓄积，妨害消化酶作用，引起食欲减退、消化不良、抑制营养素吸收，促进脂肪分解，因而使体重减轻，其中毒的临床症状主要表现在心血管、神经、胃肠、生殖泌尿、体温调节和皮肤等多个方面，具体为呕吐、腹泻、红斑、循环系统障碍、休克、昏迷等所谓的硼酸症。

硼砂及硼酸的检测方法主要有分光光度法、焰色反应法、化学电化学方法、快速检测试剂盒法等。本文介绍食品中硼酸的测定国标方法（GB 5009.275—2016）：乙基己二醇 – 三氯甲烷萃取姜黄比色法。

（一） 实验原理

通过乙基己二醇 – 三氯甲烷溶液对样品中的硼酸进行快速的富集、萃取，除去共存盐类的影响，利用浓硫酸与姜黄混合生成的质子化姜黄与硼酸反应生成红色产物。溶液颜色的深浅与样品中硼酸含量成正比，通过比色可以测定样品中硼酸的含量。在酸性条件下硼砂以硼酸形式存在，所以该方法也可以反映食品中添加硼砂的含量。

（二） 试剂和仪器

1. 试剂

（1） 所用试剂均为分析纯，水为蒸馏水或同等纯度的水。

（2） 浓硫酸；硫酸（1 + 1）溶液；无水乙醇；亚铁氰化钾溶液（称取106.0g亚铁氰化钾，用水溶解，并稀释至1000mL）。

（3） 乙酸锌溶液　称取220.0g乙酸锌，加30mL冰乙酸溶于水，并稀释至1000mL。

（4） 姜黄 – 冰醋酸溶液　称取姜黄色素0.10g溶于100mL冰乙酸中，此溶液保存于塑料容器中。

（5） 乙基己二醇 – 三氯甲烷溶液　取2 – 乙基 – 1，3 – 己二醇10mL，加三氯甲烷稀释至100mL，此溶液保存于塑料容器中。

（6） 硼酸标准储备液　准确称取在硫酸干燥器中干燥5h后的硼酸0.5000g，溶于水并定容至1000mL，保存于塑料容器中。此硼酸标准储备液的浓度为500μg/mL。

（7） 硼酸标准溶液　取硼酸标准储备液10.00mL，加水定容至1000mL，此溶液保存于塑料容器中。此硼酸标准使用溶液的浓度为5μg/mL。所配制溶液于0 ~ 4℃冰箱中可储存3个月。

2. 仪器

分光光度计，高速捣碎机，100mL塑料容量瓶，150mL塑料烧杯，25mL和50mL带盖塑料试管，涡旋振荡器。

（三） 实验步骤

1. 标准曲线的绘制

准确量取硼酸标准溶液0.00，1.00，2.00，3.00，4.00，5.00mL于25mL塑料试管中，各加水至5mL。加硫酸（1 + 1）溶液1mL，振荡混匀。然后加乙基己二醇 – 三氯甲烷溶液5.00mL，盖上盖子，涡旋振荡器振摇约2min，静置分层，吸取下层的乙基己二醇 – 三氯甲烷溶液通过直径7cm干燥快速滤纸过滤。

各取1.00mL过滤液于50mL塑料试管中，依次加入姜黄 – 冰乙酸溶液1.0mL、浓硫酸0.5mL，摇匀，静置30min，加无水乙醇25mL，静置10min后，于550nm处1cm比色皿测定吸光度。以标准系列的硼酸量（μg）为横坐标，以吸光度为纵坐标绘制标准曲线。

2. 样品处理

（1）固体样品　称取经高速捣碎机捣碎的样品 2.00 ～ 10.00g（精确到 0.01g），加 40 ～ 60mL 水混匀，缓慢滴加 2mL 浓硫酸，超声 10min 促进溶解混合。加乙酸锌溶液 5mL、亚铁氰化钾溶液 5mL，加水定容至 100mL，过滤后作为样品溶液。根据样品含量取 1.00 ～ 3.00mL 样品溶液于 25mL 塑料试管中，加水至 5mL。加硫酸（1＋1）溶液 1mL，振荡混匀。接着加乙基己二醇 - 三氯甲烷溶液 5.00mL，盖上盖子，涡旋振荡器振摇约 2min，静置分层，吸取下层的乙基己二醇 - 三氯甲烷溶液并通过直径 7cm 干燥快速滤纸过滤。过滤液作为样品测试液。

（2）液体样品　称取样品 2.00 ～ 10.00g（精确到 0.01g），加水定容至 100mL，作为样品溶液。蛋白质或脂肪含量高的液体样品可加乙酸锌溶液 5mL、亚铁氰化钾溶液 5mL，加水定容至 100mL，过滤后作为样品溶液。根据样品含量取 1.00 ～ 3.00mL 样品溶液于 25mL 塑料试管中，加水至 5mL。加硫酸（1＋1）溶液 1mL，振荡混匀。接着加乙基己二醇 - 三氯甲烷溶液 5.00mL，盖上盖子，涡旋振荡器振摇约 2min，静置分层，吸取下层的乙基己二醇 - 三氯甲烷溶液并通过直径 7cm 干燥快速滤纸过滤。过滤液作为样品测试液。

3. 样品测定

准确吸取样品测试液 1.00mL 于 50mL 塑料试管中，以下操作同标准曲线中显色、比色步骤。以测出的吸光度在标准曲线上查得试样液中的硼酸量。

4. 结果计算

按式（6－4）计算试样中硼酸的含量

$$X = \frac{m_1 \times 1000 \times V_1}{m \times 1000 \times V_2} \times F \tag{6-4}$$

式中　X——样品中硼酸的含量，mg/kg；

m_1——试样测定液中硼酸质量，μg；

V_1——试样定容体积，mL；

m——样品量，g；

V_2——测定用试样体积，mL；

F——换算为硼砂的系数，硼酸系数为 1，硼砂系数为 1.54。计算结果保留三位有效数字

（四）注意事项

如果萃取过程出现乳化现象，可以用 3000r/min 离心 3min 或在测定体系中加入 1mL 无水甲醇以避免乳化或沉淀现象（加水定容总体积为 5mL）。

二、　溴酸钾的测定

溴酸钾为无色三角晶体或白色结晶性粉末，相对分子质量 167.01。溶于水，微溶于醇，不溶于丙酮。主要用作分析试剂、氧化剂、食品添加剂、羊毛漂白处理剂。溴酸钾作为面粉处理剂，不仅可以使面包更白，而且可以使面包更膨松更漂亮。20 世纪末发现过量食用会损害人的中枢神经、血液及肾脏，并确定溴酸根是一种氧化性致癌物，主要能导致动物

的肾和膀胱组织发生癌变。溴酸钾对眼睛、皮肤、黏膜有刺激性，口服后可引起恶心、呕吐、胃痛、呕血、腹泻等，严重者发生肾小管坏死和肝脏损害，高铁血红蛋白血症，听力损害。大量接触可致血压下降。现将溴酸钾列为非食用物质，禁止包括在小麦粉在内的任何食品中使用。

溴酸钾的测定方法有亚硫酸盐滴定法、碘滴定法、分光光度法、化学发光法、液相色谱法、气相色谱法、气质联用法等。其中 GB/T 20188—2006 小麦粉中溴酸盐的测定——离子色谱法是食品中可能违法添加的非食用物质黑名单中指定的分析方法。

（一） 实验原理

用纯水提取样品中溴酸根离子（BrO_3^-），经 Ag/H 柱除去样品提取液中干扰氯离子（Cl^-）、超滤法除去样品提取液中水溶性大分子，采用离子交换色谱－电导检测器测定，外标法定量。

（二） 试剂与仪器

1. 试剂

（1）除另有说明外，所用试剂为分析纯，所用高纯水质量为 $18.2 M\Omega \cdot cm$。

（2）硫酸溶液 50g/L；硝酸银溶液 50g/L；氯化钠溶液质量分数 0.5%。

（3）强酸型阳离子交换树脂（H 型） 732 强酸型阳离子交换树脂（总交换容量 ≥ 4.5mmol/g）用水浸泡，用 5 倍体积去离子水洗涤 3 次、用 1 倍体积甲醇洗涤、再用 5～10 倍体积高纯水分数次洗涤，至清洗水无色澄清后，尽量倾出清洗水，加入 2 倍体积的硫酸溶液（3:1），用玻璃棒搅拌 1h，使树脂转为 H 型，先用去离子水洗至接近中性，然后用高纯水洗，至清洗水的 pH 约为 6，将树脂转入广口瓶中并覆盖高纯水备用。

（4）强酸型阳离子交换树脂（Ag 型） 取一定量处理好的 H 型阳离子交换树脂，加入 2 倍体积的硝酸银溶液（3:2），用玻璃棒搅拌 1h，使树脂转成 Ag 型，先用 5 倍体积去离子水分数次洗涤，然后用 5～10 倍体积的高纯水分数次洗涤树脂，用 0.5%氯化钠溶液检验清洗水，直至不出现白色浑浊为止，将树脂转入广口瓶中覆盖高纯水备用。

（5）层析柱 0.8cm（内径）×10cm（高）层析管。

（6）BrO_3^- 标准储备溶液（1000μg/mL） 准确称取 $KBrO_3$ 基准试剂（相对分子质量 167.00，含量 ≥99.9%）0.1310g，用高纯水溶解并定容至 100mL，配成含 BrO_3^- 1000μg/mL 标准储备液，置于棕色瓶中 4℃下保存可稳定 2 个月。

（7）BrO_3^- 标准稀释液（100μg/mL） 吸取 BrO_3^- 标准储备液 10.0mL，用高纯水定容至 100mL，BrO_3^- 浓度为 100μg/mL。

（8）BrO_3^- 标准工作曲线溶液 分别取 BrO_3^- 标准稀释液 0、0.5、1.0、1.5、2.0、2.5、3.0mL，用高纯水定容至 50mL，该标准工作曲线浓度为：0、1.0、2.0、3.0、4.0、5.0、6.0。若采用 200μL 大体积进样时，标准工作曲线溶液需进行适当稀释。

（9）相关阴离子标准储备溶液 配制与小麦粉基底相关的阴离子储备液，如表 6－5 所示。

注：可选项，该储备溶液供配制阴离子标准混合工作溶液时使用。

（10）相关阴离子标准混合工作溶液　配制与小麦粉基底相关的阴离子标准混合工作溶液，如表6-6所示。

注：可选项，该标准榕液供调整柱分离条件和观察柱清洗条件时使用。

（11）石油醚　分析纯，沸程30~60℃。

表6-5　　　　　　　　　　　相关离子标准储备液的配制

名称	NaF	KNO$_3$	KBr	NaCl	NaNO$_3$	Na$_2$SO$_4$
质量/g	0.221	0.163	0.149	0.165	0.150	0.148
定容体积/mL			100			
阴离子浓度/（μg/mL）			1000			

名称	甲酸钠 HCOONa·2H$_2$O	乙酸钠 CH$_3$COONa	草酸 C$_2$H$_2$O$_4$·2H$_2$O	柠檬酸 C$_5$H$_8$O$_7$·H$_2$O	磷酸氢二钠 Na$_2$HPO4·12H$_2$O
质量/g	0.231	0.139	0.373	0.143	0.111
定容体积/mL			100		
阴离子浓度/（μg/mL）			1000		

表6-6　　　　　　　　　　相关离子标准混合工作液的浓度

序号	1	2	3	4	5	6	7	8	9	10	11	12
离子种类	F$^-$	BrO$_3^-$	Cl$^-$	NO$_2^-$	NO$_3^-$	Br$^-$	SO$_4^{2-}$	HPO$_4^{2-}$	乙酸根	甲酸根	草酸根	柠檬酸根
吸取储备液/mL	0.6	2.0	2.5	2.0	2.0	2.0	2.0	2.0	2.0	1.0	2.0	3.0
定容体积/mL						100						
阴离子浓度/（μg/mL）	6	20	25	20	20	20	20	20	20	10	20	30

2. 仪器

（1）离子色谱仪，配电导检测器；超声波清洗器；振荡器；离心机：4000r/min（50mL离心管）；10000r/min（1.5mL离心管）；分析天平：感量0.1mg；移液器：0.1~1mL；0.2μm水性样品过滤器。

（2）超滤器　截留相对分子质量10000（MWCO 10000），样品杯容量0.5mL；进样量为 200μL 时使用容量为 4mL 样品杯。

注：可采用 millipore microcon YM – 10 型，Amicon Ultra – 4 型及同等性能的超滤器。

（三）实验步骤

1. 提取

（1）小麦粉　准确称取 10g（精确至 0.1g）小麦粉于 250mL 具塞三角瓶中，加入 100.0mL 高纯水，迅速摇匀后置振荡器上振荡 20min（或在间歇搅拌下于超声波中提取 20min），静置，转移 20mL 上层液于 50mL 离心管中，3000r/min 离心 20min，上清液备用。

（2）含油脂较多的试样　准确称取 10g（精确至 0.1g）于 100mL 烧杯中，加入 30mL × 3 次石油醚洗去油脂，倾去石油醚，样品经室温干燥后按（1）"加入 100.0mL 高纯水……上清液备用"操作。

（3）包子粉、面包粉等小麦粉品质改良剂　根据 BrO_3^- 含量的不同准确称取 0.2～1g（精确至 0.001g），用高纯水溶解并定容至 50.0mL，经 0.2μm 的水性样品滤膜过滤后直接进行色谱测定。

2. 净化

Ag/H 柱去除样品提取液中的 Cl^-：将 H 型树脂慢慢倒入关闭了出水口的层析柱中，用玻璃棒搅动树脂赶出气泡，并使树脂均匀地自然沉降，装入 2mL 树脂后（约 3cm 高），再慢慢装入 2mL Ag 型树脂，不要冲击已沉降的 H 型树脂，尽量保持两层树脂界面清晰，待 Ag 型树脂完全沉降后，打开出水口，控制流速为 2mL/min，加 10mL 高纯水冲洗，待柱中的水自然流尽后，立即将准备好的样品溶液沿柱内壁加入，不要冲击树脂表面，弃去前 5mL 流出液，收集其后 2mL 流出液进行下一步净化。若使用商品化（OnGuardn Ag/H）脱 Cl^- 柱时，按产品说明书操作。对 Cl^- 含量在 1g/kg 以下的小麦粉，也可省略此步操作。

超滤法去除样品提取液中的水溶性大分子：将收集液经 0.2μm 的水性样品滤膜过滤后注入超滤器样品杯中，于 10000r/min 下离心 30min 进行超滤，超滤液直接进行色谱分析。按以上规定的条件进行空白小麦粉实验。

3. 离子色谱参考条件

（1）梯度色谱条件　色谱柱：DIONEX IonPac Ⓒ AS19 4mm × 250mm（带 IonPac Ⓒ AG19 4mm × 50mm 保护柱）；流动相：DIONEX EG50 自动淋洗液发生器，OH^- 型；抑制器：DIONEX ASRS 4mm 阴离子抑制器；外加水抑制模式，抑制电流 100 mA；检测器：电导检测器，检测池温度：30℃；进样量：根据样液中 BrO_3^- 含量选择进样 20～200μL。

淋洗液 OH^- 浓度：如表 6 – 7 所示。

时间/min	流速/（mL/min）	OH⁻浓度/（mmol/L）	梯度曲线
0	1	5	5
15	1	5	5
25	1	30	5
30	1	40	5
42	1	40	5
46	1	5	5
48	1	5	5

表6-7　　　　　　　　　　淋洗 OH⁻ 浓度表

（2）梯度色谱条件　色谱柱：shodex IC SI-52 4E 4mm×250mm（带 shodex IC SI-90G 4mm×50mm 保护柱）；流动相：3.6mmol/L Na_2CO_3；流速：0.7mL/min；抑制器：自动再生抑制器（具有去除 CO_2 功能）；检测器：电导检测器；检测池温度：室温；进样量：根据样液中 BrO_3^- 含量选择进样 20～200μL。

4. 样品测定

使用与小麦粉本底相关的阴离子标准混合工作溶液调整柱分离条件并观察柱清洗情况，保证 BrO_3^- 和 Cl^- 的分离度达到要求，注入空白小麦粉提取液，确认在 BrO_3^- 出峰处没有小麦粉本底干扰峰时，才可进行校准曲线和样品的测定，使用外标法定量。

5. 结果计算

按式（6-5）计算试样中溴酸钾的含量

$$X = \rho \times V/m \qquad (6-5)$$

式中　X——试样中 BrO_3^- 的含量，mg/kg；

　　　ρ——由标准曲线得到样品溶液中 BrO_3^- 的含量，mg/mL；

　　　V——样品溶液定容体积，mL；

　　　m——样品质量，g。

计算结果保留两位有效数字。若结果以 $KBrO_3$ 计时，乘以系数1.31。计算结果小于本标准检出限0.5mg/kg（以 BrO_3^- 计）时，视为未检出。

（四）注意事项

上述方法中所列仪器及配置仅供参考，同等性能仪器及配置均可使用。

三、工业用甲醛的测定

甲醛别名蚁醛，相对分子质量30.03，是一种无色、有强烈刺激性气味的气体，其35%～40%的水溶液通称福尔马林。易溶于水、醇和醚。甲醛在常温下是气态，通常以水溶液形式出现。易溶于水和乙醇，醛是一种重要的有机原料，主要用于塑料工业、合成纤维、皮革工业、医药、染料等。一些不法商贩主要利用甲醛的防腐性能，加入水产品等不易储存的食品中。误食高浓度甲醛后，会出现呼吸道的严重刺激和水肿、眼刺痛、头痛，也可发生支气管哮喘。皮肤直接接触甲醛，可引起皮炎、色斑、坏死。经常吸入少量甲醛，能引起慢性中毒，出现黏膜充血、皮肤刺激症、过敏性皮炎、指甲角化和脆弱、甲床指端疼痛等。全身症状有头痛、乏力、胃纳差、心悸、失眠、体重减轻以及植物神经紊乱等。

甲醛的测定方法有：快速定性法中的间苯三酚法、品红亚硫酸法、溴化钾法；分光光度法中的乙酰丙酮显色法、变色酸显色法；高效液相色谱法。本文介绍水产品行业标准中的水产品中甲醛的定性测定方法。

（一） 实验原理

利用水溶液中游离的甲醛与某些化学试剂的特异性反应，形成特定的颜色进行鉴别。

（二） 试剂与仪器

1. 试剂

以下试剂均为分析纯。

（1）1%间苯三酚溶液　称取固体间苯三酚1g，溶于100mL 12%氢氧化钠溶液中。此溶液临用时现配。

（2）4%盐酸苯肼溶液（此溶液临用时现配）；盐酸溶液（1+9，量取盐酸100mL，加到900mL的水中）；5%亚硝酸亚铁氰化钾溶液（此溶液临用时现配）；10%氢氧化钠溶液。

2. 仪器

组织捣碎机；10mL纳氏比色管。

（三） 实验步骤

1. 取样

鲜活水产品：鲜活水产品取肌肉等可食部分测定。鱼类去头、去鳞，取背部和腹部肌肉；虾去头、去壳、去肠腺后取肉；贝类去壳后取肉；蟹类去壳、去性腺和肝脏后取肉。

冷冻水产品：冷冻水产品经半解冻直接取样，不可用水清洗。

水发水产品：水发水产品可取水发溶液直接测定，或将样品沥水后，取可食部分测定。

干制水产品：干制水产品取肌肉等可食部分测定。

2. 样品处理

可直接取用水发水产品的水发溶液，进行定性筛选实验。将取得的样品用组织捣碎机捣碎，称取10g于三角瓶中，加入20mL蒸馏水，振荡30min，离心后取上清液作为制备液进行定性测定。

3. 结果测定

取样品制备液5mL于10mL纳氏比色管中，然后加入1mL 1%间苯三酚溶液，2min内观察颜色变化。溶液若呈橙红色，则有甲醛存在，且甲醛含量较高；溶液若呈浅红色，则含有甲醛，且含量较低；溶液若无颜色变化，甲醛未检出。

该方法操作时显色时间短，应在2min内观察颜色的变化。水发鱿鱼、水发虾仁等样品的制备液因带浅红色，不适合此法。

（四）　注意事项

（1）由于水产品中甲醛有些是内源性的，因此要注意不同的水产品内源性甲醛的含量。

（2）食品中甲醛定量分析参考吊白块的测定。

四、　滑石粉的测定

滑石粉，主要成分是滑石，相对分子质量 260.8617。滑石主要成分是滑石含水的硅酸，分子式为 $Mg_3[Si_4O_{10}](OH)_2$，纯品为白色或类白色、微细、无砂性的粉末，手摸有滑腻感。在水、稀矿酸或稀氢氧化碱溶液中均不溶解。长期大剂量服用硅酸镁，会发生肾硅酸盐结石，肾功能不全患者服用可出现眩晕、昏厥、心律失常或精神症状，以及异常疲乏无力等现象。滑石具有润滑性、抗黏、化学性不活泼、遮盖力良好、柔软、光泽好、吸附力强等优良的物理、化学特性。劣质面粉中加入滑石可增白粉色，增加重量。由于滑石粉中含有铅、砷、汞等重金属，食用后会引起中毒，严重者甚至会导致死亡。

滑石粉的测定方法有 X 射线衍射分析法、火焰原子吸收法、红外光谱测定、化学检验法等。本文介绍食品中滑石粉的国标方法火焰原子吸收法测定方法。

（一）　实验原理

滑石粉主要成分是天然的水合硅酸镁，不溶于混合酸（硝酸 + 高氯酸），可与氢氟酸反应生成溶于水的镁盐。试样先用混合酸消化、过滤，将其他含镁物质分离除去，然后用混合酸和氢氟酸消化滑石粉，火焰原子吸收光谱法测定试液中的镁含量。根据镁含量，计算试样中滑石粉的含量。

（二）　试剂与仪器

1. 试剂

（1）以下试剂除特别注明外，均为分析纯试剂，试验用水符合 GB/T 6682 规定的一级水要求。

（2）氯化锶（优级醇）；硝酸；高氯酸；氢氟酸；盐酸；混合酸：硝酸 + 高氯酸（4 + 1）。

（3）氯化锶溶液（15g/L）　称取氯化锶 15g，加入盐酸 45mL，用水稀释，定容至 1000mL。

（4）镁标准储备液　准确称取金属镁（纯度大于 99.99%）1.0000g 或 1.6580g 氧化镁（纯度大于 99.99%），加盐酸 45mL 溶解，用水稀释，定容至 1000mL。贮存于聚乙烯瓶内，4℃ 保存。此溶液每毫升相当于 1mg 镁。

（5）镁标准使用液　准确吸取镁标准储备液 10mL，用氯化锶溶液稀释，定容至 1000mL，此溶液每毫升相当于 0.1mg 镁。

2. 仪器

火焰原子吸收分光光度计（配镁空心阴极灯）；可调式电热板；聚四氟乙烯塑料坩埚（250mL，带盖）；定量滤纸（快速）。

（三） 实验步骤

1. 试样处理

准确称取均匀试样 0.05 ~ 1.50g，放入聚四氟乙烯塑料坩埚中，加入 15mL 混合酸，盖上盖，置于电热板上加热，消化 1 ~ 2h，至消化液无色透明为止。如果试样未消化好而酸液过少时，适当补加几毫升混合酸后继续加热消化。将坩埚取下，冷却至室温。用少量蒸馏水多次冲洗坩埚将坩埚的固体残渣完全转移到定量滤纸上，过滤，用蒸馏水冲洗 4 次，每次用水约 50mL，要注意将滤纸边缘残留的液体冲洗干净。将滤纸及纸上的固体共同置于聚四氟乙烯塑料坩埚中，加入 10mL 混合酸和 3mL 氢氟酸，置于电热板上缓慢加热消化 1 ~ 2h，直至无色透明为止。如果未消化好而酸液过少时，适当补加几毫升混合酸后继续加热消化。待坩埚中的液体接近干时，取下冷却。用氯化锶溶液将消化液转移至 100mL 容量瓶中，用氯化锶溶液定容。氯化锶溶液适当稀释后上机测定，滑石粉含量 1% 左右的试样一般稀释 10 倍。

2. 空白试验

称取与试样处理相同的试样量，按照与试样处理相同的步骤进行空白试验，只是在将消化滤纸及纸上固体共同置于聚四氟乙烯塑料坩埚中时加混合酸，不加氢氟酸。空白试验的定容体积和稀释倍数要与试样处理相同。

3. 镁标准系列溶液的配制

分别吸取 0、0.50、1.0、2.0、3.0、4.0、5.0mL 镁标准使用液于 100mL 容量瓶里，用氯化锶溶液稀释定容，配制成 0、0.50、1.0、2.0、3.0、4.0、5.0mg/L 的标准系列溶液。

4. 样品测定

仪器参考条件：波长 285.2nm，仪器狭缝、空气及乙炔的流量、灯头高度、元素灯电流等仪器参考条件根据仪器的使用说明要求进行调节。适当调节燃烧器角度，使仪器测量线性范围的上限超过 5.0mg/mL。将上机测定用试样液、空白液和镁标准系列溶液分别导入火焰进行测定。

5. 结果计算

试样中滑石粉的含量按式 （6 - 6） 计算

$$X = \frac{(\rho_1 - \rho_0) \times V_1 \times f_1 \times 5.27}{m \times 1000 \times 1000} \times 100 \qquad (6-6)$$

式中　X——试样中滑石粉的含量，g/100g；

　　　ρ_1——测定用试样液中镁的浓度，mg/L；

　　　ρ_0——测定用空白液中镁的浓度，mg/L；

　　　V_1——试样消化液定容体积，mL；

　　　f_1——试样消化液稀释倍数；

5.27——镁换算成滑石粉的系数；

　　　m——试样质量，g。

五、 工业用矿物油的测定

工业级矿物油也称工业白油级白油，是以加氢裂化生产的基础油为原料，经深度脱蜡、化学精制等工艺处理后得到，可用于化学、纺织、化纤、石油化工、电力、农业等。矿物油深加工后提取食品级白油，作为加工设备的润滑剂，通心面、面包、饼干、巧克力等食品的脱模剂等。近年来，一些不法商贩或厂家为了牟取暴利、以次充好，用工业级矿物油对大米进行上光处理、加工饼干等。矿物油的组成与食用油完全不同，它不能被人体吸收，不易于挥发，含有多种有毒、有害的物质，食用或摄入后会对人体造成不良影响甚至危及生命。

工业用矿物油的检测方法有：国标皂化法、荧光反应法、红外光谱法、薄层色谱法、毛细管气相色谱法、试剂盒快速检测方法等。本文介绍国标－皂化法测定饼干等食品中的矿物油。

（一） 实验原理

矿物油与油脂不同，不能发生皂化反应。油脂能与碱起皂化反应，其反应生成物可溶于热水，呈透明状，而矿物油不能被皂化，也不溶于水，利用此特性可检出矿物油。

（二） 试剂与仪器

1. 试剂

石油醚，矿物油，氢氧化钾，无水乙醇。

2. 仪器

蒸发皿，具塞三角瓶，比色管，水浴锅，测汞回流装置。

（三） 实验步骤

1. 前处理

取大约100g磨碎、混匀的被测饼干等（视含油量而定）置于500mL具塞三角瓶，加入石油醚浸没试样，振摇15min，静置过夜，过滤；收集滤液放于蒸发皿中，水浴上挥去石油醚，油脂供鉴定矿物油用。采用相同的方法提取阴性试样、阳性试样中的脂类。阴性对照试样是不含矿物油的饼干、大米、食用油等。阳性对照试样，在不含矿物油的试样中按照1%的比例加入矿物油。

2. 测定

分别取前处理步骤中的被测试样、阴性对照试样、阳性对照试样的脂类提取物质各10g，食用油直接取样10g置于250mL三角瓶中，加入600g/L氢氧化钾溶液10mL，无水乙醇25mL，接上冷凝管在沸水浴中冷凝回流5min，取下趁热加入沸水25mL，摇匀，观察结果。

3. 结果判定

阴性对照溶液应为透明。阳性对照溶液应为混浊或有小油珠存在。被检试样如果溶液透明，则可认为试样中不含矿物油；如果试样溶液混浊或有小油珠存在，则可认为试样中含有矿物油。

（四） 注意事项

工业用矿物油的定量方法较为复杂，应先用常见的工业用矿物油为样品，用毛细管气相色谱法建立指纹图谱，再对可疑样品进行同样分析方可定量。

第四节 防腐用可能添加的非食用物质的测定

一、 富马酸二甲酯的测定

富马酸二甲酯（Dimethyl fumarate，DMF）俗称霉克星，学名反丁烯二酸二甲酯，分子式 $C_6H_8O_4$，纯品为白色鳞状结晶体，易升华而具有熏蒸性，对光热稳定，熔点 103 ~ 104℃，沸点 193℃，微溶于水，易溶于乙醇、丙酮、氯仿、乙酸乙酯等有机溶剂。DMF 具有高效、广谱抗菌、化学稳定性好、作用时间长、pH 范围宽等特点。摄入较多会对眼睛刺激较大，大量摄入会导致咽痛、呕吐和腹泻等后果。DMF 以前曾用作食品添加剂，2009 年 3 月 17 日欧盟委员会在布鲁塞尔通过禁止在消费品中使用生物杀灭剂富马酸二甲酯（DMF）和含有富马酸二甲酯（DMF）的产品投入市场的禁令（2009/251/EC）。我国现在也将 DMF 列入非食用物而禁止在食品中使用。目前检测 DMF 的方法主要有：薄层色谱法、气相色谱法、气－质联用法。本实验介绍毛细管气相色谱法。

（一） 实验原理

用二氯甲烷提取样品中的 DMF，样品提取液经 C_{18} SPE 柱净化，用毛细管气相色谱测定，以 DMF 标准品定性，外标法定量。

（二） 试剂及仪器

1. 试剂

二氯甲烷，无水硫酸钠，DMF 标准品；AccuBond SPE ODS－C_{18} Car—tridges 即 C_{18}－SPE 小柱。

2. 仪器

美国 Agilent 6890 气相色谱仪（附 FID 检测器和 Agilent 7683 型自动进样器）；超声波振荡器；旋转蒸发仪。

（三） 实验步骤

1. 富马酸二甲酯标准溶液及标准使用液配制

准确称取 0.1000g 富马酸二甲酯标准品，用二氯甲烷溶解并定容至 100mL。该溶液 1mL 含富马酸二甲酯 1.0mg。分别吸取该溶液 0.1、0.3、0.9、1.5、3.0、6.0mL 至 10.0mL 容量瓶定容至刻度作为标准工作液待用。

2. 样品前处理

①提取：准确称取粉碎试样 5.000g 左右于 100mL 三角锥瓶，加入 50mL 二氯甲烷，摇匀，于超声波振荡器中振荡提取 5min，取出静置，将上清液用盛有无水硫酸钠的漏斗过滤至圆底烧瓶。再用 30mL 二氯甲烷提取一次，并转移过滤至圆底烧瓶，分两次各用 10mL 二氯甲烷洗三角锥瓶转移过滤至圆底烧瓶，在 4℃ 水浴中旋转蒸发浓缩至 1.0mL 左右或在 30℃ 水浴中，吹氮浓缩到 1.0mL 左右。

②纯化：将上述浓缩液完全转移至已用二氯甲烷预淋过的 C_{18} – SPE 小柱中，再分数次用二氯甲烷淋洗小柱，合并淋洗液并定容至 10.0mL。

3. 测定

①色谱测定条件：色谱柱：Agilent HP – 1701 （30m ×250μm ×0.25μm）；进样口温度：250℃；检测器温度：250℃；柱温：90℃ 恒温 10min。PostRun 250℃ 恒温 15min；载气及流速：高纯氮气，恒流，1.5mL/min；进样量与分流比：2.0μL 进样，分流比为 5.0:1。

②分别取不同浓度的校准液及样品待测液 2.0μL 进样，按上述测定条件进行测定。

（四）注意事项

（1）浓缩液转移时务必转移完全，可用少量二氯甲烷洗涤二次。

（2）对油脂含量少的样品可用二氯甲烷浸泡过夜、抽滤，将滤液收集起来，于 30℃ 水浴中吹氮浓缩后，转移到硅胶柱顶部，用二氯甲烷稀释，前 1.5mL 弃去，收集 6～7mL 洗脱液，并根据含量多少进行相应的吹氮浓缩，待用。

二、 吊白块的测定

吊白块，学名甲醛合次硫酸氢钠，是工业用增白剂，主要用于染布漂白。若作为食品脱色剂使用，会使食品中残留有害的甲醛，人体摄入甲醛后，可引起食欲减退、厌食、体重减轻、神经衰弱、失眠等症状。为此，国家已明文规定，禁止吊白块在食品中使用。但市场上吊白块使用的商品时有发现，因此有必要了解吊白块的检测方法。

（一）实验原理

在酸性条件下，对样品进行蒸馏，馏出物用水吸收，吸收液中的甲醛与乙酰丙酮及铵离子反应，生成黄色物质，与标准系列比较定量。在另一酸性条件下，对样品重新进行蒸馏，馏出物用 2% 乙酸铅水溶液吸收，吸收液酸化后，用碘标准溶液滴定测定二氧化硫含量。

（二）试剂

乙酰丙酮溶液：在 100mL 蒸馏水中加入醋酸铵 25g，冰醋酸 3mL 和乙酰丙酮 0.4mL，振摇促溶，储备于棕色瓶中，此液可保存 1 个月。

甲醛标准储备液：吸取 10mL 甲醛（38%～40%），移入 500mL 容量瓶中，加 0.5mL 硫酸（1＋35），加水稀释至刻度，混匀。吸取 5mL，置于 250mL 碘量瓶中，加 0.1mol/L 碘标准溶液 50mL，1mol/L KOH 溶液 20mL，在室温放置 15min 后，加 10% 硫酸 15mL 酸化，再放置15min后，加入50mL蒸馏水，用0.1mol/L硫代硫酸钠标准溶液滴定至草黄色，加入新配制的0.5%淀粉指示剂1mL，继续滴定至蓝色消失为终点，同时做空白试验。甲醛标准储备液浓度按式（6-7）计算

$$C_0 = (V_1 - V_2) \times C \times 15/5 \qquad (6-7)$$

式中　C_0——甲醛标准储备液浓度，mol/L；

　　　　V_1——空白消耗硫代硫酸钠溶液体积，mL；

　　　　V_2——标定甲醛消耗硫酸钠溶液体积，mL；

　　　　C——硫代硫酸钠浓度，mol/L。

甲醛标准使用液：将标定后的甲醛标准储备液用水稀释至5μg/mL。

（三）实验步骤

1. 标准曲线制备

分别吸取0，0.50，1.00，3.00，5.00，7.00mL甲醛标准使用液（相当于0，2.5，5.0，15.0，25.0，35.0μg甲醛）于25mL比色管中，补充蒸馏水至10mL，加入1mL乙酰丙酮溶液，混匀，置沸水浴中3min，取出冷却，于415nm波长处，以零管调节零点，用1cm比色皿进行比色，根据测得的吸光值绘制标准曲线。

2. 样品处理

称取经粉碎的样品5.000g左右，置于250mL蒸馏瓶中，加入蒸馏水100mL，磷酸7.5mL，立即进行加热蒸馏，冷凝管下口应事先插入盛有10mL蒸馏水且置于冰浴的容器中。收集蒸馏液约90mL，定容至100mL，另作空白蒸馏。

3. 显色操作

视所检试样中吊白块含量高低，吸取上述2～10mL蒸馏液，补充蒸馏水至10mL，加入1mL乙酰丙酮溶液，混匀，然后同标准曲线制作，进行加热、测定，根据测得的吸光值，由标准曲线计算结果。

4. 结果计算

试样中吊白块的含量按式（6-8）计算

$$X = (V_2 \times m_1 \times 5.133)/(m_2 \times V_1 \times V_3) \qquad (6-8)$$

式中　X——试样中吊白块的含量，mg/kg；

　　　　V_1——样品管相当于标准管体积，mL；

　　　　m_1——每mL甲醛标准液含甲醛量，μg；

　　　　m_2——试样重，g；

　　　　V_2——显色操作所取蒸馏液体积，mL；

　　　　V_3——蒸馏液总体积，mL；

5.133——甲醛换算为吊白块系数。

（四）注意事项

1. 目前，食品中吊白块含量的测定只是通过对食品中甲醛含量的测定来判定的，由于

天然食品中也有可能存在极少量的甲醛，若测定结果发现食品中甲醛呈阳性，并不能就此说明食品中含有吊白块成分，若食品中甲醛含量较高且二氧化硫含量也相应较高时，则基本上可以判定该食品中含有吊白块成分。若在样品制备时将磷酸改为 1 + 1 的盐酸，蒸馏液用 2% 乙酸铅溶液吸收，通过对该吸收液二氧化硫的测定，可作为在甲醛存在情况下确定是否有吊白块的依据。

2. 样品中存在的 $NaHSO_4$ 是否来自于甲醛次硫酸氢钠的分解产物。虽然目前尚未找到允许在面制品制作过程中使用亚硫酸氢钠作为漂白剂的国家标准。但亚硫酸氢钠、亚硫酸钠、硫磺可被应用在饼干、干果、干菜、粉丝等数类食品的加工制作过程，从而也有可能被应用在面制食品的加工过程中。所以采用以上定量、定性两方法结果综合起来判定面制食品中是否存在吊白块时，应将亚硫酸氢钠和甲醛的测定结果综合起来判定，若同时测定面制食品中亚硫酸氢钠（以 SO_2 计），以了解二氧化硫与甲醛实测值之比是否较接近理论上的质量比即相对分子质量之比 2.1:1.0。若接近此比值，更可断定吊白块的存在，这样得出的结论应是比较科学、准确的。

第五节　掺假及其他可能添加的非食用物质的测定

一、三聚氰胺的测定

三聚氰胺简称三胺，别名蜜胺、氰尿酰胺、三聚酰胺，也被称为蛋白精，属于三嗪类含氮杂环化合物。三聚氰胺是白色结晶粉末，主要用于生产三聚氰胺/甲醛树脂。在木材、塑料、涂料、造纸、纺织、皮革、电气、医药等行业均有广泛应用。

由于三聚氰胺具有含氮量高的特点，一些造假者利用现行蛋白质检测方法——凯氏定氮法的漏洞，将三聚氰胺非法加入生鲜乳中以增加表观蛋白质含量。食用了含有三聚氰胺的乳制品，可能造成泌尿管的组织增生，从而导致肾脏结石。

目前报道的三聚氰胺检测方法主要有：高效液相色谱法、气质联用法、酶联免疫法、近红外光谱法等。卫生部发布的食品中可能违法添加的非食用物质名单推荐参考 GB/T 22400—2008《原料乳中三聚氰胺快速检测液相色谱法》方法。

（一）实验原理

用乙腈作为原料乳中的蛋白质沉淀剂和三聚氰胺提取剂，强阳离子交换色谱柱分离，高效液相色谱 – 紫外检测器/二极管阵列检测器检测，外标法定量。

（二）试剂及仪器

1. 试剂

（1）除另有说明外，所用试剂均为分析纯或以上规格，水为 GB/T 6682 规定的一级水。

（2）乙腈（CH_3CN）：色谱纯；磷酸（H_3PO_4）；磷酸二氢钾（KH_2PO_4）；三聚氰胺标准物质（$C_3H_6N_6$）：纯度大于或等于99%。

（3）三聚氰胺标准储备溶液（1.00×10^3 mg/L）　称取100mg三聚氰胺标准物质（准确至0.1mg），用水完全溶解后，100mL容量瓶中定容至刻度，混匀，4℃条件下避光保存，有效期为1个月。

（4）标准工作溶液　使用时配制。

标准溶液A：2.00×10^2 mg/L，准确移取20.0mL三聚氰胺标准储备溶液，置于100mL容量瓶中，用水稀释至刻度，混匀。

标准溶液B：0.50mg/L，准确移取0.25mL标准溶液A，置于100mL容量瓶中，用水稀释至刻度，混匀。

按表6-8分别移取不同体积的标准溶液A于容量瓶中，用水稀释至刻度，混匀。按表6-9分别移取不同体积的标准溶液B于容量瓶中，用水稀释至刻度，混匀。

（5）磷酸盐缓冲液（0.05mol/L）　称取6.8g磷酸二氢钾（准确至0.01g），加水800mL完全溶解后，用磷酸调节pH至3.0，用水稀释至1L，用滤膜过滤后备用。

（6）一次性注射器：2mL；滤膜：水相，0.45μm；针式过滤器：有机相，0.45μm；具塞刻度试管：50mL。

表6-8　　　　　　　　　标准工作溶液配制（高浓度）

标准溶液A体积/mL	0.10	0.25	1.00	1.25	5.00	12.5
定容体积/mL	100	100	100	50.0	50.0	50.0
标准工作溶液浓度/（mg/L）	0.20	0.50	2.00	5.00	20.0	50.0

表6-9　　　　　　　　　标准工作溶液配制（低浓度）

标准溶液B体积/mL	1.00	2.00	4.00	20.0	40.0
定容体积/mL	100	100	100	100	100
标准工作溶液浓度/（mg/L）	0.005	0.01	0.02	0.10	0.20

2. 仪器

液相色谱仪：配有紫外检测器/二极管阵列检测器；分析天平：感量0.0001g和0.01g；pH计：测量精度±0.02；溶剂过滤器。

（三）实验步骤

1. 试样的制备

称取混合均匀的15g原料乳样品（精确至0.01g），置于50mL具塞刻度试管中，加入30mL乙腈，剧烈振荡6min，加水定容至满刻度，充分混匀后静置3min，用一次性注射器吸取上清液用针式过滤器过滤后，作为高效液相色谱分析用试样。

2. 液相色谱参考条件

色谱柱：强阳离子交换色谱柱，SCX，250mm × 4.6mm（i. d.），5μm，或性能相当者；流动相：磷酸盐缓冲溶液 – 乙腈（70 + 30，体积比），混匀；流速：1.5mL/min；柱温：室温；检测波长：240nm；进样量：20μL。

3. 样品测定

（1）定性分析　依据保留时间一致性进行定性识别的方法。根据三聚氰胺标准物质的保留时间，确定样品中三聚氰胺的色谱峰。必要时应采用其他方法进一步定性确证。

（2）定量分析　校准方法为外标法。根据检测需要，使用标准工作溶液分别进样，以标准工作溶液浓度为横坐标，以峰面积为纵坐标，绘制校准曲线。使用试样分别进样，获得目标峰面积。根据校准曲线计算被测试样中三聚氰胺的含量（mg/kg）。试样中待测三聚氰胺的响应值均应在方法线性范围内。

当试样中三聚氰胺的响应值超出方法的线性范围的上限时，可减少称样量再进行提取与测定。

4. 结果计算

试样中三聚氰胺的含量按式（6 – 9）计算

$$X = \rho \times \frac{V}{m} \times \frac{1000}{1000} \tag{6-9}$$

式中　X——原料乳中三聚氰胺的含量，mg/kg；

ρ——从校准曲线得到的三聚氰胺溶液的浓度，mg/L；

V——试样定容体积，mL；

m——样品质量，g。

通常情况下，计算结果保留 3 位有效数字；结果在 0.1 ~ 1.0mg/kg 时，保留 2 位有效数字；结果小于 0.1mg/kg 时，保留 1 位有效数字。

5. 注意事项

（1）如果保留时间或柱压发生明显的变化，应检测离子交换色谱柱的柱效以保证检测结果的可靠性。

（2）使用不同的离子交换色谱柱，其保留时间有较大的差异，应对色谱条件进行优化。

（3）在色谱柱前加保护柱（或预柱），以延长色谱柱使用寿命。

（4）强阳离子交换色谱的流动相为酸性体系，每天结束实验时应以中性流动相冲洗仪器系统进行维护保养。

二、　废弃食用油脂的测定

废弃食用油脂是指食品生产经营单位在经营过程中产生的不能再食用的动植物油脂，包括餐饮业废弃油脂，含油脂废水经油水分离器或者隔油池分离后产生的不可再食用的油脂。

废弃食用油脂产生的危害十分严重：一是废弃食用油脂中混有大量的污水、垃圾、洗涤剂，经非法加工，根本无法去除细菌和有害化学成分。二是废弃食用油脂经过多次反复油炸、烹炒后，含有大量的致癌物质，如苯并芘、黄曲霉素等，其中废油脂中所含的黄曲霉素，毒性是砒霜的 100 倍，长期食用会导致慢性中毒，容易患上肝癌、胃癌、肠癌等疾病。

胺类有毒物质和甾醇类有毒物质是废弃食用油脂中的特有物质，可作为鉴别指标。通过测定它们的含量，既可鉴别又可定量，合二为一，快速，准确。下面介绍废弃食用油脂胺类有毒物质的测定方法。

（一）实验原理

产生胺类等碱性含氮物质在碱性溶液中蒸出后，可用标准酸滴定，并根据所消耗的酸计算其含量。

（二） 试剂与仪器

1. 试剂

①氧化镁混悬液（10g/L）：称取 1.0g 氧化镁，加 100mL 水，振摇成混悬液；硼酸吸收液（20g/L）；0.01mol/L 盐酸或 0.01mol/L 硫酸的标准滴定溶液。

②甲基红－乙醇指示剂（2g/L）。

③次甲基蓝指示剂（1g/L）。

临用时，将上述②③两种指示液等量混合为混合指示液。

2. 仪器

锥形瓶；蒸馏装置；酸式滴定管；铁架台。

（三） 实验步骤

1. 样品处理

称取约 10.00g 试样于锥形瓶中，加水 50.0mL 水，不时振摇，浸渍 30min 后过滤，滤液置冰箱中备用。

2. 蒸馏滴定

将盛有 10mL 吸收液及 5~6 滴混合液的锥形瓶置于冷凝管下端，并使其下端插入吸收液的液面下，准确吸取 25.0mL 上述样品滤液于蒸馏器反应室内，加 5mL 氯化镁（10g/L），迅速盖塞，并加水以防漏气，通入蒸汽，进行蒸馏，蒸馏 5min 即停止，吸收液用盐酸标准滴定溶液 0.01mol/L 或硫酸标准滴定溶液 0.01mol/L 滴定，终点至蓝紫色，同时做试剂空白试验。

三、 工业酒精的测定

工业酒精一般为淡黄色液体，乙醇含量为 96%，还含有少量甲醇。甲醇对人体的伤害较大，其急性中毒主要表现为中枢神经系统损害、眼部损害和代谢性酸中毒。误食用工业酒精勾兑的白酒后，轻者头晕、头痛，重者失明，甚至导致死亡。

白酒中甲醇的检测方法主要有：红外光谱法、分光光度法、变色酸法、气相色谱法等，本实验介绍王清江等提出的乙酰丙酮分光光度法测定工业酒精中的甲醇含量。

（一）　实验原理

甲醇在酸性条件下用高锰酸钾将其氧化成甲醛，利用甲醛与显色剂在沸水浴中进行显色反应，然后用分光光度法间接测定甲醇。甲醇含量在 $1 \sim 10 \mu g/g$ 范围内符合朗伯－比耳定律。

（二）　试剂与仪器

1. 试剂

①乙酰丙酮溶液：称取乙酸铵 25g，加少量水溶解，加冰乙酸 3mL 及新蒸馏的乙酰丙酮 0.25mL，混匀，加水稀释至 100mL。

②高锰酸钾－磷酸溶液：称取高锰酸钾 3g 溶于磷酸（85＋15）15mL 和适量水中，并稀释至 100mL。

③草酸溶液：称取 $H_2C_2O_4 \cdot 2H_2O$（分析纯）5g 溶于水中，配成 50mL。

④甲醇标准溶液：取 0.792g/mL 甲醇（分析纯）0.316mL 于 250mL 容量瓶，用蒸馏水稀释至刻度。

⑤无甲醇乙醇：分析纯乙醇加高锰酸钾 1g，放 1d 后，重蒸馏 2~3 次。

2. 仪器

分光光度计；酸度计。

（三）　实验步骤

1. 标准曲线的绘制

取 6 支 50mL 比色管，分别加入甲醇标准溶液 0、0.5、1.0、1.0、2.0、2.5mL，各加入无甲醇乙醇 1.0mL，补水至 5mL，再加入高锰酸钾－磷酸溶液 2mL，放置 90min，加入草酸溶液 2mL，加热使其褪色，加蒸馏水稀释至 25mL。

取 6 支 25mL 比色管，分别取上述标准液各 1.0mL，摇匀，于沸水浴中加热 5min，取出冷却，用 1cm 比色皿，于波长 418nm 处，以零号管为参比，测定吸光度，做出标准曲线。

2. 样品分析

取白酒试样 1mL 于 50mL 比色管中，补水至 5mL，除不加无甲醇乙醇外，按上述方法测出酒样的吸光度。依据标准曲线，计算出白酒试样中甲醇含量。

四、　毛发水的测定

毛发水，即用毛发经工业盐酸水解而成的氨基酸液。除了用于工业外，还被用于"毛发酱油"等食用调料的生产。所谓"毛发酱油"，是指用人发提取的氨基酸母液，经勾兑而成的动物氨基酸酱油，与黄豆、粮食作物发酵生成的氨基酸相比，这些用头发加工成的氨基酸不仅廉价，还能从表面上达到酿造酱油的质量检验标准。

但是毛发中含有砷、铅等有害物质，对人体的肝、肾、血液系统、生殖系统等有毒副作用，可以致癌。所以国家明令禁止用毛发等非食品原料生产的氨基酸液配制酱油。

本实验通过测定酱油中的乙醇和色氨酸来辨别酱油的真劣。

（一） 实验原理

乙醇是酱油在发酵过程中，由耐盐酵母作用原料中的糖类产生的，而色氨酸在蛋白质酸解过程中被全部破坏。因此，假酱油中不含乙醇和色氨酸，而酿造酱油中既含乙醇，又有色氨酸。本实验介绍石俊提出的一种真假酱油鉴定方法。

（二） 试剂与仪器

1. 试剂

1%酚酞；0.05mol/L 的 NaOH；甲醛；溴麝香草酚蓝；活性炭；$NaNO_2$ 溶液；5% 二氨基苯甲醛 （DMAB）；2% 重铬酸钾溶液；浓 H_2SO_4。

2. 仪器

定氮仪；比色管。

（三） 实验步骤

1. 氨基氮的简单测定

吸取 1mL 酱油样品于 250mL 三角瓶中，加 80mL 蒸馏水，2 滴 1% 酚酞，用 0.05mol/L 的 NaOH 滴定至刚显微红色，再加 10mL 中性甲醛，1 滴 0.04% 溴麝香草酚蓝，用 0.05mol/L NaOH 滴定至蓝紫色，NaOH 消耗量在 3mL 以内的，即为假酱油。

2. 乙醇的检测

吸取酱油 10mL 于定氮仪中，加热蒸馏，接收馏液 100mL，从中吸取 5mL 馏液置于比色管中，加入 1mL 2% 重铬酸钾溶液，5mL 浓 H_2SO_4，摇匀后，于沸水浴中加热 10min，取出冷却，如为酿造酱油则溶液呈绿色或黄色，假酱油不变色。

3. 色氨酸的检测

待测酱油用活性炭脱色后，吸取 10mL 于纳氏比色管中，加入 5% 二氨基苯甲醛 （DMAB） 溶液 5mL 和稀盐酸 2mL，在 20℃ 水浴中保温 20min，最后加 2 滴 0.2% $NaNO_2$ 溶液，溶液呈蓝色的即为酿造酱油，否则为假酱油。

五、 工业用乙酸的检测

乙酸是食醋中的主要成分。用工业用乙酸调配的"食醋"，往往会含有硫酸、硝酸、盐酸等游离矿酸。这种"食醋"不但失去了食醋本应具备的独特感官特性和功能营养特性，消费者食用以后，还可能造成消化不良、腹泻，长期食用更是会对消费者的身体健康产生不良影响。

目前，对于用工业乙酸或加入游离矿酸来配制的食醋，一项重要的检验指标为游离矿酸。本实验介绍 GB/T 5009.41—2003 《食醋卫生标准的分析方法》 中规定的食醋中游离矿酸的检测方法——试纸法。

（一）实验原理

游离矿酸 （硫酸、硝酸、盐酸等） 存在于食醋中时，食醋中的氢离子浓度增大，可改变指示剂的颜色。

（二）试剂

①百里草酚蓝试纸：取0.1g百里草酚蓝，溶于50mL乙醇中，再加6mL氢氧化钠溶液（4g/L），加水至100mL。将滤纸浸透此液后阴干，贮存备用。

②甲基紫试纸的制备：称取0.1g甲基紫，溶于100mL水中，将滤纸浸于此液中，取出阴干，贮存备用。

（三）实验步骤

用毛细管或玻璃棒蘸少许样品，点在百里草酚蓝试纸上，观察其变化情况。若试纸变为紫色斑点或紫色环（中心淡紫色）表示有游离矿酸存在，最低检出量为5μg。不同浓度的乙酸、冰乙酸在百里草酚蓝试纸上呈现橘黄色环、中心淡黄色或无色。

用甲基紫试纸蘸少许试样，若试纸变为蓝色、绿色，表示有游离矿酸存在。

注：百里草酚蓝试纸法适用于颜色较深的食醋，甲基紫试纸法适用于白醋和颜色较浅的食醋。

六、β-内酰胺酶

β-内酰胺类抗生素是在牛乳生产中应用最广泛的抗生素，用于治疗牛乳腺炎和其他细菌感染性疾病。按照国家规定，使用抗生素药物后一定时间内的乳汁，不得作为供人食用的原料。同时国家在《生鲜牛乳收购标准》中规定，生鲜乳中不得检出抗生素。然而就中国奶牛饲养环境而言，牛乳的绝对"无抗"较难达到，针对这种情况，市场上出现了"抗生素分解剂"，该分解剂可选择性分解牛乳中残留的β-内酰胺抗生素，其成分就是β-内酰胺酶（金玉兰酶制剂）。

β-内酰胺酶添加到乳与乳制品中能起到掩蔽抗生素的作用，但是由于该制剂的安全性风险未知，因此所有乳制品生产企业严禁在产品中添加此类物质。

本文介绍卫生部公布的乳及乳制品中舒巴坦敏感β-内酰胺酶类药物检验方法。

（一）实验原理

该方法采用对青霉素类药物绝对敏感的标准菌株，利用舒巴坦特异性抑制β-内酰胺酶的活性，并加入青霉素作为对照，通过比对加入β-内酰胺酶抑制剂与未加入抑制剂的样品所产生的抑制圈的大小来间接测定样品是否含有β-内酰胺酶类药物。

（二）试剂与仪器

1. 试剂

除另有规定外，所用试剂均为分析纯，水为GB/T 6682中规定的三级水。

①试验菌种：藤黄微球菌（Micrococcus luteus）CMCC（B）28001，传代次数不得超过14次。

②磷酸盐缓冲溶液：按附录A中A.1规定。

③生理盐水（8.5g/L）：按附录A中A.2规定。

④青霉素标准溶液：按附录A中A.3规定。

⑤β - 内酰胺酶标准溶液：按附录 A 中 A. 4 规定。

⑥舒巴坦标准溶液按附录 A 中 A. 5 规定。

⑦营养琼脂培养基：按附录 A 中 A. 6 规定。

⑧抗生素检测用培养基Ⅱ：按附录 A 中 A. 7 规定。

2. 仪器

除微生物实验室常规灭菌及培养设备外，其他设备和材料如下：抑菌圈测量仪或测量尺；恒温培养箱：（36 ± 1）℃；高压灭菌器；无菌培养皿：内径 90mm；底部平整光滑的玻璃皿，具陶瓦盖；无菌牛津杯：外径 （8.0 ± 0.1） mm，内径 （6.0 ± 0.1） mm，高度 （10.0 ± 0.1） mm；麦氏比浊仪或标准比浊管；pH 计；无菌吸管：1mL （0.01mL 刻度值），10mL （0.1mL 刻度值）；加样器：5 ~ 20μL，20 ~ 200μL 及配套吸头。

（三） 操作步骤

1. 菌悬液制备

将藤黄微球菌接种于营养琼脂斜面上，经 （36 ± 1）℃培养 18 ~ 24h，用生理盐水洗下菌苔即为菌悬液，测定菌悬液浓度，终浓度应大于 1×10^{10} CFU/mL，4℃保存，贮存期限 2 周。

2. 样品制备

将待检样品充分混匀，取 1mL 待检样品于 1.5mL 离心管中共 4 管，分别标为 A、B、C、D，每个样品做三个平行，共 12 管，同时每次检验应取纯水 1mL 加入到 1.5mL 离心管中作为对照。如样品为乳粉，则将乳粉按 1∶10 的比例稀释。如样品为酸性乳制品，应调节 pH 至 6 ~ 7。

3. 检验用平板制备

取 90mm 灭菌玻璃培养皿，底层加 10mL 灭菌的抗生素检测用培养基Ⅱ，凝固后上层加入 5mL 含有浓度为 1×10^{8} CFU/mL 藤黄微球菌的抗生素检测用培养基Ⅱ，凝固后备用。

4. 样品测定

按照下列顺序分别将青霉素标准溶液、β - 内酰胺酶标准溶液、舒巴坦标准溶液加入到样品及纯水中：

（A）青霉素 5μL；

（B）舒巴坦 25μL、青霉素 5μL；

（C）β - 内酰胺酶 25μL、青霉素 G5μL；

（D）β - 内酰胺酶 25μL、舒巴坦 25μL、青霉素 5μL。

混匀后，将上述 （A） ~ （D） 试样各 200μL 加入放置于检验用平板上的 4 个无菌牛津杯中，（36 ± 1）℃培养 18 ~ 22h，测量抑菌圈直径。每个样品，取三次平行试验平均值。

5. 结果报告

纯水样品结果应为：（A）、（B）、（D） 均应产生抑菌圈；（A） 的抑菌圈与 （B） 的抑菌圈相比，差异在 3mm 以内（含 3mm），且重复性良好；（C） 的抑菌圈小于 （D） 的抑菌圈，差异在 3mm 以上（含 3mm），且重复性良好。如为此结果，则系统成立，可对样品结果进行如下判定。

如果样品结果中（B）和（D）均产生抑菌圈，且（C）与（D）抑菌圈，差异在 3mm 以上（含 3mm）时，可按以下判定结果。

（A）的抑菌圈小于（B）的抑菌圈，差异在 3mm 以上（含 3mm），且重复性良好，应判定该试样添加有 β - 内酰胺酶，报告 β - 内酰胺酶类药物检验结果阳性。

（A）的抑菌圈同（B）的抑菌圈差异小于 3mm，且重复性良好，应判定该试样未添加有 β - 内酰胺酶，报告 β - 内酰胺酶类药物检验结果阴性。

如果（A）和（B）均不产生抑菌圈，应将样品稀释后再进行检测。

附录 A（规范性附录）
培养基

A.1　磷酸盐缓冲溶液（pH = 6.0）：无水磷酸二氢钾 8.0g，无水磷酸氢二钾 2.0g，蒸馏水加至 1000mL。

A.2　生理盐水（8.5g/L）：氯化钠 8.5g 溶于 1000mL 蒸馏水，121℃高压灭菌 15min。

A.3　青霉素标准溶液：准确称取适量青霉素标准物质，用磷酸盐缓冲溶液溶解并定容为 0.1mg/mL 的标准溶液。当天配制，当天使用。

A.4　β - 内酰胺酶标准溶液：准确量取或称取适量 β - 内酰胺酶标准物质，用磷酸盐缓冲溶液溶解并定容为 16000U/mL 的标准溶液。当天配制，当天使用。

A.5　舒巴坦标准溶液：准确称取适量舒巴坦标准物质，用磷酸盐缓冲溶液溶解并定容为 1mg/mL 的标准溶液，分装后 -20℃保存备用，不可反复冻融使用。

A.6　营养琼脂：蛋白胨 10g，牛肉膏 3g，氯化钠 5g，琼脂 15 ~ 20g，蒸馏水 1000mL。将上述成分加入蒸馏水中，搅混均匀，分装试管每管约 5 ~ 8mL，120℃高压灭菌 15min，灭菌后摆放斜面。

A.7　抗生素检测培养基Ⅱ：蛋白胨 10g，牛肉浸膏 3g，氯化钠 5g，酵母膏 3g，葡萄糖 1g，琼脂 14g，蒸馏水 1000mL。将上述成分加入蒸馏水中，搅混均匀，120℃高压灭菌 15min，其最终 pH 约为 6.6。

七、罂粟壳的测定

罂粟壳为罂粟科植物罂粟采完鸦片后的干燥成熟果壳，其中含有 20 多种生物碱，以吗啡、可待因、那可丁、罂粟碱等为主要成分。罂粟壳中的生物碱会使人嗜睡和性格改变，引起某种程度的惬意和欣快感，造成人注意力、思维和记忆性能的衰退，长期食用则会引起精神失常，出现幻觉，严重时甚至会导致呼吸停止而死亡。添加了罂粟壳的食物易使食用者成瘾，长期食用者无论从身体上还是心理上都会对其产生严重的依赖性，造成严重的毒物癖。然而一些不法商家和饭店为了牟取暴利。在火锅、麻辣烫、牛肉粉、烤禽类等的汤料和辅料中添加罂粟壳及其水浸物等违禁原料，使食物味道鲜美，吸引更多的食客。

食品中罂粟壳的测定方法有：分光光度法、薄层色谱法、示波极谱法、气相色谱法、液相色谱法、酶联免疫法等。本文介绍张东升等提出的 ELISA 法快速测定火锅底料及调料中的罂粟碱。

（一） 实验原理

首先将罂粟碱的特异性抗体包被在塑料微量滴定板的小孔中，样品提取液中含有的罂粟碱（未知抗原）将和酶标记的罂粟碱（酶标抗原）竞争结合包被板上的抗体，然后在每个小孔中加入酶的基质及显色剂，进行显色，颜色的深浅取决于抗体和酶标抗原结合的量，同时也表明样品提取液中的罂粟碱含量的多少，通过绘制标准曲线，可以确定样品中罂粟碱的含量。

（二） 试剂与仪器

1. 试剂

石油醚（或正己烷）（分析纯级）；甲醇（分析纯级）；pH = 7.5 的 PBS 缓冲溶液；罂粟碱标准品。

标准品及样品稀释液（甲醇:PBS = 1:9），罂粟碱标堆溶液的配制：准确称取罂粟碱标准品，精确到 0.1mg，用标准品稀释液进行溶解，并依次配制成 0、0.5、1.0、2.0、5.0、10.0ng/mL 系列标准溶液。

2. 仪器

酶标仪；隔水式恒温培养箱；微量移液器；微型摇床；罂粟碱 ELLSA 检测试剂盒。

（三） 实验步骤

1. 样品处理

称取固体样品 5.00g，加入 50mL 温水浸泡并煮沸 20min，过滤，洗涤滤渣，蒸馏水定容至 50mL。准确移取 25mL 滤液于分液漏斗中，加入石油醚（或正己烷）振摇除油脂，静置分层，放出下层即为待测液。

2. 样品测定

试剂盒平衡至室温。用酶标抗原稀释液 1.5mL 将酶标记抗原配制成溶液状态；配制好洗涤液。插入足够数量的酶标板于反应支架上。标记标准品孔和样品孔，用洗涤液洗板 2 次，拍干。标准品孔中加入 50μL 罂粟碱的系列标准溶液，样品孔中加入 50μL 的样品提取液。再在每孔中加入酶标抗原 50μL，充分混匀。37℃恒温箱中孵育 30min。将微孔中反应液倒掉，拍干。洗涤液洗涤 5 次（2min/次），拍干。各孔中分别加入 50μL 的基质液和 50μL 的显色剂，37℃显色 15min。各孔中加入 50μL 终止液，并在酶标仪 450nm 波长处测定各孔吸光度值。

3. 标准曲线的绘制

配制成的标准系列溶液浓度的对数值为横坐标，吸光度 A/A_0 比值为纵坐标，A 为吸光度值，A_0 为 0ng/mL 浓度的吸光度值，绘制标准曲线。依据标准曲线计算样品中罂粟碱的含量。

思考题

　　1. 苏丹红在层析柱上的流出顺序与其结构之间有何关系？

　　2. 王金黄可能添加的食品种类有哪些？如何防范？

　　3. 硼酸或硼砂被不法分子添加于腐竹、肉丸、凉粉、面条、虾等食品中，其目的是什么？如何防范？

　　4. 在测定滑石粉时要两次用到混合酸（硝酸＋高氯酸）处理。这两次处理的目的有什么不同？

　　5. 哪些食品可能非法添加吊白块？其作用除增白以外，还有哪些？

自测题（不定项选择，至少一项正确，至多不限）

　　1. 目前食品中罂粟壳的测定方法主要有（　　）。

　　　　A. 紫外可见分光光度法　　　　　　　　B. 液相色谱法

　　　　C. 气相色谱法　　　　　　　　　　　　D. 原子吸收分光光度法

　　2. 目前检测 β – 内酰胺酶残留的方法原理是（　　）。

　　　　A. 通过观测添加抗生素及 β – 内酰胺酶的待测样品的抑菌圈大小间接检测

　　　　B. 利用该酶的发光性质直接检测

　　　　C. 通过测定 β – 内酰胺酶产物直接检测

　　　　D. 通过测定 β – 内酰胺抗生素残留直接检测

　　3. 反相高效液相色谱法测定苏丹红时，标准物质选择（　　）。

　　　　A. 苏丹红 I　　　B. 苏丹红 II　　　C. 苏丹红 III　　D. 苏丹红 IV

　　4. 检测是否是用工业用乙酸调配的"食醋"，可用百里草酚蓝试纸检测是否含有（　　）等。

　　　　A. 硫酸　　　　　B. 硝酸　　　　　　　C. 乙酸乙酯　　D. 盐酸。

　　5. 通过测定酱油中的（　　）含量可辨别酱油中是否添加有毛发水。

　　　　A. 乙醇　　　　　B. 焦糖色素　　　　　C. 蛋白质　　　D. 色氨酸

　　6. 若测定结果发现食品中（　　）成分含量较高，则此食品中可能含有吊白块成分。

　　　　A. 丙醛　　　　　B. 异戊醛　　　　　　C. 甲醛　　　　D. 二氧化硫

　　7. 苏丹红是一类成分的统称，主要包括（　　）。

　　　　A. 1 – 苯基偶氮 – 2 – 萘酚

　　　　B. 1 – ［（2，4 – 二甲基苯）偶氮］ – 2 – 萘酚

　　　　C. 1 – ［4 – （苯基偶氮）苯基］偶氮 – 2 – 萘酚

　　　　D. 2 – 甲基偶氮 – 2，4 – 二萘酚

　　8. 碱性嫩黄高效液相色谱法的检测原理是（　　）。

　　　　A. 样品先用乙腈提取、正己烷净化，然后在碱性条件下用乙醚萃取，最后进行

   HPLC 检测

  B. 样品先用乙腈提取、石油醚净化，然后在酸性条件下用乙醚萃取，最后进行
   HPLC 检测

  C. 样品先用乙腈提取、石油醚净化，然后在酸性条件下用甲醇萃取，最后进行
   HPLC 检测

  D. 样品先用乙腈提取、正己烷净化，然后在碱性条件下用甲醇萃取，最后进行
   HPLC 检测

9. 检测水发水产品中甲醛，可取 （   ） 测定。

  A. 水发溶液直接   B. 将样品沥水后

  C. 将样品沥水干燥后   D. 水发溶液浓缩后

10. 硼砂及硼酸的检测方法主要有 （   ）。

  A. 分光光度法   B. 焰色反应法

  C. 化学电化学方法   D. 快速检测试剂盒法

11. 真假酱油鉴定方法的原理是假酱油中不含 （   ）。

  A. 乙酸   B. 乙醇   C. 胱氨酸   D. 色氨酸

12. 由于三聚氰胺具有含氮量高的特点，一些造假者利用现行蛋白质检测方法——
  （   ） 的漏洞，将三聚氰胺非法加入生鲜乳中以增加表观蛋白质含量。

  A. 液相色谱法   B. 气相色谱法

  C. 凯氏定氮法   D. 分光光度法

13. 工业酒精中的甲醇含量可以通过 （   ） 测定。

  A. 液相色谱法   B. 乙酰丙酮分光光度法

  C. 快速检测试剂盒法   D. 薄层色谱法

14. 毛细管气相色谱法测量样品中的富马酸二甲酯，用 （   ） 提取样品经 C_{18} SPE 柱净
  化，用毛细管气相色谱测定，以 DMF 标准品定性，外标法定量。

  A. 二氯甲烷   B. 乙腈   C. 丙酮   D. 异己烷

15. 强阳离子交换色谱的流动相为酸性体系时，每天结束实验时应以 （   ） 冲洗仪器
  系统进行维护保养。

  A. 中性流动相   B. 弱酸性流动相

  C. 强酸性流动相   D. 碱性流动相

参考文献

[1] 汪曙晖，汪东风．食品中可能添加的非食用物质［J］．食品与机械，2009，25
（5）：145．

[2] 陈利燕，鲁成银，刘新．茶叶中铅镉绿的检测方法研究［J］．热带农业工程，
2008，32 （1）：38－44．

[3] 高洁，尹峰，何国亮，等．高效液相色谱法测定豆制品中的碱性嫩黄 O［J］．分

析实验室，2008（S1）：230－232.

［4］肖文庆，刘宁. 医院供应室清洗工作与自我防护［J］. 中国民康医学，2012（22）：2769－2770.

［5］王清江，程圭芳，李辉，等. 乙酰丙酮吸光光度法测定白酒中甲醇含量［J］. 理化检验－化学分册，2000，36（12）：541－542.

［6］田真，吴通华. 浅谈如何加强 HIV 初筛实验室的质量控制［J］. 实用医技杂志，2005，12（12b）：3606－3607.

［7］蔡建荣，张东升，赵晓联. 食品中有机磷农药残留的几种检测方法比较［J］. 中国卫生检验杂志，2002，12（6）：750－752.

［8］车继英. 面制食品中吊白块的测定方法研究［J］. 科技信息，2008（19）：50－50.

［9］徐琴，牟志春，郝杰，等. 高效液相色谱－质谱法测定输韩泡菜中的甜蜜素［J］. 食品科学，2012，33（4）：186－188.

食品中可能掺伪物质检测技术

内容摘要： 本章简述了食品掺伪的定义、食品掺伪的方式以及食品掺伪的危害。重点介绍了粮食、油脂、肉制品、乳品、水产品、蜂蜜等食品中常见掺伪物质的快速检测和鉴别方法。

食品掺伪是食品掺杂、掺假和伪造的总称。食品掺杂是指在食品中非法加入非同一种类或同一种类的劣质物质。所掺入的杂物种类多、范围广，但可通过仔细检查从感官上辨认出来，如粮食中掺砂石等。食品掺假是指向食品中非法掺入物理性状或形态相似的非同种物质，该类物质仅凭感官不易鉴别，需要借助仪器、分析手段和有鉴别经验的人员综合分析确定，如味精中掺食盐、纯牛乳兑水等。食品伪造或造假是指人为地用一种或几种物质经加工仿造，充当某种食品销售的违法行为，如用低档白酒勾兑后，以高档品牌白酒销售等。

掺伪食品对人体健康的危害取决于添加物的理化性质，主要分为以下几种情况。①添加物属于低价食品原料。这些添加物一般不会对人体产生急性损害，但食品的营养价值降低，损害消费者的利益。常见的有食品中掺水注水，蜂蜜中掺入蔗糖，藕粉中混入薯粉，鲜乳中兑入豆浆，乳粉中掺入糊精等。②添加物是杂物。人食用后，可能对消化道产生刺激和伤害。如面粉中掺入沙石等杂质，紫菜中掺入黑塑料。③添加物具有一定的毒害作用，或者具有蓄积毒性。如面粉中非法添加吊白块，用尿素浸泡豆芽等违法添加物。违法添加物的检测详见第六章。

随着政府加强监管、消费者维权及健康意识的增强，人们对食品掺伪物质检测要求日益强烈。虽然食品掺伪现象会越来越少，但由于目前食品市场管理还有待完善，生产及销售厂家职责不强，食品掺伪的方式更加隐蔽多样，给食品掺伪物质检测带来了诸多难题。在进行食品综合鉴别前，除应向有关单位或个人收集食品的有关资料，如食品的来源、保管方法、贮存时间、配料组成、包装情况等，为科学鉴别奠定基础外，掌握并了解目前的食品掺伪物质的快速简便的检测技术也是十分必要的。

第一节　粮油制品掺伪物质检测技术

一、小米和黄米用姜黄粉染色的检测

一些不法分子为了掩盖陈小米和陈黄米的轻度发霉现象，将其漂洗后，加入姜黄粉对其进行染色处理。

（一）检测原理

利用姜黄粉在碱性条件下呈红褐色的化学性质来鉴别。

（二）检测步骤

取10g小米于研钵中，加入10mL无水乙醇进行研磨。待研碎后，再加入15mL无水乙醇研匀。取约5mL研磨液于试管中，加入10%的氢氧化钠溶液2mL，摇匀。若出现橘红色，则证明使用了姜黄粉。

二、大豆粉中掺入玉米粉的检验

（一）检测原理

大豆粉的主要成分是蛋白质，淀粉含量较少；而玉米粉的主要成分则是淀粉，利用淀粉和碘反应，产物呈蓝色，可以检验出是否掺有玉米粉。此方法也可适用于豆制品（如豆腐、豆浆）中掺玉米粉的检验。

（二）检测步骤

将1g样品用少量水调成糊状。另取一烧杯，加入约50mL水煮沸。将调成的糊样物以细流状注入沸水中，再煮沸约1min。放冷后，取糊化溶液约5mL于试管中，加入数滴0.01mol/L碘溶液（将0.12g碘和0.25g碘化钾共溶于100mL水中制得）。纯大豆粉显淡灰绿色；若含有玉米粉，则溶液为蓝色。

三、食用油中掺桐油的检测

（一）检测原理

桐油与浓硫酸发生反应生成深红色固体。随着桐油含量递增，其颜色逐渐加深。

（二）检测步骤

取1mL油样于白瓷皿上，加1mL环乙烷，混匀，再加0.5mL浓硫酸，观察。若呈现淡黄色—黄色—红色—褐色—黑色的颜色变化，则掺有桐油。同时做正常食用油的对照试验。

本法随着桐油含量递增，其颜色逐渐加深，最后变成炭黑色，如表7-1所示。

表 7 – 1　　　　　　　　　　食用油中掺桐油的颜色变化与碳化现象

桐油含量/	颜色变化与碳化现象				
%	1s	1min	2min	3min	30min
0	无色，无网状	无色，无网状	无碳化	无碳化	无碳化
0.1	淡黄色网状	黄色，无网状	无碳化	无碳化	极少量碳化
0.2	黄色网状	橘黄色，无网状	无碳化	无碳化	极少量碳化
0.3	橘黄色网状	棕红色网状	无碳化	极少量碳化	少量碳化
0.4	橘红色网状	棕红色网状	无碳化	少量碳化	少量碳化
0.5	棕红色网状	褐红色网状	极少量碳化	少量碳化	少量碳化
0.6	褐红色网状	浅褐色，网消失	少量碳化	少量碳化	碳化
0.7	浅褐色网状	褐色，网消失	少量碳化	少量碳化	碳化
0.8	褐色网状	深褐色，网消失	少量碳化	少量碳化	碳化
0.9	深褐色网状	黑褐色，网消失	少量碳化	碳化	碳化
1.0	黑褐色网状	黑色，网消失	碳化	碳化	碳化

四、 食用油中掺矿物油的检测

（一） 检测原理

矿物油主要是含有碳原子数比较少的烃类物质，食用油中不得掺入矿物油。对此的检测原理是食用油能够发生皂化反应，皂化产物溶于水，呈透明溶液；而矿物油不能皂化，也不溶于水，溶液浑浊，析出油珠。另外，根据矿物油在荧光灯的照射下会出现天蓝色荧光的特性也可检测是否掺入。

（二） 检测步骤

1. 皂化法

吸取 1mL 油样置于磨口锥形瓶中，加入 1mL60% KOH 溶液和 25mL 无水乙醇，连接冷凝管，水浴回流皂化 5min，皂化时加以振荡。取下锥形瓶，加水 25mL，摇匀。溶液如呈混浊状或有油状物析出，即表示掺有不皂化的矿物油。本法可检验出含量在 0.5% 以上的矿物油。

2. 荧光法

取油样和已知的矿物油各 1 滴，分别滴在滤纸上，然后放在荧光灯下照射，若出现天蓝色荧光，表明掺有矿物油。

五、 橄榄油中掺菜籽油的检测

（一） 检测原理

利用菜籽油中含有的芥酸可以与无水乙醇发生反应的性质来确定橄榄油中是否掺入菜籽油。

（二） 检测步骤

取 1mL 油样于具塞磨口试管中，加入 4mL 无水乙醇，盖塞，70℃ 水浴，油液清澈。转置于 30℃ 水浴中观察，记录油液变浑浊的时间。变浑浊的时间越短，油中菜籽油的掺入量越高。同时做纯橄榄油对照试验。

第二节　肉制品掺伪物质检测技术

一、 过期肉的快速测定

屠宰后的牲畜，随着血液及氧供应的停止，肌肉内的糖原由于酶的作用在无氧条件下产生乳酸，致使肉的 pH 下降。经过 24h 后，肉的 pH 从 7.2 下降到 5.6 ~ 6.0。当乳酸生成一定量时，则促使三磷酸腺苷迅速分解，形成磷酸，因而肉的 pH 可继续下降至 5.4。随着时间的延长或保存不当，肉中有大量腐败微生物生长而分解蛋白质，产生胺类等臭味等，致使肉的 pH 升高。因此检测肉的 pH 不仅能快速判定肉的新鲜度，而且可判断在新鲜肉内是否添加了过期肉或变质肉。

（一） 检测原理

健康牲畜肉的 pH 为 5.8 ~ 6.2；次鲜肉的 pH 为 6.3 ~ 6.6；变质肉的 pH 在 6.7 以上。

（二） 检测步骤

用洁净的刀将精肉的肌纤维横断剖切，但不将肉块完全切断。取一条 pH 在 5.5 ~ 9.0 的试纸，以其长度的 2/3 紧贴肉面，合拢剖面，夹紧试纸条。5min 后取出与标准色板比较，直接读取 pH 的近似数值。

二、 肉制品中掺食盐的检测

咸肉作为肉类加工的一个品种，深受消费者欢迎，内含一定的食盐是正常的。但不良商贩将盐溶解后，用注射器将盐注入新鲜肉中，以保水增重达到牟利目的。这种肉从外表观察难以鉴别，但切开后可见局部肌肉组织脱水，呈灰白色。此种肉多见于前腿、后腿等肌肉较厚的部位。

（一）检测原理

样品中的氯化钠采用热水浸出法或炭化浸出法浸出，以铬酸钾为指示剂，氯化物与硝酸银作用生成氯化银白色沉淀。当多余的硝酸银存在时，则与铬酸钾指示剂反应生成红色铬酸银，指示反应达到终点。根据硝酸银溶液的消耗量，计算出氯化物的含量。

（二）检测步骤

1. 样品预处理

样品可以采用热水浸出法或炭化浸出法进行预处理。

热水浸出法：准确称取切碎均匀的样品 10.0g，置于 100mL 烧杯中。加入适量水，加热煮沸 10min，冷却至室温。过滤入 100mL 的容量瓶中，用温水反复洗涤沉淀物，滤液一起并入容量瓶内，冷却，用水定容至刻度，摇匀备用。

炭化浸出法：准确称取样品 5.0g，置于 100mL 瓷蒸发皿内，用小火炭化完全，炭粉用玻璃棒轻轻研碎。加入适量水，用小火煮沸后，冷却至室温，过滤入 100mL 容量瓶中，并以热水少量多次洗涤残渣及滤器。洗液并入容量瓶中，冷却至室温后用水定容至刻度，摇匀备用。

2. 滴定

准确吸取滤液 10～20mL（视样品含量多少而定）于 150mL 三角瓶内。加入 5% 铬酸钾溶液 1mL，摇匀，用 0.1mol/L 硝酸银标准液滴定至初现橘红色即为终点。同时做空白试验。

3. 计算

$$氯化物（以氯化钠计）含量 = （V_1 - V_0）\times C \times 0.0585 \times 100 / （m \times V_2 / 1000）（\%）\quad（7-1）$$

式中　V_1——样品滴定时消耗硝酸银标准溶液的体积，mL；

V_0——空白滴定时消耗硝酸银标准溶液的体积，mL；

C——硝酸银标准溶液的浓度，mol/L；

m——称取样品的质量，g；

V_2——滴定时所取样品制备液的体积，mL；

1000——将 mL 转换成 mL 时的换算系数。

三、 牛肉与马属畜肉的鉴别

（一）检测原理

马、驴、骡等马属畜肉中含糖原较多，而牛肉中糖原含量很低，加入碘溶液进行定性检测，以鉴别牛肉与马属畜肉。

（二）检测步骤

称取 50g 剪碎的肉样于烧杯中，加入 5% KOH 溶液 50mL，置沸水浴上充分煮化并不断搅拌，冷却后过滤。吸取 19mL 滤液，再加入 1mL 浓 HNO_3（密度 1.39～1.40kg/L），振摇 1min 后过滤。取滤液 1mL 加入小试管底部，不要触及管壁，然后沿管壁缓慢加入 1mL

0.5%的碘溶液于滤液上，15min后观察两液面交界处的颜色。若交界处呈现黄色，即为牛肉；若是马肉，起初呈现黄色，继而在黄色层下出现紫红色环；驴肉和骡肉起初也呈现黄色，继而在黄色层下出现淡咖啡色环。

四、 绵羊肉与山羊肉的鉴别

山羊肉与绵羊肉可通过感官及开水试验的方法加以鉴别。

1. 感官鉴别

绵羊肉黏手，山羊肉发散不黏手；绵羊肉的肉毛卷曲，山羊肉的硬直；绵羊肉的肌肉纤维细短，山羊肉纤维粗长。

2. 开水试验

将绵羊肉切成薄片，放到开水里，形状不变，舒展自如；而山羊肉片放在开水里，立即卷缩成团。根据这种特点，在涮羊肉时多不用山羊肉。

第三节 乳制品掺伪物质检测技术

一、 牛乳中掺水的检测

牛乳掺水后相对密度降低，并且牛乳酸度、蛋白质、脂肪、乳糖等指标也相应降低。用乳稠计测定牛乳相对密度，是我国在鲜乳收购中最常用的一种检验方法，它具有快速、简便、成本低廉的特点。

（一） 检测原理

正常牛乳的相对密度在20℃时应为1.028~1.032，每加入10%的水可使相对密度降低0.0029。用乳稠计检测牛乳相对密度，从而判断牛乳是否掺水。

牛乳的相对密度应在20℃下测定。如果不在20℃下测定，则必须加以校正，校正值的计算方法为：校正值 = （实测温度 − 20） × 0.0002。此种校正方法只限于实测温度在（20 ± 5）℃。牛乳在20℃下的相对密度应为实测密度与校正值的代数和。

（二） 检测步骤

1. 测定

取混匀乳样，小心倒入干燥洁净的250mL量筒中，注意不要产生泡沫。将乳稠计小心放入量筒中，任其自由浮动，但不要与量筒壁接触。待乳稠计平稳后读数。

2. 计算

乳稠计有20℃/4℃和15℃/15℃两种，二者的计算方法不同。

（1） 用15℃/15℃乳稠计测定时，计算公式为：

$$牛乳相对密度 = 1 + 0.001 \times 乳稠计读数 + （实测温度 - 20） \times 0.0002 \qquad (7-2)$$

（2）用 20℃/4℃乳稠计测定时，计算公式为：

$$牛乳相对密度 = 1 + 0.001 \times （乳稠计读数 + 2） + （实测温度 - 20） \times 0.0002 \qquad (7-3)$$

3. 结果判定

正常牛乳的相对密度为 1.028，则加水 10%、30% 时相对密度分别为 1.026、1.020，其相关关系如表 7-2 所示。

表 7-2　　　　　　　　　　　　掺水量与相对密度的关系

掺水量/%	0	10	20	30	40
相对密度	1.028	1.026	1.024	1.020	1.018

二、 牛乳掺中和剂的检测

有些人为了降低牛乳酸度以掩盖牛乳的酸败，防止牛乳因酸败而发生凝固结块现象，在牛乳中加入少量碳酸氢钠、碳酸钠等中和剂。牛乳掺中和剂的检验方法主要有溴麝香草酚蓝法和灰分碱度滴定法，前者适合加入较多中和剂而呈碱性的牛乳样品，后者适合加入微量中和剂的牛乳样品。

（一） 溴麝香草酚蓝法

1. 检测原理

溴麝香草酚蓝是一种酸碱指示剂，变色范围 pH 6.0（黄色）~7.6（蓝色）。将溴麝香草酚蓝加入牛乳样品中，若牛乳掺入中和剂时，溶液颜色发生改变（如表 7-3 所示）。

表 7-3　　　　　　　　　　　　牛乳掺中和剂的颜色特征

牛乳中中和剂的体积分数/%	0.03	0.05	0.1	0.3	0.5	0.7	1.0	1.5
界面环层颜色特征	黄绿色	淡绿色	绿色	深绿色	青绿色	淡青色	青色	深青色

2. 检测步骤

取牛乳 5mL 于试管中，倾斜试管，沿管壁小心加入质量分数为 0.04% 的溴麝香草酚蓝乙醇液 5 滴，小心斜转 3 次，然后垂直，2min 后观察两液界面环层的颜色。界面环层呈绿-青色为掺中和剂的乳样。同时做正常乳实验，正常乳为黄色。

（二） 灰分碱度滴定法

1. 检测原理

正常牛乳的灰分碱度（以 Na_2CO_3 计）为 0.025%，超过此值可认为掺入了中和剂。

2. 检测步骤

吸取牛乳 20mL，放入镍坩埚中，放在沸水浴上蒸发至干。移至电炉上加热灼烧至完全炭化，再移入高温炉中，在 550℃ 下灰化完全，取出坩埚冷却。加入 50mL 热水浸渍，使颗粒溶解，浸出液滤入三角瓶中，用热水反复洗涤，合并洗滤液。加1%酚酞指示液，用0.1mol/L盐酸标准溶液滴定至溶液红色消失，记录盐酸标准溶液的用量。

$$碳酸钠含量 = \frac{V_1 \times c \times 0.053 \times 100}{V_2 \times 1.030}(\%) \tag{7-4}$$

式中　V_1——测定时滴定牛乳消耗盐酸标准溶液的体积，mL；

　　　c——盐酸标准溶液的浓度，mol/L；

　　　V_2——牛乳的体积，mL；

　1.030——牛乳平均相对密度；

　0.053——1mol/L盐酸标准溶液1mL相当于碳酸钠的质量，g。

三、 牛乳中掺淀粉、 米汤的检测

（一） 检测原理

米汤中含有淀粉，其中直链淀粉可与碘生成稳定的蓝色络合物。根据此原理可对乳中加入的淀粉或米汤进行检测。

（二） 检测步骤

1. 首先配制碘溶液，即2.0g碘和4.0g碘化钾在蒸馏水中溶解，并定容至100mL。

2. 取5mL乳样注入试管中，稍煮沸。待冷却后，加入2~3滴碘溶液。若出现蓝色或蓝青色，则可判断有淀粉或米汤掺入。正常牛乳无显色反应。

四、 牛乳中掺豆浆的检测

脲酶是催化尿素水解的酶，广泛地存在于植物中，在大豆的种子中含量较多，通过检验脲酶可以判断牛乳中是否掺有生豆浆或豆粉。也可以利用豆浆中皂角素与碱反应生成黄色物质的性质来鉴别是否掺伪。

（一） 脲酶检验法

1. 检测原理

豆粉、生豆浆或煮沸不够的豆浆中含有脲酶，脲酶催化水解碱－镍缩二脲试剂后，与二甲基乙二肟的乙醇溶液反应，生成红色沉淀。

2. 试剂

（1）碱－镍缩二脲试剂　将1g硫酸镍溶于50mL蒸馏水后，加入1g缩二脲，微热溶解后加入1mol/L氢氧化钠溶液15mL，滤去生成的氢氧化镍沉淀，置于棕色瓶中保存。该试剂长时间放置后会出现浑浊，经过滤后仍可使用。

（2）1%二甲基乙二肟的乙醇溶液。

3. 检测步骤

在白瓷点滴板上的两个凹槽处各加入2滴碱－镍缩二脲澄清液。将待检乳样调成中性或弱碱性，向其中一个凹槽中滴加1滴乳样，另一个凹槽中滴加1滴水，在室温下放置

10 ~ 15min。然后在每个凹槽中再各加 1 滴二甲基乙二肟的乙醇溶液。如果有红色二甲基乙二肟络镍的红色沉淀生成，则判断牛乳中掺有豆浆。作为对照的空白试剂，应仍维持黄色或仅有趋于变成橙色的微弱变化。

（二） 加碱检验法

1. 检测原理

豆浆中含有皂角素，可与浓氢氧化钠（或氢氧化钾）溶液反应生成黄色物质。

2. 检测步骤

取两个 50mL 锥形瓶，其中一个加入乳样 20mL，另一个加入 20mL 正常牛乳作为对照。向两个锥形瓶中各加入乙醇 – 乙醚（1:1）混合液 3mL，25% NaOH 溶液 5mL，摇匀后静置 5 ~ 10min。对照瓶中牛乳应呈暗白色。若检样呈微黄色，表示有豆浆掺入。

本法灵敏度不高，当豆浆掺入量大于 10% 时才能检出。

五、 牛乳中掺食盐的检验

（一） 检测原理

正常牛乳中氯离子含量很低（0.09% ~ 0.12%），在牛乳中加入一定量的铬酸钾溶液和硝酸银溶液，由于硝酸银主要与铬酸钾反应，生成红色铬酸银沉淀。如果牛乳中掺有食盐，由于氯离子浓度很大，硝酸银则主要与氯离子反应，生成氯化银沉淀，并且被铬酸钾染成黄色。

（二） 检测步骤

取 5mL 0.01mol/L 硝酸银溶液和 2 滴 10% 铬酸钾溶液于洁净试管中混匀，此时可出现红色铬酸银沉淀。然后加入待检乳样 1mL，充分混匀。如果呈现黄色，说明乳中氯离子的含量大于 0.14%，可能掺有食盐；若仍为红色，则说明没有掺入氯化钠。

第四节 水产品掺伪物质检测技术

一、 污染鱼虾的鉴别

长期生活在污水或农药含量较高的水中的鱼虾，仔细观察加以鉴别。

1. 色泽鉴别

长期生活在污水中的鱼虾，鳞片颜色较暗，光泽度较差；鱼鳃呈暗紫色或黑红色。

2. 气味鉴别

污染鱼虾的异味大，尤其是口、鳃等处。

3. 形态鉴别

正常的鱼死后，鱼嘴容易被拉开，其腰鳍紧贴鱼腹，鱼鳍的颜色呈鲜红或淡红色。被农药毒死的鱼，鱼嘴巴不容易被拉开，腰鳍是张开的，鱼鳍颜色呈紫红或黑褐色。

二、 天然海蜇与人造海蜇的鉴别

人造海蜇是以褐藻酸钠、明胶等为主要原料制成的，其色泽微黄或呈乳白，脆而缺乏韧性，牵拉时易断裂，口感粗糙并略带涩味。

天然海蜇经盐腌制后，外观呈乳白色或淡黄色，色泽光亮，表面湿润而有光泽，质地坚实，牵拉时不易折断，其形状呈自然圆形，无破边，无污秽物，无异味。

三、 蟹肉与人造蟹肉的鉴别

（一） 检测原理

鳕鱼肉、梭鱼肉等在聚焦光束照射下，能显示出明显的有色条纹。而蟹肉及虾肉则不产生此现象。

（二） 检测步骤

将样品涂抹在载玻片上，上面再盖一个相同的载玻片，两端扎紧。将载玻片置于尼科拉斯发光器发出的光束照射下，样品如果是鳕鱼或其他鱼肉加工的，或者掺有其他鱼肉，都会显示出有色条纹或图案。而未掺入鱼肉的蟹肉则无此现象。

四、 过期鱼肉的快速检验

新鲜鱼肉为弱酸性，存放不当，时间一长，在微生物及自身酶的作用下蛋白质被分解，放出氨和胺类等物质，甚至有硫化氢等成分，会使鱼肉及相关制品逐渐趋于碱性，pH升高，并有厌恶的气味。测定鱼肉及相关制品的氨气、pH、硫化氢等指标，不仅可快速判定其新鲜度，也可初步判断新鲜的鱼肉及制品中是否添加了过期及变质的鱼肉及相关制品。

（一） pH 的测定

1. 检测原理

水产品变质会产生胺类物质，使pH升高。判断标准为：新鲜鱼的pH为6.5~6.8，次鲜鱼的pH为6.9~7.0，变质鱼的pH在7.1以上。

2. 检测步骤

用洁净的刀将鱼肉依肌纤维横断剖切，但不完全切断。撕下一条pH试纸，以其长度的2/3紧贴肉面，合拢剖面，夹紧纸条。5min后取出与标准色板比较，直接读取pH的近似数值。

（二） 硫化氢的测定

1. 检测原理

腐败变质的水产品会产生硫化氢，硫化氢与醋酸铅反应生成褐色的硫化铅。

2. 检测步骤

称取鱼肉20g，装入广口瓶内，加入10%硫酸溶液40mL。取一张大于瓶口的滤纸，在滤纸中央滴10%醋酸铅碱性液1～2滴。将有液滴的一面向下盖在瓶口上，并用橡皮圈扎好。15min后取下滤纸，观察其颜色有无变化。

结果判定：新鲜鱼在滴加醋酸铅碱性液时颜色无变化；次鲜鱼在接近滴液边缘处呈现微褐色或褐色痕迹；变质鱼的滴液处全部呈现褐色或深褐色。

（三） 氨的测定

1. 检测原理

变质鱼产生的氨与爱贝尔试液反应生成NH_4Cl，呈现白色雾状。

2. 检测步骤

取一块蚕豆大的鱼肉，挂在一端附有胶塞而另一端带钩的玻璃棒上。吸取2mL爱贝尔试液（25%盐酸1份，无水乙醚1份，96%乙醇3份，混匀），注入试管内，稍加振摇。把带胶塞的玻璃棒放入试管内，勿接触管壁，检样距离液面1～2cm处。迅速拧紧胶塞，立即在黑色背景下观察，看试管中样品周围的变化。

结果判定：新鲜鱼无白色雾状物出现。次鲜鱼在取出检样并离开试管的瞬间，有少许白色雾状物出现，但立即消散；或在检样放入试管中，数秒后才出现明显的雾状。变质鱼样放入试管后，立即出现白色雾状物。

第五节　蜂蜜掺伪物质检测技术

一、　掺伪蜂蜜的感官鉴别

量取30mL样品，倒入清洁干燥的烧杯中，评价样品的色泽、气味、滋味和结晶状况。气味和滋味的检验应在常温下进行，并在倒出后10min内完成。同时与标准样品比较。

1. 色泽鉴别

每一种蜂蜜都有固有的颜色，如刺槐蜜、紫云英蜜为水白色或浅琥珀色，枣花蜜、油菜花蜜为黄色琥珀色。纯正的蜂蜜一般色淡、透明度好，如掺有糖类或淀粉则色泽昏暗，浑浊并有沉淀物。

2. 气滋味鉴别

纯正的蜂蜜，嗅、尝均有花香；掺糖加水的蜂蜜，花香皆无，且有糖水味。

3. 组织状态鉴别

纯正蜂蜜结晶呈黄白色，细腻、柔软；假蜂蜜结晶粗糙，透明。纯正蜂蜜挑起后可拉出柔韧的长丝，断后断头回缩并形成下粗上细的塔状物并慢慢消失；低劣的蜂蜜挑起后呈糊状并自然下沉，不会形成塔状物。

二、　蜂蜜中掺饴糖的检测

（一）　检测原理

饴糖不溶于95%乙醇溶液，出现白色絮状物。

（二）　检测步骤

取蜂蜜样品2g于试管中，加5mL蒸馏水，混匀，然后缓慢加入95%乙醇溶液数滴，观察是否出现白色絮状物。若呈现白色絮状物，则说明有饴糖掺入；若呈浑浊则说明未掺入。

三、　蜂蜜中掺蔗糖的检测

（一）　检测原理

蔗糖与间苯二酚反应，产物呈红色；与硝酸银反应，产物不溶于水。

（二）　检测步骤

取蜂蜜样品2份（各1g），分别置于A、B两支试管中，各加水4mL，混匀。其中A试管中加入2% $AgNO_3$ 溶液2滴，B试管加1% $AgNO_3$ 溶液2滴，观察有无白色絮状物产生。A管若有白色絮状物产生，蔗糖含量疑为1%以上；B管若有白色絮状物产生，蔗糖含量疑为4%以上。

取蜂蜜2g于试管中，加入间苯二酚0.1g。若呈现红色则说明掺入了蔗糖。同时作空白对照。

四、　蜂蜜中掺淀粉类物质的检测

（一）　检测原理

利用淀粉和碘反应产物呈蓝紫色的性质，可以检验出蜂蜜中是否掺有淀粉类物质。蜂王浆中掺淀粉检测也可用本法。本法灵敏度较好，可检出蜂蜜中掺2g/kg的淀粉量。

（二）　检测步骤

称取2g蜂蜜样品于试管中，加水10mL，混匀，加热至沸腾，冷却，滴加0.1mol/L的碘液2滴，观察颜色变化。同时做正常蜂蜜对照试验。若呈蓝紫色，则说明掺入了淀粉类物质；若呈红色，则说明掺有糊精；若保持黄褐色不变，则说明蜂蜜纯净。

五、　蜂蜜中掺羧甲基纤维素钠的检测

（一）　检测原理

羧甲基纤维素钠不溶于乙醇，与盐酸反应生成白色羧甲基纤维素沉淀；与硫酸铜反应产生绒毛状浅蓝色羧甲基纤维素沉淀。

（二） 检测步骤

称取 10g 蜂蜜样品于烧杯中，加入 95% 的乙醇溶液 20mL，充分搅拌约 10min，析出白色絮状沉淀物。取白色沉淀物 2g 于烧杯中，加热蒸馏水 100mL，搅拌均匀，冷却备检。取上清液 30mL 于锥形瓶中，加入 3mL 盐酸，若产生白色沉淀则为掺羧甲基纤维素钠的蜂蜜。取上清液 50mL 于另一锥形瓶中，加入 1% $CuSO_4$ 溶液 100mL，若产生淡蓝色绒毛状沉淀则为掺羧甲基纤维素钠的蜂蜜。同时做正常蜂蜜对照试验，正常蜂蜜无上述两种反应现象。

六、 蜂蜜中掺明矾的检测

（一） 检测原理

因明矾中含有 Al^{3+}、K^+、SO_4^{2-}，通过分别检测三者来判断蜂蜜中是否掺入明矾。

（二） 检测步骤

称取 3g 蜂蜜样品于烧杯中，加水 30mL，混匀，分别检测 Al^{3+}、K^+、SO_4^{2-}。取烧杯中蜜样 10mL 于试管中，沿管壁加 5mL $NH_3 \cdot H_2O$，放置 30min，管底产生白色沉淀，然后加 2mol/L NaOH 溶液 2mL，振摇，沉淀消失，表明有 Al^{3+} 存在。另取烧杯中蜜样 10mL 于另一试管中，加 0.05% 的 $AgNO_3$ 溶液 5 滴、少量 $Na_3Co（NO_2）_6$ 固体，若呈黄色浑浊或沉淀，表明有 K^+ 存在。再另取烧杯中蜜样 5mL，加 5% 的 $BaCl_2$ 溶液 1mL，混匀，产生白色沉淀，加盐酸 5 滴，白色沉淀不溶解，表明有 SO_4^{2-} 存在。同时做纯蜜对照试验，均无上述反应。

思考题

1. 经常见到一些媒体报道食品掺伪现象，是真的还是为了吸引眼球？如何快速判断？

2. 检测橄榄油中是否掺入菜籽油，可根据一定温度下油液变浊时间长短来判断。其原理是什么？

3. 举例说明食品中常见的掺伪物质。

4. 如何判别水产品的新鲜度？

5. 食品掺伪与添加非食用物质有何不同？如何防范？

自测题（不定项选择，至少一项正确，至多不限）

1. 健康牲畜肉和变质肉的 pH 分别为 （   ）。
   A. 5.8、6.7   B. 5.8、7.5   C. 7.5、5.8   D. 7.0、5.8

2. 新鲜鱼和变质鱼的 pH 分别为 （   ）。
   A. 6.9、6.5   B. 6.9、6.3   C. 6.5、7.1   D. 6.5、7.3

3. 检测食用油中是否掺入矿物油，可依据矿物油 （   ） 等特性检测。
   A. 不能皂化   B. 不溶于水，且溶液浑浊
   C. 析出油珠   D. 在荧光灯下出现天蓝色荧光

4. 将绵羊肉和山羊肉分别切成薄片，放到开水里，观测 （   ） 等特点可判断其是否是绵羊肉或山羊肉。

A. 前者形状不变，舒展自如；后者立即卷缩成团

B. 前者形状不变，舒展自如；后者立即沉底，慢慢舒展

C. 前者立即沉底，慢慢舒展；后者形状不变，舒展自如

D. 后者形状不变，舒展自如；前者立即卷缩成团

5. 用（　　），从而判断牛乳是否掺水。

A. 酸度计检测牛乳相对酸度

B. 乳稠计检测牛乳相对密度

C. 酸度计和乳稠计同时检测其酸度和密度

D. 酸度计和黏度计同时检测其酸度和黏度

6. 在有 1g 蜂蜜的试管中加 1% $AgNO_3$ 溶液 2 滴，观察有白色絮状物产生，可判断掺有（　　）的蔗糖。

A. 4% 左右 　　　　　B. 3% ~4% 　　　　　C. 8% 左右 　　　　　D. 2% 以下

7. 利用菜籽油中含有的（　　）可以与无水乙醇发生反应的性质来确定橄榄油中是否掺入菜籽油。

A. 油酸　　　　　　　　　　　　　　B. 亚油酸

C. 芥酸　　　　　　　　　　　　　　D. 亚油酸和芥酸

8. 蜂蜜是否掺假，可通过感官快速鉴别，一般蜂蜜有（　　），否则反之。

A. 一定的色泽和花香、无糖水味　　　B. 透明不昏暗

C. 一定的花香，上层明亮，下层有白色沉淀　D. 上层明亮，下层有白色沉淀

9. 乳粉中是否掺入米粉？可在煮沸的试样中滴 2 ~3 滴碘溶液。若出现（　　）颜色变化，则可判断有淀粉或米汤掺入。

A. 无　　　　　　　B. 红色或粉红色　　　C. 有蓝色　　　　　D. 有蓝青色

10. 面粉中掺过氧化苯甲酰的主要目的是（　　）。

A. 提高面粉白度　　　　　　　　　　B. 掩盖不良气味

C. 增加面粉质地　　　　　　　　　　D. 改善面粉营养

参考文献

[1] 高向阳，宋莲军. 现代食品分析实验 [M]. 北京：科学出版社，2013.

[2] 钟耀广. 食品安全学 [M]. 北京：化学工业出版社，2010.

实验室操作规则及检测标准

附录一　实验室安全规则

（一）防毒安全

1. 对于剧毒药品，必须制定保管使用制度，必须与一般药品分开，设专柜并加锁由专人（两位）负责保管。毒品散落时应立即收拾起来，并把落过毒品的桌子或地板彻底清理干净。

2. 严禁试剂入口。使用移液管时，应用吸耳球取试剂，勿用嘴吸。嗅试剂时，应将试剂瓶远离鼻子，用手轻轻扇动，稍闻气味即可。切勿用鼻子直接嗅闻瓶口。

3. 实验操作中。严禁饮食（如喝水、嚼口香糖）。严禁把器皿代替餐具使用或将餐具带进实验室。如用过有剧毒的药品，则饭前必须仔细洗手漱口。

4. 处理有毒气体或蒸汽时，必须在抽风罩或通风橱中进行。

5. 采取有毒气体试样时，要站在上风处，要保证取样球胆不漏气。实验完毕后，残余气体再移至室外排空。

（二）防火安全

1. 实验室中必须设置防火设备，由专人负责保管和补充。灭火器材应放在固定及显眼地方。实验人员都必须熟悉防火知识。

2. 实验室里勿抽烟，勿乱扔火柴梗或其他明火火种。

3. 使用可燃易挥发试剂时，必须除去火源、远离火种或远离高温操作区。

4. 加热可燃液体时，不能直接用明火加热，必须在水浴上加热，保持通风，有人看管。

5. 酒精灯或喷灯必须在火种熄灭的情况下才能添加酒精。

6. 在干燥箱中干燥植物源食品时，要防止植物源食品漏下引起植物源食品着火。

7. 经常检查电线是否有漏电现象，多种仪器同时使用时，线路是否过载。

8. 易燃品及易挥发品的贮存量不宜过多，且宜存放在无光线照射的低温和无易燃易爆物区。

（三）　防爆安全

1. 挥发性有机药品应放在通风良好的地方、冰箱或铁柜内；低沸点易燃药品不能放在火源附近，大量的应放在地下室或备有冷却设备的贮藏室。

2. 开启挥发性试剂，最好先在冰水内冷却，然后再开启。

3. 严禁氧化剂与可燃物一起研磨。不能在纸上称量过氧化钠。

4. 爆炸类药品如苦味酸、高氯酸、高氯酸盐、过氧化氢以及高压气体等，应放在低温处保管。移动或启用时不得剧烈振动。

5. 易发生爆炸的操作，要加强安全措施，应戴上面罩或装上挡板，也不得对着他人进行。

6. 装有挥发性受热分解放出气体的药品（如五氧化二磷）的瓶子最好不用石蜡封存。当瓶口打不开时，切不可把瓶子放在火上烘烤。

（四）　防爆防伤安全

1. 腐蚀类及刺激性药品，如强碱、强酸、浓氨水。

2. 稀释硫酸时必须在烧杯中进行，要在玻璃棒搅拌下，仔细缓慢地将浓硫酸加入水中，不得将水加入浓硫酸内。

3. 如需将浓酸和浓碱中和时，必须先行稀释，绝不能将浓酸和浓碱直接中和。

4. 在必须使用浓酸浓碱时，要小心细致以防腐蚀衣服和皮肤。

5. 在蒸发浓缩时，最好要先在蒸馏瓶中放沸石，千万不要在蒸馏过程中添加沸石，以防内容物溅出损伤皮肤或衣物。

（五）　易燃易爆的危险物质及其他危险物质

在实验过程中经常涉及用多种药品来配制不同的试剂，或将不同的试剂废弃物统一存放回收。在此过程中要注意下列情况：

1. 易燃易爆的危险物质

浓硝酸、浓硫酸与松节油、乙醇等

浓硝酸与纤维织物等

过氧化钠与醋酸、甲醇、乙二醇等

溴与磷、锌粉、镁粉混合

高氯酸盐与硫或硫化锑，与磷或氰化物

高氯酸盐或硝酸盐与铅、镁

铬酸（三氧化铬）或高氯酸盐与硫酸、硫磺、甘油或有机物

过硫酸铵与铝粉遇水

高铁氰化钾、高汞氰化钾、卤素与氨

硝酸钠与硫氰化钡

硝酸钾与醋酸钠

硝酸铵与锌粉遇少量水

硝酸盐与酯类

硝酸盐与氯化亚锡

亚硝酸盐与氯化钾

硝酸与噻吩或碘化氢

硝酸与镁、锌或其他活泼性轻金属

硝酸、亚硝酸盐与有机物及铝

过氧化物与镁、锌或铝

液态空气或氧气与有机物接触

压缩氧与油脂接触

发烟硫酸或氯磺酸与水

次氯酸钙与有机物

发烟硝酸与乙醚

卤素和铝粉遇少量水

2. 其次危险物质

钾、钠、电石、活化金属等遇水着火或爆炸。

三氯化铝、三氯化磷、五氯化磷、磷化钙遇水均有发生爆炸的可能。浓甲酸极不稳定，可能爆炸。液体氨与汞也可能形成爆炸性化合物。

当乙炔及类似的化合物与银、铜、二价汞和某些其他金属等盐溶液反应时生成乙炔化合物——爆炸性沉淀物。

可燃性蒸气和气体、氢、氨、一氧化碳、乙炔、环氧乙烷、甲烷、乙烷、苯、甲醇、乙醇、乙醛、乙酸乙酯、乙烷等低级烃等与空气或氧气的混合物是特别危险的"爆炸性混合物"，它们在一定的比例下会发生爆炸。

乙醚、异丙醚、二恶烷、四氢呋喃及其他醚类均倾向于从空气中吸收氧并与之反应形成不稳定的过氧化物，当它们被蒸发或蒸馏变浓时，或当这些过氧化物与其他化合物生成爆炸混合物时，或因受热、震动或摩擦时，都会产生极猛烈的爆炸。

（六） 意外事故的急救

1. 皮肤灼伤

皮肤不慎被强酸、溴、氯等物质灼伤时，应先用大量的自来水冲洗，然后用5%的碳酸氢钠溶液洗涤后，再用清水洗涤后，进行常规的灼伤处理。

2. 强酸溶液误入口内

强酸溶液不慎误入口内后应立即用大量清水或0.1mol/L氢氧化钠溶液漱口，再服用氯化镁、镁乳等和牛乳混合剂数次，每次约200mL；或服用万应解毒剂（木炭末2份、氧化镁1份及鞣酸）。

3. 强碱溶液进入口内的处理

立即用大量清水或5%醋酸溶液漱口，再服用5%醋酸溶液适量，或服用上述万用解毒剂 1 茶匙。

4. 石炭酸类物质进入口内

如果石炭酸类物质进入口内，要立即用 30%～40% 酒精漱口，然后再服用 30%～40% 酒精适量，并设法尽可能将胃内容物呕吐出。

5. 氰化物进入口内

少量氰化物不慎进入口内应立即用大量清水漱口，再服用 3% 过氧化氢溶液适量；静脉注入 1% 美蓝 20mL，再吸入亚硝酸异戊酯，并注意呼吸情况，必要时可进行人工呼吸，并立即送到医院处理。

6. 汞及汞类化合物进入口内

汞及汞类化合物是一类有害重金属物质，如不慎误入口内应立即服用生鸡蛋或牛乳若干，再设法使胃内容物尽量呕吐出来。

7. 碘酒或碘化合物进入口内

碘酒或碘化合物进入口内应立即服用米汤或淀粉若干，再设法使胃内容物尽量呕吐出来。

8. 酸、碱等化学试剂溅入眼内

在操作过程中，如果操作不当，酸、碱等化学试剂溅入眼内后要先用自来水或蒸馏水冲洗眼部。如溅入酸类物质则可再用 5% 碳酸氢钠溶液仔细冲洗；如系碱类物质，可以用 2% 硼酸溶液清洗，然后滴 1～2 滴油性物质起滋润保护作用。

9. 被电击的处理

食品化学实验中常用到众多电器设备，如某项设备漏电，使用中则有触电的危险。如有人不慎触电，首先应立即切断电源。在没有断开电源时决不可赤手去拉触电者，宜迅速用干木棒、塑料棒等绝缘物质把导电物与触电者分开，然后对触电者进行抢救。若发现触电者已失去知觉或已停止呼吸，则应立即施行人工呼吸；待有了呼吸即可移至空气新鲜、温度适中的房间里继续进行抢救。

10. 酸、碱等化学试剂溅洒在衣服鞋袜上的处理

在食品化学实验中常见到强酸或强碱类物质洒在衣服鞋袜上，此时应立即脱下来用自来水浸泡冲洗。溅洒物如系苯酚类物质，而衣服又是化纤织物，则可先用 60%～70% 酒精擦洗被溅处，然后再将衣服放清水中浸泡冲洗。

以上仅是一般应急处理方法，重症者应送医院急诊室处理。

附录二　实验室废弃物处理规定及注意事项

在进行食品质量与安全实验过程中不可避免的要产生气态、液态或固态的废弃物质，有毒物品残留物等。这些废弃物及有毒物品残留物等的处理规定、处理方法及注意事项有必要了解。

（一）对废气、废液及废固处理的一般规定

为防止实验室的污染扩散，污染物的一般处理原则为：分类收集、存放，分别集中处理。尽可能采用废物回收以及固化、焚烧处理，在实际工作中选择合适的方法进行检测，尽可能减少废物量、减少污染。废弃物排放应符合国家有关环境排放标准。

1. 废气

实验室应有符合通风要求的通风橱，实验过程中会产生少量有害废气的实验应在通风橱中进行，产生大量有害、有毒气体的实验必须具备吸收或处理装置。

2. 废液

实验过程中常见废液主要有：①有机溶剂废液（如甲苯、乙醇、乙酸乙酯、氯仿等）；②无机溶剂废液（如重金属废液、含汞废液、废酸、废碱液等）。实验过程中，不能随意将有害、有毒废液倒进水槽及排水管道。不同废液在倒进废液桶前要咨询相关人员，注意其相容性，避免产生不良反应或爆炸；按标签指示分门别类倒入相应的废液收集桶中。特别是含重金属的废液，不论浓度高低，必须全部回收。

3. 废固

实验过程中产生废固不能随意掩埋、丢弃有害、有毒废渣、废固，须放入专门的收集桶中。危险物品的空器皿、包装物等，必须先针对性完全消除危害后，才能改为他用或弃用。

（二）实验室废弃物应集中绿色环保化处理

实验过程中产生的废弃物必须指定专人负责，按规定设置收集桶，分级、分类收集有害、有毒废液、废固，定点存放，并张贴危险警告牌、告示。主管部门定期通知经环境保护行政主管部门认可、持有危险废物经营许可证的单位到各实验收集。

（三）实验室一般废弃物的处理方法

1. 化学类废物

一般的有毒气体可通过通风橱或通风管道，经空气稀释排出。大量的有毒气体必须通过与氧充分燃烧或吸收处理后才能排放。

一般废液可通过酸碱中和、混凝沉淀、次氯酸钠氧化处理后排放，有机溶剂废液应根据性质进行回收。

含汞废液的处理方法：

①硫化物共沉淀法：先将含汞盐的废液的 pH 调至 $8 \sim 10$，然后加入过量的 Na_2S，使其

生成 HgS 沉淀。再加入 FeSO₄（共沉淀剂），与过量的 S^{2-} 生成 FeS 沉淀，将悬浮在水中难以沉淀的 HgS 微粒吸附共沉淀，然后静置、分离，再经离心、过滤，滤液的含汞量可降至 0.05mg/L 以下。

②还原法：用铜屑、铁屑、锌粒、硼氢化钠等作还原剂，可以直接回收金属汞。

含镉废液的处理方法：

①氢氧化物沉淀法：在含镉的废液中投加石灰，调节 pH 至 10.5 以上，充分搅拌后放置，使镉离子变为难溶的 Cd（OH）₂ 沉淀。分离沉淀，用双硫腙分光光度法检测滤液中的 Cd 离子后（降至 0.1mg/L 以下），将滤液中和至 pH 约为 7，然后排放。

②离子交换法：利用 Cd^{2+} 离子比水中其它离子与阳离子交换树脂有更强的结合力，优先交换。

含铅废液的处理方法：

在废液中加入消石灰，调节至 pH 大于 11，使废液中的铅生成 Pb（OH）₂ 沉淀。然后加入 Al₂（SO₄）₃（凝聚剂），将 pH 降至 7~8，则 Pb（OH）₂ 与 Al（OH）₃ 共沉淀，分离沉淀，达标后，排放废液。

含砷废液的处理方法：

在含砷废液中加入 FeCl₃，使 Fe/As 比值达到 50，然后用消石灰将废液的 pH 控制在 8~10。利用新生氢氧化物和砷的化合物共沉淀的吸附作用，除去废液中的砷。放置一夜，分离出沉淀另处理，达标后的废液，再排放。

2. 生物类废物

生物类废物应根据其病源特性、物理特性选择合适的容器和地点，专人分类收集进行消毒、烧毁处理，日产日清。

液体废物一般可加漂白粉进行氯化消毒处理。满足消毒条件后作最终处置。

尿、唾液、血液等生物样品，加漂白粉搅拌后作用 2~4h，倒入化粪池或厕所。或者进行焚烧处理。

3. 一般易耗品废物

一次性使用的制品如手套、帽子、工作物、口罩等使用后放入污物袋内集中烧毁。

可重复利用的玻璃器材如玻片、吸管、玻瓶等可以用浓度为 2000mg/L 左右的有效氯溶液浸泡 2~6h。然后清洗重新使用，或者废弃。

盛标本的玻璃、塑料、搪瓷容器可煮沸 15min，或者用 1000mg/L 有效氯漂白粉澄清液浸泡 2~6h，消毒后用洗涤剂及流水刷洗、沥干；用于微生物培养的，用压力蒸汽灭菌后使用。

微生物检验接种培养过的琼脂平板应压力灭菌 30min，趁热将琼脂倒弃处理。

使用后的注射针头等利器盒不要混入垃圾里，要分开存放。

4. 放射性废弃物

食品实验中较少使用放射性元素，相关放射性废弃物的处理更要慎重。请参阅有关规定。

（四） 实验室废弃物处理注意事项

1. 不同的废液混合时可能产生有毒气体以及发热、爆炸等危险。因此，处理前必须充分了解废液的性质，然后分别加入少量所需添加的药品。同时，必须边注意观察边进行操作。

2. 含有络离子之类物质的废液，往往只加入一种消除药品有时不能把它处理完全。因此，要采取适当的措施，注意防止一部分还未处理的有害物质直接排放出去。

3. 对于为了分解氰基而加入次氯酸钠，以致产生游离氯，以及由于用硫化物沉淀法处理废液而生成水溶性的硫化物等情况，其处理后的废水往往有害。因此，必须把它们加以再处理。

4. 处理废液时，为了节约处理所用的药品，可将废铬酸混合液用于分解有机物，废酸、废碱可互相中和。要积极考虑废液的利用。

5. 尽量利用无害或易于处理的代用品，配制试剂及实验操作中要尽量减少其用量。

6. 对甲醇、乙醇、丙酮及苯之类用量较大的溶剂，原则上要把它回收利用，而将其残渣加以处理。对于有机试剂的回收应注意其安全性。

7. 如果要自行焚烧少量处理污染物或动、植物及食品样品，焚烧之前必须取得上级公共卫生机构和环卫部门的批准。

附录三 试剂的规格及贮存

实验所用的试剂须按实验的具体要求适当选用。试剂的级别不同,纯度也不同,价格差异更大,如选用不当或影响实验的准确度,或造成不必要的浪费,所以合理地选用试剂并妥善地贮存,是做好实验的基本常识。

1. 试剂的规格

根据试剂中杂质含量的多少,试剂通常分成如下规格:

(1)一级为保证试剂(guarantee reagent,常缩写为 GR),绿色标签,精密分析或科学研究时用。

(2)二级为分析试剂(analytical reagent,常缩写为 AR),红色标签,一般的分析和科学研究时用。

(3)三级为化学纯(chemically pure,常缩写为 CP),蓝色标签,一般用于定性分析和化学制备产品时用。

(4)四级为实验试剂(laboratory reagent,常缩写为 LP),黄色标签,一般用于化学实验室非分析需要。

(5)五级为工业用试剂(industry,常缩写为 Ind),用作工业原料,定量分析中只可作为辅助试剂用,如干燥剂、致冷剂、配制洗涤液等用的试剂。

另外,还有超纯试剂、生化试剂、色谱纯、光谱纯、电子纯等(详见"全球化学品统一分类和标签制度")。

2. 试剂的贮存

试剂,尤其是配制的试剂,须按照它们的化学性质贮存在适当的容器内。例如,固体试剂装在广口瓶中,液体试剂盛在细口瓶或滴瓶中,见光易分解的试剂应盛在棕色瓶中,能与玻璃起作用的试剂,最好放在塑料容器中,盛碱液的瓶子要用橡皮塞或塑料瓶塞,不能用磨口玻璃塞,以免瓶口被碱溶解。

对贵重试剂或性质不稳定的试剂,应按实际需要现配现用;对于标准样的配制,一定要先配母液,用母液稀释成一系列的标准液;易受热分解的试剂须放在冰箱中贮存;易吸湿或氧化的试剂须要密封,并保存在干燥器中贮存。易燃试剂一定要远离热源和明火、阴凉通风处贮放。实验中有毒有害废液及重金属盐等要妥善保存、处理,最好有专人保管,并做好领用及使用记录,不可任意排放影响环境,造成污染。

附录四　常用的缓冲溶液配制

1. 氯化钾－盐酸缓冲溶液（pH = 1.0 ~ 2.2）（25℃）

25mL 0.2mol/L 氯化钾溶液（14.919g/L）+ xmL 0.2mol/L 盐酸溶液，加蒸馏水稀释至 100mL。

pH	0.2mol/L HCl 溶液体积/mL（x）	水体积/mL	pH	0.2mol/L HCl 溶液体积/mL（x）	水体积/mL	pH	0.2mol/L HCl 溶液体积/mL（x）	水体积/mL
1.0	67.0	8	1.5	20.7	54.3	2.0	6.5	68.5
1.1	52.8	22.2	1.6	16.2	58.8	2.1	5.1	69.9
1.2	42.5	32.5	1.7	13.0	62.0	2.2	3.9	71.1
1.3	33.6	41.1	1.8	10.2	64.8			
1.4	26.6	48.4	1.9	8.1	66.9			

2. 邻苯二甲酸氢钾－盐酸缓冲溶液（pH = 2.2 ~ 4.0）（25℃）

50mL 0.1mol/L 邻苯二甲酸氢钾溶液（20.42g/L）+ xmL 0.1mol/L 盐酸溶液，加水稀释至 100mL。

pH	0.1mol/L HCl 溶液体积/mL（x）	水体积/mL	pH	0.1mol/L HCl 溶液体积/mL（x）	水体积/mL	pH	0.1mol/L HCl 溶液体积/mL（x）	水体积/mL
2.2	49.5	0.5	2.9	25.7	24.3	3.6	6.3	43.7
2.3	45.8	4.2	3.0	22.3	27.7	3.7	4.5	45.5
2.4	42.2	7.8	3.1	18.8	31.2	3.8	2.9	47.1
2.5	38.8	11.2	3.2	15.7	34.3	3.9	1.4	48.6
2.6	35.4	14.6	3.3	12.9	37.1	4.0	0.1	49.9
2.7	32.1	17.9	3.4	10.4	39.6			
2.8	28.9	21.1	3.5	8.2	41.8			

3. 磷酸二氢钠－柠檬酸缓冲溶液（pH = 2.6 ~ 7.6）

0.1mol/L 柠檬酸溶液：柠檬酸·H_2O 21.01g/L。

0.2mol/L 磷酸二氢钠：Na_2HPO_4·H_2O 35.61 g/L。

pH	0.1mol/L 柠檬酸溶液体积/mL	0.2mol/LNa$_2$HPO$_4$ 溶液体积/mL	pH	0.1mol/L 柠檬酸溶液体积/mL	0.2mol/LNa$_2$HPO$_4$ 溶液体积/mL
2.6	89.10	10.90	5.2	46.40	53.60
2.8	84.15	15.85	5.4	44.25	55.75
3.0	79.45	20.55	5.6	42.00	58.00
3.2	75.30	24.70	5.8	39.55	60.45
3.4	71.50	28.50	6.0	36.85	63.15
3.6	67.80	32.20	6.2	33.90	66.10
3.8	64.50	35.50	6.4	30.75	69.25
4.0	61.45	38.55	6.6	27.25	72.75
4.2	58.60	41.40	6.8	22.75	77.25
4.4	55.90	44.10	7.0	17.65	82.35
4.6	53.25	46.75	7.2	13.05	86.95
4.8	50.70	49.30	7.4	9.15	90.85
5.0	48.50	51.50	7.6	6.35	93.65

4. 碳酸钠 – 碳酸氢钠缓冲溶液（0.1mol/L，pH = 9.2 ~ 10.8）

0.1mol/L Na$_2$CO$_3$溶液：Na$_2$CO$_3$·10H$_2$O 28.62g/L。

0.1mol/L NaHCO$_3$溶液：NaHCO$_3$ 8.4g/L（有 Ca^{2+}，Mg^{2+} 时不能使用）。

pH		0.1mol/L Na$_2$CO$_3$ 溶液体积/mL	0.1mol/L NaHCO$_3$ 溶液体积/mL	pH		0.1mol/L Na$_2$CO$_3$ 溶液体积/mL	0.1mol/L NaHCO$_3$ 溶液体积/mL
20℃	37℃			20℃	37℃		
9.2	8.8	10	90	10.1	9.9	60	40
9.4	9.1	20	80	10.3	10.1	70	30
9.5	9.4	30	70	10.5	10.3	80	20
9.8	9.5	40	60	10.8	10.6	90	10
9.9	9.7	50	50				

5. 柠檬酸 – 柠檬酸三钠缓冲溶液（0.1mol/L，pH = 3.0 ~ 6.2）

0.1mol/L 柠檬酸溶液：柠檬酸·H$_2$O 21.01g/L。

0.1mol/L 柠檬酸三钠：柠檬酸三钠·H$_2$O 29.4g/L。

pH	0.1mol/L 柠檬酸 溶液体积/mL	0.1mol/L 柠檬酸 三钠溶液体积/mL	pH	0.1mol/L 柠檬酸 溶液体积/mL	0.1mol/L 柠檬酸 三钠溶液体积/mL
3.0	82.0	18.0	4.8	40.0	60.0
3.2	77.5	22.5	5.0	35.0	65.0
3.4	73.0	27.0	5.2	30.0	69.5
3.6	68.5	31.5	5.4	25.5	74.5
3.8	63.5	36.5	5.6	21.0	79.0
4.0	59.0	41.0	5.8	16.0	84.0
4.2	54.0	46.0	6.0	11.5	88.5
4.4	49.5	50.5	6.2	8.0	92.0
4.6	44.5	55.5			

6. 乙酸 – 乙酸钠缓冲溶液 （0.2mol/L，pH = 3.7 ~ 5.8）（18℃）

0.2mol/L 乙酸钠溶液：乙酸钠·$3H_2O$ 27.22g/L。

0.2mol/L 乙酸溶液：冰乙酸 11.7mL。

pH	0.2mol/L NaAc 溶液体积/mL	0.2mol/L HAc 溶液体积/mL	pH	0.2mol/L NaAc 溶液体积/mL	0.2mol/L HAc 溶液体积/mL
3.7	10.0	90.0	4.8	59.0	41.0
3.8	12.0	88.0	5.0	70.0	30.0
4.0	18.0	82.0	5.2	79.0	21.0
4.2	26.5	73.5	5.4	86.0	14.0
4.4	37.0	63.0	5.6	91.0	9.0
4.6	49.0	51.0	5.8	94.0	6.0

7. 磷酸氢二钠 – 磷酸二氢钠缓冲溶液 （0.2mol/L，pH = 5.8 ~ 8.0）（25℃）

0.2mol/L 磷酸氢二钠溶液：Na_2HPO_4·$12H_2O$ 71.64g/L。

0.2mol/L 磷酸二氢钠溶液：NaH_2PO_4·$2H_2O$ 31.21g/L。

pH	0.2mol/L Na_2HPO_4 溶液体积/mL	0.2mol/L NaH_2PO_4 溶液体积/mL	pH	0.2mol/L Na_2HPO_4 溶液体积/mL	0.2mol/L NaH_2PO_4 溶液体积/mL
5.8	8.0	92.0	7.0	61.0	39.0
6.0	12.3	87.7	7.2	72.0	28.0
6.2	18.5	81.5	7.4	81.0	19.0

续表

pH	0.2mol/L Na$_2$HPO$_4$ 溶液体积/mL	0.2mol/L NaH$_2$PO$_4$ 溶液体积/mL	pH	0.2mol/L Na$_2$HPO$_4$ 溶液体积/mL	0.2mol/L NaH$_2$PO$_4$ 溶液体积/mL
6.4	26.5	73.5	7.6	87.0	13.0
6.6	37.5	62.5	7.8	91.5	8.5
6.8	49.0	51.0	8.0	94.7	5.3

8. 磷酸二氢钾 – 氢氧化钠缓冲溶液（pH = 5.8 ~ 8.0）

50mL 0.1mol/L 磷酸二氢钾溶液（13.6g/L）+ xmL 0.1mol/L NaOH 溶液，加水稀释至 100mL。

pH	0.1mol/L NaOH 溶液体积/mL (x)	水体积/mL	pH	0.1mol/L NaOH 溶液体积/mL (x)	水体积/mL	pH	0.1mol/L NaOH 溶液体积/mL (x)	水体积/mL	pH	0.1mol/L NaOH 溶液体积/mL (x)	水体积/mL
5.8	3.6	46.4	6.4	11.6	38.4	7.0	29.1	20.9	7.6	42.4	7.6
5.9	4.6	45.4	6.5	13.9	36.1	7.1	32.1	17.9	7.7	43.5	6.5
6.0	5.6	44.4	6.6	16.4	33.6	7.2	34.7	15.3	7.8	44.5	5.5
6.1	6.8	43.2	6.7	19.3	30.7	7.3	37.0	13.0	7.9	45.3；	4.7
6.2	8.1	41.9	6.8	22.4	27.6	7.4	39.1	10.9	8.0	46.1	3.9
6.3	9.7	40.3	6.9	25.9	24.1	7.5	40.9	9.1			

9. Tris – HCl 缓冲溶液（0.05mol/L，pH = 7 ~ 9）

25mL 0.2mol/L 三羟甲基氨基甲烷溶液（24.23g/L）+ xmL 0.1mol/L HCl 溶液，加水至 100mL。

pH 23℃	pH 37℃	0.1mol/L HCl 溶液体积/mL (x)	pH 23℃	pH 37℃	0.1mol/L HCl 溶液体积/mL (x)
7.20	7.05	45.0	8.23	8.10	22.5
7.36	7.22	42.5	8.32	8.18	20.0
7.54	7.40	40.0	8.40	8.27	17.5
7.66	7.52	37.5	8.50	8.37	15.0
7.77	7.63	35.0	8.62	8.48	12.5
7.87	7.73	32.5	8.74	8.60	10.0
7.96	7.82	30.0	8.92	8.78	7.5
8.05	7.90	27.5	9.10	8.95	5
8.14	8.00	25.0			

10. 巴比妥 – 盐酸缓冲溶液（pH = 6.8 ~ 9.6）（18℃）

100mL 0.04mol/L 巴比妥溶液（8.25g/L）+ xmL 0.2mol/L HCl 溶液混合。

pH	0.2mol/L HCl 溶液体积/mL（x）	pH	0.2mol/L HCl 溶液体积/mL（x）	pH	0.2mol/L HCl 溶液体积/mL（x）
6.8	18.4	7.8	11.47	8.8	2.52
7.0	17.8	8.0	9.39	9.0	1.65
7.2	16.7	8.2	7.21	9.2	1.13
7.4	15.3	8.4	5.21	9.4	0.70
7.6	13.4	8.6	3.82	9.6	0.35

11. 硼砂 – 硼酸缓冲溶液（pH = 7.4 ~ 9.0）

0.05mol/L 硼砂溶液：$Na_2B_4O_7 \cdot H_2O$ 19.07g/L。

0.2mol/L 硼酸溶液：硼酸 12.37g/L。

pH	0.05mol/L 硼砂溶液体积/mL	0.2mol/L 硼酸溶液体积/mL	pH	0.05mol/L 硼砂溶液体积/mL	0.2mol/L 硼酸溶液体积/mL
7.4	1.0	9.0	8.2	3.5	6.5
7.6	1.5	8.5	8.4	4.5	5.5
7.8	2.0	8.0	8.7	6.0	4.0
8.0	3.0	7.0	9.0	8.0	2.0

12. 硼砂缓冲溶液（pH = 8.1 ~ 10.7）（25℃）

50mL 0.05mol/L 硼砂溶液（$Na_2B_4O_7 \cdot 10H_2O$ 9.525g/L），xmL 0.1mol/L HCl 溶液或 0.1mol/L NaOH 溶液，加水稀释至 100mL。

pH	0.1mol/L HCl 溶液体积/mL（x）	水体积/mL	pH	0.1mol/L HCl 溶液体积/mL（x）	水体积/mL	pH	0.1mol/L NaOH 溶液体积/mL（x）	水体积/mL	pH	0.1mol/L NaOH 溶液体积/mL（x）	水体积/mL
8.1	19.7	30.3	8.7	11.6	38.4	9.5	8.8	41.2	10.1	19.5	30.5
8.2	18.8	31.2	8.8	9.4	40.6	9.6	11.1	38.9	10.2	20.5	29.5
8.3	17.7	32.3	8.9	7.1	42.9	9.7	13.1	36.9	10.3	21.3	28.7
8.4	16.6	33.4	9.0	4.6	45.4	9.8	15.0	35.0	10.4	22.1	27.9
8.5	15.2	34.8	9.3	3.6	46.4	9.9	16.7	3.3	10.5	22.7	27.3
8.6	13.5	36.5	9.4	6.2	43.8	10.0	18.3	31.7	10.6	23.3	26.7
									10.7	23.5	26.2

13. 硼砂 - 氢氧化钠溶液（0.05mol/L 硼酸）（pH = 9.3 ~ 10.1）

25mL 0.05mol/L 硼酸溶液（19.07g/L）+ xmL 0.2mol/L NaOH 溶液，加水稀释至 1000mL。

pH	0.2mol/L NaOH 溶液体积/mL (x)	水体积/mL	pH	0.2mol/L NaOH 溶液体积/mL (x)	水体积/mL
9.3	3.0	72.0	9.8	17.0	58.0
9.4	5.5	69.5	10.0	21.5	53.5
9.6	11.5	63.5	10.1	23.0	52.0

14. 磷酸氢二钠 - 氢氧化钠缓冲溶液（pH = 11.0 ~ 11.9）（25℃）

50mL 0.05mol/L Na_2HPO_4 溶液 + x mL 0.1mol/L NaOH 溶液，加水至 100mL。

pH	0.1mol/L NaOH 溶液体积/mL (x)	水体积/mL	pH	0.1mol/L NaOH 溶液体积/mL (x)	水体积/mL
11.0	4.1	45.9	11.5	11.1	38.9
11.1	5.1	44.9	11.6	13.5	36.5
11.2	6.3	43.7	11.7	16.2	33.8
11.3	7.6	42.4	11.8	19.4	30.6
11.4	9.1	40.9	11.9	23.0	27.0

15. 氯化钾 - 氢氧化钠缓冲溶液（pH = 12.0 ~ 13.0）（25℃）

25mL 0.2mol/L 氯化钾溶液（14.91g/L）+ xmL 0.2mol/L NaOH 溶液，加水至 100mL。

pH	0.2mol/L NaOH 溶液体积/mL (x)	水体积/mL	pH	0.2mol/L NaOH 溶液体积/mL (x)	水体积/mL
12.0	6.0	69.0	12.6	25.6	49.4
12.1	8.0	67.0	12.7	32.2	42.8
12.2	10.2	64.8	12.8	41.2	33.8
12.3	12.2	62.8	12.9	53.0	22.0
12.4	16.8	58.2	13.0	66.0	9.0
12.5	24.4	50.6			

附录五　标准溶液的配制与标定

1. 氢氧化钠标准溶液的配制与标定

由于氢氧化钠易吸水，不能直接配成准确浓度的溶液，因而必须先配成近似浓度的溶液，再用标准的酸溶液或酸性盐的基准物质来标定。选用的基准物质通常是邻苯二甲酸氢钾或草酸，指示剂选用酚酞。如配制 0.1mol/L 氢氧化钠溶液，先称取分析纯的固体氢氧化钠 4.1g，用蒸馏水溶解后转移到 1000mL 容量瓶，定容至刻度。溶液保存在带橡皮塞的试剂瓶中，待标定。

用邻苯二甲酸氢钾（$KHC_8H_4O_4$，相对分子质量 204.214）作为基准物质。准确称取三份邻苯二甲酸氢钾 0.41~0.43g，分别置于 150mL 三角瓶中，各加入 20mL 蒸馏水，使全部溶解，加 3~4 滴酚酞指示剂，用待标定的氢氧化钠溶液滴定至淡红色出现为止，记下氢氧化钠的滴定体积，通过计算即可求出氢氧化钠的标准浓度。

$$c = m \times 1000 / M \times V$$

式中　c——氢氧化钠标准溶液浓度，mol/L；

　　　m——$KHC_8H_4O_4$ 的质量，g；

　　　M——$KHC_8H_4O_4$ 的摩尔质量，204.214g/mol；

　　　V——NaOH 的滴定体积，mL。

2. 盐酸标准溶液的配制与标定

标定盐酸通常选用硼砂或无水碳酸钠为基准物质，指示剂选用甲基红。如配制 0.1mol/L 盐酸标准液，吸取分析纯盐酸 8.5mL，用蒸馏水稀释至 1000mL，保存在试剂瓶中，待标定。

用硼砂（$Na_2B_4O_7 \cdot 10H_2O$，相对分子质量 381.42）作为基准物质，准确称取三份干燥的硼砂 0.38~0.39g 分别放在 150mL 三角瓶中，加入 20mL 蒸馏水，使溶解，加入 3 滴甲基红指示剂，用待标定的盐酸滴定至橙红色为止，记下盐酸的滴定体积，通过计算即可求出盐酸溶液的标准浓度。

$$c = m \times 1000 / (M/2) \times V$$

式中　c——盐酸标准溶液浓度，mol/L；

　　　m——$Na_2B_4O_7 \cdot 10H_2O$ 的重量，g；

　　　M——$Na_2B_4O_7 \cdot 10H_2O$ 的摩尔质量，381.42g/mol；

　　　V——HCl 的滴定体积，mL。

若采用无水碳酸钠（Na_2CO_3，相对分子质量 105.98）作为基准物质，使用前必须在 270~300℃ 下烘干约 1h，然后置于干燥器中冷却备用。称取 Na_2CO_3 重量为 0.13~0.14g，滴定至终点时，应煮沸溶液 1~2min，以消除 CO_2 的影响，冷却至室温，继续滴定至变为橙红色。

$$c = w \times 1000 / (M/2) \times V$$

式中　c——盐酸标准溶液浓度，mol/L；

　　　w——Na_2CO_3的重量，g；

　　　M——Na_2CO_3的摩尔质量，105.98g/mol；

　　　V——HCl 的滴定体积，mL。

3. 硫代硫酸钠标准溶液的配制与标定

标定硫代硫酸钠溶液通常选用重铬酸钾为基准物质，淀粉为指示剂。如配制 0.1mol/L 硫代硫酸钠溶液，称取分析纯硫代硫酸钠 25g，溶解在煮沸后冷却的蒸馏水中，定容至 1000mL，于棕色试剂瓶中保持，一周后再进行标定。

用重铬酸钾（$K_2Cr_2O_7$，相对分子质量 294.19）作为基准物质。准确称取三份经 130℃ 烘干的重铬酸钾 0.12～0.13g 分别放在 250mL 碘量瓶中，加入 20mL 蒸馏水使之溶解，加入 10mL 3mol/L H_2SO_4 和 15mL 10% KI 充分混合（滴定前才加入 KI，否则 KI 和 H_2SO_4 溶液放置过久，过量的 KI 易被空气部分氧化成 I_2），暗处放 5min（$Cr_2O_7^{2-}$ 和 I^- 的反应不是立刻完成的，在稀溶液中进行的更慢，所以应待反应完全以后再加水稀释，在上述条件下大约需经 5min 才能完成），之后加 50mL 蒸馏水稀释，用 $Na_2S_2O_3$ 滴定，滴定到溶液呈浅黄色，加 1% 淀粉指示剂 2mL（淀粉指示剂不宜加的过早，否则大量的 I_2 与淀粉结合生成蓝色络合物，络合物中的 I_2 不易和 $Na_2S_2O_3$ 溶液迅速作用），继续加入 $Na_2S_2O_3$，直到蓝色刚刚消失而呈 Cr^{3+} 的绿色为止，记下 $Na_2S_2O_3$ 溶液用量后，再多加一滴 $Na_2S_2O_3$ 溶液，如果颜色不再改变，表示滴定已经完成。

$$c = m \times 1000 / \ (M/6) \ \times V$$

式中　c——硫代硫酸钠标准溶液浓度，mol/L；

　　　m——$K_2Cr_2O_7$ 的重量，g；

　　　M——$K_2Cr_2O_7$ 的摩尔质量，294.19g/mol；

　　　V——$Na_2S_2O_3$ 的滴定体积，mL。

注意事项：

硫代硫酸钠溶液不稳定，容易分解，因为：

（1）细菌的作用：$Na_2S_2O_3 \xrightarrow{\text{细菌}} Na_2SO_3 + S$

（2）溶解在水中的 CO_2 的作用：$S_2O_3^{2-} + CO_2 + H_2O \longrightarrow HSO_3^- + HCO_3^- + S$

（3）空气的氧化作用：$S_2O_3^{2-} + 1/2O_2 \longrightarrow SO_4^- + S$

此外，水中微量的 Cu^{2+} 或 Fe^{3+} 也能促使 $Na_2S_2O_3$ 溶液分解。因此配制 $Na_2S_2O_3$ 溶液时，需要用新煮沸并冷却了的蒸馏水，除去 CO_2 和杀死细菌，并加入少量 Na_2CO_3（每 1000mL 溶液加 0.2g 使溶液呈弱碱性，以抑制细菌的生长）。这样配制的溶液比较稳定，但也不宜长期保存，使用一段时间后要重新进行标定。如果发现溶液变混或析出硫，就应该过滤后再标定，或者另配溶液。

4. 高锰酸钾标准溶液的配制与标定

$KMnO_4$ 试剂常含有少量 MnO_2 和其他杂质，另外，蒸馏水中常含有少量的有机物质，能

使 $KMnO_4$ 还原，且还原产物能促进 $KMnO_4$ 自身分解，见光使分解更快。因此，$KMnO_4$ 溶液的浓度容易改变，不能用直接法，必须正确地配制和保存，如果长期使用必须定期进行标定。

标定 $KMnO_4$ 的基准物质较多，其中 $Na_2C_2O_4$ 不含结晶水，容易提纯，没有吸湿性，是常用的基准物。如配制 0.1mol/L 高锰酸钾标准溶液，称取 16～18g 固体 $KMnO_4$，置于大烧杯中，加水至 1000mL，加热煮沸 10～15min，置于棕色玻璃塞试剂瓶中，于暗处放置一周后，用微孔玻璃漏斗或玻璃棉漏斗过滤，滤液装入棕色细口瓶中，待标定。

用草酸钠（$Na_2C_2O_4$，相对分子质量 134.02）作为基准物质，滴定时利用 MnO_4^- 本身的紫红色指示终点，称为自身指示剂。准确称取 0.7～0.8g 基准物质 $Na_2C_2O_4$ 三份，分别置于 250mL 的锥形瓶中，加蒸馏水 20mL 使之溶解，再加 $2mol \cdot L^{-1}$ H_2SO_4 15mL，盖上表面皿，在石棉铁丝网上慢慢加热到 70～80℃（刚开始冒蒸汽的温度），趁热用高锰酸钾溶液滴定。开始滴定时反应速度慢，待溶液中产生了 Mn^{2+} 后，滴定速度可适当加快，直到溶液呈现微红色并持续半分钟不褪色即终点（终点时温度不低于 60℃）。根据 $Na_2C_2O_4$ 的质量和消耗 $KMnO_4$ 溶液的体积计算 $KMnO_4$ 浓度。

$$c = 2 \times m \times 1000 / (5M \times V)$$

式中　c——高锰酸钾标准溶液浓度，mol/L；

　　　m——$Na_2C_2O_4$ 的质量，g；

　　　M——$Na_2C_2O_4$ 的摩尔质量，134.02g/mol；

　　　V——滴定消耗的高锰酸钾的体积，mL。

注意事项：

（1）蒸馏水中常含有少量的还原性物质，使 $KMnO_4$ 还原为 $MnO_2 \cdot nH_2O$。高锰酸钾试剂内含的细粉状的 $MnO_2 \cdot nH_2O$ 能加速 $KMnO_4$ 的分解，故通常将 $KMnO_4$ 溶液煮沸一段时间，冷却后，还需放置 2～3d，使之充分作用，然后将沉淀物过滤除去。

（2）在室温条件下，$KMnO_4$ 与 $C_2O_4^-$ 之间的反应速度缓慢，所以加热提高反应速度。但温度又不能太高，如温度超过 85℃ 则有部分 $H_2C_2O_4$ 分解。

（3）滴定过程如果发生棕色浑浊（MnO_2），应立即补加 H_2SO_4 溶液，使棕色浑浊消失。

（4）开始滴定时，反应很慢，在第一滴 $KMnO_4$ 还没有完全褪色以前，不可加入第二滴。当反应生成能使反应加速进行的 Mn^{2+} 后，可以适当加快滴定速度，但过快则导致局部 $KMnO_4$ 过浓而分解，放出 O_2 或引起杂质的氧化，都可造成误差。

（5）$KMnO_4$ 标准溶液应放在酸式滴定管中，由于 $KMnO_4$ 溶液颜色很深，液面凹下弧线不易看出，因此，应该从液面最高边上读数。

5. EDTA 标准溶液的配制与标定

标定 EDTA 溶液的基准物质通常采用碳酸钙或氧化镁。如配制 0.1mol/L EDTA（$C_{10}H_{14}N_2O_8Na_2 \cdot H_2O$，相对分子质量 372.24）溶液，称取分析纯乙二胺四乙酸二钠 37.4g，加蒸馏水溶解，稀释定容至 1000mL，于试剂瓶中保存，待标定。

用碳酸钙（$CaCO_3$，相对分子质量100.1）作为基准物质，准确称取经120℃烘干的$CaCO_3$1.2~1.3g，于烧杯中用少量蒸馏水润湿，然后小心滴加6mol/L HCl 使其溶解，最后转移到100mL 容量瓶中，用蒸馏水定容至刻度。量取三份25mL $CaCO_3$溶液分别置于150mL 三角瓶中，加10% NaOH 调 pH 至12，再加钙红指示剂少许，立即用 EDTA 溶液滴定，溶液由酒红色变为纯蓝色为滴定终点。记下 EDTA 的滴定体积，通过计算即可求出 EDTA 的标准体积。

$$c = （m \times 25/100） \times 1000/M \times V$$

式中　c——EDTA 标准溶液浓度，mol/L；

　　　m——$CaCO_3$的重量，g；

　　　M——$CaCO_3$的摩尔质量，100.1g/mol；

　　　V——EDTA 的滴定体积，mL。

注：钙红指示剂是紫黑色粉末，它的水溶液或乙醇溶液都不稳定，所以一般取固体试剂用氯化钠粉末稀释后使用，即1g 钙红指示剂与99g 氯化钠混匀研细。

附录六　食品质量与安全检测标准一览表

类别	检测物	执行标准编号	执行标准标题
毒素	黄曲霉毒素（B$_1$、B$_2$、G$_1$、G$_2$、M$_1$、M$_2$）	GB/T 5009.23—2006	食品中黄曲霉毒素 B$_1$、B$_2$、G$_1$、G$_2$ 的测定
		GB/T 18979—2003	食品中黄曲霉毒素的测定　免疫亲和层析净化高效液相色谱法和荧光光度法
		GB/T 5009.22—2003	食品中黄曲霉毒素 B$_1$ 的测定
		GB 5009.24—2010	食品中黄曲霉毒素 M$_1$ 和 B$_1$ 的测定
		GB 5413.37—2010	乳和乳制品中黄曲霉毒素 M$_1$ 的测定
		GB/T23212—2008	牛乳和乳粉中黄曲霉毒素 B$_1$、B$_2$、G$_1$、G$_2$、M$_1$、M$_2$ 的测定液相色谱 – 荧光检测法
	赭曲霉毒素	GB/T 23502—2009	食品中赭曲霉毒素 A 的测定　免疫亲和层析净化高效液相色谱法
		GB/T 5009.96—2003	谷物和大豆中赭曲霉毒素 A 的测定
		GB/T 25220—2010	粮油检验粮食中赭曲霉毒素 A 的测定高效液相色谱法和荧光光度法
	脱氧雪腐镰刀菌烯醇	GB/T 23503—2009	食品中脱氧雪腐镰刀菌烯醇的测定 免疫亲和层析净化高效液相色谱法
		GB/T 5009.111—2003	谷物及其制品中脱氧雪腐镰刀菌烯醇的测定
	玉米赤霉烯酮	GB/T 23504—2009	食品中玉米赤霉烯酮的测定 免疫亲和层析净化高效液相色谱法
		GB/T 5009.209—2008	谷物中玉米赤霉烯酮的测定
	伏马毒素	GB 5009.240—2016	食品中伏马毒素的测定
	杂色曲霉素	GB/T 5009.25—2003	植物性食品中杂色曲霉素的测定
	展青霉素	GB/T 5009.185—2003	苹果和山楂制品中展青霉素的测定
	桔青霉素	GB/T 5009.222—2008	红曲类产品中桔青霉素的测定
	河豚毒素	GB/T 23217—2008	水产品中河豚毒素的测定 液相色谱 – 荧光检测法
		GB/T 5009.206—2007	鲜河豚鱼中河豚毒素的测定

续表

类别	检测物	执行标准编号	执行标准标题
加工贮藏过程中有毒有害物质	苯并（a）芘	GB/T 5009.27—2003	食品中苯并（a）芘的测定
		GB/T 22509—2008	动植物油脂苯并（a）芘的测定反相高效液相色谱法
	多环芳烃	GB/T 24893—2010	动植物油脂 多环芳烃的测定
		GB/T 23213—2008	植物油中多环芳烃的测定 气相色谱－质谱法
	N－亚硝胺	GB/T 5009.26—2003	食品中 N－亚硝胺类的测定
	多氯联苯	GB 5009.190—2014	食品中指示性多氯联苯含量的测定
抗生素等兽药	四环素类	GB/T 21317—2007	动物源性食品中四环素类兽药残留量检测方法液相色谱－质谱/质谱法与高效液相色谱法
	氯霉素类	GB/T 22338—2008	动物源性食品中氯霉素类药物残留量测定
	青霉素类	GB 29682—2013	水产品中青霉素类药物多残留的测定 高效液相色谱法
		GB/T 20755—2006	畜禽肉中九种青霉素类药物残留量的测定 液相色谱－串联质谱法
	氯羟吡啶	GB 29700—2013	牛乳中氯羟吡啶残留量的测定 气相色谱－质谱法
		GB 20699—2013	鸡肌肉组织中氯羟吡啶残留量的测定 气相色谱－质谱法
		GB/T 20362—2006	鸡蛋中氯羟吡啶残留量的检测方法高效液相色谱法
	氨基糖苷类	GB/T 21323—2007	动物组织中氨基糖苷类药物残留量的测定高效液相色谱－质谱/质谱法
	大环内酯类	GB/T 23408—2009	蜂蜜中大环内酯类药物残留量测定 液相色谱－质谱/质谱法
	磺胺类	GB 29694—2013	动物性食品中13种磺胺类药物多残留的测定 高效液相色谱法
		GB/T 21316—2007	动物源性食品中磺胺类药物残留量的测定 液相色谱－质谱/质谱法
		GB/T 21173—2007	动物源性食品中磺胺类药物残留测定方法 放射受体分析法

续表

类别	检测物	执行标准编号	执行标准标题
抗生素等兽药	磺胺类	GB/T 22966—2008	牛乳和乳粉中 16 种磺胺类药物残留量的测定 液相色谱 – 串联质谱法
		GB/T 22951—2008	河豚鱼、鳗鱼中十八种磺胺类药物残留量的测定 液相色谱 – 串联质谱法
		GB/T 20759—2006	畜禽肉中十六种磺胺类药物残留量的测定 液相色谱 – 串联质谱法
		GB/T 22947—2008	蜂王浆中十八种磺胺类药物残留量的测定液相色谱 – 串联质谱法
	喹诺酮	GB 29692—2013	牛乳中喹诺酮类药物多残留的测定 高效液相色谱法
		GB/T 23412—2009	蜂蜜中 19 种喹诺酮类药物残留量的测定方法 液相色谱 – 质谱/质谱法
		GB/T 23411—2009	蜂王浆中 17 种喹诺酮类药物残留量的测定 液相色谱 – 质谱/质谱法
		GB/T 21312—2007	动物源性食品中 14 种喹诺酮药物残留检测方法 液相色谱 – 质谱/质谱法
		GB/T 20751—2006	鳗鱼及制品中十五种喹诺酮类药物残留量的测定液相色谱 – 串联质谱法
		GB/T 20366—2006	动物源产品中喹诺酮类残留量的测定液相色谱 – 串联质谱法
		GB/T 20757—2006	蜂蜜中十四种喹诺酮类药物残留量的测定液相色谱 – 串联质谱法
	硝基呋喃类	GB/T 21311—2007	动物源性食品中硝基呋喃类药物代谢物残留量检测方法高效液相色谱/串联质谱法
		GB/T 20752—2006	猪肉、牛肉、鸡肉、猪肝和水产品中硝基呋喃类代谢物残留量的测定液相色谱 – 串联质谱法

续表

类别	检测物	执行标准编号	执行标准标题
抗生素等兽药	硝基呋喃类	GB/T 21167—2007	蜂王浆中硝基呋喃类代谢物残留量的测定液相色谱－串联质谱法
		GB/T 21166—2007	肠衣中硝基呋喃类代谢物残留量的测定液相色谱－串联质谱法
		GB/T 23410—2009	蜂蜜中硝基咪唑类药物及其代谢物残留量的测定 液相色谱－质谱/质谱法
	硝基咪唑类	GB/T 23407—2009	蜂王浆中硝基咪唑类药物及其代谢物残留量的测定 液相色谱/质谱法
		GB/T 23406—2009	肠衣中硝基咪唑类药物及其代谢物残留量的测定 液相色谱－质谱/质谱法
		GB/T 22949—2008	蜂王浆及冻干粉中硝基咪唑类药物残留量的测定 液相色谱－串联质谱法
		GB/T 21314—2007	动物源性食品中头孢匹林、头孢噻呋残留量检测方法 液相色谱－质谱/质谱法
	头孢菌素类	GB/T 22989—2008	牛乳和乳粉中头孢匹林、头孢氨苄、头孢洛宁、头孢喹肟残留量的测定 液相色谱－串联质谱法
		GB/T 22960—2008	河豚鱼和鳗鱼中头孢唑啉、头孢匹林、头孢氨苄、头孢洛宁、头孢喹肟残留量的测定 液相色谱－串联质谱法
		GB/T 22942—2008	蜂蜜中头孢唑啉 头孢匹林 头孢氨苄 头孢洛宁 头孢喹肟残留量的测定 液相色谱－串联质谱法
	β－内酰胺类	GB/T 21174—2007	动物源性食品中内酰胺类药物残留测定方法 放射受体分析法
农药残留	有机磷	GB/T 5009.20—2003	食品中有机磷农药残留量的测定
		GB/T 5009.145—2003	植物性食品中有机磷和氨基甲酸酯类农药多种残留的测定
		GB/T 5009.161—2003	动物性食品中有机磷农药多组分残留量的测定
		GB/T 5009.207—2008	糙米中50种有机磷农药残留量的测定
		GB/T 5009.199—2003	蔬菜中有机磷和氨基甲酸酯类农药残留量的快速检测

续表

类别	检测物	执行标准编号	执行标准标题
农药残留	有机磷	GB/T 18626—2002	肉中有机磷及氨基甲酸酯农药残留量的简易检验方法酶抑制法
		GB/T 18625—2002	茶中有机磷及氨基甲酸酯农药残留量的简易检验方法酶抑制法
		GB/T 18630—2002	蔬菜中有机磷及氨基甲酸酯农药残留量的简易检验方法（酶抑制法）
		GB/T 14553—2003	粮食、水果和蔬菜中有机磷农药测定的气相色谱法
	有机氯	GB/T 5009.19—2008	食品中有机氯农药多组分残留量的测定
		GB/T 2795—2008	冻兔肉中有机氯及拟除虫菊酯类农药残留的测定方法 气相色谱/质谱法
		GB/T 5009.146—2008	植物性食品中有机氯和拟除虫菊酯类农药多种残留量的测定
		GB/T 5009.162—2008	动物性食品中有机氯农药和拟除虫菊酯农药多组分残留量的测定
	氨基甲酸酯类	GB/T 5009.163—2003	动物性食品中氨基甲酸酯类农药多组分残留高效液相色谱测定
		GB/T 5009.104—2003	植物性食品中氨基甲酸酯类农药残留量的测定
		GB/T 5009.145—2003	植物性食品中有机磷和氨基甲酸酯类农药多种残留的测定
		GB/T 5009.199—2003	蔬菜中有机磷和氨基甲酸酯类农药残留量的快速检测
	拟除虫菊酯	GB/T 5009.146—2008	植物性食品中有机氯和拟除虫菊酯类农药多种残留量的测定
		GB/T 5009.162—2008	动物性食品中有机氯农药和拟除虫菊酯农药多组分残留量的测定
		GB/T 2795—2008	冻兔肉中有机氯及拟除虫菊酯类农药残留的测定方法 气相色谱/质谱法

续表

类别	检测物	执行标准编号	执行标准标题
色素	柠檬黄	GB 4481.1—2010	食品添加剂 柠檬黄
	苋菜红	GB 4479.1—2010	食品添加剂 苋菜红
	胭脂红	GB1886.220—2016	食品添加剂 胭脂红
	日落黄	GB 6227.1—2010	食品添加剂 日落黄
	赤藓红	GB 17512.1—2010	食品添加剂 赤藓红
	亮蓝	GB1886.217—2016	食品添加剂 亮蓝
	新红	GB 14888.1—2010	食品添加剂 新红
	靛蓝	GB 28317—2012	食品添加剂 靛蓝
	苏丹红	GB/T 19681—2005	食品中苏丹红染料的检测方法高效液相色谱法
食品添加剂	山梨酸	GB/T 23495—2009	食品中苯甲酸、山梨酸和糖精钠的测定 高效液相色谱法
		GB 21703—2010	乳和乳制品中苯甲酸和山梨酸的测定
		GB/T 5009.29—2003	食品中山梨酸、苯甲酸的测定
		GB1886.186—2016	食品添加剂 山梨酸
	苯甲酸	GB1886.183—2016	食品添加剂 苯甲酸
防腐剂		GB/T 23495—2009	食品中苯甲酸、山梨酸和糖精钠的测定 高效液相色谱法
		GB 21703—2010	乳和乳制品中苯甲酸和山梨酸的测定
		GB/T 5009.29—2003	食品中山梨酸、苯甲酸的测定
	脱氢乙酸	GB 29223—2012	食品添加剂 脱氢乙酸
		GB/T 23377—2009	食品中脱氢乙酸的测定 高效液相色谱法
		GB/T 5009.121—2016	食品中脱氢乙酸的测定
	丙酸钠	GB 25549—2010	食品添加剂丙酸钠
		GB 25548—2010	食品添加剂丙酸钙
	丙酸钙	GB/T 5009.120—2016	食品中丙酸钠、丙酸钙的测定
		GB/T 23382—2009	食品中丙酸钠、丙酸钙的测定 高效液相色谱法
	对羟基苯甲酸酯类	GB/T 5009.31—2016	食品中对羟基苯甲酸酯类的测定

续表

类别	检测物	执行标准编号	执行标准标题
护色剂	亚硝酸盐	GB 5009.33—2010	食品中亚硝酸盐与硝酸盐的测定
	硝酸盐	GB 5009.33—2010	食品中亚硝酸盐与硝酸盐的测定
食品添加剂	BHA	GB 1886.12—2015	食品添加剂 丁基羟基茴香醚（BHA）
		GB/T 23373—2009	食品中抗氧化剂丁基羟基茴香醚（BHA）、二丁基羟基甲苯（BHT）与特丁基对苯二酚（TBHQ）的测定
		GB/T 5009.30—2003	食品中叔丁基羟基茴香醚（BHA）与2,6-二叔丁基对甲酚（BHT）的测定
	BHT	GB/T 23373—2009	食品中抗氧化剂丁基羟基茴香醚（BHA）、二丁基羟基甲苯（BHT）与特丁基对苯二酚（TBHQ）的测定
		GB 1900—2010	食品添加剂 二丁基羟基甲苯（BHT）（含第1号修改单）
		GB/T 5009.30—2003	食品中叔丁基羟基茴香醚（BHA）与2,6-二叔丁基对甲酚（BHT）的测定
	没食子酸丙酯	GB 1886.14—2015	食品安全国家标准 食品添加剂 没食子酸丙酯
		GB/T 5009.32—2003	油脂中没食子酸丙酯（PG）测定
	抗坏血酸	GB5009.86—2016	食品中抗坏血酸的测定
		GB 5413.18—2010	婴幼儿食品和乳品中维生素C的测定
		GB/T 9695.29—2008	肉制品 维生素C含量测定
		GB/T 6195—1986	水果、蔬菜维生素C含量测定法（2.6-二氯靛酚滴定法）
漂白剂	亚硫酸盐	GB/T 5009.34—2003	食品中亚硫酸盐的测定
	过氧化苯甲酰	GB/T 22325—2008	小麦粉中过氧化苯甲酰的测定 高效液相色谱法
		GB 19825—2005	食品添加剂 稀释过氧化苯甲酰
		GB/T 18415—2001	小麦粉中过氧化苯甲酰的测定方法

续表

类别	检测物	执行标准编号	执行标准标题
食品添加剂	糖精钠	GB 1886.18—2015	食品添加剂 糖精钠
		GB/T 23495—2009	食品中苯甲酸、山梨酸和糖精钠的测定 高效液相色谱法
		GB/T 5009.28—2003	食品中糖精钠的测定
	环己基氨基磺酸钠	GB 1886.37—2015	食品添加剂 环己基氨基磺酸钠（又名甜蜜素）
		GB/T 5009.97—2016	食品中环己基氨基磺酸钠的测定
	乙酰磺胺酸钾	GB 25540—2010	食品添加剂 乙酰磺胺酸钾
		GB/T 5009.140—2003	饮料中乙酰磺胺酸钾的测定
	阿斯巴甜	GB 22367—2008	食品添加剂 天门冬酰苯丙氨酸甲酯（阿斯巴甜）
		GB/T 22254—2008	食品中阿斯巴甜的测定
重金属	砷	GB 5009.11—2014	食品添加剂中砷的测定
		GB 5009.11—2014	食品中总砷及无机砷的测定
	汞	GB 5009.17—2014	食品中总汞及有机汞的测定
	铅	GB 5009.75—2014	食品添加剂中铅的测定
	镉	GB 5009.15—2014	食品中镉的测定
致病菌	志贺氏菌	GB 4789.31—2013	食品微生物学检验 沙门菌、志贺氏菌和致泻大肠埃希氏菌的肠杆菌科噬菌体诊断检验
		GB 4789.5—2012	食品微生物学检验 志贺氏菌检验
	副溶血性弧菌	GB 4789.7—2013	食品微生物学检验 副溶血性弧菌检验
	β型溶血性链球菌	GB 4789.11—2014	食品微生物学检验 β型溶血性链球菌检验
	产气荚膜梭菌	GB 4789.13—2012	食品微生物学检验 产气荚膜梭菌检验
	蜡样芽孢杆菌	GB 4789.14—2014	食品微生物学检验 蜡样芽胞杆菌检验
	沙门菌	GB 4789.31—2013	食品微生物学检验 沙门菌、志贺氏菌和致泻大肠埃希氏菌的肠杆菌科噬菌体诊断检验
		GB/T 28642—2012	饲料中沙门氏菌的快速检测方法 聚合酶链式反应（PCR）法
		GB 4789.4—2010	食品微生物学检验 沙门菌检验

续表

类别	检测物	执行标准编号	执行标准标题
致病菌	沙门菌	GB/T 22429—2008	食品中沙门菌、肠出血性大肠埃希氏菌 O157 及单核细胞增生李斯特菌的快速筛选检验 酶联免疫法
		GB/T 13091—2002	饲料中沙门菌的检测方法
		GB 4789.31—2013	食品微生物学检验 沙门菌、志贺氏菌和致泻大肠埃希氏菌的肠杆菌科噬菌体诊断检验
	大肠埃希氏菌	GB 4789.38—2012	食品微生物学检验 大肠埃希氏菌计数
		GB/T 22429—2008	食品中沙门菌、肠出血性大肠埃希氏菌 O157 及单核细胞增生李斯特氏菌的快速筛选检验 酶联免疫法
		GB/T 4789.36—2008	食品卫生微生物学检验 大肠埃希氏菌 O157：H7/NM 检验
		GB/T 4789.6—2003	食品卫生微生物学检验 致泻大肠埃希氏菌检验
	金黄色葡萄球菌	GB 4789.10—2010	食品微生物学检验 金黄色葡萄球菌检验
		GB/T 14926.14—2001	实验动物 金黄色葡萄球菌检测方法
	单核细胞增生李斯特氏菌	GB 4789.30—2010	食品微生物学检验 单核细胞增生李斯特氏菌检验
		GB/T 22429—2008	食品中沙门菌、肠出血性大肠埃希氏菌 O157 及单核细胞增生李斯特氏菌的快速筛选检验 酶联免疫法
	阪崎肠杆菌	GB 4789.40—2010	食品微生物学检验 阪崎肠杆菌检验
维生素	维生素 A	GB 14750—2010	食品添加剂 维生素 A
		GB 5413.9—2010	婴幼儿食品和乳品中维生素 A、D、E 的测定
		GB/T 9695.26—2008	肉与肉制品 维生素 A 含量测定
		GB/T 21123—2007	营养强化 维生素 A 食用油
	维生素 D_2（麦角钙化醇）	GB/T 5009.82—2003	食品中维生素 A 和维生素 E 的测定
		GB 14755—2010	食品添加剂 维生素 D_2（麦角钙化醇）
		GB 29942—2013	食品添加剂 维生素 E（dl-α-生育酚）
	维生素 E	GB/T 9695.30—2008	肉与肉制品 维生素 E 含量测定
		GB 1886.233—2016	食品添加剂维生素 E
		GB/T 5009.82—2003	食品中维生素 A 和维生素 E 的测定
	维生素 B_1	GB 5009.84—2016	食品中维生素 B_1 的测定
		GB 5413.11—2010	婴幼儿食品和乳品中维生素 B_1 的测定
		GB/T 9695.27—2008	肉与肉制品 维生素 B_1 含量测定

续表

类别	检测物	执行标准编号	执行标准标题
维生素		GB/T 7628—2008	谷物中维生素 B_1 测定
		GB/T 5009.84—2003	食品中硫胺素（维生素 B_1）的测定
	维生素 B_2	GB 14752—2010	食品添加剂 维生素 B_2（核黄素）
		GB 5413.12—2010	婴幼儿食品和乳品中维生素 B_2 的测定
		GB/T 9695.28—2008	肉与肉制品 维生素 B_2 含量测定
		GB/T 7629—2008	谷物中维生素 B_2 测定
	维生素 B_6	GB 14753—2010	食品添加剂 维生素 B_6（盐酸吡哆醇）
		GB 5413.13—2010	婴幼儿食品和乳品中维生素 B_6 的测定
		GB/T 5009.154—2003	食品中维生素 B_6 的测定
		GB/T 14702—2002	饲料中维生素 B_6 的测定 高效液相色谱法
	维生素 B_{12}	GB 5413.14—2010	婴幼儿食品和乳品中维生素 B_{12} 的测定
		GB/T 5009.217—2008	保健食品中维生素 B_{12} 的测定
		GB/T 9841—2006	饲料添加剂 维生素 B_{12}（氰钴胺）粉剂
		GB/T 17819—1999	维生素预混料中维生素 B_{12} 的测定 高效液相色谱法
	维生素 C	GB5009.86—2016	食品中抗坏血酸的测定
		GB 5413.18—2010	婴幼儿食品和乳品中维生素 C 的测定
		GB/T 9695.29—2008	肉制品 维生素 C 含量测定
		GB/T 6195—1986	水果、蔬菜维生素 C 含量测定法（2.6－二氯靛酚滴定法）

参考文献

［1］徐玮，汪东风．食品化学实验和习题［M］．北京：化学工业出版社，2009.

［2］侯曼玲．食品分析［M］．北京：化学工业出版社，2004.

［3］汪东风，徐玮．食品科学实验技术［M］．北京：中国轻工业出版社，2006.

［4］王晶，王林．食品安全快速检测技术［M］．北京：化学工业出版社，2002.

［5］王正祥．食品成分分析手册［M］．北京：中国轻工业出版社，1998.

［6］张龙翔，张庭芳．生化实验方法和技术［M］．北京：高等教育出版社，1981.